国家科学技术学术著作出版基金资助项目

钨矿浮选化学及其实践

孙 伟　韩海生　高志勇　王 丽　等著

北 京
冶 金 工 业 出 版 社
2024

内 容 提 要

浮选技术是复杂钨矿资源开发利用的主体技术。钨矿浮选化学涉及地球化学、晶体化学、溶液化学、胶体化学和配位化学等诸多领域，对于钨矿浮选新技术的开发具有重要的意义。本书将钨矿浮选化学基础理论与技术开发和生产实践紧密结合，总结了近十年来浮选理论与技术的新成就，建立起了钨矿地质成矿机理、晶体化学和溶液化学特性等与钨矿浮选药剂和新工艺之间的联系，希望能够为钨矿浮选新技术的开发提供借鉴。

本书可供选矿及相关行业的科研、设计、资源勘查与管理人员，以及大专院校相关专业师生阅读参考。

图书在版编目(CIP)数据

钨矿浮选化学及其实践 / 孙伟等著. -- 北京 ：冶金工业出版社，2024. 9. -- ISBN 978-7-5024-9992-1

Ⅰ. TD954

中国国家版本馆 CIP 数据核字第 2024GU4983 号

钨矿浮选化学及其实践

出版发行 冶金工业出版社 **电　话** (010)64027926
地　址 北京市东城区嵩祝院北巷 39 号 **邮　编** 100009
网　址 www. mip1953. com **电子信箱** service@ mip1953. com

责任编辑 张熙莹 美术编辑 彭子赫 版式设计 郑小利
责任校对 王永欣 责任印制 窦 唯
北京捷迅佳彩印刷有限公司印刷
2024 年 9 月第 1 版，2024 年 9 月第 1 次印刷
710mm×1000mm 1/16；22. 25 印张；431 千字；343 页
定价 129. 00 元

投稿电话 (010)64027932 投稿信箱 tougao@cnmip. com. cn
营销中心电话 (010)64044283
冶金工业出版社天猫旗舰店 yjgycbs. tmall. com
(本书如有印装质量问题，本社营销中心负责退换)

前　　言

钨具有一系列优异的力学性能，在优质钢的冶炼和硬质钢及合金的生产方面具有不可替代的作用，被广泛应用于军工及民用工业等各个领域，素有“工业牙齿”之称，被列入国务院批复的24种战略性矿产目录。我国钨资源储量位居世界第一，是重要的优势矿产资源。然而，随着黑钨矿的不断开采，优质的黑钨矿资源逐渐枯竭，黑白钨混合矿和白钨矿逐步成为我国钨资源开发利用的主要对象。我国发现的大部分白钨矿床为矽卡岩型钨矿床，该类矿床的特点是嵌布粒度细、呈细网脉状或浸染状构造、WO_3品位偏低，且大多与方解石、萤石等可浮性相似的含钙矿物紧密共生，浮选分离难度大。近年来，选矿工作者针对白钨矿及黑白钨混合矿在浮选新理论、新药剂和新工艺等方面开展了深入的研究，取得了一系列研究成果，并在生产中得到应用，提高了钨矿选矿的整体水平。

作者团队长期从事钨矿浮选基础理论和技术开发研究工作，深刻地认识到浮选化学在钨矿浮选中的重要作用，结合自身的研究成果和国内外研究进展，编写出版本书，供从事相关领域的科研工作者参考。钨矿浮选化学涉及地球化学、晶体化学、溶液化学、胶体化学和配位化学等诸多领域，对于钨矿浮选新技术的开发具有重要的意义。本书将钨矿浮选化学基础理论与技术开发、生产实践紧密结合，总结了近十年来浮选理论与技术的新成就，建立起了钨矿地质成矿机理、晶体化学和溶液化学特性等与浮选药剂和新工艺之间的联系，希望能够为钨矿浮选技术的开发提供借鉴。同时，系统地介绍了浮选药剂和浮选工艺的发展历程及国内外典型选矿厂的选矿技术。

全书由孙伟策划，胡岳华指导，团队中从事相关研究的十余位学者参与撰写。本书共分9章，第1章介绍世界钨矿资源、我国钨资源及钨资源的重大战略意义，由韩海生、孙文娟撰写；第2章从地球化学成矿的角度介绍了钨矿床的特征及其特性，为钨矿的工艺矿物学和基因矿物加工奠定了基础，由孙伟、付君浩撰写；第3章从晶体各向异性的角度介绍了白钨矿的晶体化学特性及其对浮选行为的影响，由高志勇、孙伟撰写；第4章介绍了钨矿和伴生矿物的溶液化学特性及其对浮选分离的指导意义，由孙伟、韩海生、王若林撰写；第5章介绍了钨矿浮选药剂的发展，浮选药剂分子设计与组装等前沿理论和技术，由孙伟、韩海生、王建军、亢建华撰写；第6章介绍了国内外钨矿选矿技术的发展历程和最先进的选矿技术，并以国内外典型选矿厂为例对选矿工艺进行了阐述，由孙伟、韩海生、卫召撰写；第7、8章分别介绍了钨矿伴生萤石、石英、长石资源的清洁高效利用技术，由孙伟、王丽、卫召撰写；第9章介绍了钨矿选冶废水的处理与循环利用技术，由孟祥松、韩海生撰写。本书中的研究数据及图表，除少数引自文献外，大部分来自于作者本人的研究成果和本团队毕业研究生的论文。全书内容由韩海生统稿，孙伟主审。

本书中的研究得到了国家科技支撑计划、国家重点研发计划、国家自然科学基金等重大项目的资助，本书的出版得到了国家科学技术学术著作出版基金的资助，本书编纂过程中得到了许多专家和学者的鼓励和帮助，另外，本书参考和引用了许多同行专家的文献，在此一并表示衷心的感谢！此外，还要感谢参与本书撰写和统稿工作的团队成员和同学们。

尽管我们十分努力，但由于水平所限，疏漏和不足之处敬请广大读者和同行谅解和指教。

作　者
2024年6月

目　　录

1 钨矿资源及其战略意义

1781 年，瑞典化学家舍勒（Scheele）首次发现了白钨矿，两年后，单质钨被成功提取[1]。钨熔点高、硬度大、超耐热，同时有卓越的高温力学性能、极低的膨胀系数、良好的导电性和导热性、低散热系数等特点，因而被广泛用于电力、电子、石油化工、军事、金属加工、建筑、采矿、抗磨损等领域，制作切削工具、高速工具钢、灯丝、电极、触点材料、磁控管、碳化钨、催化剂等产品，被誉为“工业的牙齿”[2]。18 世纪 50 年代，化学家发现钨可以显著影响钢的性能。19 世纪末和 20 世纪初，钨钢开始批量生产和广泛应用。1900 年巴黎世界博览会上首次展出了钨质量分数高达 20%的高速钢，标志着金属切割技术取得了重大进步。从此，钨的提取和加工工业得到了迅猛发展，钨成为世界上最重要的合金元素[3]。1909 年 Кулидж 基于粉末冶金法，采用压力加工工艺使钨得以在电真空技术中广泛应用，自此钨丝成为照明工业的重要材料。1928 年以碳化钨为主成分研制出的硬质合金，各方面的性能都超过了最好的工具钢，在现代技术中得到了广泛使用[4-5]。目前，钨是现代高科技新材料的重要组成部分，一系列电子光学材料、特殊合金、新型功能材料及有机金属化合物等均需使用具有独特性能的钨。钨在当代通信技术、电子计算机、航空军事、医药卫生、感光材料、光电材料、能源材料和催化材料等高新技术领域的应用日趋广泛。

钨在地壳中分布广泛，目前发现的钨矿物有 20 余种，但具有工业意义的只有黑钨矿和白钨矿。世界上已开采的主要钨矿床类型有：石英脉型黑钨矿床、矽卡岩型白钨矿床和斑岩型钨矿床。2022 年世界钨储量 380 万吨（钨金属），主要集中在中国、俄罗斯、越南、西班牙，4 国合计占世界钨储量的 60%以上。中国是世界钨资源最丰富的国家，也是世界最大的钨矿生产国和钨消费国[6]。作为一种不可再生资源，钨在航天、军事、材料等领域的作用不可替代。随着社会的发展和科技的进步，世界钨消耗逐年增加，钨资源已经成为重要的战略资源。本章从钨的主要性质和应用出发，介绍了当前世界钨资源的分布、开采及生产消费情况，为钨资源高效开发利用提供参考。

1.1 钨的基本性质和用途

1.1.1 钨的基本性质

钨是高熔点稀有金属，外形似钢，蒸气压很低，蒸发速度也较小。它的主要物理性质见表 1-1。钨具有优异的物理和力学性能，其密度和熔点在所有金属中名列前茅，具有极高的压缩模量、弹性模量、抗热蠕变性、导热性和导电性，在所有金属中钨的蒸气压最低[3]。

表 1-1 钨的主要物理性质[3,7-11]

物理性质	数 值
原子序数	74
相对原子质量	183.85
原子体积/$cm^3 \cdot mol^{-1}$	9.53
密度/$g \cdot cm^{-3}$	19.35
晶体结构及晶格常数/nm	α-W：体心立方，a=3.16524（25 ℃）
	β-W：立方晶系，a=5.046（630 ℃以下稳定）
熔点/℃	3410±20
沸点/℃	5927
熔化潜热/$kg \cdot mol^{-1}$	40.13±6.67
升华热/$kg \cdot mol^{-1}$	847.8（25 ℃）
蒸发热/$kg \cdot mol^{-1}$	823.85±20.9（沸点）
电阻温度系数/$℃^{-1}$	0.00482
电子逸出功/eV	4.55
弹性模量/MPa	35000~38000（丝材）
扭力模量/MPa	-36000
压缩性/$cm \cdot kg^{-1}$	2.917~7.000

钨具有很强的化学稳定性。室温下钨不与水反应，但高于 600 ℃时，钨易与蒸汽反应生成氧化物。室温下块状钨不与任何浓度的盐酸、硫酸或氢氟酸发生反应；钨可以与热硝酸或硝酸和氢氟酸的混合物反应生成 WO_3，只有在氧化剂存在下，王水才能侵蚀钨。无氧条件下，钨不会被碱或氨的水溶液腐蚀，钨甚至能抵抗熔融氢氧化钠或氢氧化钾的侵蚀。在较低温度下，钨能与 NH_3 作用生成氮化物，与 CO 生成碳化物；在高温下，N_2O、NO 和 NO_2 能侵蚀钨，在 1200 ℃时，CO_2 能与之相互作用[2-3]。钨还具有很强的电子发射能力，因此是热发射应用中最重要的金属。钨的碳化物具有极高的硬度和强度。基于这些特性，钨、钨合金和一些钨化合物在现代技术的不同领域中有许多重要的应用，无法轻易被其他金属替代。

1.1.2 钨的应用

早在18世纪50年代人们就开始关注钨对钢性能的影响。1900年巴黎世界博览会上首次展出了含钨量高达20%的高速钢，标志着金属切割领域的重大技术进步，彻底改变了20世纪初期的工业发展。1904年，第一个钨丝灯泡获得专利，并迅速取代了照明市场上效率较低的碳丝灯，彻底改变了人造照明。1906年美国机械工程师泰勒（F. W. Taylor）和冶金工程师怀特（M. White）确立了切削用高速钢的最佳成分 $W_{18}Cr_4V$（C、W、Cr、V的质量分数分别为0.75%、18.00%、4.00%、1.0%），切割速度提高了十几倍。至今，这种钢仍使用于世界上几乎所有的机械车间。1923年，德国人施勒特尔（K. Schroter）首次用粉末冶金方法在WC粉末中加入10%~20%的Co作黏结剂，研制出了硬度仅次于金刚石的WC-Co硬质合金，从此具有高硬度、高强度及良好韧性的硬质合金成为了工程材料领域中的重要材料，广泛应用于现代科技中[3,12-13]。

钨在现代社会的应用日益广泛，表1-2列出了钨的几种主要应用。钨主要应用于金属加工、机械、电子、矿业、重型制造业、石油化工等国民经济领域，此部分应用达到了总消费量的85%；军事、核能和航空航天工业等国防军事领域应用占15%[8,10,14]。其中钨在工业上的主要用途为生产硬质合金和钨钢。

表1-2 钨产品的主要应用[8,10,14]

领域	行业	用途
国防领域	航空航天	高档次、高精度硬质合金：陀螺仪的转子材料，航天航空器、潜艇、火箭等的惯性旋转元件，飞机副翼、转向舵，仪表及发动机的平衡配重元件，切削刀片、车刀、铣刀、焊接刀片、机夹刀片、数控刀片等
	军事领域	钨基合金、硬质合金：各种弹药如穿甲弹芯、子弹头等的制作材料，核反应堆中用于防辐射的屏蔽材料
国民经济	电气行业	电热加工材料
	汽车行业	高质量和高精度的切削工具、孔加工刀具：平衡器、减震器、耐震钨丝、钨触头材料等
	石油化工	钨催化剂：石油精炼催化剂 WS_2、硬质合金钻头
	矿山采掘、冶炼	硬质合金钻头、采掘钻头、冲击钻用球齿、钎片；矿场设备内衬、风机叶片、轴承等
	医疗器械	防辐射屏障、γ射线刀
	钢铁工业	硬质合金轧辊、模具、刀具及特殊钢生产所需钨等
	机械制造	高性能、高精度硬质合金等：数控刀片、焊接刀片、铣刀等

续表 1-2

领域	行业	用　　途
国民经济	电力能源	钨基复合材料、钨触头和高性能钨合金
	照明工业	钨丝灯泡，电子管、显像管、X 射线管等电子器件电热灯丝，短弧汞灯和氙灯

钨在硬质合金领域的用量最大，占钨总消耗量的50%以上。硬质合金是通过粉末冶金的方法，将高硬度难熔金属硬质碳化物（WC、TiC）和黏结剂金属（Co 或 Ni、Mo）按比例经过粉末制备、压制成型和高温烧结等工艺制成。硬质合金具有硬度和强度高，韧性和耐磨性好，弹性模量和抗压强度高，化学稳定性（耐腐蚀性）强，耐热性和冲击韧性高、热膨胀系数低，导热、导电系数与铁及其合金接近等一系列优点。硬质合金在切削刀具方面用途广泛，如制作车、铣、钻、刨、镗等刀具，用于切削普通金属和非金属材料，也可切削难加工材料如耐热钢、工具钢、高锰钢等，切削速度可达 100～300 m/min ，远远超过高速钢刀具，寿命则是高速钢刀具的几倍到几十倍。硬质合金在矿山开采的凿岩工具和采掘工具、石油钻探的钻探工具、国防军工的武器装备及测量量具、耐磨零件等方面均有广泛应用[4]。

近年来随着科学技术的发展，钨在高新技术产业中的应用日益广泛。如钨的氧化物因其比容量高、密度高、成本低等特点被应用于超级电容器的电极材料中，此外因为氧化钨开关时间短、颜色变化显著和电化学性质稳定而被用于制造电致变色元件[15]。钨及钨合金因为具有高熔点、高热导率、高密度、低的热膨胀系数、低蒸气压、低氚滞留、低溅射产额和高自溅射阈值等优异性能，被认为是最适合的等离子表面材料、未来商业核聚变装置中的潜力材料[16-17]。钨基催化剂因其表面反应活性和催化性质，被应用于催化还原 NO、检测气体污染物、光催化降解等环境领域中[18]。氧化钨基材料在近红外区域的宽波长范围内具有很强的光吸收特性并具有半导体特性，因此被广泛应用于光电治疗、太阳能电池、近红外屏蔽、热电、光催化和生物应用等方面[19-21]。为满足现代工业和国防军工对新型高性能材料的要求，通过喷涂钨及钨合金涂层已经成为增强各类基体材料，如火箭发动机及空间电力系统的喉衬材料、X 射线和 γ 射线的器件材料、各种武器涂层及新型药剂罩材料等机械、物理和化学性能的重要方法。

值得注意的是，特种钨合金和钨钢在现代军事领域中正发挥着不可取代的作用。钨是国防军事领域中制造枪炮管、火箭喷嘴、穿甲弹、电磁炮等现代军事兵器装备的必需元素。历史上两次世界战争期间，钨的需求和价格都有大幅度提高，因此，钨也被誉为“战争金属”。早在 1822 年，德国工程师就在枪支用钢中加入钨，以增强枪管抵抗火药燃烧的腐蚀作用，延长枪管的使用寿命[22]。第一次世界大战期间，钨成为了各国争抢的重要战略资源。现在，含钨钢是兵器应用最多的钢种之一，例如制造大口径厚管壁火炮身管的炮钢 PCrW、PCrNiW，钨的加入帮助克服了回火脆性，提高了钢的强度。钨合金脱壳穿甲弹芯抗压抗形变性能更强，侵彻威力更大，已经成为当代坦克的主要威胁之一[23]。近年来随着美国超高速电磁轨道炮的试射成功，作为轨道炮导轨材料表面耐磨、抗高温烧蚀的钨基合金涂层逐渐成为全世界关注和研究的重点[24]。未来，钨在高新技术产业和国防军工中的应用将更加广泛，其战略矿产资源的重要地位也将进一步凸显。

1.2 钨矿物及钨矿资源

1.2.1 钨矿物

钨是一种分布较广泛的元素，几乎存在于各类岩石中，但含量较低，通过有关地质作用加以富集才能形成矿床作为商品矿石开采。钨在地壳中的平均品位为 0.00013%，在花岗岩中平均品位为 0.00016%，其相对丰度在金属中居第 18 位，在元素中居第 26 位。钨在自然界中主要呈六价阳离子态，由于 W^{6+} 离子半径小、电价高，具有强极化能力，易形成络阴离子，因此钨主要以络阴离子形式存在。WO_4^{2-} 与溶液中的 Fe^{2+}、Mn^{2+}、Ca^{2+} 等阳离子结合形成黑钨矿或白钨矿沉淀。在表生作用下，由于含钨矿物较稳定，常形成砂矿，但在酸性条件下，含钨矿物可以被分解，并以 WO_3 形式溶于地表水中，在一定条件下形成某些钨的次生矿物，有时以矿物微粒或离子形式被黏土或铁锰氧化物吸附而聚集于页岩、泥质细砂岩及铁锰矿层中[3]。

钨的重要矿物均为钨酸盐，在成矿作用过程中能与 WO_4^{2-} 络阴离子结合的阳离子仅有 Fe^{2+}、Mn^{2+}、Ca^{2+}、Pb^{2+}、Cu^{2+}、Zn^{2+} 等，因而钨矿物种类有限。目前在地壳中发现有 20 余种钨矿物和含钨矿物，即黑钨矿族：钨铁矿、钨锰铁矿、铁钨锰矿、锰钨铁矿、钨锰矿；白钨矿族：白钨矿（钙钨矿）、钼白钨矿、铜白钨矿；钨华类矿物：钨华、水钨华、高铁钨华、钇钨华、铜钨华、水钨铝矿；不常见钨矿物：钨铅矿、斜钨铅矿、钼钨铅矿、钨锌矿、钨铋矿等[2-3,25]。表 1-3 列出了主要钨矿物的物理性质，其中在经济上具有开采价值的只有黑钨矿和白钨矿。

表 1-3 主要钨矿物及其性质[3]

矿物	分子式	WO_3 质量分数/%	密度 /g · cm^{-3}	莫氏硬度	颜　色	磁性
黑钨矿	$(Fe,Mn)WO_4$	76.5	7.3	5.0~5.5	淡褐色、铁黑色等	弱磁性
白钨矿	$CaWO_4$	80.6	5.9~6.2	4.5~5.0	白色、淡黄色	非磁性

续表 1-3

矿物	分子式	WO_3 质量分数/%	密度 /g·cm^{-3}	莫氏硬度	颜　色	磁性
钨铁矿	$FeWO_4$	76.3	7.5	5.0	黑色	弱磁性
钨锰矿	$MnWO_4$	76.6	7.2	4.0~4.5	褐色、红褐色及黑色	弱磁性
钨华	$WO_3 \cdot H_2O$	86.2	5.5	2.5~3.0	光亮黄色或淡黄绿色	
钨铜矿	$CuWO_4$	74.5	3.0~3.5	4.5~5.0	橄榄绿	
钨酸铅矿	$PbWO_4$	50.9	7.8~8.3	2.7~3.0	绿色、褐红色及淡黄灰色	
钨铋矿	Bi_2WO_6		6.8~7.8	3.0~3.5	浅白色、黄色、绿黄色、黄灰色	
钨锌矿	$ZnWO_4$	74.0	6.7		暗褐色、黑色	
辉钨矿	WS_2		7.2~7.4	2.5	铅灰色	

1.2.2 钨矿资源

1.2.2.1 世界钨矿资源

据美国地质调查局（U. S. Geological Survey）数据显示，2022 年世界钨储量 380 万吨（钨金属）[6]。世界钨储量集中分布在中国（180 万吨）、俄罗斯（40 万吨）、越南（10 万吨）、西班牙（5.6 万吨），4 国合计占世界钨储量的 60%以上，其他钨资源国还有朝鲜、美国、玻利维亚、卢旺达、奥地利和葡萄牙等。其他具有钨资源潜力的国家有澳大利亚、蒙古国、巴西、缅甸、哈萨克斯坦、土耳其、泰国等[6,26-27]。

世界钨矿床以矽卡岩型、斑岩型和石英脉型为主，其中，石英脉型黑钨矿矿床是目前世界上最重要的钨矿类型，除中国外，其他国家和地区几乎没有大型矿区，矿石矿物以黑钨矿为主，有少量白钨矿；其次是矽卡岩型白钨矿矿床，矿石储量较集中，往往形成大型矿区；斑岩型钨矿床占钨矿总储量的 1/4，矿石矿物中黑钨矿和白钨矿几乎各占一半，品位低（WO_3 质量分数为 0.1%）。除上述钨矿床类型外，其他还有砂岩型、伟晶岩型和热泉型钨矿床等，这些矿床类型的工业意义很小[10,28]。世界上特大型钨矿床多为矽卡岩型，主要有加拿大马克通（Mactung）、坎通（Cantung），美国派因克里克（Pine Creek），韩国上东（Sangdong），澳大利亚金岛（KingIsland），土耳其乌卢达格（Uludag）等矽卡岩白钨矿床。世界钨矿床主要分布在环太平洋成矿带（加拿大、美国、玻利维亚、朝鲜、中国东南沿海）、地中海北岸（土耳其、法国、奥地利、德国等）、俄罗斯乌拉尔地区、中亚、西亚及中国新疆和甘肃等地，其中环太平洋成矿带的钨矿总量占世界钨矿总量的50%以上，众多特大型著名钨矿位于此处，如中国柿竹园钨矿，加拿大 Sisson、Northern Dancer 钨矿，越南 Nui Phao 钨矿等[9,10,26,29]。

欧洲重要的钨矿山主要分布在英国、西班牙和奥地利。英国德雷克兰德（Drakelands）钨矿（原名 Hemerdon 钨矿），探明矿石储量为3570万吨，三氧化钨平均品位0.18%，三氧化钨储量为6.426万吨。西班牙拉帕里拉（La Parrilla）钨矿是目前西班牙在产的最大钨锡矿，矿石储量为2970万吨，三氧化钨平均品位0.0931%，三氧化钨储量2.765万吨。巴鲁埃科帕尔多（Barruecopardo）钨矿是西班牙曾经最大的钨矿，是拥有近百年采矿历史的大型露天钨矿，矿石储量为869万吨，三氧化钨平均品位0.30%，三氧化钨储量为2.61万吨。奥地利米特西尔（Mittersill）钨矿是当今欧洲最大的白钨矿山，预计矿石储量500万吨，三氧化钨平均品位0.5%，三氧化钨储量2.5万吨，年采矿石40万吨，年产金属钨1800 t。法国、挪威也有较大储量的钨资源，其他有潜力的钨资源国家有独联体国家，特别是俄罗斯和哈萨克斯坦。哈萨克斯坦巴库塔（Boguty）钨矿已探明矿石储量12602.95万吨，三氧化钨平均品位0.226%，三氧化钨储量28.49万吨，世界排名第五。巴库塔钨矿项目2022年投产，预计钨精矿产量将达到世界产量的8%，是目前在建的世界最大单体钨矿山[26]。

玻利维亚曾是世界第三大钨生产国，但近年产量大幅度下滑。博尔萨-内格拉矿是玻利维亚单一产钨的最大矿山，探明储量为40万吨（金属量），三氧化钨平均品位为0.8%，总储量达110万吨（金属量）。加拿大最有可能成为美洲钨的新来源地。加拿大 Sisson 钨钼矿储量大，约3.344亿吨，但矿石品位较低，三氧化钨平均品位0.066%，钼平均品位0.021%，三氧化钨储量为22.2万吨；加拿大 Mactung 钨矿地下矿石储量为850万吨，三氧化钨平均品位1.082%，三氧化钨储量9.197万吨。2015年，北美钨有限公司申请破产重组；2019年8月，北美钨有限公司旗下 Mactung 和 Cantung 两个钨矿寻求出售，这可能极大地影响美洲钨供应。

亚太地区，越南炮山（Nui Phao）钨多金属矿是越南境内最大的钨矿山，矿石储量为6600万吨，三氧化钨平均品位0.18%，三氧化钨储量为11.88万吨，2013年投产后钨精矿年产能达6000 t。炮山（Nui Phao）钨多金属矿生产成本低，但由于越南对钨精矿出口关税高达20%，目前钨精矿全部用于国内生产仲钨酸铵（APT）。韩国上东钨矿（Sangdong）是韩国最大的钨矿项目，目前已探明矿产资源量为833.4万吨，三氧化钨平均品位0.49%，三氧化钨储量为4.08万吨；该矿山在20世纪50—90年代曾经是全球钨精矿的主要供应商之一，但由于钨价低迷，矿山于1992年关闭；2020年 Almonty Industries Inc. 开工建设上东项目，该项目设计年产 WO_3 品位为65%的钨精矿3600 t。此外，泰国也储有丰富的钨资源，不过通常伴生在锡资源中。

澳大利亚金岛多芬（Dolphin）钨矿探明矿石储量314万吨，三氧化钨平均品位0.73%，三氧化钨储量为2.292万吨，设计年产能为3100 t钨精矿（折合约2000 t三氧化钨）。除此之外还有许多重大的钨矿项目在产或预计两年内投产，如哈萨克斯坦的Drozhillovskoye钼钨矿、Severniy Katpar钨矿和Verkhniye Kayraktinskoe钨矿，津巴布韦的RHA钨矿，俄罗斯的Tyrnyauz钨矿等。

1.2.2.2 中国钨矿资源

中国是世界钨资源最丰富的国家，2022年钨储量180万吨，占世界钨储量的47.37%（见图1-1）。中国钨矿分布广、产地多、规模大、品位高、伴生组分复杂、矿石类型繁多，特别以高度复杂的石英脉型钨矿床著称于世，世界前十的矿山中有四个在中国[5,25,30]。

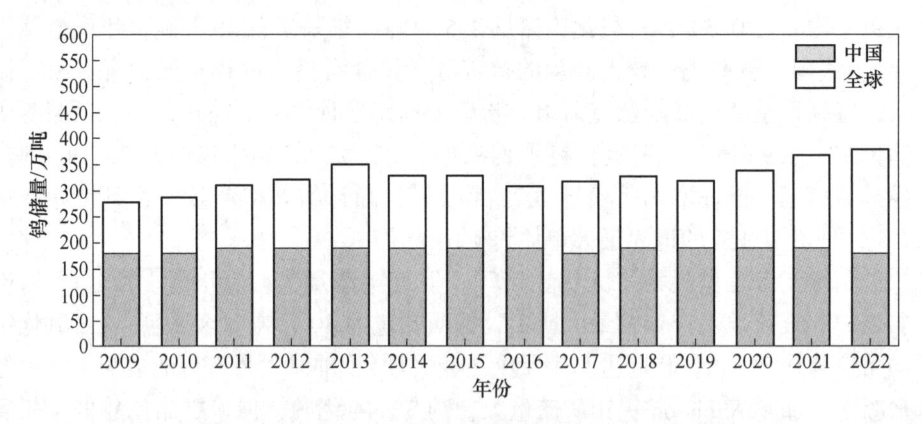

图1-1 2009—2022年全球及中国钨储量变化[5,6,26-27]

中国钨矿大体上分布于中国南岭山地两侧及广东东部沿海一带，其中江西省分布最多，储量占全国总储量的50%以上。中国钨资源广布于全国21个省（自治区、直辖市），江西、湖南、河南三省的钨资源储量居全国前三，其中湖南、江西两省的钨资源储量占全国的76.65%（见图1-2）。湖南以白钨矿为主；江西以黑钨矿为主，其黑钨矿资源占全国黑钨矿资源总量的42.40%[6]。此外，广西、云南、福建、甘肃、新疆、黑龙江、广东等省区也分布有一些钨矿矿床，钨储量在2万吨以上。

中国钨矿中白钨矿占68.7%，黑钨矿占20.9%，黑白钨混合矿占10.4%。由于中国白钨矿品位低、贫矿多、富矿少，黑白钨混合矿成分复杂难选难冶，近百年来主要开采高品位、易采、易选的黑钨矿。黑钨矿消耗速度快，储量不断减少，易选易冶的优质黑钨矿已基本消耗殆尽，形成了钨矿储量以白钨矿为主的局面。白钨矿储量主要集中分布在中部地区（81.6%），全国共有29个大型白钨矿床，其中有3个超大型白钨矿床，即湘南柿竹园（黑白钨共生矿）和黄沙坪

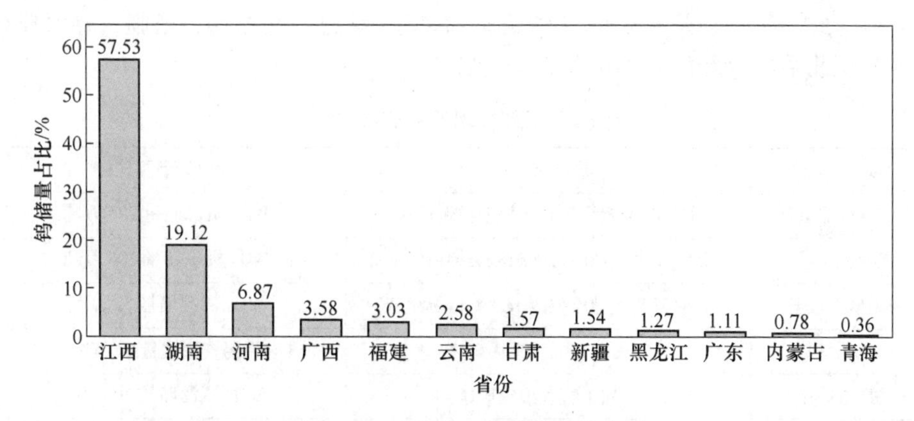

图 1-2 2021 年中国钨储量分布

(白钨矿)钨锡铋钼多金属矿、豫西栾川三道庄(白钨矿)钨钼矿和闽西清流行洛坑(黑白钨共生矿)钨矿,占白钨矿总储量 55%以上。我国白钨矿资源矿区规模较大,储量较集中,储量 10 万吨以上的矿区共有 10 个,但白钨矿区钨品位普遍不高,80%矿区矿石品位在 0.5%以下[28]。

中国钨矿多为共、伴生矿床,单一矿床少,通常与铜、钼、锑、锡、铋、铌、钽及金、银等共、伴生。中国伴生钨储量约占总储量的 20%[3],湖南、江西、广东三省的钨矿床中,钨储量与锡、铋、钼、铜等伴生金属总储量的比例大约为 1∶1.1,在开发主矿的同时综合回收钨资源,对合理利用矿产资源、提高企业经济效益十分有利。目前,云南个旧锡矿、大冶龙角山铜矿、江西永平铜矿及一些钼矿等已经普遍实现了主金属与伴生钨资源的综合开发利用。

中国钨资源储量潜力较大,自 2010 年以来,中国新发现一批大型、超大型钨矿产地,新探获钨资源储量超过历史累计查明总和[14]。2012 年初江西大湖塘钨矿南北两个区段探获 WO_3 105.345 万吨,单个矿床资源储量居全国首位,近年其周边工作区新增钨资源量上百万吨,至今大湖塘矿区探获钨资源储量已超过 200 万吨[31]。大湖塘矿区刷新了单个钨矿床钨资源储量规模的世界纪录,改变了全国钨资源储量矽卡岩型、石英脉型、花岗斑岩浸染型三大类矿石构成比例,巩固了中国世界钨资源优势地位。江西朱溪铜矿在外围找矿工作中发现了隐伏的超大型矽卡岩型白钨矿床,目前普查探获 WO_3 291 万吨,WO_3平均品位 0.689%,共生铜 10 万吨,其中 WO_3平均品位为 1.54%的富矿资源量为 60 万吨。2021 年在大冶市付家山地区发现钨矿 5.84 万吨,达到大型钨矿规模。表 1-4 列出了近年新发现的钨资源[32]。在赣南—粤北和湘南老矿区,通过探底摸边勘查工作,已在湖南瑶岗仙及江西西华山、茅坪、淘锡坑、浒坑、武宁、大吉山、分宜钨矿区等许多老矿区的深边部陆续发现厚大共生伴钨矿体。湖南黄沙坪铅锌矿、长江中下游铜铁矿成矿带一些大型有色金属矿山在采探过程中也发现了矽卡岩共伴生钨矿。与此同时，近几年皖南（浙西）、吉中—延边、北祁连、新疆—青海祁曼塔格和藏北甲岗等新区找钨也均有新突破[33]。

表 1-4 最新发现的主要钨矿[33]

地 区	新钨矿床	资源类型及规模
江西浮梁县	朱溪隐伏超大型矽卡岩型白钨矿床	WO_3 资源储量 286 万吨
江西武宁县	大湖塘超大型花岗岩细脉浸染型白钨矿床	WO_3 资源储量 106 万吨
云南麻栗坡县	南温河超大型层控矽卡岩型白钨矿床	WO_3 资源储量 53 万吨
广东乐昌县	禾尚田特大型钨锡矿床	钨锡资源储量 30 万吨
甘肃敦煌市	小独山特大型钨矿床	WO_3 资源储量 20 万吨
广东始兴县	南山坑—良源钨稀有多金属矿床	WO_3 资源储量预测 20 万吨以上
江西崇仁县	香源大型细脉带白钨矿床	WO_3 资源储量 13 万吨
广东云浮市	大金山大型钨锡矿床	钨资源储量 8.5 万吨， 锡资源储量 1.9 万吨
广西苍梧县	社垌大型钨多金属矿床	WO_3 资源储量 8 万吨，钼矿储量 1 万吨
西藏墨竹工卡县	达龙钨大型钨多金属矿床	WO_3 资源储量 5 万吨
新疆哈密市	沙东大型白钨矿床	WO_3 资源储量 3 万~5 万吨

值得注意的是，虽然中国钨矿保有资源储量排名世界第一，但是钨矿保障程度非常严峻。中国具有设计产能的钨矿山 107 家，其中静态保障年限不足 10 年的占 62%，大型矿山中保障年限大于 40 年的仅有 27 家[10-11,34]。中国钨资源占全球储量不到 60%，开采量却占全球的 80%以上，资源优势正在逐渐减弱。中国储采比已由 2008 年的 14.6 下降到 2019 年的 10.8，远低于全球 27.1 的水平，资源消耗速度过快[26]。尽管查明的钨资源储量有所增长，但基础储量下降明显，且新勘探发现的资源禀赋相对较差，开发利用经济效益预期下降。随着国内钨矿资源的快速消耗，中国钨矿资源优势很可能会发生逆转。在加大钨矿资源详查、勘探力度的同时，坚定不移施行钨矿资源消耗总量控制政策是必不可少的。

1.2.2.3 二次钨资源

作为不可再生资源，钨资源的二次回收利用是许多国家钨资源的重要来源。二次利用的钨资源主要来自硬质合金，其次是钨材、合金钢、钨催化剂、钨触点材料、高密度合金等[35]。中国是世界上最大的钨消费国，但是钨废料的回收低于 10%，远低于 30%的全球平均水平。中国的钨二次利用主要是回收硬质合金，目前回收硬质合金规模为 1500 t/a，有较大增长潜力[36]。二次回收的钨产品的钨品位（WO_3）是原矿的 10 倍以上，全世界二次利用钨资源量约占总需求量的 1/3，因此十分受美国、日本等钨资源消耗大国的重视[37]。德国斯柯达公司专门长期以低价从全球钨厂收购钨废料并在格斯拉厂建设专门的生产线，其处理量占钨原料的30%。俄罗斯专门设立再生有色金属研究所进行金属回收利用技术研究，其研发的工业处理技术非常有应用前景。日本成立钨回收委员会研究钨废料回收途径、处理技术及再次加工利用等技术，100 t 硬质合金可以回收 31 t 含钨废料。在美国，从硬质合金中回收钨的量占其钨产量的30%左右，冶金工业公司从废合金中回收 WC 500 t/a、纯钨合金添加剂为 100 t/a[38]；华昌公司采用锌熔法回收硬质合金 500 t/a。英国的瑟卡锡安公司是专门的钨废料处理公司[36,39]。中国钨回收技术起步晚，主要集中在硬质合金和催化剂等二次资源回收。

1.3 钨产品的生产与消费

2010年以来，世界钨矿山产量稳步提高，自 2017 年起稳定维持全球年产量在 8 万吨以上，其中，中国钨产量始终占全球钨产量的 70%以上。中国 2022 年钨矿山产量 7.1 万吨，占全球钨产量的 84.52%，依然是世界最大钨生产国。其他主要钨矿生产国有越南（4800 t）、俄罗斯（2300 t）、玻利维亚（1400 t）、奥地利（900 t）、葡萄牙（500 t）等[5-6,26,40]。

中国是世界最大钨矿生产国，近年来始终保持年产 6 万吨以上，在世界上占绝对优势。中国钨矿生产的企业分布在 11 个省（自治区），钨精矿的产量主要集中在江西、湖南和河南三省，其钨精矿产量占全国产量的 58.2%[5,26]。中国出口钨产品多为钨精矿、APT 等上游原料产品，虽然近年高附加值的氧化物、钨粉、碳化钨和硬质合金出口量有所增加，但增长幅度较小，与美国、日本、欧洲等钨加工国和地区之间还有很大距离[11]。目前中国对钨矿实行保护性开采政策，钨矿的生产实行总量控制，钨品出口实行总量控制和配额许可证制度。

2015 年越南钨矿产量 5600 t，自此超越加拿大和俄罗斯成为世界第二大钨矿生产国。越南钨矿大多来自炮山（Nui Phao）钨多金属矿，马山资源公司（Masan Resources）评测炮山钨多金属矿钨供应量占世界钨总供应量的 30%，同时该矿还是除中国和墨西哥以外最大的单一萤石矿，其萤石供应量占全球萤石总供应量的 6%~7%[41]。俄罗斯是世界重要钨生产国，普里摩斯科（Primorsky）钨矿和莱蒙托夫（Lermontov）钨矿是俄罗斯两个主要钨矿山[42]，钨矿主要生产公司有 JSCA&IR 矿业公司（其矿石主要来自普里摩斯科钨矿山）、KGUP Primteploenergo 矿业公司、俄罗斯矿石开采公司（RGRK）、Artel Quartz 有限公司和 Wolfram 公司。加拿大曾经是世界重要的钨矿生产国，坎通钨矿（Cantung Mine）、马克通钨矿（Mactung Mine）和格洛通钨矿是加拿大储量最大的三个白钨矿矿床，普莱森特山是加拿大重要的黑钨矿矿山。北美钨有限公司（North American Tungsten Corp. Ltd）、北克里夫（Northcliff）勘查有限公司和阿德克斯

（Adex）矿业公司是加拿大三大钨矿开采公司[34-35]。2015 年北美钨有限公司申请破产重组，坎通钨矿（Cantung Mine）已停产，马克通钨矿（Mactung Mine）的开发也已搁置。2018 年，哈萨克斯坦卡拉干达州北卡特帕尔矿床钨矿探明储量约 9 万吨，钼储量约 1.3 万吨，哈萨克斯坦钨产量将有望升至世界第二。2019 年底英国 Tungsten West 公司收购了原矿量约 4.01 万吨、平均品位 0.13% 的英国 Hemerdon 钨矿山。2020 年加拿大阿尔门特公司（Almonty Industries Inc）所属的韩国桑东钨钼矿项目（Sangdong Tungsten Molybdenum Project）进入半工业试验阶段，该矿钨储量折合 WO_3 约 5.1 万吨，WO_3 品位 0.41%[26]。

世界主要的钨消费国和地区有中国、美国、日本和欧洲，其他重要的钨消费国还有俄罗斯、韩国、南非、印度、巴西、以色列及巴基斯坦等。中国已经成为钨消费的全球中心，2002 年以来中国钨消费量持续增长，成为世界最大的钨消费国，钨消费量约占全球钨消费量的 80%[26]。2019 年全球钨消费 9.8 万吨，其中中国占全球钨消费量的 57%、欧盟占 16%、美国占 11%、日本占 8%，合计占全球钨消费的 92%。如图 1-3 所示，中国、美国、日本和欧盟为原钨消费主要国家和地区。2019 年中国、欧盟、美国和日本原钨消费量合计占全球的 91%。硬质合金制造是最主要的钨消费领域，据国际钨协（ITIA）统计，全球 59%的钨用于生产硬质合金，19%的钨用于生产特钢和合金，16%的钨用于生产钨材，6%的钨用于化工和其他领域。中国钨的消费结构大致为：硬质合金 51%，特钢与合金 30%，钨材 13%，化工及其他 6%。

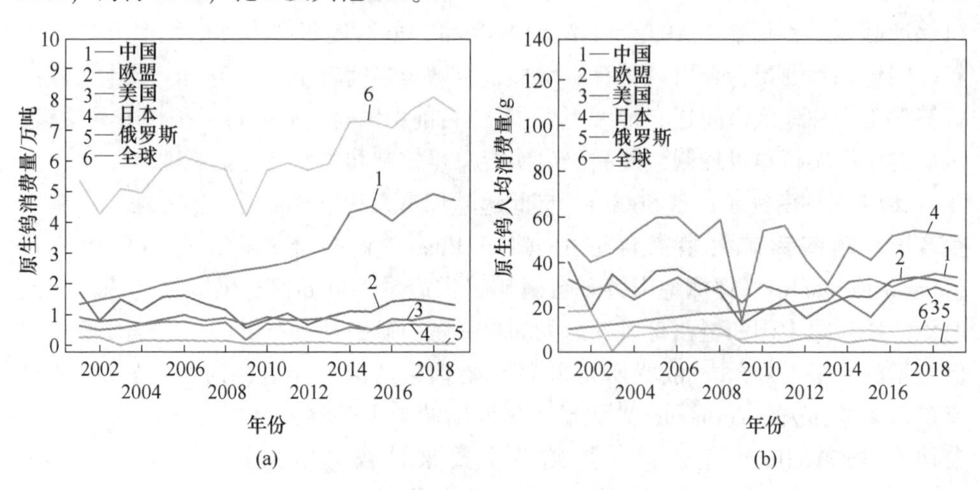

图 1-3　世界各国和地区钨消费水平
（a）消费量；（b）人均消费量

人均资源消费量作为衡量工业化程度的一个重要指标，可以反映经济发展与资源消费水平关系。美国、欧盟等已完成了工业化进程，人均钨消费水平呈现稳定态势。当前，中国正处在快速工业化、城镇化进程中，人均钨消费量逐渐增长，2009 年后逐渐赶超美国、欧盟水平，可以预见未来中国人均钨需求将继续呈现稳定增长态势，未来 30 年中国仍将是钨资源需求第一大国[43]。

1.4 钨矿资源战略意义

硬质合金是钨最主要的消费领域，在发达国家钨下游需求结构中占比高达 72%，在我国仅占 51%，仍存在较大的增长空间。目前，中国硬质合金消费超过 6400 t/a，其中原钨消费占 69%，回收利用金属量占 31%。随着耐磨零件、矿用合金、切削刀片等产量的持续增长，钨资源的消耗也会持续增大。中国特钢/粗钢比例远低于发达国家水平，产业升级推动了特钢领域钨钢的消费增长。钨是高速工具钢、合金结构钢、弹簧钢的主要合金元素。2021 年，中国特钢产量仅占总粗钢产量的 13.4%，这一占比与日本的 20%相距甚远，特钢需求将随着中国产业升级快速增长。钨材方面，根据中国照明电器协会相关统计，产能已超过 1000 t/a，其中钨丝产能超过 100 亿米，企业 200 余家。钨材国内消费超过 530 t/a，其中产量超过 735 t/a，出口约 39 t/a，进口约 185 t/a[7-8,10]。中国已经成为世界最大的钨供应国，供应了国际市场钨产品需求的 80%左右，以中国 180 万吨储量计算，还可以供给全球 26 年。短期来看，全球钨资源供应充足，中长期来看，全球钨矿资源供给紧张[26]。

目前在钨的主要应用领域中还没有可以替代钨的材料，因此，中国、美国、俄罗斯、韩国等都加强了钨的战略储备[44]。近年来随着钨矿在高新技术产业中不可替代性的日益凸显，各国针对钨矿的战略保护政策越发全面。2014 年 5 月，欧委会发布了关键原材料清单，将该清单所涉及的种类范围从 14 种扩大到 20 种，钨被列入其中。2016 年底，中国发布《全国矿产资源规划（2016—2020）》，将钨列入国家战略性矿物目录，作为矿产资源宏观调控和监督管理的重点对象，并在资源配置、财政收入、矿业用地等方面提供差别化管理[31]。2018 年，美国为了减轻对进口矿物资源的依赖，以防经济和军事上的战略脆弱性和受到不利的外国政府行为、自然灾害和其他可能干扰关键矿产供应的事件的影响，公布了包括钨在内的 35 种关键矿物产品清单，并采取一系列措施来解决其海外供应的依赖问题，鼓励国内公司在钨矿等关键矿物的生产、精炼、材料科学、冶金、知识产权、研发及商业与国防应用等方面加大投入，从而构建本国完整的供应链。2020 年，澳大利亚昆士兰政府宣布投资 1000 万澳元鼓励矿企勘查钨矿等“新经济矿产（new economy minerals）”和进行矿产开发技术创新，以保障战略资源储备安全；2021 年更是直接资助当地企业 King Island 重新开发塔州停产约 30 年的“海豚项目”钨矿山，以减轻对中国钨矿的依赖。2021 年 6 月，巴西政府公布了一系列对国家利益特别重要的矿产目录，希望通过制定政策，促进这些矿物和金属的生产，其中钨作为高技术产品和工艺所需的矿产被列入目录中。同年，韩国政府决定将钨、钼、稀土等稀有金属储量增加1倍，确保100天使用量，到2025年还将挖掘并培养稀有金属百大核心企业。日本政府则将钨、钼、稀土等重要矿产相关行业追加到修正外汇法对外国人投资的重点审查对象中，旨在最大限度减少该国关键原材料供应链的脆弱性，同时提高该国各个行业如汽车、电池、航空母舰等在国际上的竞争地位。

参考文献

[1] 李洪桂．稀有金属冶金学［M］．北京：冶金工业出版社，1990.

[2] 马东升．钨的地球化学研究进展［J］．高校地质学报，2009，15（1）：19-34.

[3] 邱显扬，董天颂．现代钨矿选矿［M］．北京：冶金工业出版社，2012.

[4] 储开宇．我国硬质合金产业的发展现状与展望［J］．稀有金属与硬质合金，2011，39（1）：52-56.

[5] 中华人民共和国自然资源部．中国矿产资源报告（2020）［R］．2020-10-22.

[6] Mineral commodity summaries 2021［Z］．Reston：s. n.，2021.

[7] 曹飞，杨卉芃，王威，等．全球钨矿资源概况及供需分析［J］．矿产保护与利用，2018（2）：145-150.

[8] SEDDON M．全球钨资源和未来供应［J］．中国钨业，2001（增刊1）：136-138.

[9] 蔡改贫，吴叶彬，陈少平．世界钨矿资源浅析［J］．世界有色金属，2009（4）：62-65.

[10] 张洪川．世界钨资源供需形势分析［D］．北京：中国地质大学（北京），2017.

[11] 赵中伟，孙丰龙，杨金洪，等．我国钨资源、技术和产业发展现状与展望［J］．中国有色金属学报，2019，29（9）：1902-1916.

[12] BOSE A. A perspective on the earliest commercial PM metalceramic composite：Cemented tungsten carbide［J］. International Journal of Powder Metallurgy，2011，47（2）：31-50.

[13] MEHROTRA P K，MIZGALSKI K P，SANTHANAM A T. Recent advances in tungsten-based hardmetals［J］. International Journal of Powder Metallurgy，2007，43（2）：33-40.

[14] 王明燕，贾木欣，肖仪武，等．中国钨矿资源现状及可持续发展对策［J］．有色金属工程，2014，4（2）：76-80.

[15] HAN W，SHI Q，HU R. Advances in electrochemical energy devices constructed with tungsten oxide-based nanomaterials［J］. Nanomaterials，2021，11（3）：692.

[16] LIU D，LIANG Z，LUO L，et al. An overview of oxidation-resistant tungsten alloys for nuclear fusion［J］. Journal of Alloys and Compounds，2018，765：299-312.

[17] 丁孝禹，罗来马，黄丽枚，等．核聚变堆用钨及钨合金辐照损伤研究进展［J］．稀有金属，2015，39（12）：1139-1147.

[18] CAN F，COURTOIS X，DUPREZ D. Tungsten-based catalysts for environmental applications［J］. Catalysts，2021，11（6）：703.

[19] WU C，NASEEM S，CHOU M，et al. Recent advances in tungsten-oxide-based materials and

their applications [J]. Frontiers in Materials, 2019 (6): 49.

[20] BENTLEY J, DESAI S, BASTAKOTI B P. Porous tungsten oxide: Recent advances in design, synthesis, and applications [J]. Chemistry-A European Journal, 2021,27(36): 9241-9252.

[21] MARDARE C C, HASSEL A W. Review on the versatility of tungsten oxide coatings [J]. Physica Status Solidi A-Applications and Materials Science, 2019, 216 (12): 1900047.

[22] 佘建芳, 邱银兰. 钨的应用——从电子材料到军事弹药 [J]. 中国钨业, 2001 (2): 39-41.

[23] 王伏生, 赵慕岳. 高密度钨合金及其在军事工业中的应用 [J]. 粉末冶金材料科学与工程, 1997 (2): 114-120.

[24] 张雪辉, 林晨光, 崔舜, 等. 钨及其合金涂层的研究现状 [J]. 兵工学报, 2013, 34 (3): 365-372.

[25] 崔中良, 郭钢阳, 赵剑星, 等. 中国钨矿床研究现状及进展 [J]. 河北地质大学学报, 2019, 42 (1): 27-36.

[26] 佘泽全, 苏刚. 2020年中国钨工业发展报告 [J]. 中国钨业, 2021, 36 (2): 1-9.

[27] ANONYMOUS. Mineral resource of the month: Tungsten [J]. Geotimes, 2006, 51 (2): 45.

[28] 杨晓峰, 刘全军. 我国白钨矿的资源分布及选矿的现状和进展 [J]. 矿业快报, 2008 (4): 6-9.

[29] HAN Z, GOLEV A, EDRAKI M. A review of tungsten resources and potential extraction from mine waste [J]. Minerals, 2021, 11 (7): 701.

[30] 刘壮壮, 夏庆霖, 汪新庆, 等. 中国钨矿资源分布及成矿区带划分 [J]. 矿床地质, 2014, 33 (增刊1): 947-948.

[31] 臧敬. 走近世界最大钨矿——江西大湖塘 [J]. 地球, 2012 (7): 44-45.

[32] 欧阳永棚, 饶建锋, 魏锦. 朱溪超大型钨铜矿床多期成矿作用初探 [C] // 资源利用与生态环境——等十六届华东六省一市地学科技论坛论文集, 2020.

[33] 韦星林. 我国近年钨矿勘查新发现及其启示 [J]. 中国钨业, 2016, 31 (3): 1-7.

[34] 申建秀. 我国黑钨资源的枯竭及其对策（我国钨资源优势的危机及其对策） [J]. 硬质合金, 1999 (2): 126-129.

[35] AHN H H, LEE M S. Hydrometallurgical processes for the recovery of tungsten from ores and secondary resources [J]. Journal of the Korean Institute of Resources Recycling, 2018, 27 (6): 3-10.

[36] 周志理, 席晓丽, 聂祚仁. 二次资源钨的再生及性能研究 [C] //中国工程科技论坛151场——粉末冶金科学与技术发展前沿论坛论文集, 2012.

[37] 肖连生. 中国钨提取冶金技术的进步与展望 [J]. 有色金属科学与工程, 2013, 4 (5): 6-10.

[38] MISHRA D, SINHA S, SAHU K K, et al. Recycling of secondary tungsten resources [J]. Transactions of the Indian Institute of Metals, 2017, 70 (2): 479-485.

[39] 夏文堂. 钨的二次资源及其开发前景 [J]. 再生资源研究, 2006 (1): 11-17.

[40] 中国钨业协会. 中国钨工业发展规划（2016—2020年） [J]. 中国钨业, 2017, 32 (1):

9-15.

[41] 加拿大泰伯公司开发越南钨矿 [J]. 采矿技术, 2004, 4 (2): 21.

[42] 赵秦生. 俄罗斯钨钼冶金的新进展 [J]. 稀有金属与硬质合金, 2004 (4): 59.

[43] KONG R, HUANG T T, CHU Z J. The gray prediction of world tungsten demand and some suggestions [C]. International Institute of Applied Statistics Studies Conference. S. l., 2009.

[44] GAO B, LI Z. Early warning for tungsten resources industrial security in China [C]. 3rd International Conference on Management, Education Technology and Sports Science (METSS): 2016: 25, 111-114.

2　钨矿的地球化学与成矿

长期以来，钨矿的成矿地球化学研究一直是地质工作者的研究重点，为丰富钨矿深部探测的理论与实践作出了重大贡献。

事实上，地球化学成矿过程决定了矿石工艺矿物学特征，进而影响选矿富集工艺流程，甚至钨的冶金提取效率。浮选技术已经成为复杂钨资源分离提取的主体技术，浮选分离的可行性和效率取决于矿石的工艺矿物学特征，其与钨矿的地质成矿条件息息相关。地球化学成矿过程决定了矿石的“基因特性”（钨矿物的物相、晶体结构特征、共伴生矿物组分、嵌布关系等），进而决定其分选的可行性，这一基因特性不仅为选别工艺流程的确定提供了支撑，同时可以为浮选新药剂、新技术的开发提供一定的指导。

本章总结了不同类型的钨矿床成矿过程和钨矿选矿技术，并追溯相应类型矿床的地球化学成矿原理，探寻地球化学成矿规律与钨矿浮选乃至冶金技术间的关系，以期丰富和发展浮选分离理论，为钨矿浮选新技术的发展开拓新的思路。

2.1　钨元素的赋存状态及地球化学特征

钨的原子序数为74，其外层电子排布为$5d^4 6s^2$，在自然界中主要以+6价形式存在。

钨在自然界中的存在形式主要有以下四种[1]：

（1）钨的独立矿物。已发现的钨矿物和含钨矿物有20多种，包括黑钨矿族、白钨矿族及钨华类矿物等。但是，具有经济开采价值的主要是黑钨矿和白钨矿。黑钨矿约占全球钨矿资源总量的30%，白钨矿约占70%。

（2）通过与Mo、Nb、Ta等元素的类质同象置换进入造岩矿物和副矿物中，如$[MoO_4]^{2-}$与$[WO_4]^{2-}$络阴离子半径相近而导致的Mo与W之间广泛的类质同象置换。

（3）呈钨酸或者各种络合物状态存在于各种天然流体（如天然水、岩浆和粒间流体等）中。

（4）呈离子吸附状态存在于表生的细屑、胶体中。

钨的地球化学参数见表2-1。

表 2-1　钨的地球化学参数[1]

元素	原子序数	相对原子质量	原子体积 /$cm^3 \cdot mol^{-1}$	原子密度 /$g \cdot cm^{-3}$	熔点 /℃	沸点 /℃
W	74	184	9.53	19.35	3380	5927
外层电子排布	电负性	地壳丰度	原子半径（12 配位）/nm	共价半径 /nm	离子半径（6 配位）/nm	电离势能 /eV
$5d^4 6s^2$	2.0（+6）	1.5×10^{-4}	0.137	0.130	0.068	7.98

钨的地球化学性质决定了其在地球各个圈层中的分布特征和富集程度。在早期的地球演化还原环境下，作为中等亲铁金属元素，90%以上的钨元素进入地核[2]。由于地球演化早期地核中的钨元素通过地质构造运动和岩浆活动被带到地壳甚至地表，因此地壳的钨含量高于地幔，而地幔钨含量最低（见图 2-1）。地核上移过程中地幔钨含量大幅度降低反映了地球演化早期产生分异作用而使钨向硅铝圈层上移的可能性。

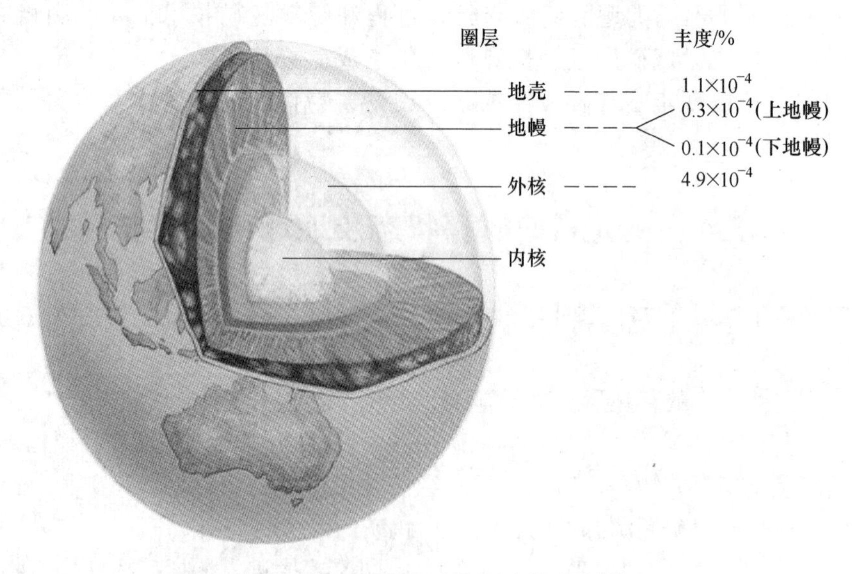

图 2-1　钨在地球各大圈层中的丰度[3]

2.2　钨的地质成矿机理

富钨地球化学区和钨矿床的集中产出经历了漫长、复杂的地球化学作用过程，该过程和地壳发育成长史及相应的花岗岩成岩演化史密切相关。钨矿的形成

(见图 2-2)，经历了深源物质喷溢、风化剥蚀和沉积、地层重熔成岩及花岗岩多次演化、岩浆热液析出、成矿母岩碱质交代及酸淋滤萃取、热液运移、聚集沉淀成矿等多期多阶段成矿，其中的每一阶段作用都对最终钨矿的形成具有重要意义[4]。

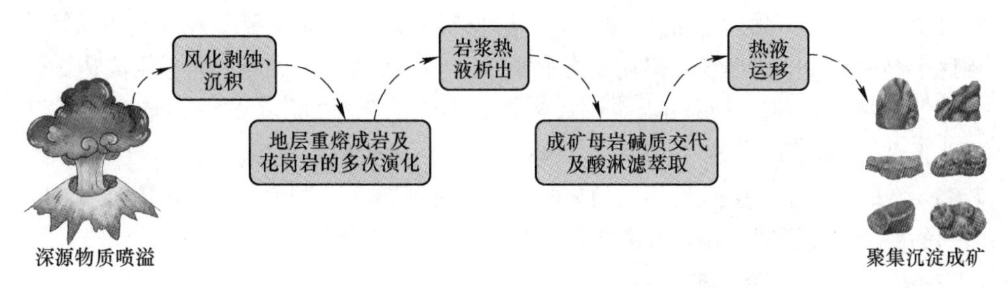

图 2-2 钨矿的地质成矿过程简图[3,5]

2.2.1 原始地层中钨的富集

因为钨在强还原条件下表现为中等亲铁，所以在地球演化早期的地球吸积和核-幔分异过程中，地球中 90%以上的钨元素进入地核，使得钨在地核中的丰度最高。在大陆地壳从地幔中生长和演化的阶段，钨属于极度不相容元素，在造岩矿物（橄榄石、石榴子石、角闪石、辉石等）与熔体（玄武质熔体、碧玄岩熔体等）之间的分配系数远小于 1[6]，因此在这一阶段钨由于部分熔融作用作为不相容元素释放出来，通过岩浆作用成为大陆地壳的一部分，钨在地幔中亏损、地壳中相对富集。

随着钨元素在地幔中亏损、地壳中富集的加剧，以及钨元素通过地质构造运动和岩浆活动从地核迁移至地壳甚至地表[3]，地壳层逐渐形成了钨矿集区钨、锡、铋等元素的初始富集，原始的含钨建造（即矿源层）在地壳圈层渐渐形成。

2.2.2 沉积作用下钨的初步富集

继承性衍生含钨建造是在区域构造活动的支配下，钨元素通过剥蚀—重力分异沉积作用（如现代钨砂矿的形成）、富含有机质和氧化铁锰质地层对钨的化学吸附作用及生物化学作用等，在某些地层局部富集形成的[7]。

在此过程中，钨可以在风化作用中通过富铁锰质黏土对钨的残集和吸附作用发生一定程度的富集，通过共生硫化物氧化生成的硫酸水对钨矿物的溶蚀作用进一步迁移富集，或通过次生钨矿物在地表水中溶解迁移富集等。此类衍生含钨建造中的钨元素来源于原始含钨建造的风化剥蚀、重力沉积作用，以及穿过原始含钨建造的火山活动、岩浆侵入等作用，在成分上均以陆源碎屑为主。

2.2.3　地壳重熔及花岗岩的多次演化

花岗质岩浆的形成和运移主导着地壳内成矿元素的扩散和富集。研究表明，各类岩浆岩中钨在基性岩、中性岩、酸性岩中的丰度逐渐增高（见图 2-3）。花岗岩的含量与钨元素丰度存在正相关关系，可见钨矿床的形成主要与花岗岩有关[8]。相比于钨在地幔中的丰度，钨在地壳中增加了 50~60 倍，而在花岗岩中则高达 2~3 个数量级的富集[9]。从成因上讲，大多数与钨矿化有关的花岗岩是由前寒武系沉积地壳重熔形成的（$^{86}Sr/^{87}Sr$ 为 0.719~0.741），属于地壳重熔型花岗岩[7,10]。成矿钨元素的分配绝大多数是不均匀分配，地壳重熔形成的花岗质岩浆若是由钨丰度值高的地层熔化而成，则岩浆的原始含钨量会较高，有利于钨矿形成[11]。

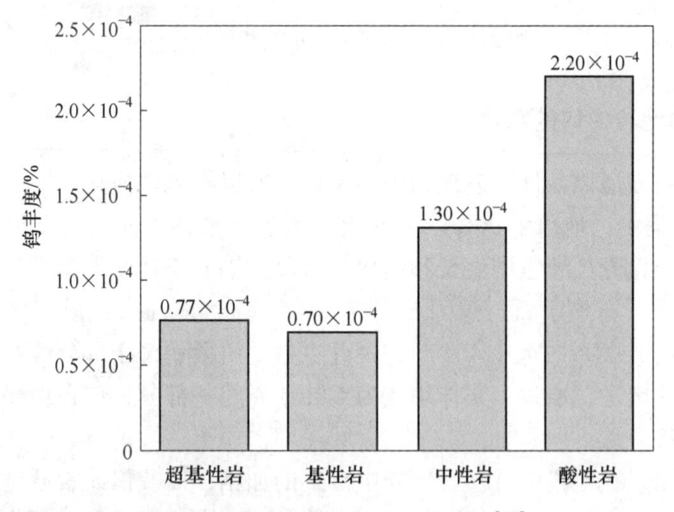

图 2-3　钨在各类岩浆岩中的丰度[12]

在陆壳范围内，经过地壳重熔型花岗岩的形成和大规模的花岗岩多期次活动，钨的极度不相容性导致花岗质熔体上升侵位过程中成矿物质在残余岩浆中进一步富集。伴随着多旋回多阶段花岗岩化作用的选择性熔融和分异，钨和其他亲氧元素（Nb、Ta、Sn、Be）逐渐向上层集中，钨元素在花岗岩化中不断析出和进入上部围岩，形成较前花岗岩钨含量更高的岩石，这些岩石在下一阶段的花岗岩化时又析出更多钨。如此反复，钨含量越来越高，最终在地壳中达到最大富集，形成富钨花岗岩，为钨的矿化奠定了物质基础[13]。

2.2.4　成矿热液的形成与碱质交代作用

事实上，地层重熔及花岗岩的演化形成的富钨花岗岩还远不足以形成钨矿床，距离品位和吨位都能达到矿石级次开采的程度还有距离。此时的钨元素依然主要在液相富集，少量作为副矿物呈星点状分散于岩体中，或呈类质同象赋存于岩体的黑云母和其他暗色矿物中。

富钨花岗岩的碱长石化是钨矿化的根本条件。岩体晚期在岩浆热液作用下，富钨花岗岩与气化-热液发生碱质交代（钾长石化、钠长石化）后，以副矿物形态存在的钨及赋存于黑云母及暗色矿物中的钨才能从岩体中释放出来，形成富钨成矿流体[14]。此过程中气化-热液不仅是主要的含矿介质，而且是重要的成矿应力。它们对矿质的萃取、携带、搬运和沉淀起着极其重要的作用。

南岭地区所有钨矿区的地表或深部均发现了广泛发育、呈面型分布的碱质交代的蚀变花岗岩，说明钨矿形成之前均经历过不同层次的碱质交代作用[15]。同时，碱质交代过程去暗色矿物时会形成铁质“副产品”，从而产生磁铁矿化。华南地区与花岗岩相关的矽卡岩白钨矿床往往伴生较多磁铁矿，甚至形成了磁铁矿体，也表明碱质交代作用与钨矿化关系密切。此外，碱质交代过程岩浆热液还会淋滤萃取围岩的部分钨，李崇佑等人[16]研究证明了钨矿的花岗岩蚀变阶段中有围岩中部分钨的加入，说明蚀变过程中围岩也为钨矿形成提供了较丰富的钨。

2.2.5 钨的聚集沉淀成矿

热液的形成为成矿物质的转移、聚集奠定了基础，但是热液聚集沉淀成矿还需要合适的矿液运移通道和储矿空间[17]。构造运动通过形成微裂隙、裂隙、断层等，提供矿液运移的通道并圈定矿液的最终聚集场所，从而促进矿体的形成。因此，在成矿的最终阶段，在各种地质构造为钨成矿提供的有利条件（裂隙和细微劈理构造破裂面）下，成矿热液会在压力差的驱动下向开放空间运移、富集、矿化，随后在圈定的位置释放出成矿元素，使钨等成矿元素较集中地沉淀而形成矿体，最终形成工业性的钨矿床[18]。

钨在热液中的迁移形式可能有钨酸及其盐或单体钨酸根形式（如 H_2WO_4、Na_2WO_4 和 WO_4^{2-} 等）、氟化物及其络合物形式（如 WF_6、$[WO_2F_4]^{2-}$、$[WO_3F_2]^{2-}$等），以及同多钨酸（如 $H_6W_6O_{21}$ 等）和杂多钨酸盐（$H_4[Si(W_3O_{10})_4]$、$H_3[P(W_3O_{10})_4]$ 和 $H_3[Sb(W_3O_{10})_4]$）等[19]。这一成矿规律在现代钨冶炼技术（碱法、酸法）中发挥了重要作用，为钨冶炼提取新技术的开发提供了理论支撑。

综上所述，钨的地质成矿主要经历了原始地层中钨的富集—钨元素通过沉积演化（不同外部地质条件下风化—剥蚀—运移—沉积—成岩）在部分地层局部富集—岩浆作用使钨进一步富集—成矿热液碱质交代作用，最终聚集沉淀形成钨矿。

2.3 钨矿成矿过程中的关键因素

2.3.1 岩浆源区的影响

不同岩浆源区的岩浆具有不同的来源深度、通道物质成分及不同的分异程度，对钨的成矿具有重要影响。事实上，原始的地球外壳是由原生岩浆凝固形成的，这些被地核俘获的熔融物质的成分本身就是不均的，所以矿源层中钨的含量必定是不均匀的，钨在不同层位和空间分布上的含量有高低之分[20]。

关于钨矿成矿物质来源的研究中，成矿物质来自岩浆的观点一直处于主导地位[21]。早期学者认为与钨成矿有关的岩浆岩具有高度演化的 I 型或 S 型花岗岩的特征，其源区主要为壳源物质，没有或者有微量幔源物质的加入[15]。但大量同位素研究表明，许多钨成矿地区与钨矿化有关的花岗岩同位素组成相对地壳亏损，说明其源区除地壳来源外，还有少量幔源物质的参与[22]。

岩浆源区还在一定程度上影响钨矿矿床类型，因为岩浆热液中钨的沉淀形式本身就取决于热液中 Fe^{2+}、Mn^{2+}、Ca^{2+}沉淀剂的相对浓度，而岩浆来源的差异性会直接影响后续热液中上述离子浓度的差异性。例如，当围岩是含钙较低的硅铝质岩石时，形成白钨矿床；若岩浆源区中大多数岩体本身也属低钙花岗岩时，则主要沉淀出钨锰铁矿，从而形成黑钨矿床。

2.3.2　花岗岩的岩浆演化作用

南京大学徐克勤院士等人较早注意到不同类型的花岗岩具有不同的成矿专属性，在成因上与钨矿化有关的花岗岩主要属改造型成因系列（$^{86}Sr/^{87}Sr$ 为 0.719~0.741），它们是在陆壳范围内经过多次花岗岩化和选择性熔融作用使陆壳物质分异演化而形成的[23]。研究表明岩体的 Nb/Ta 比值随着分离结晶的进行而降低[24]，并且与 SiO_2 含量存在负相关性。如图 2-4 所示，与钨矿成矿相关的花岗岩具有比其他矿床花岗岩和地壳更低的 Nb/Ta 比值（地壳中的 Nb/Ta 比值约为 10），这一点说明花岗岩的岩浆演化过程在钨矿的形成中确实发挥了显著的作用[25]。

花岗岩的岩浆演化促进了钨元素在成矿过程中的富集。因为钨属于高度不相容亲石元素，在花岗岩化中钨元素不断析出和进入围岩，形成较前花岗岩化岩石钨含量更高的岩石，这些岩石在下一次花岗岩化时会析出更多钨。如此反复促进钨元素在残余岩浆中的富集，使钨含量越来越高，为后续成矿热液聚集沉淀成矿奠定了基础。

此外，花岗岩的岩浆演化还会影响钨矿床的矿物学组成。一般情况下，与脉型钨矿成矿密切相关的花岗岩 I 中普遍含有分散浸染状的黑钨矿、毒砂、黄铁矿、辉钼矿、闪锌矿和黄铜矿等硫化副矿物，其 W、Mo、Bi、Cu、Pb、Zn 等元素含量显著高于与矽卡岩成矿有关的花岗岩Ⅱ，说明成矿物质在花岗岩中有很大程度的残留。这主要与花岗岩 I 的岩浆分异较差、岩浆中挥发分含量相对低、岩浆-成矿体系封闭、大量成矿物质未能有效自岩浆中分离有关。相比之下，花岗岩Ⅱ中上述元素含量低，不含有关副矿物，并不是因为原始岩浆这些元素含量

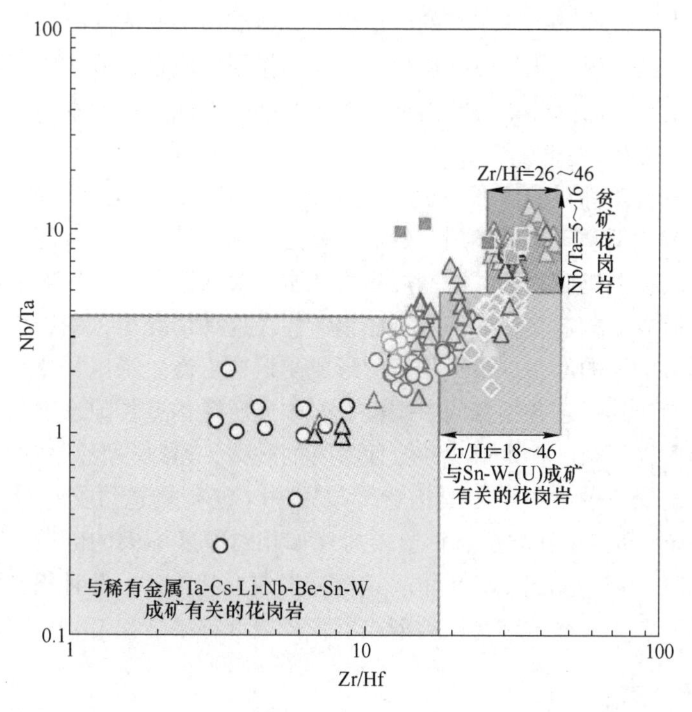

图 2-4 与钨矿有关的花岗岩的 Nb/Ta 比值随 Zr/Hf 比值的变化[18]

低，而是因为岩浆中挥发分更加富集、岩浆高度分异、岩浆-成矿体系相对开放，有利于大量流体及成矿物质自岩浆中有效分离，成矿物质在岩浆中残留较少[26-27]。

2.3.3 围岩性质的影响

围岩的性质与钨矿床的形成有密切的关系，一方面围岩可能会直接控制钨矿的成矿物质来源；另一方面会影响钨的矿化作用，从而对矿体的矿化富集及蚀变交代等起到一定的控制作用[28]。

围岩的物理化学性质、条件及矿物成分能够影响最终形成的是黑钨矿还是白钨矿，其中最明显的是钙质围岩成分对钨矿床的影响[29]。钙质岩石能通过对侵入的岩浆发生同化作用或选择性交代作用影响侵入岩和矿液的成分及化学反应。大量研究及事实表明：钨最终形成白钨矿矿床还是黑钨矿矿床主要取决于钨矿形成时钙质的多少和钨的沉淀速度。当围岩为含钙质丰富的矽卡岩、凝灰岩、碳酸盐岩时，或因靠近受碱质交代的成矿母岩、流体的钙质丰富时，一般形成白钨矿床；而当较远离成矿母岩受碱质交代部位，且围岩是高硅铝质岩石（钙质低）时，一般形成黑钨矿床[30]。

围岩的性质不仅影响钨矿物的类型，还会影响伴生矿物的类型。例如，当围岩为孔隙度大、性脆、钙质丰富的矽卡岩时，生成白钨矿的同时酸性的热液与围岩发生反应，其中氟、氯、硼等矿化剂会与钙作用生成萤石等矿物。当在封闭条件的硅铝质围岩中时，热液不能逸散，形成黑钨矿的同时氟元素会与铝硅结合形成黄玉或云母类矿物。

此外，围岩条件对矿体形态也有重要影响。例如，在花岗岩和变质砂岩中，围岩的相对惰性不利于交代作用，热液主要受物理条件变化而沉淀，矿质以充填为主，易形成脉型钨矿。而碳酸盐质围岩性质相对活泼，一般热液易沿围岩构造进行交代，形成沿构造交代的细脉型白钨矿。在这种情况下，围岩构造一定程度上直接决定了矿体的形态。由于围岩的形成受地层岩性、围压、热量逸散条件等综合因素控制，其形态各不相同。碳酸盐岩中成矿受构造裂隙形态的影响，矿脉形态较硅铝质岩复杂，很少形成狭窄而平直的脉体，所以一般碳酸盐岩钨矿体形态复杂，易出现一种沿一条主要构造线与另一（组）构造线交接处分布的柱状（囊状）矿体。而如果在岩层含钙质较高（如相对厚度不大的碳酸盐岩夹层、含钙质砂岩、凝灰岩）的封闭条件下，钨沉淀形成层状钨矿。此种钨矿可在离岩体较远处顺层分布，往往被称为层控型或沉积再造型钨矿[31]。

2.3.4　温度的影响

钨矿物的矿化沉淀，实际上是上述各种络合物中的配体（主要是矿化剂元素）随温度下降从溶液中逸出而导致络合物分解的过程。温度可以直接影响钨矿物在天然熔融包裹体中的溶解度和钨在热液中的迁移形式，从而影响钨矿物的成矿过程[32]。

大量包裹体测温研究和气、液相成分测定研究已经表明，钨的大量矿化沉淀基本发生在成矿介质温度降低的条件下[32]。当成矿热液的温度较低、酸度较高时，WO_4^{2-} 可以发生放热的聚合反应，形成同多酸络合物：$[WO_4]^{2-} \rightarrow H[WO_4]^{-} \rightarrow H[W_6O_{21}]^{5-} \rightarrow H_2[W_{12}O_{40}]^{6-}$，影响钨的迁移形态。

另外，多阶段钨矿成矿作用对应有不同的温度跨度，从而会使形成的矿床具有分带性[33]。研究证明石英脉型黑钨矿中气液包裹体的温度变化趋势与矿床原生分带现象一致[34]。矽卡岩型钨矿床的成矿流体在成矿过程中的温度变化范围较大，早期矽卡岩矿物中的流体包裹体一般继承了岩浆流体的高温特征，具有相对较高的均一温度；晚期退化蚀变阶段的成矿流体具有相对较低的温度（200~400 ℃）。早期矽卡岩阶段和晚期退化蚀变阶段均可发育白钨矿床，在伴随退蚀变作用时达到顶峰（沉淀温度多介于250~400 ℃），导致了矿床的分带性[35-36]。此外，在钨矿床的形成过程中高温可以使原始矿源层中分散的钨元素重新活化迁移，在有利的成矿部位再度富集，从而形成沉积变质改造型钨矿床。

2.3.5 运移矿化剂的影响

在钨矿成矿过程中运移矿化剂氟、氯、硼等（尤其是氟）的影响十分巨大。南岭地区钨矿床形成的热液变质作用过程中，较普遍地发生萤石化、电气石（含硼硅酸盐矿物）化、黄玉（含氟铝硅酸盐矿物）化等，体现了运移矿化剂氟、氯、硼在矿化过程中的参与。相比于和 Cu-Mo 矿化相关的花岗岩及没有成矿的花岗岩，华南地区与钨矿化有关的花岗岩通常具有更高的氟含量，说明一些岩体中的钨含量与氟含量存在一定的正相关性[28]。

氟对花岗质的熔体结构有明显影响，F^-与 OH^-具有相近的离子半径和电价。研究表明氟进入熔体中，可以打断 Si—O 和 Al—O 键，破坏四面体结构，使硅酸盐熔体产生解聚作用[37]，降低熔体黏度、密度和固相线温度，有利于钨在岩浆中的扩散，从而提高岩浆的结晶分异程度和速度[26]。所以说，岩浆的高氟含量是促进岩浆演化程度的重要因素，促进了高度不相容的钨元素在岩浆演化后期的富集与矿化。

另外，钨矿化主要发生在气化-热液阶段，在中低温、富氟的热液流体中钨会与氟形成 WO_3F^-、$WO_2F_4^{2-}$ 存在并迁移。同时，大量关于成矿热液中氟的流体/熔体间分配实验研究已经表明分配系数 D_F小于 1.0，说明氟在花岗质岩浆-热液体系中趋向于进入熔体相。由此推断，氟含量可以进一步影响熔体的聚集沉淀成矿过程。

2.4 典型钨矿床区域岩石地球化学特征及其浮选

中国钨矿的基本地质特征以分布广、产地多、规模大、品位高、伴生组分复杂、矿床类型多著称。钨有较强的亲氧性，一般形成钨酸盐矿床。钨矿床根据不同的划分准则可分为多种类型。例如，根据矿石矿物种类，钨矿床主要分为白钨矿床和黑钨矿床。形成白钨矿床还是黑钨矿床一般由围岩成分、成矿流体物理化学性质等因素决定。通常情况下，黑钨矿床的围岩成分多为高硅铝质岩石，而白钨矿床的围岩成分多为碳酸盐岩或其他钙质岩石。

根据矿床成因，钨矿床可划分为岩浆成因矿床、沉积成因矿床、（火山）沉积-变质改造成因矿床和现代表生矿床四种类型。其中，岩浆成因钨矿床是储钨的重要矿床类型，根据矿床特征，它可进一步分为不同的亚类，其中具有经济开发意义的亚类主要包括石英脉型、云英岩型、斑岩型、矽卡岩型，如图 2-5 所示。下面进一步概述四种亚类的围岩特征、物质来源、成矿模式等方面内容。

2.4.1 石英脉型钨矿床

石英脉型钨矿床是分布最广、开发最早、矿床最多、储量最大、研究最深的

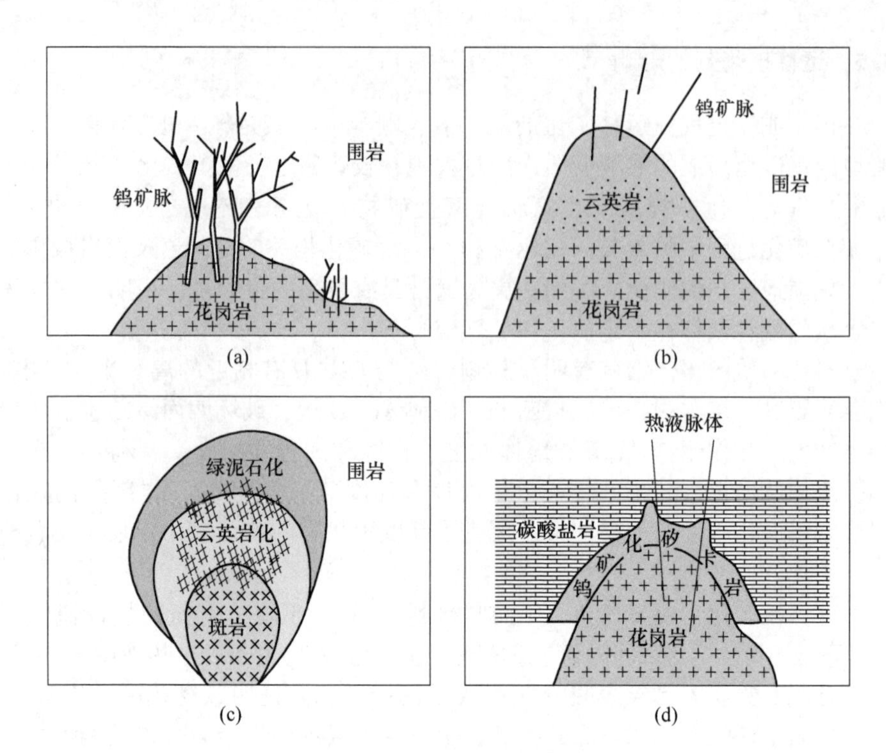

图 2-5　钨矿床成矿模式图

(a) 石英脉型；(b) 云英岩型；(c) 斑岩型；(d) 矽卡岩型

矿床类型[38]。该类型钨矿床以西华山钨矿和漂塘钨矿为典型矿床[14,39]。此类钨矿床所处的区域构造活动一般都很强烈，褶皱、断裂、节理尤为发育，多次构造运动的叠加及频繁的岩浆活动为成矿热液的形成创造了条件。矿体多产于岩体内外接触带裂隙中，多呈脉状、似脉状分布，有的矿体还产在岩体顶部的围岩中（见图 2-5（a））。石英脉型钨矿床的脉体主要由黑钨矿石英脉构成，有些包含白钨矿。

钨矿成矿物质主要来自重熔再生花岗岩浆，还有一部分成矿物质来源于岩浆热液在上侵过程中对部分成矿元素丰度较高的围岩的萃取作用[26]。因此，围岩岩性是控制钨矿矿床类型和矿体形态的主要因素。石英脉型钨矿床的围岩以寒武系变质岩为主。例如，西华山钨矿围岩是寒武系变质岩，由板岩、片岩和变质砂岩组成[40]；广东瑶岭钨矿矿区与连州市岭脚锡钨矿矿区围岩主要为寒武系浅变质石英砂岩、板岩夹硅质砾岩及奥陶系、泥盆系变质岩[41]。

由于白钨矿与硅酸盐矿物浮选行为差异相对较大，对于白钨-石英型钨矿石，通常在常温条件下采用脂肪酸作捕收剂、水玻璃作抑制剂，即常温脂肪酸法，就能实现白钨矿和脉石矿物的高效分离。脂肪酸法采用的捕收剂为脂肪酸及其衍生物，如油酸、塔尔油、环烷酸、氧化石蜡皂等，其中油酸（油酸钠）和氧化石蜡皂在浮选中应用最为广泛，主要以化学吸附的形式吸附于白钨矿表面[42]。

2.4.2 云英岩型钨矿床

我国代表性的云英岩型钨矿床有江西荡坪钨矿九西矿区云英岩型钨矿床、湖北通城大坪钨矿等[43-44]。该类型钨矿床分布于花岗岩类岩体上部及顶部的硬砂岩、砂岩和页岩层等围岩中，岩钟顶部或边缘呈带状、透镜状、囊状；金属矿物呈浸染、细脉浸染状；岩体边缘或外接触带呈脉状（见图 2-5（b））。成矿母岩为黑云母二长花岗岩，白云母、锂云母或铁锂云母碱长花岗岩[45]。在云英岩型钨矿床的成矿过程中，构造对成矿的作用往往比较明显。以江西荡坪钨矿九西矿区云英岩型钨矿床的构造控矿机制为例：平移逆断层以类似隔水层的作用控制了矿区内燕山期花岗岩的南部边界，也阻挡了岩浆期后热液（成矿溶液）的散失，使之在花岗岩与断层的内接触带聚集，为云英岩型钨矿床的形成创造了条件[46-47]。

围岩中常见钾长石化和云英岩化蚀变现象，证明该类矿床矿化作用一般为高温热液作用。同一矿床中，往往可同时存在云英岩型、矽卡岩型和石英脉型。云英岩型钨矿床的金属矿物一般为黑钨矿、白钨矿、辉钼矿、锡石、黄铁矿等，非金属矿物为石英、白云母、黑云母、萤石、长石等[48]。事实上，当云英岩型矿脉由花岗岩内接触带穿插到外接触带时，极易发生其他类型的蚀变作用：当外接触带为碳酸盐岩层时，矿床会发展矽卡岩化，从而导致矿体中含钙脉石矿物的形成。因此，在云英岩型白钨矿床中，除了云英岩化形成的以石英、云母等为主的硅酸盐类脉石外，还存在与钙镁质岩石交代形成的含钙脉石矿物。所以说，实际云英岩型白钨矿浮选时必须解决白钨矿与其他含钙脉石（萤石、方解石）分离的问题。

脂肪酸常温浮选技术对矿石的适应性较差。对于云英岩型钨矿石，通常采用脂肪酸法—加温精选浮选工艺，即“彼德洛夫”浓浆高温法。“彼德洛夫”法原理是在浓浆高温及水玻璃作用条件下白钨矿和伴生含钙矿物（方解石、萤石等）表面捕收剂解吸程度差异大。在“彼德洛夫”法条件（大量水玻璃和 85~95 ℃高温）下，萤石和方解石由于表面捕收剂的大量解吸而被抑制，而白钨矿仍然保持良好的可浮性，从而可以实现白钨矿与含钙脉石矿物的分离[49]。

该工艺被广泛应用于钨矿浮选实践中[50]，其主要流程为：首先通过添加碳酸钠或氢氧化钠调节矿浆 pH 值，使其为碱性；然后添加水玻璃作为抑制剂，以脂肪酸作为捕收剂，经过粗选流程得到粗精矿；而后将粗精矿浓缩到质量分数为 50%~70%的浓浆，加入大量水玻璃，并同时在 85~95 ℃的蒸汽加热条件下搅拌调浆，随后稀释浮选出高品位钨精矿。

2.4.3　斑岩型钨矿床

斑岩型钨矿床主要产于酸-中酸性斑岩体顶部或边缘内、外接触带。国内具有代表性的斑岩型钨矿床主要有江西大湖塘超大型钨多金属矿床、福建行洛坑钨矿床、安徽东源钨钼矿床及广东莲花山钨矿床等。

斑岩型钨矿床主要成矿于燕山中晚期，成矿岩浆是燕山中晚期壳幔混熔、弱酸性到酸性岩浆，是大陆区域性岩浆侵入-喷发活动的晚期分异体，受地壳深断裂控制，围岩蚀变具有分带现象，主要是钠化和云母化[51]。斑岩型钨矿床的矿体一般产出较浅，主要分布在岩体内，有的分布在斑岩侵入体与围岩接触带及其附近。钨矿物呈浸染状或细脉浸染状分布在岩体的中上部及内外接触带，具面型分布特征，矿体呈似层状、透镜状及不规则状，与围岩无明显界限。

与该类型矿床矿化有关的侵入岩体为斑岩，主要包括花岗闪长斑岩、二长斑岩、花岗斑岩、石英斑岩和闪长玢岩等。斑岩型钨矿床品位低、规模大，常伴生辉钼矿，该类型钨矿床的主要矿物共生组合为黑钨矿（白钨矿）-铌钽铁矿（细晶石），矿石中常见的金属矿物有白钨矿、黑钨矿、辉钼矿、黄铜矿、闪锌矿等，其中金属硫化物的数量较少。斑岩型钨矿床中的主要脉石矿物为石英、长石和少量云母，这些轻矿物占99%以上。钨矿物嵌布粒度较粗，且与脉石矿物之间密度差大，适宜采用重选方法同时富集黑钨矿和白钨矿[52]。

2.4.4　矽卡岩型钨矿床

矽卡岩型钨矿床是碳酸盐岩或含钙岩质碎屑石经岩浆热液作用而形成的，是世界上最重要的钨矿类型，其储量约占总储量的一半。矽卡岩型钨矿床通常矿石品位较低，矿化较为均匀，易形成较大型矿区。我国典型的矽卡岩型钨矿床有新田岭白钨矿床、朱溪钨铜多金属矿床和柿竹园钨钼多金属矿床等[53]。

它们的形成和分布与中深成-浅成中酸性岩浆岩密切相关，矿体主要产在岩体与碳酸盐类岩石接触变质带及其附近的围岩中（见图2-5（d））[54]。在赋矿围岩中碳酸盐类围岩相对活泼，一般成矿热液易对其进行交代反应发生矽卡岩化，并在晚期复杂矽卡岩阶段富集成矿。成矿热液沿构造裂隙或接触带交代围岩，导致矿石多以浸染粒状发育于细脉或裂隙及花岗岩接触带的碳酸盐类岩石中。矿体形态较为复杂，多为不规则的囊状、扁豆状、透镜状，也有呈层状、似层状及脉状等形态。

由于在矽卡岩矿床中，钨矿化过程发生在矽卡岩形成后的蚀变阶段，这些蚀变某种意义上讲是一种脱钙作用，溶液中钙离子的浓度较高，这个阶段铁离子的浓度也高，同时 H_2S 的浓度也很高，黑钨矿无法在矽卡岩型钨矿成矿过程中稳定形成，因而形成的是白钨矿。因此矿石中钨矿物以白钨矿为主，少量为黑钨矿，常伴生钼、铜、锡石等，伴生矿物组成为辉钼矿、锡石、黄铜矿、闪锌矿、方铅矿、磁铁矿、磁黄铁矿、毒砂和萤石等，从而形成多金属组合矿床[55]。

含钙矿物均具有相同的表面活性点 Ca^{2+}，其表面化学性质相近，使得白钨矿与含钙脉石矿物的浮选分离非常困难[56]。白钨矿、方解石和萤石之间存在的相互转化现象使各矿物的浮选行为变得更加复杂。此外，矽卡岩型钨矿成矿过程中热液沿构造裂隙或接触带交代围岩（见图 2-6），导致钨矿物多以浸染粒状发育于花岗岩与碳酸盐类岩石接触带附近的细脉或裂隙中，矿体形态较为复杂，多为不规则的囊状、扁豆状、透镜状及层状等形态，钨矿物在其中嵌布粒度较细，难以单体解离，属于相对难选的矿石类型。

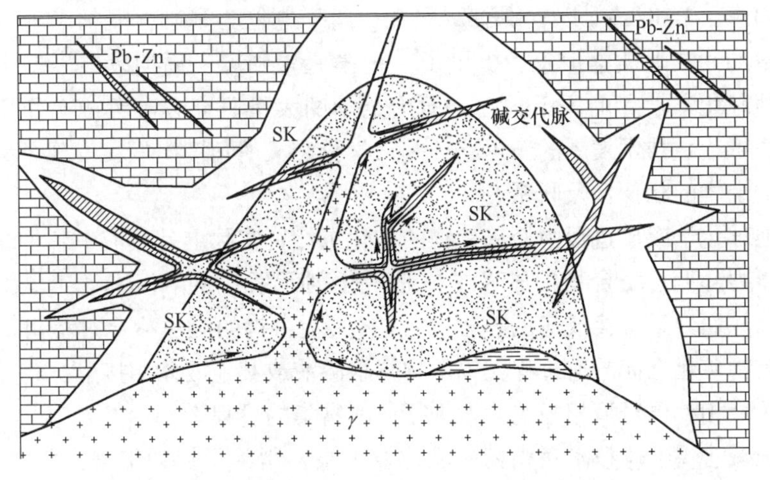

图 2-6 矽卡岩型矿床成矿模型示意图[57]

该类型矿石性质复杂，往往黑钨矿、白钨矿共伴生，浮选难度较大。选矿工作者开发了以螯合类捕收剂为主的钨矿浮选新工艺[58]。螯合捕收剂主要包括羟肟酸类、砷酸类和铜铁灵等，可以和矿物表面的钙、铁、锰等金属质点形成稳定的配合物从而吸附在矿物表面[59-60]。螯合捕收剂浮选工艺中最为典型的是“GY法”选钨工艺。20 世纪 90 年代，以螯合捕收剂为核心的“GY 法”钨矿浮选工艺成功应用于柿竹园钨矿，使我国的钨矿浮选技术达到世界领先水平。其核心是粗选以硝酸铅为活化剂，苯甲羟肟酸（BHA）为主体捕收剂，改性脂肪酸为辅助捕收剂，实现黑白钨矿混合浮选；粗精矿进行强磁分离黑钨矿与白钨矿，黑钨粗精矿、白钨粗精矿再分别精选以进一步提高品位[61]。中南大学发明了高选择性的铅离子-苯甲羟肟酸（Pb-BHA）金属-有机配合物捕收剂，其以金属基为官能团，作用的矿物表面作用位点为阴离子基团 WO_3^{2-}，在黑白钨矿物表面均可以发生强吸附，从而实现黑白钨矿的高效同步浮选富集[62]。由此开发了复杂黑白钨矿常温混合浮选新技术[63]：脱硫尾矿经碳酸钠调浆后，以 Pb-BHA 配合物为捕收剂，以少量的 Al-Na_2SiO_3 作为精选抑制剂，在常温条件下进行多次精选和扫选，得到高品位黑白钨混合精矿。这一技术已经在柿竹园、黄沙坪、行洛坑等大型钨矿山工业化应用。柿竹园钨综合回收率由60%提高至70%以上；黄沙坪钨综合回收率由50%提高至68%以上；行洛坑采用该工艺取代离心精选，钨精矿品位由18%提高至40%以上[64]。

2.5　基于钨矿成矿地球化学原理的钨冶金新技术

2003年，Railsback 以软硬酸碱理论和离子电位为基础，概括了地球自然环境中大量的元素地质学信息，提出了“地学元素和离子周期表”[65]，受到地球科学和地球化学学界的广泛关注，而冶金学的大量研究者参考成矿作用地球化学，开拓了冶金技术发展的新思路，并从学科交叉的角度出发，发现了大量地球化学与冶金学的相似性及联系。

在地球化学成矿过程中，钨矿物的矿化沉淀，实际上是热液中各种络合物因温度、压力降低，络合物配体（主要是矿化剂元素）从溶液中逸出，络合物产生分解，从而聚集沉淀成矿的过程[66]。事实上，钨的湿法冶金过程可以被近似看成钨矿物矿化沉淀的逆过程：钨矿物与水溶液或其他液体相接触，将其中的钨元素转入液相，再对液相中钨元素进行分离富集的过程[67]。

传统碱法钨冶炼技术对钨精矿品位要求高，制约了钨的综合回收率，且磷、钼、锡等元素难以回收利用，同时产出大量碱煮渣，环境污染严重。中南大学赵中伟教授团队从钨元素的地球化学规律出发，参考钨元素在热液运移成矿过程中钨的杂多酸迁移形式(如 $H_4[Si(W_3O_{10})_4]$、$H_3[P(W_3O_{10})_4]$和 $H_3[Sb(W_3O_{10})_4]$等)，开发了钨精矿的硫磷混酸协同分解提取技术[68]。该技术以价格低廉的硫酸作为主浸出剂，再采用腐蚀性低、无挥发性的磷酸和硫酸混合高效分解白钨矿。通过引入组分磷，构建与钨钼地球化学迁移相类似的化学条件，使钨以杂多酸形式转入溶液（见式（2-1））。浸出过程中的热力学推动力大，在常压条件下就能进行[69]。高效分解钨矿的同时生成稳定单一且易于过滤和洗涤的 $CaSO_4 \cdot 2H_2O$ 结晶，解决了分解过程中钨矿被包裹影响分解率、分解渣难以过滤洗涤造成钨的损失等问题。硫酸钙浸出渣符合建材标准，可用作水泥调凝剂，解决了渣的堆放问题。

$$12CaWO_4 + H_3PO_4 + 12H_2SO_4 + 12nH_2O = 12CaSO_4 \cdot nH_2O + H_3[PW_{12}O_{40}] + 12H_2O \tag{2-1}$$

基于“硫磷混酸分解—浸出渣可控生成—结晶提取钨—母液循环—伴生元素

钼磷综合回收”等系列成套技术的研发，形成了如图 2-7 所示的白钨矿分解新工艺技术流程。新工艺可在常压下清洁高效地处理低品位共伴生钨矿，硫酸与磷酸的协同分解作用实现了钨、钼、磷的综合利用，母液循环实现了生产过程中废水的近零排放，高品质石膏浸出渣用作建材原料实现了渣的资源化利用，且加工成本降低了 25%以上，在经济和环保指标等方面均优于国内外传统的高压釜 $NaOH/Na_2CO_3$ 压煮技术。目前该技术已在厦门钨业集团实现了产业化应用[70]，已建成国际最大的万吨级仲钨酸铵（APT）生产线。

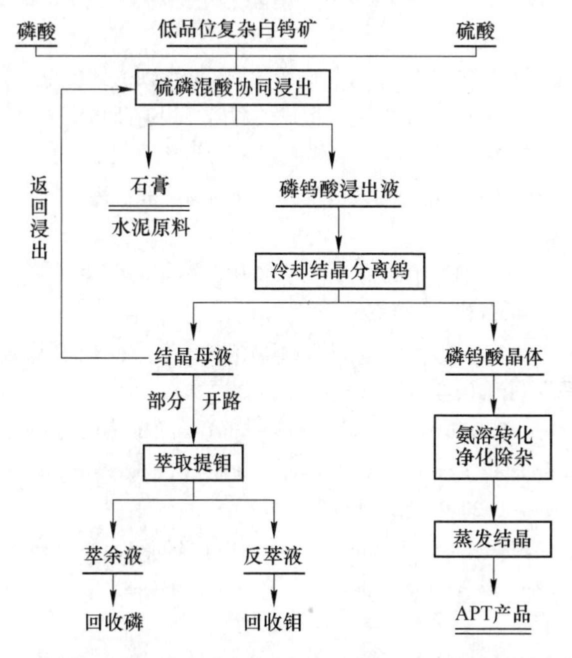

图 2-7 白钨矿硫磷混酸协同分解工艺原则流程[71]

基于钨矿成矿地球化学原理的钨冶金“硫磷混酸协同提取”新技术，从元素亲和性及离子配位规律等角度建立了钨矿成矿地球化学与钨冶金的联系，为钨冶金技术的开发提供了新思路、新方法。

参 考 文 献

[1] 刘英俊．元素地球化学［M］. 北京：科学出版社，1984.

[2] KÖNIG S，MÜNKER C，HOHL S，et al. The Earth's tungsten budget during mantle melting and crust formation[J]. Geochimica et Cosmochimica Acta，2011，75（8）：2119-2136.

[3] 魏绍六，贾宝华，曾钦旺．南岭地区钨矿成矿机理探讨［J］. 资源调查与环境，2006，27（2）：103-109.

[4] 刘秀峰，解统鹏．矿产地质勘查理论及技术方法研究［J］. 世界有色金属，2017（8）：170-172.

[5] 祝红丽，张丽鹏，杜龙，等．钨的地球化学性质与华南地区钨矿成因［J］. 岩石学报，2020，36（1）：13-22.

[6] FULMER E C，NEBEL O，WESTRENEN W V. High-precision high field strength element partitioning between garnet，amphibole and alkaline melt from Kakanui，New Zealand［J］. Geochmica et Cosmochimica Acta，2010，74（9）：2741-2759.

[7] 穆治国，黄福生，卢德揆．甘肃肃北野牛滩含钨花岗质岩岩石学，矿物学和地球化学研究［J］. 岩石矿物学杂志，1988（2）：109-117.

[8] 赫英，岳可芬，董振信，等．中国东部地幔岩中的钨含量及其意义［J］. 地球化学，2003，32（6）：541-545.

[9] 马东升．钨的地球化学研究进展［J］. 高校地质学报，2009，15（1）：19-34.

[10] 倪志耀，卫管一．地壳重熔型花岗岩形成的源岩，构造及物化条件的制约［J］. 西北地质，1996（1）：6-10.

[11] 龙细友，王显华．江西武功山地区浒坑钨矿地质特征和成因探讨［J］. 有色金属科学与工程，2009，23（4）：3-7.

[12] 波波夫 B H，库采里 E H，熊绍仁．地下水中氡底数和异常浓度的形成及其普查的意义［J］. 铀矿地质，1962（3）：18-22.

[13] 李纲，杨斌，刘清华，等．南岭成矿带西段苗儿山岩体外围钨矿成矿作用综合研究思路［J］. 国土资源导刊，2014，11（10）：55-62.

[14] ZHANG R，LU J，LEHMANN B，et al. Combined zircon and cassiterite U-Pb dating of the Piaotang granite-related tungsten-tin deposit，southern Jiangxi tungsten district，China［J］. Ore Geology Reviews，2017，82：268-284.

[15] JINGWEN M，HONGYAN L. Evolution of the Qianlishan granite stock and its relation to the Shizhuyuan polymetallic tungsten deposit［J］. International Geology Review，1995（1）：63-80.

[16] 地质矿产部书刊编辑室. 钨矿地质讨论会论文集［M］. 北京：地质出版社，1984.

[17] 秦燕．安徽青阳百丈岩钨钼矿床成岩成矿年龄测定及地质意义［J］. 地学前缘，2010，17（2）：170-177.

[18] STEPANOV A S，MEFFRE S，MAVROGENES J，et al. Nb-Ta fractionation in peraluminous granites：a marker of the magmatichydrothermal transition［J］. Geology，2016，44（7）：e394.

[19] 蒋国豪．氟、氯对热液钨、铜成矿的制约［D］. 北京：中国科学院研究生院（地球化学研究所），2004.

[20] 王韵，马旭东，陈伟，等．班—怒带中段晚白垩世后碰撞岩浆钨矿化的发现及其意义［J］. 矿床地质，2018（4）：886-889.

[21] 康永孚，李崇佑．中国钨矿床地质特征、类型及其分布［J］. 矿床地质，1991（1）：19-26.

[22] CHEN B，MA X，WANG Z. Origin of the fluorine-rich highly differentiated granites from the Qianlishan composite plutons（South China）and implications for polymetallic mineralization

[J]. Journal of Asian Earth Sciences, 2014, 93 (15): 301-314.

[23] 南京大学地质学系. 华南不同时代花岗岩类及其与成矿关系 [M]. 北京: 科学出版社, 1981.

[24] 黄慧, 牛耀龄, 赵志丹, 等. Nb/Ta, Zr/Hf 比值在岩浆作用过程中的分异现象 [C] // 2009 年全国岩石学与地球动力学研讨会, 2009.

[25] 陈璟元, 杨进辉. 佛冈高分异 I 型花岗岩的成因: 来自 Nb-Ta-Zr-Hf 等元素的制约 [J]. 岩石学报, 2015, 31 (3): 846-854.

[26] 王艳丽. 湘东南地区燕山早期花岗岩浆—热液演化及钨矿成矿作用研究 [D]. 北京: 中国地质大学 (北京), 2014.

[27] 祝新友, 王艳丽, 程细音, 等. 钨矿区花岗岩浆演化与成矿物质分离富集机制研究 [J]. 矿床地质, 2014, 33 (增刊 1): 361-362.

[28] HUANG L C, JIANG S Y. Highly fractionated S-type granites from the giant Dahutang tungsten deposit in Jiangnan Orogen, Southeast China: Geochronology, petrogenesis and their relationship with W-mineralization [J]. Lithos, 2014, 202-203: 207-226.

[29] 许泰, 高海东, 李元志, 等. 中国钨矿床成矿特征探讨 [J]. 中国钨业, 2012, 27 (3): 1-5.

[30] QIN Y, WANG D H, LI Y H, et al. Rock-forming and ore-forming ages of the Baizhangyan tungsten-molybdenum ore deposit in Qingyang, Anhui province and their geological significance [J]. Earth Science Frontiers, 2010, 17 (2): 170-177.

[31] 张旗, 金惟浚, 李承东, 等. "岩浆热场" 说及其成矿意义 (上) [J]. 甘肃地质, 2014 (2): 1-20.

[32] 车旭东, 王汝成, LINNEN R L, 等. 岩浆期黑钨矿的矿物学与实验地球化学研究 [C] // 中国矿物岩石地球化学学会第 14 届学术年会论文集, 2013.

[33] 祝新友, 王京彬, 王艳丽, 等. 湖南瑶岗仙钨矿稳定同位素地球化学研究 [J]. 地质与勘探, 2014, 50 (5): 947-960.

[34] 黄惠兰, 常海亮, 谭靖, 等. 共生黑钨矿与石英等多种矿物中流体包裹体的红外显微测温对比研究——以江西西华山石英脉钨矿床为例 [J]. 岩石学报, 2015, 31 (4): 925-940.

[35] 赵辛敏, 郭周平, 白赟. 矽卡岩型白钨矿矿床研究进展 [J]. 中国地质调查, 2015, 2 (1): 9-13.

[36] 李佳黛, 李晓峰. 矽卡岩型钨矿床成矿作用研究进展 [J]. 矿床地质, 2020, 39 (2): 256-272.

[37] 熊小林, 朱金初, 饶冰. 花岗岩-H_2O-HF 体系相关系及氟对花岗质熔体结构的影响 [J]. 地质科学, 1997 (1): 1-10.

[38] 许泰, 刘雪芬, 张巨峰, 等. 石英脉型钨矿成矿研究进展 [J]. 地质找矿论丛, 2019, 34 (2): 196-200.

[39] 王旭东, 倪培, 蒋少涌, 等. 赣南漂塘钨矿流体包裹体研究 [J]. 岩石学报, 2008 (9): 2163-2170.

[40] 吴永乐．西华山钨矿地质 [J]. 北京：地质出版社，1987.
[41] 王燕，陈梦熊，李明高，等．广东瑶岭钨矿矿化类型多样性及成矿规律研究 [J]. 矿产与地质，2006 (5)：334-339.
[42] 张庆鹏，刘润清，曹学锋，等．脂肪酸类白钨矿捕收剂的结构性能关系研究 [J]. 有色金属科学与工程，2013 (5)：85-90.
[43] 王莉，孔凡乾，韦龙明，等．石人嶂钨矿床云英岩型矿化及其研究意义 [J]. 有色金属 (矿山部分)，2014，66 (4)：47-51.
[44] 尹近，徐兴宽，张文胜，等．湖北通城县大坪钨矿地质特征及找矿方向 [J]. 中国钨业，2019，34 (6)：1-8.
[45] 周济元，肖惠良．成矿结构体系及其钨矿找矿意义 [J]. 资源调查与环境，2006，27 (2)：110-119.
[46] 吴开兴，古林，朱忠．荡坪钨矿九西矿区云英岩型钨矿床构造控矿机制探讨 [J]. 中国钨业，2009，24 (1)：21-23.
[47] FU J M, CHENG S B, LU Y Y, et al. Geochronology of the greisen-quartz-vein type tungsten-tin deposit and its host granite in Xitian, Hunan province [J]. Geology and Exploration, 2012 (2): 313-320.
[48] 王明燕，贾木欣，肖仪武，等．中国钨矿资源现状及可持续发展对策 [J]. 有色金属工程，2014，4 (2)：76-80.
[49] 邓丽红，周晓彤，关通，等．低品位复杂难选白钨矿选矿工艺研究 [J]. 中国矿业，2016，25 (6)：133-138.
[50] 刘庭忠，吴师金．某低品位白钨矿浮选试验研究 [J]. 中国钨业，2020 (3)：42-47.
[51] 张玉学，刘义茂，高思登，等．钨矿物的稀土地球化学特征——矿床成因类型的判别标志 [J]. 地球化学，1990 (1)：11-20.
[52] 梁冬云，徐晓萍，喻连香，等．斑岩型钨矿石工艺矿物学研究 [J]. 中国钨业，2006 (4)：24-26.
[53] 毕承思．中国矽卡岩型白钨矿矿床成矿基本地质特征 [J]. 中国地质科学院院报，1987 (17)：49-64.
[54] XIE G Q, MAO J W, BAGAS L, et al. Mineralogy and titanite geochronology of the Caojiaba W deposit, Xiangzhong metallogenic province, southern China: Implications for a distal reduced skarn W formation [J]. Mineralium Deposita, 2019 (3): 1-14.
[55] WU S H, MAO J W, IRELAND T R, et al. Comparative geochemical study of scheelite from the Shizhuyuan and Xianglushan tungsten skarn deposits, South China: Implications for scheelite mineralization [J]. Ore Geology Reviews, 2019, 109: 448-464.
[56] 张英．白钨矿与含钙脉石矿物浮选分离抑制剂的性能与作用机理研究 [D]. 长沙：中南大学，2012.
[57] 尹晓燕．赣中聚源大型石英脉型白钨矿床成矿流体演化过程中钨的矿物学行为 [D]. 杭州：东华理工大学，2019.
[58] 陈向，何威，廖德华．某矿山脱硫低品位白钨矿高效浮选研究 [J]. 矿业研究与开发，

2020，40（5）：136-138.

[59] HAN H H，HU Y H. Fatty acid flotation versus BHA flotation of tungsten minerals and their performance in flotation practice [J]. International Journal of Mineral Processing，2017，159：22-29.

[60] 高玉德，邱显扬，夏启斌，等．苯甲羟肟酸与黑钨矿作用机理的研究 [J]. 广东有色金属学报，2001，11（2）：92-95.

[61] 张忠汉，张先华，叶志平，等．柿竹园多金属矿 GY 法浮钨新工艺研究 [J]. 矿冶工程，1999（4）：22-25.

[62] 孙文娟，韩海生，胡岳华，等．金属离子配位调控分子组装浮选理论及其研究进展 [J]. 中国有色金属学报，2020，30（4）：927-941.

[63] HAN H H，LIU W L，HU Y H，et al. A novel flotation scheme：selective flotation of tungsten minerals from calcium minerals using Pb-BHA complexes in Shizhuyuan [J]. Rare Metals，2017，36（6）：533-540.

[64] 胡振，黄神龙，周贺鹏．提高某钨多金属矿选矿回收率试验研究 [J]. 矿冶工程，2021，41（5）：75-78.

[65] SUN F L，ZHAO Z W. An interdisciplinary perspective from the Earth scientist's periodic table：Similarity and connection between geochemistry and metallurgy [J]. Engineering，2020，6（6）：707-715.

[66] 赵中伟．钨冶炼的理论与应用 [M]. 北京：清华大学出版社，2013.

[67] 赵中伟，陈星宇，刘旭恒，等．新形势下钨提取冶金面临的挑战与发展 [J]. 矿产保护与利用，2017（1）：98-102.

[68] 赵中伟，陈星宇，任慧川．一种硫磷混酸加压分解黑钨矿或黑白钨混合矿来提取钨的方法：2018103311710 [P]. 2018-04-13.

[69] 何利华，赵中伟，杨金洪．新一代绿色钨冶金工艺——白钨硫磷混酸协同分解技术 [J]. 中国钨业，2017，32（3）：49-53.

[70] 陈星宇，赵中伟．一种酸分解黑白钨混合矿制备钨产品的方法：2018103609857 [P]. 2018-04-20.

[71] 赵中伟，李江涛，陈星宇，等．我国白钨矿钨冶炼技术现状与发展 [J]. 有色金属科学与工程，2013，4（5）：11-14.

3 白钨矿晶体化学

钨是重要的稀有战略金属，素有“工业牙齿”之称，被国务院列入24种战略性矿产目录[1]。白钨矿($CaWO_4$)与黑钨矿($(Fe,Mn)WO_4$)是金属钨的主要来源之一[2-3]。据统计,钨矿资源中白钨矿占比70%左右,黑钨矿占比20%左右,黑白钨混合矿占比10%左右[4]。1980年以前，我国主要开采黑钨矿。近年来，随着黑钨矿资源开采殆尽，白钨矿(少部分黑钨矿混合矿)逐渐成为我国钨矿的主要处理对象[5]。

当白钨矿嵌布粒度较粗时，可以通过重选有效回收[6]。伴随钨矿石品位越来越低，嵌布粒度越来越细，使得浮选逐渐成为其主要的分选方法[7-10]。浮选是利用不同矿物间表面性质差异进行分选的物理化学方法。但是，白钨矿与含钙脉石矿物都为极性盐类矿物，拥有相同或者相近的表面活性质点和类似的表面物理化学性质，使得白钨矿与含钙脉石矿物间的浮选分离存在较大难度，是矿物加工领域的世界性难题。

浮选之前，矿石中有用矿物必须通过破碎和磨矿达到单体解离[11]。碎磨过程常伴随暴露晶面和断裂键的产生，使得矿物表面处于高活性状态，并对周围介质中的分子和离子具有反应性。不同暴露晶面的断裂键数存在差异，表现出不同的表面反应性（包括表面能、表面润湿性、电性和吸附性等）[12-14]。通过密度泛函理论和模拟计算，可得白钨矿不同晶面的表面能，并预测各晶面的稳定性[12,15]。通过研究有机药剂（尤其是脂肪酸）在白钨矿表面的吸附行为，进行浮选药剂的筛选工作[16-17]。进一步通过含钙矿物表面Ca质点的分布与间距分析羧基在不同晶面的吸附构型[14,18]。但是，脂肪酸在白钨矿不同晶面吸附能和吸附行为的差异仍未完全解释。研究发现，白钨矿在弱酸和碱性条件下为负电势，并且由于晶面结构的差异性，白钨矿表面电性存在各向异性[19-21]。通过躺滴法和捕获气泡法，不同学者研究了白钨矿不同晶面润湿性的差异[15,22-23]。

综上，白钨矿的表界面物理化学性质已经被广泛研究。为了解决白钨矿与含钙脉石矿物浮选分离的世界性难题，必须加强对白钨矿及其他含钙矿物表面性质微观差异的精确认知，并揭示这些性质的内在联系及与浮选行为的关系。因此，本章节系统总结了白钨矿的解理性质、表面能、表面电性、润湿性、表面吸附性等表面物理化学性质，揭示白钨矿与水溶液及浮选药剂的作用机制，分析磨矿介质对白钨矿晶面暴露及颗粒形貌的调控行为，以期为实现白钨矿与其他含钙矿物的高效浮选分离提供参考。

3.1　白钨矿的结构

3.1.1　白钨矿的晶体结构

白钨矿晶体属于四方晶系，其空间群为 $I4_1/a$，晶胞参数：$a=b=0.5243$ nm，$c=1.1376$ nm，$\alpha=\beta=\gamma=90°$，$Z=4$[21]。如图 3-1 所示，晶体中的络阴离子为［WO_4］$^{2-}$，是由 W^{6+} 与 4 个 O 结合形成，W—O 键长为 0.1784 nm；Ca^{2+} 与［WO_4］$^{2-}$四面体顶角上的 8 个 O^{2-} 结合成［CaO_8］立方体，Ca—O 的键长为 0.2436 nm 或 0.2481 nm。白钨矿最常见的暴露面为（112）（001）及（101）面等[24-25]。

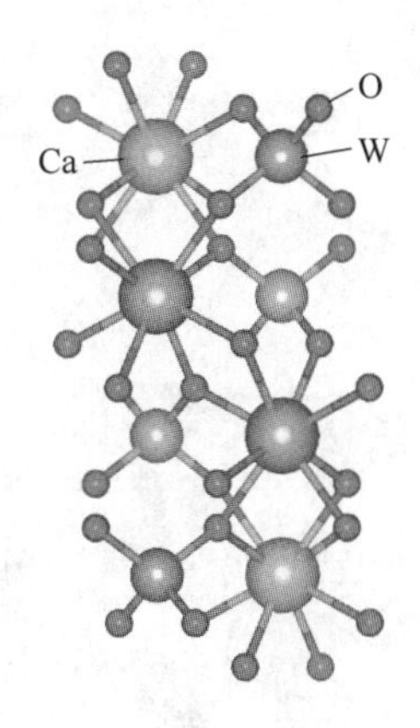

图 3-1　白钨矿的晶体结构示意图

3.1.2　白钨矿的晶面结构

白钨矿各晶面的结构如图 3-2 所示[21,24-25]。白钨矿内部存在 Ca—O、W—O 两种形式，由于 W—O 的键能更大，共价性更高，在形成解理面和断裂面时 Ca—O 离子键更容易断裂。图 3-2 表明，白钨矿（001）（112）（110）（111）和（103）面按照 Ca^{2+}—WO_4^{2-} 离子层的结构单元依次排列，（101）面按照一层 Ca^{2+}离子层、两层 WO_4^{2-} 离子层和一层 Ca^{2+}离子层的结构单元排列。白钨矿各晶面的单位晶胞中都存在具有断裂键的 Ca 和 O 原子，称为活性位点。白钨矿各晶面的活性位点及断裂键如图 3-2 所示，计算结果见表 3-1。由表 3-1 可知，各晶面的 Ca 和 O 活性位点的断裂键数存在一定差异，这种差异性会影响白钨矿表面的物理化学性质并对浮选行为产生一定影响。其中单位晶胞范围内的总断裂键（不饱和键）数即为 N_b。

(a)

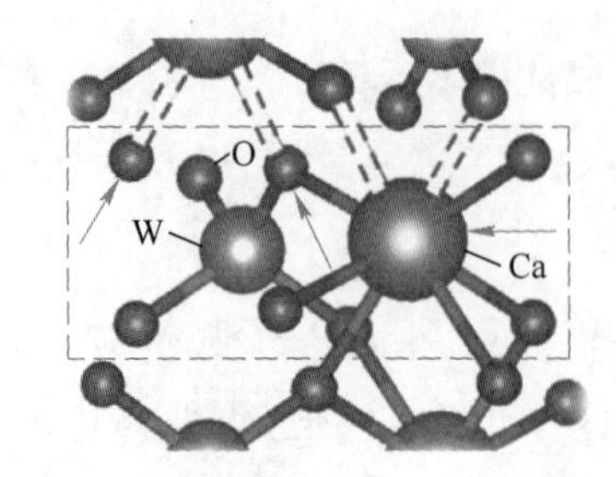

每个暴露单元包含1个Ca^{2+}和2个具有断裂键的O^{2-}；每个Ca^{2+}具有2个断裂键，每个O^{2-}具有1个断裂键

(b)

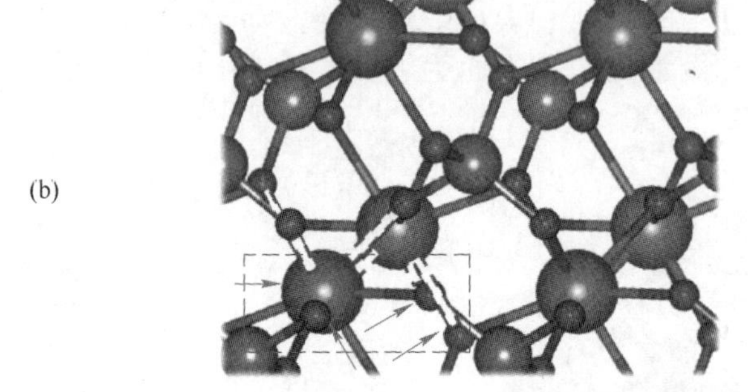

每个暴露单元包含1个Ca^{2+}和3个具有断裂键的O^{2-}；每个Ca^{2+}具有3个断裂键，每个O^{2-}具有1个断裂键

(c)

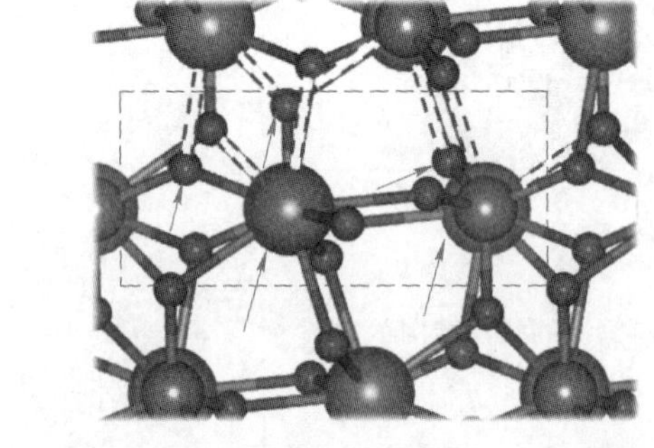

每个暴露单元包含2个Ca^{2+}和3个具有断裂键的O^{2-}；每个Ca^{2+}具有2个断裂键，每个O^{2-}具有1个或2个断裂键

(d)

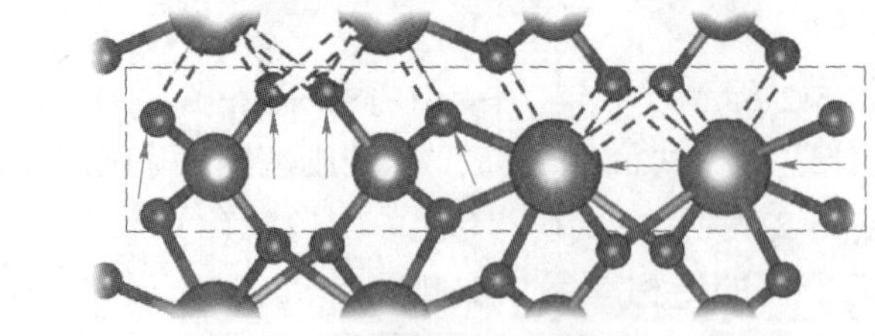

每个暴露单元包含2个Ca^{2+}和4个具有断裂键的O^{2-}；每个Ca^{2+}具有3个断裂键，每个O^{2-}具有1个或2个断裂键

(e)

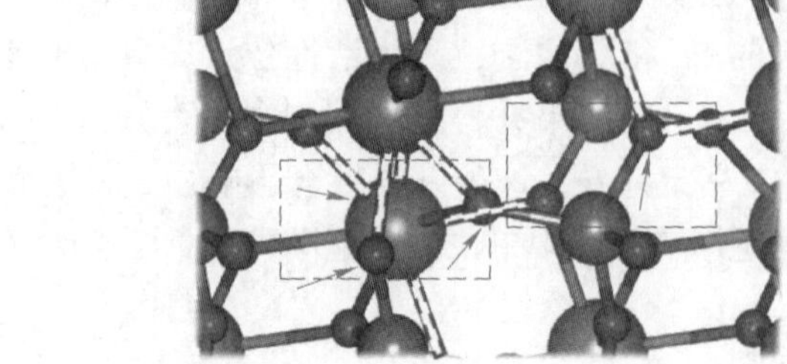

每个暴露单元包含1个Ca^{2+}和3个具有断裂键的O^{2-}；每个Ca^{2+}具有4个断裂键，每个O^{2-}具有1个或2个断裂键

(f)

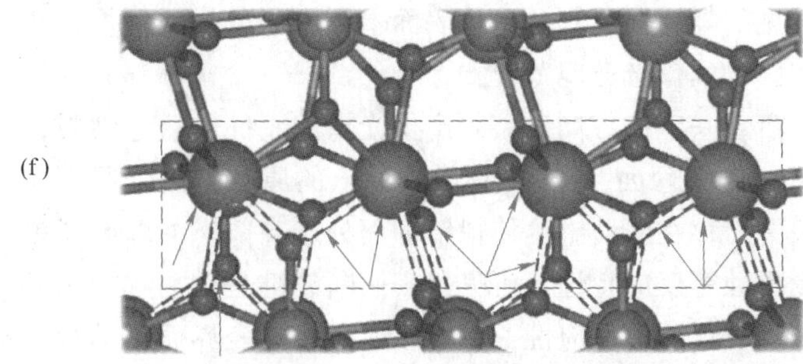

每个暴露单元包含4个Ca^{2+}和6个具有断裂键的O^{2-}；每个Ca^{2+}具有2个断裂键，每个O^{2-}具有1个或2个断裂键

(g)

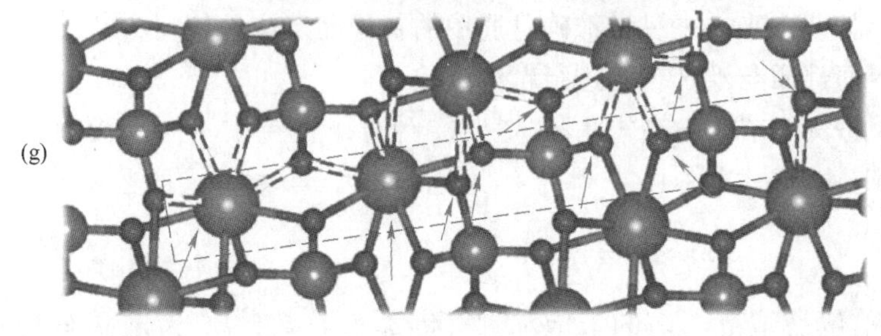

每个暴露单元包含2个Ca^{2+}和7个具有断裂键的O^{2-}；每个Ca^{2+}具有3个或4个断裂键，每个O^{2-}具有1个或2个断裂键

图3-2 白钨矿（001）面（a）、（101）面（b）、（112）面（c）、（010）面（d）、（110）面（e）、（111）面（f）和（103）面（g）的表面结构和原子键合情况

表3-1 白钨矿各晶面的结构单元及单位晶胞内活性位点和断裂键数

晶面	结构单元	Ca活性位点数	O活性位点数	单位Ca活性位点断裂键数	单位O活性位点断裂键数	N_b
(001)	$Ca^{2+}—WO_4^{2-}$ 离子层	1	2	2	1	4
(101)	一层Ca^{2+}离子层、两层WO_4^{2-}离子层和一层Ca^{2+}离子层	1	3	3	1	6
(112)	$Ca^{2+}—WO_4^{2-}$ 离子层	2	3	3	1或2	8
(010)	$Ca^{2+}—WO_4^{2-}$ 离子层	2	4	3	1或2	12
(110)	$Ca^{2+}—WO_4^{2-}$ 离子层	1	3	4	1或2	8
(111)	$Ca^{2+}—WO_4^{2-}$ 离子层	4	6	2	1或2	16
(103)	$Ca^{2+}—WO_4^{2-}$ 离子层	2	7	3或4	1或2	16

3.2 白钨矿表面的各向异性

3.2.1 表面断裂键

矿物表面断裂键性质是矿物表面特性之一。通过研究矿物表面断裂键性质可

以预测矿物的解理性质和常见的暴露面，预测矿物表面不同原子的反应活性，从而指导浮选药剂筛选设计和矿物间浮选分离[18,26-28]。

矿物晶体在外力作用下沿着一定的方向破裂并产生光滑的平面，这一性质称为解理，所形成的光滑平面称为解理面[29]。矿物解理面上的原子，由于原来在晶体中与之配位的原子的缺失，存在断裂键，使得解理面处于高能态，具有了表面弛豫、润湿性、电性、吸附性等反应特性。可见，表面断裂键是矿物解理面最初始的性质，其特征决定矿物解理面的反应性，最终决定矿物的表界面化学行为和浮选特性。但是，长期以来缺少一种准确且通用的解理面反应性解析方法，导致无法对矿物的表界面性质与浮选行为进行精细调控。

基于图 3-2 所示的表面结构，高志勇等人[18,27]计算了白钨矿不同晶面的表面断裂键密度，计算公式见式（3-1）[15,30]，结果见表 3-2。

$$D_b = N_b / A \tag{3-1}$$

式中，N_b 为某晶面单位晶胞范围内的未饱和键（断裂键）数；D_b 为该晶面上 1 nm^2 面积上的未饱和键数，nm^{-2}；A 为该晶面上单位晶胞的面积，nm^2。

表 3-2　白钨矿各晶面表面断裂键计算[18,27]

晶面	晶面单位面积/nm^2	断裂键数/个	断裂键密度/nm^{-2}	层间距 d/nm
(001)	0. 2749	4	14. 55	0. 2844
(101)	0. 3284	6	18. 27	0. 1190
(112)	0. 5038	8	15. 88	0. 3106
(010)	0. 5964	12	20. 12	0. 2622
(110)	0. 4218	8	18. 97	0. 1854
(111)	0. 8872	16	18. 03	0. 0881
(103)	0. 5088	16	31. 44	0. 1528

由表 3-2 可知，白钨矿各晶面的表面断裂键密度（单位面积断裂键数）的大小关系为：(103)>(010)>(110)>(101)>(111)>(112)>(001)。

3. 2. 2　解理及暴露面

在浮选前的碎磨阶段，矿物主要沿着晶体结构内键合力最弱的面网发生断裂，如沿着相互距离较大的面网、两层同号离子相邻的面网、阴阳离子电性中和的面网、弱键连接的面网及沿着裂缝或晶格内杂质聚集的区域等解理和断裂。白钨矿（112）（001）及（101）面是国内外研究最多的三个晶面。

由图 3-2（c）和图 3-3（a）可知，沿（112）面方向，相邻离子层层间距较大，Ca^{2+}和WO_4^{2-}基团以1∶1比例同层排布。（112）面表面断裂键密度为15.88 nm^{-2}，小于（101）面。在外力作用时，（112）面是白钨矿常见的解理面和暴露面[18]。Mogilevsky等人[31]借助XRD研究发现，白钨矿晶体容易沿（112）面生长形成晶面，并且容易沿着该面网层间断裂形成解理面[18,24]。

白钨矿（001）面如图3-2（a）所示。Ca^{2+}离子与WO_4^{2-}离子1∶1同层排列，（001）面在白钨矿晶面中具有最小的表面断裂键密度和表面能，且晶面为电性中和面，层间距小于（112）面，见表3-2和图3-3（c）[18]。当白钨矿受外力作用时易沿（001）面解理，使得（001）面是白钨矿常见的暴露面。Chaudhuri和Phaneuf等人研究表明，白钨矿晶体容易沿（001）面网方向解理[18,31-33]。

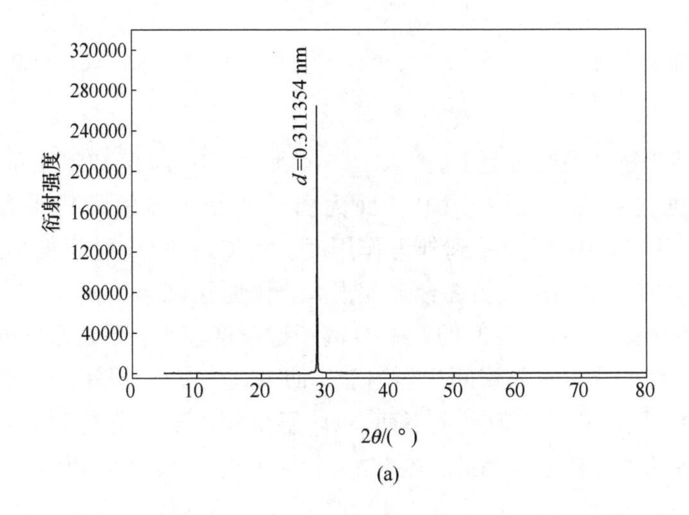

(a)

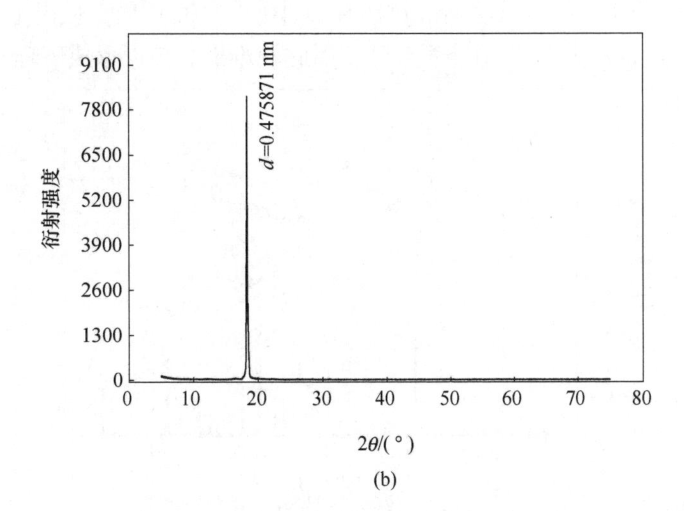

(b)

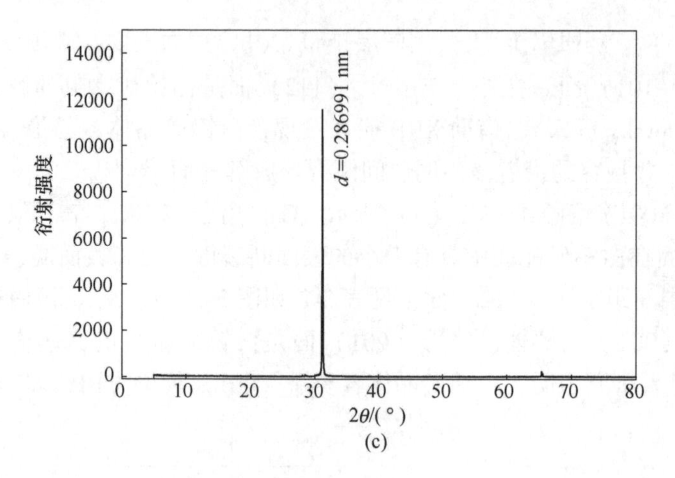

图 3-3　白钨矿晶体（112）面（a）、（101）面（b）和（001）面（c）XRD 图谱[21]

d—层间距

白钨矿纯矿物样品经过磨细后，如图 3-4 所示，在 d = 0.475871 nm 处出现了（101）面的强衍射峰，说明（101）面为白钨矿粉末样的常见暴露面。高志勇[18]认为白钨矿（101）面受到外力作用时，沿 Ca—WO_4 层间很难产生解理，因为 Ca—O 键密度最大，层间键合强度很大，同时层间异号离子会产生较强的静电吸引力。但是 Ca—Ca 层间的 Ca—O 离子键密度较小，以及层间同号离子的静电排斥力，因此易沿着该层间产生解理。而 WO_4—WO_4 层间，虽然 Ca—O 键密度与 Ca—Ca 层间相同，但是上下两 WO_4 层呈锯齿形咬合排列，表现为强键合，产生解理的概率较小。因此，在较强外力（破碎和细磨）作用时，才会沿此（101）方向裂开形成大量（101）解理面，所以该面常见于白钨矿粉末样中。值得注意的是，（111）面虽然断裂键密度较小于（101）面，但由于其层间距非常小，为 0.0881 nm，层间原子堆积较密，因此较难沿着该面形成解理。

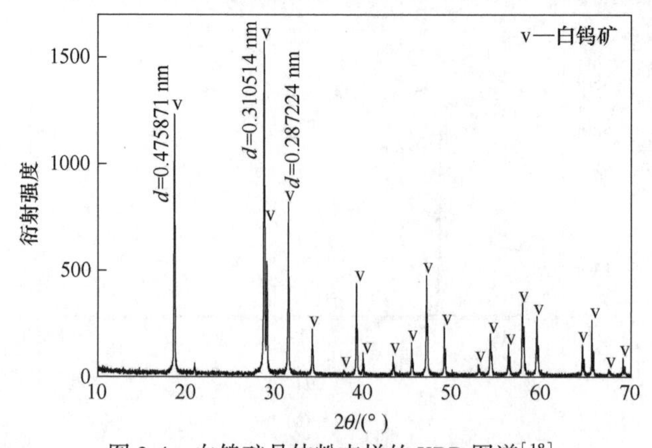

图 3-4　白钨矿晶体粉末样的 XRD 图谱[18]

3.2.3 表面能

矿物表面能即解理能，是指在外力作用下，矿物晶体沿着某一方向发生解理，产生两个新的独立暴露面所需要的能量。表面能大小取决于两个暴露面间原子的相互作用强度。晶面表面能越小，沿着晶面方向越容易发生解理，形成的解理面更加稳定。

基于已经报道的白钨矿常见晶面的表面能数据[14,18,32]和表面断裂键密度数据（见表3-2）制图，结果如图3-5所示。由图3-5可知，白钨矿表面能与表面断裂键密度存在正比例关系，随着表面断裂键密度的增加，表面能增加。因此，晶体单位表面积断裂键数是影响甚至决定矿物表面能的重要因素。白钨矿晶面表面能大小顺序为[14,18,32]：(110)>(101)>(111)>(112)>(001)。表面断裂键密度越小，表面化学键强度越小，表面能越小，沿该晶面方向越容易产生解理和断裂，所以自然条件下（001）和（112）面是常见解理和暴露面，（101）需要在较强外力（碎磨）作用下才能产生。

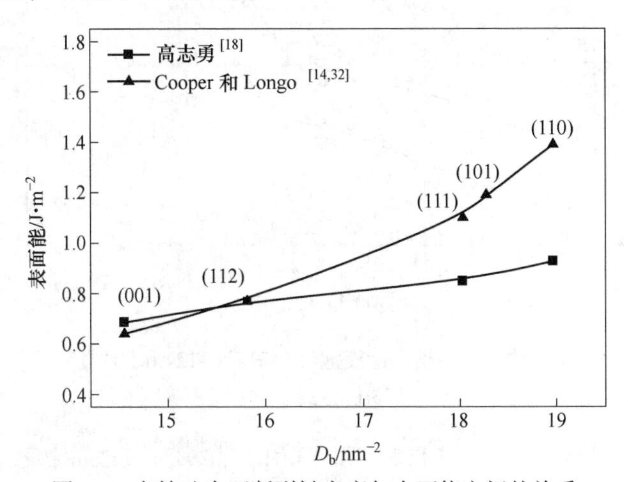

图3-5 白钨矿表面断裂键密度与表面能之间的关系

综上，表面断裂键密度和表面能都可作为判断矿物表面稳定性和解理性质的依据。但是，表面能的计算和实测过程太过复杂且耗时，表面断裂键密度的计算更加简单和快捷，可作为评价晶体表面能计算值相对准确性的参考。

3.2.4 表面润湿性

浮选是在水介质中进行的，水分子属于强极性分子，矿物晶面上不饱和键会与水发生补偿作用（水化作用）。不同矿物晶面不饱和键有差别，水化作用不同，导致矿物表面润湿性也存在差异。一般矿物自然润湿性分为四个类型，即强亲水性、弱疏水性、疏水性和强疏水性。浮选药剂会改变矿物-水-空气三相界面自由能，调节自由能可以扩大矿物间的润湿性差异并实现分离[34]。样品产地、制备方法和测试手段等因素都会影响接触角的测量值。

高志勇等人测量蒸馏水在白钨矿（112）和（001）面的接触角，发现未经抛磨的（112）和（001）面的接触角分别为62. 7°和73. 1°，经过抛磨后解理面的接触角降低至31. 6°和42. 5°。造成接触角减小的原因是经过磨抛处理后形成的新鲜解理面，其表面反应活性高而更亲水，但是两个面接触角大小顺序并没有发生变化，（001）面的接触角始终都大于（112）面[18]。

白钨矿不同晶面与油酸钠作用后的润湿性研究发现，在整个浓度范围内，油酸钠与（112）面作用的接触角都大于（001）面，如图3-6所示。根据表面电性和吸附性相关资料，推测油酸钠作用后（101）面的接触角要大于（001）面[14,18,24-25,32]。

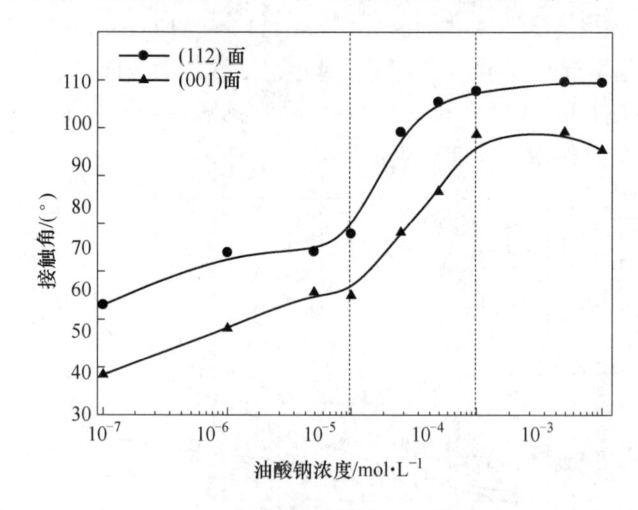

图3-6 悬滴法测量不同浓度油酸钠溶液浸泡后白钨矿(112)和(001)解理面上的接触角[18]
(pH值为8. 5~9)

白钨矿主要暴露（101）（112）和（001）晶面，其表面物理化学性质主要由这三种晶面决定[18]。三种常见晶面的润湿性决定了白钨矿纯矿物样品的疏水性，也间接决定了白钨矿纯矿物的浮选回收率[18,25]。因此通过磨矿介质制度改变，更多地暴露高活性的（101）和（112）面，减少（001）面的暴露比例，是提高白钨矿浮选回收率的潜在手段之一。

3. 2. 5 表面电性

如图3-7所示，白钨矿几乎在整个pH值范围内呈负电性[20-21,35]。这主要是由于白钨矿的钙离子的水化自由能比钨酸根离子的水化自由能小，更易从白钨矿表面溶解进入溶液，使白钨矿表面荷负电。研究表明，白钨矿等电点在pH=2左右[36]，且其表面电荷存在各向异性[37-38]，并且随着pH值的逐渐增大，不同晶面间的电荷差异更加明显，如图 3-8 所示[18]。在自然 pH 值下，白钨矿三个常见的暴露面呈负电性，其中（101）面具有最大的表面负电性，其次是（112）面，然后是（001）面[21]。

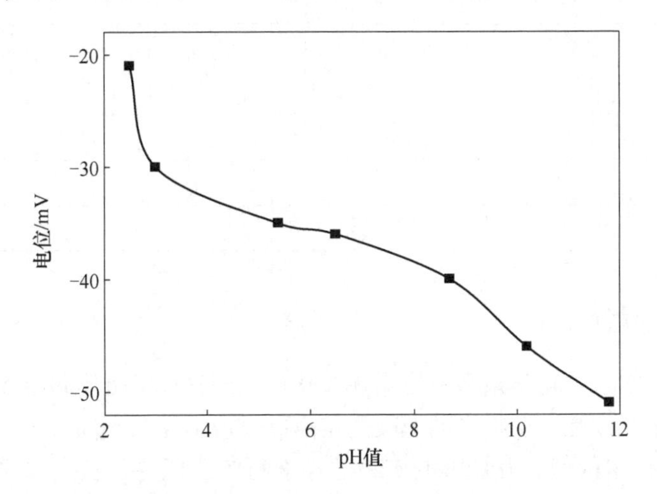

图 3-7 白钨矿表面电位与 pH 值关系图[39]

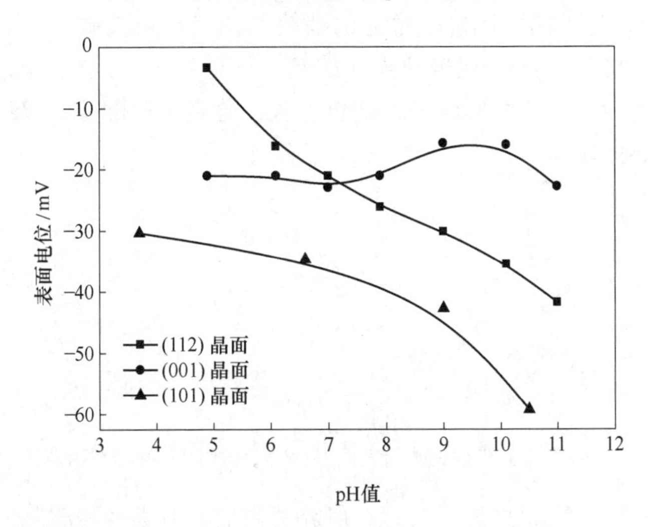

图 3-8 pH 值对白钨矿（001）（101）和（112）面表面电荷的影响[21]

研究发现，白钨矿不同晶面的电性与表面活性氧原子（具有断裂键的氧原子）密度有关[21]。随着溶液 pH 值的增加，溶液中 OH^- 的浓度也会相应增加，OH^- 通过氢键作用与具有较大活性氧原子密度的表面结合，导致矿物表面电负性增强。由表 3-3 可知，三个晶面活性氧密度的从大到小顺序为：(101)>(112)>(001)，因此（101）面具有最大的负表面电势，（112）次之。(001) 面具有最低的活性氧原子密度，在低 OH^- 浓度（低 pH 值）时，(001) 面通过氢键结合的

OH^-几乎饱和。随着 pH 值的增加，(001）面的表面电荷仅略微变化。此外，矿物晶格畸变、点缺陷、晶格取代等也可能会引起表面电性的变化。

表 3-3　白钨矿（112）（101）和（001）表面上的 WO_4^{2-} 或活性氧原子的数量[21]

晶面	单位晶胞面积 /nm^2	单位单元钨酸盐数 /个	单位单元活性氧原子数 /个	活性氧原子密度 /nm^{-2}
(112)	0. 504	2	3	6. 0
(101)	0. 328	2	3	9. 1
(001)	0. 275	1	2	3. 6

3. 2. 6　表面吸附性

浮选药剂常通过化学亲和力作用在氧化矿物解理面的吸附位点上，进而改变矿物的表面亲疏水性。矿物表面上吸附位点的反应活性及空间分布特征决定浮选药剂/矿物的作用构型，最终影响矿物的浮选行为。但是，长期以来缺乏对解理面吸附位点及其反应活性的系统研究，给浮选药剂的设计和组装带来了困难。

油酸（钠）是白钨矿浮选中常见的捕收剂，其在白钨矿表面的吸附行为一直是矿物加工及相关领域的研究热点和重点。研究表明，脂肪酸类捕收剂的羧酸基团与矿物表面 Ca 质点可形成三种配位方式，分别为单配位、双配位和桥环配位[40]，如图 3-9 所示。

图 3-9　油酸离子与含钙矿物表面 Ca 质点作用的三种构型示意图[40]

De Leeuw 等人[41]借助原子模拟，研究了与油酸有类似羧酸基团的甲酸在含钙矿物表面 Ca 质点的吸附行为，发现吸附方式及吸附能存在各向异性。例如，甲酸离子与（001）（101）和（103）三种晶面上 Ca 质点的作用方式都为单配位，但是作用能量明显不同，见表 3-4。根据图 3-2 晶面结构，（001）面上 Ca 质点为 6 配位，有 2 个断裂键；（101）面上 Ca 质点为 5 配位，有 3 个断裂键；（103）面的 Ca 质点为 4 配位，有 4 个断裂键。Ca 质点断裂键越多，反应活性越高，与羧基中 O 的作用强度越大，可解释甲酸与三种晶面的作用强度差异。

表 3-4 白钨矿晶体各晶面 Ca 质点断裂数及与甲酸作用能

晶面	Ca 质点断裂键数/个	与甲酸离子的作用能/kJ · mol^{-1}	与单个甲酸分子的作用构型（理论预测）
(001)	2	-93	单配位
(101)	3	-102	单配位
(103)	4	-131	单配位

据报道，以垂直形态吸附在矿物表面的单个油酸离子的横截面积为 0.33 nm^2 或 0.32 nm^2[35,42]。如图 3-2 和表 3-5 所示，高志勇[18]通过模拟计算发现，白钨矿（001）面单位晶胞面积上有 1 个 Ca 质点，单位晶胞面积为 0.2749 A nm^2，小于单个油酸离子的横截面积，使得单个油酸离子至少占据两个单位的晶胞面积。由于白钨矿（001）面相邻晶胞 Ca 质点距离远大于羧酸基团中两个 O 的距离，以及相邻 WO_4^{2-} 基团的空间阻碍作用及表面 O^{2-} 的静电排斥作用，油酸离子只能与其中 1 个 Ca 质点发生单配位或者双配位，故油酸钠在晶胞表面的覆盖度为 50%，且通过模拟研究确定其最稳定构型为单配位构型。

表 3-5 白钨矿晶体各晶面 Ca 质点数及断裂键计算结果

晶面	单位晶胞范围 Ca 质点数 N_{Ca}	每个 Ca 质点的断裂键数 N_b	与单个油酸分子的作用构型（理论预测）
(001)	1	2	单配位
(101)	1	3	桥环配位
(112)	2	2	桥环配位

白钨矿（112）面单位晶胞面积为 0.5038 nm^2，单位晶胞范围内有 2 个 Ca 质点，两 Ca 质点间距离为 0.386 nm，且没有钨酸根离子中 O^{2-} 的静电排斥作用，因此油酸离子的两个 O 原子分别与表面两个相邻 Ca 质点以桥环配位形式发生作用，覆盖度为 100%[18]。

图 3-10 表示油酸与白钨矿（001）和（112）面的作用能，（112）面的作用能为-1543.5 kJ/mol，比（001）面要小约-304.6 kJ/mol，表明油酸与前者的化学作用更强。这是因为油酸与（112）面的桥环配位比（001）面的单配位构型更稳定，化学作用更强，作用能更大。由于油酸在（112）面的覆盖度更大，与（112）面的作用更强，因此油酸作用后（112）面的疏水性更强，如图 3-6 所示。

3.2.7 选择性磨矿行为

白钨矿作为脆性矿物，莫氏硬度为 4~4.5，常见暴露面的解理能较小且层间

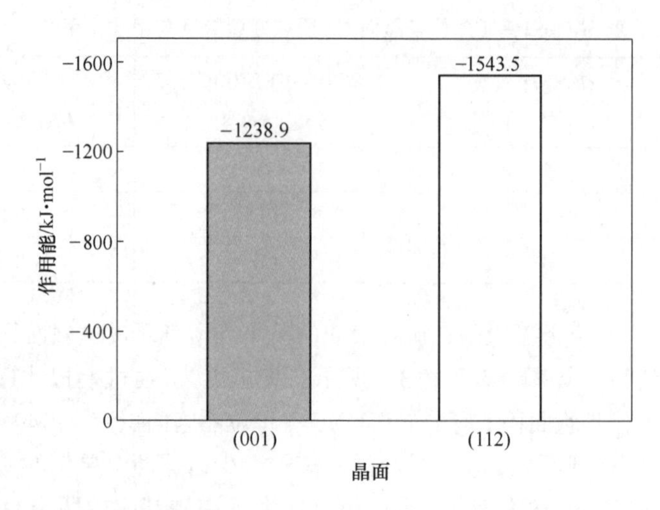

图 3-10　油酸离子与白钨矿（001）和（112）面的作用能对比[18]

距较大，因此在较大外力作用（球磨）下易产生过磨现象，给浮选造成难题，所以合适的磨矿制度对实现白钨矿的高效选别至关重要。

磨矿是个极其复杂的过程，磨矿介质、环境和入料性质都会影响最终产品指标。传统球磨通过点接触研磨矿石，选择性较差、过磨现象严重、产品粒度分布较宽，这些现象不利于浮选；柱形介质如棒磨属于线接触，输出能量相对较低，不易产生过磨现象，产品粒度均匀。不同磨矿条件下白钨矿常见晶面暴露程度、形状指数等都会存在差异[25,43]。结合白钨矿表面性质可知，白钨矿沿（112）面更容易产生解理，且白钨矿（101）和（112）晶面与油酸钠吸附更稳定，产生的构型更牢固，疏水性更强。因此，合适的磨矿体系产生特定性的晶面可能是实现有效白钨矿分离的重要手段。

高志勇等人[25,43]的研究表明，棒磨产生的白钨矿颗粒暴露更多（101）面，颗粒伸长率更大；球磨颗粒暴露更多（001）面，产品圆形度更大[25]，如图 3-11和图 3-12 所示。从颗粒形状指数的物理因素角度看，棒磨产品具有更大的伸长率，且颗粒边缘具有尖锐的棱角，有利于加速颗粒表面水化层的破裂，从而缩短矿物颗粒与气泡黏附过程中的诱导时间，提高黏附效率。从晶面位点反应性的化学因素角度看，（101）晶面上每个 Ca 质点具有 3 个断裂键，（001）晶面每个 Ca 质点具有 2 个断裂键，因而（101）晶面 Ca 质点活性更强，与捕收剂分子的作用更强，导致暴露更多（101）面的棒磨产品可浮性更好。如图 3-13 和图 3-14 所示，棒磨产品的回收率比球磨产品高约 20%[25]，将白钨矿和方解石按质量比 1∶1 混合进行浮选试验，混合矿浮选结果表明棒磨产品的浮选品位和回收率均高于球磨产品。因此，通过磨矿介质的调整，调控磨矿产品的晶面暴露比例和形状指数，可以实现白钨矿的高效分选。

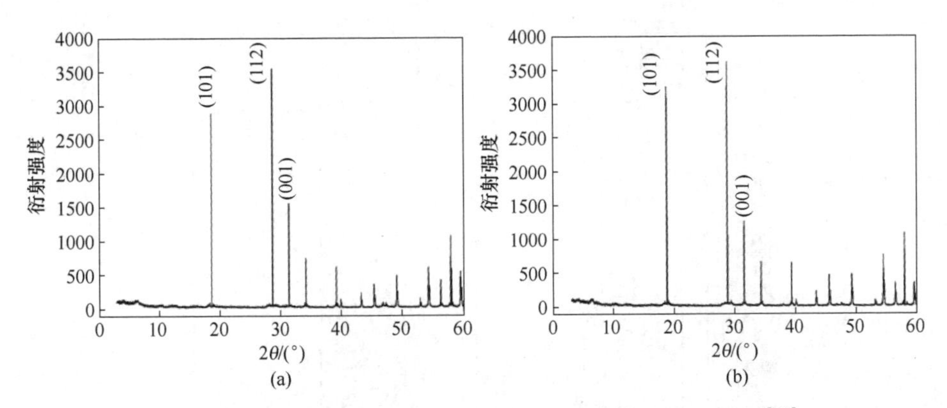

图 3-11 白钨矿在球磨（a）和棒磨（b）条件下的 XRD 图[25]

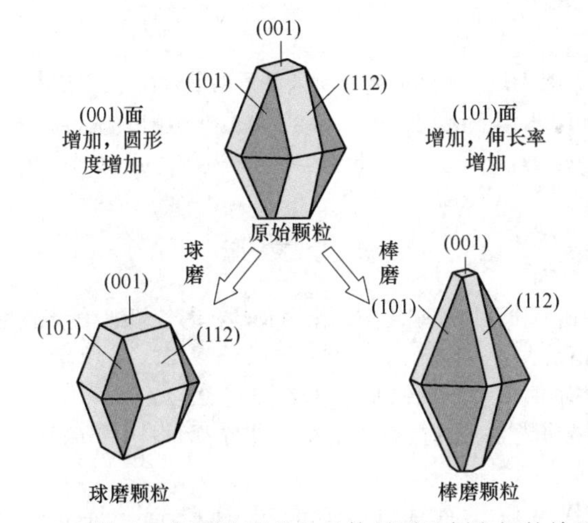

图 3-12 白钨矿矿物颗粒形状与晶体暴露比例之间的关系[44]

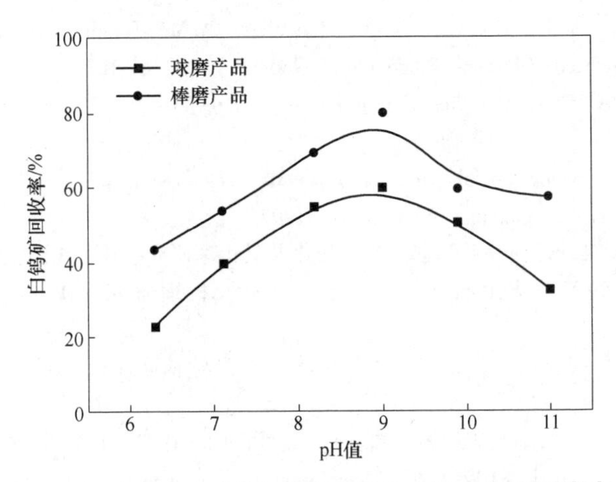

图 3-13 白钨矿在不同磨矿介质条件下的浮选回收率[25]

（油酸钠：7.5×10^{-6} mol/L）

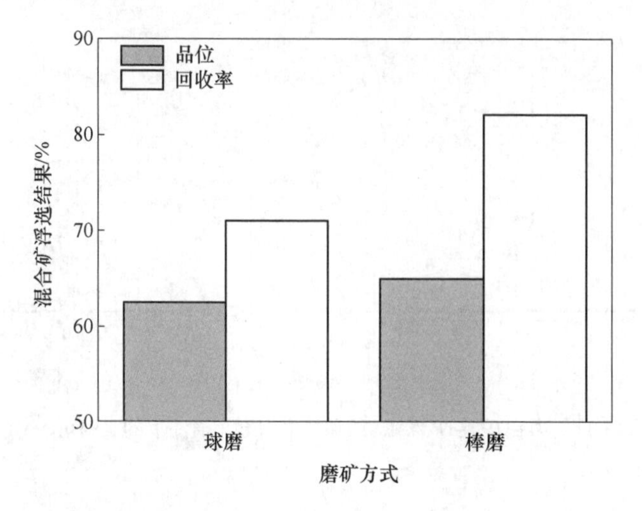

图 3-14　不同磨矿介质条件下的混合矿浮选结果

（苯甲羟肟酸：2×10^{-4} mol/L，硝酸铅：1×10^{-4} mol/L，松油醇：25 μL/L，盐化水玻璃：100 mg/L，pH = 9.0±0.2）

参 考 文 献

[1] 刘原．结构遗传在钨粉还原和碳化中的作用及其在制备超细/纳米钨粉和碳化钨粉中的应用［D］．南昌：南昌大学，2013.

[2] 秦川．世界钨业简述［J］．中国钨业，1994（5）：23-26.

[3] 吴诚．金属材料分析方法的选择和施行 第五讲 金属材料中钨的测定［J］．理化检验：化学分册，2005（9）：707.

[4] ZHAO Z，LI J，WANG S，et al. Extracting tungsten from scheelite concentrate with caustic soda by autoclaving process［J］. Hydrometallurgy，2011，108（1）：152-156.

[5] FUERSTENAU M C，GAUDIN A M. Flotation：A. M. Gaudin memorial volume［J］. International Journal of Mineral Processing，1980，7（2）：167-168.

[6] YANG X S. Beneficiation studies of tungsten ores—A review［J］. Minerals Engineering，2018，125：111-119.

[7] HABASHI F. Precious metals，refractory metals，scattered metals，radioactive metals，rare earth metals［M］. Weinheim：Wiley-VCH，1997.

[8] 王纪镇．复杂难处理白钨矿浮选分离的强化及其机理研究［D］．沈阳：东北大学，2015.

[9] 吴燕玲．白钨矿与方解石、萤石的浮选分离及机理研究［D］．南昌：江西理工大学，2014.

[10] 胡文英．组合捕收剂浮选微细粒黑钨矿作用机理与应用研究［D］．南昌：江西理工大学，2014.

[11] 黄和慰．第三讲 微细粒矿物的浮选［J］．金属矿山，1987（10）：46-49.

[12] COOPER T G，DE LEEUW N H. A combined ab initio and atomistic simulation study of the surface and interfacial structures and energies of hydrated scheelite：Introducing a $CaWO_4$

potential model [J]. Surface Science, 2003, 531 (2): 159-176.
[13] GAO Z Y, FAN R Y, RALSTON J, et al. Surface broken bonds: An efficient way to assess the surface behaviour of fluorite [J]. Minerals Engineering, 2019, 130: 15-23.
[14] COOPER T G, DE LEEUW N H. A computer modeling study of the competitive adsorption of water and organic surfactants at surfaces of the mineral Scheelite [J]. Langmuir, 2004, 20 (10): 3984-3994.
[15] HU Y H, GAO Z Y, SUN W, et al. Anisotropic surface energies and adsorption behaviors of scheelite crystal [J]. Colloids and Surfaces A: Physicochemical and Engineering Aspects, 2012, 415: 439-448.
[16] PRADIP, RAI B, RAO T K, et al. Molecular modeling of interactions of alkyl hydroxamates with calcium minerals [J]. Journal of Colloid and Interface Science, 2002, 256 (1): 106-113.
[17] PRADIP, RAI B, RAO T K, et al. Molecular modeling of interactions of diphosphonic acid based surfactants with calcium minerals [J]. Langmuir, 2002, 18 (3): 932-940.
[18] 高志勇. 三种含钙矿物晶体各向异性与浮选行为关系的基础研究 [D]. 长沙: 中南大学, 2013.
[19] KUPKA N, RUDOLPH M. Froth flotation of scheelite—A review [J]. International Journal of Mining Science Technology, 2018, 28 (3): 373-384.
[20] OZCAN O, BULUTCU A N. Electrokinetic, infrared and flotation studies of scheelite and calcite with oxine, alkyl oxine, oleoyl sarcosine and quebracho [J]. International Journal of Mineral Processing, 1993, 39 (3/4): 275-290.
[21] GAO Z Y, HU Y H, SUN W, et al. Surface-charge anisotropy of scheelite crystals [J]. Langmuir, 2016, 32 (25): 6282-6288.
[22] HAN H S, HU Y H, SUN W, et al. Fatty acid flotation versus BHA flotation of tungsten minerals and their performance in flotation practice [J]. International Journal of Mineral Processing, 2017, 159: 22-29.
[23] YUE T, HAN H S, HU Y H, et al. Beneficiation and purification of tungsten and cassiterite minerals using Pb-BHA complexes flotation and centrifugal separation [J]. Minerals, 2018, 8 (12): 566-574.
[24] GAO Z Y, SUN W, HU Y H, et al. Surface energies and appearances of commonly exposed surfaces of scheelite crystal [J]. Transactions of Nonferrous Metals Society of China, 2013, 23 (7): 2147-2152.
[25] LI C W, GAO Z Y. Effect of grinding media on the surface property and flotation behavior of scheelite particles [J]. Powder Technology, 2017, 322: 386-392.
[26] GAO Z Y, SUN W, HU Y H, et al. Anisotropic surface broken bond properties and wettability of calcite and fluorite crystals [J]. Transactions of Nonferrous Metals Society of China, 2012, 22 (5): 1203-1208.
[27] 高志勇, 孙伟, 刘晓文, 等. 白钨矿和方解石晶面的断裂键差异及其对矿物解理性质和表面性质的影响 [J]. 矿物学报, 2010 (4): 69-74.
[28] 齐美超, 何桂春, 罗仙平, 等. 钨矿表面特性与可浮性关系研究现状 [J]. 有色金属科学与工程, 2014 (1): 73-76.

[29] 唐继元．矿物中药材鉴别术语诠释（续）[J]．中华中医药学刊，1985 (4)：428.
[30] GAO Z Y, SUN W, HU Y H. Mineral cleavage nature and surface energy: Anisotropic surface broken bonds consideration [J]. Transactions of Nonferrous Metals Society of China, 2014, 24 (9): 2930-2937.
[31] MOGILEVSKY P. Identification of slip systems in $CaWO_4$ scheelite [J]. 2005, 85 (30): 3511-3539.
[32] LONGO V M, GRACIA L, STROPPA D G, et al. A joint experimental and theoretical study on the nanomorphology of $CaWO_4$ crystals [J]. Journal of Physical Chemistry C, 2011, 115 (41): 20113-20119.
[33] HAY R S. Monazite and Scheelite Deformation Mechanisms [M]. Newjersey: Wiley, 2008.
[34] 龙贤灏．水分子对硫化矿物表面性质、氧化及捕收剂分子吸附影响密度泛函研究 [D]．南宁：广西大学，2016.
[35] HANUMANTHA R K, FORSSBERG K S E. Mechanism of fatty acid adsorption in salt-type mineral flotation [J]. Minerals Engineering, 1991, 4 (7/8/9/10/11): 879-890.
[36] HU Y H, XU Z H. Interactions of amphoteric amino phosphoric acids with calcium-containing minerals and selective flotation [J]. International Journal of Mineral Processing, 2003, 72 (1/2/3/4): 87-94.
[37] NESSET J E, ZHANG W, FINCH J A. A benchmarking tool for assessing flotation cell performance [C] //Proceedings of the 44th Annual Meeting of the Canadian Mineral Processors (CIM), F, 2012.
[38] RUDOLPH M, HARTMANN R. Specific surface free energy component distributions and flotabilities of mineral microparticles in flotation—An inverse gas chromatography study [J]. Colloids Surfaces A Physicochemical Engineering Aspects, 2017 (513): 380-388.
[39] 韩兆元．组合捕收剂在黑钨矿、白钨矿混合浮选中的应用研究 [D]．长沙：中南大学，2010.
[40] RAI B. Molecular modeling for the design of novel performance chemicals and materials basic concepts in molecular modeling [J]. International Journal of Artificial Organs, 2012, 10 (12): 1-26.
[41] DE LEEUW N H, PARKER S C, RAO K H. Modeling the competitive adsorption of water and methanoic acid on calcite and fluorite surfaces [J]. Langmuir, 1998, 14 (20): 5900-5906.
[42] GOMARI K A R, DENOYEL R, HAMOUDA A A. Wettability of calcite and mica modified by different long-chain fatty acids (C_{18} acids) [J]. Journal of Colloid and Interface Science, 2006, 297 (2): 470-479.
[43] LI C W, GAO Z Y. Tune surface physicochemical property of fluorite particles by regulating the exposure degree of crystal surfaces [J]. Minerals Engineering, 2018, 128: 123-132.
[44] 黄子杰，孙伟，高志勇．磨矿对矿物表面性质和浮选行为的影响 [J]．中国有色金属学报，2019，29 (11)：2671-2680.

4 钨矿浮选溶液化学

浮选是分离钨矿与其他伴生矿物（方解石、萤石、重晶石等）的有效手段，涉及气-液-固三相体系。固体矿物颗粒一旦与水溶液接触，便会发生一系列反应，进而影响浮选过程。在钨矿浮选矿浆体系中，钨矿及其伴生矿物不可避免地发生溶解反应，溶出的离子及溶液中的离子又可以与矿物表面发生反应，改变钨矿及伴生矿物表面性质，进而影响浮选行为；同时，钨矿的溶液化学也会影响浮选药剂的吸附与解析行为。本章从溶液化学的角度分析了钨的溶解及其与伴生矿物的表面转化机制，阐明了浮选药剂在矿物表面的吸附机理，为钨矿浮选技术的开发提供理论基础。

4.1 黑钨矿的溶液化学及浮选意义

黑钨矿是锰、铁的主钨酸盐矿物，主要包括钨锰矿（$MnWO_4$）和钨铁矿（$FeWO_4$）两种。在水溶液中，黑钨矿表面的 Mn^{2+} 和 Fe^{2+} 能发生溶解和水化反应，生成各种络离子及中间产物。本节主要针对钨锰矿（$MnWO_4$）和钨铁矿（$FeWO_4$）两种主体黑钨矿开展溶液化学研究。

4.1.1 钨锰矿的溶液化学与表面电性

4.1.1.1 钨锰矿的溶解行为

钨锰矿饱和溶液中发生的反应见表 4-1。分析表 4-1 数据可知，钨锰矿在一定条件下能产生 H_2WO_4 和 $Mn(OH)_2$ 沉淀，决定这一条件的是溶液的 pH 值。

表 4-1 钨锰矿溶解反应及反应常数[1-3]

反 应 式	lg*K*	公式序号
$MnWO_4(s) \rightleftharpoons Mn^{2+} + WO_4^{2-}$	-8.85	(4-1)
$Mn^{2+} + OH^- \rightleftharpoons MnOH^+$	3.5	(4-2)
$Mn^{2+} + 2OH^- \rightleftharpoons Mn(OH)_2(aq)$	5.8	(4-3)
$Mn^{2+} + 3OH^- \rightleftharpoons Mn(OH)_3^-$	7.2	(4-4)
$Mn^{2+} + 4OH^- \rightleftharpoons Mn(OH)_4^{2-}$	7.3	(4-5)

续表 4-1

反 应 式	lgK	公式序号
$2Mn^{2+} + OH^- \rightleftharpoons Mn_2OH^{3+}$	4.13	(4-6)
$2Mn^{2+} + 3OH^- \rightleftharpoons Mn_2(OH)_3^+$	16.53	(4-7)
$Mn(OH)_2(s) \rightleftharpoons Mn^{2+} + 2OH^-$	-12.6	(4-8)
$H^+ + WO_4^{2-} \rightleftharpoons HWO_4^-$	3.5	(4-9)
$H^+ + HWO_4^- \rightleftharpoons H_2WO_4(aq)$	4.6	(4-10)
$WO_3 + H_2O \rightleftharpoons WO_4^{2-} + 2H^+$	-14.05	(4-11)
$WO_3 + H_2O \rightleftharpoons H_2WO_4(aq)$	-5.95	(4-12)

钨锰矿饱和溶液生成 $Mn(OH)_2$ 沉淀的 pH 值可以通过式（4-13）计算得到。

$$MnWO_4(s) + 2OH^- \rightleftharpoons Mn(OH)_2(s) + WO_4^{2-} \quad K_{sp} = 10^{-9.3} \qquad (4\text{-}13)$$

可求得，pH>9.9 时，$MnWO_4$ 溶解转变成 $Mn(OH)_2$，其他组分处于平衡状态，各组分浓度见表 4-2。

表 4-2　pH>9.9 时钨锰矿的溶液组分及浓度[1-3]

组　分	lgc
Mn^{2+}	15.4-2pH
WO_4^{2-}	-24.25+2pH
$MnOH^+$	4.94-pH
$Mn(OH)_2$ (aq)	-6.8
$Mn(OH)_3^-$	-19.4+pH
$Mn(OH)_4^{2-}$	-32.5+2pH
$Mn_2(OH)_3^+$	5.33-pH
HWO_4^-	-20.75+pH

钨锰矿饱和溶液生成 H_2WO_4 沉淀的 pH 值可以通过式（4-14）计算得到。

$$MnWO_4(s) + 2H^+ \rightleftharpoons H_2WO_4(s) + Mn^{2+} \quad K_{sp} = 10^{5.2} \qquad (4\text{-}14)$$

可求得，pH<4.8 时会生成 H_2WO_4 沉淀。其他组分浓度见表 4-3。

表4-3　pH<4.8时钨锰矿的溶液组分及浓度[1-3]

组　分	lg$c$
WO_4^{2-}	$-14.05+2pH$
HWO_4^-	$-10.55+pH$
$H_2WO_4(s)$	-5.95
Mn^{2+}	$5.2-2pH$
$Mn_2(OH)_3^+$	$-5.26-pH$
Mn_2OH^{3+}	$0.53+pH$

当pH值处于4.8~9.9之间时，既没有H_2WO_4沉淀，也没有$Mn(OH)_2$沉淀。此时溶液组分及其浓度见表4-4。

表4-4　4.8<pH<9.9时钨锰矿的溶液组分及浓度[1-3]

组　分	lg$c$
Mn^{2+}	$0.5(\lg K_1+\lg\alpha_{WO_4}-\lg\alpha_{Mn})$
WO_4^{2-}	$0.5(\lg K_1+\lg\alpha_{Mn}-\lg\alpha_{WO_4})$
$MnOH^+$	$-10.46+pH+\lg c_{Mn^{2+}}$
$Mn(OH)_2(aq)$	$-22.2+2pH+\lg c_{Mn^{2+}}$
$Mn_2(OH)_3^+$	$-25.57+3pH+2\lg c_{Mn^{2+}}$
$Mn(OH)_3^-$	$-34.8+3pH+\lg c_{Mn^{2+}}$
HWO_4^-	$3.5-pH+\lg c_{WO_4^{2-}}$
$H_2WO_4(aq)$	$8.1-2pH+\lg c_{WO_4^{2-}}$

注：α为副反应系数。

依据表4-2~表4-4所列的组分及其浓度计算公式，可绘制如图4-1所示的钨锰矿（$MnWO_4$）溶解组分浓度对数图。

4.1.1.2　钨锰矿的溶解与表面电性

钨锰矿的溶解会引起溶液及表面组分的变化，从而改变钨锰矿的表面电位。

pH<2.8时，钨锰矿表面的Mn^{2+}大量溶解，表面定位离子为$MnOH^+$和HWO_4^-，且$MnOH^+$浓度高于HWO_4^-浓度，使得钨锰矿表面荷正电。当pH=2.8时，$MnOH^+$浓度等于HWO_4^-浓度，即理论等电点为2.8。

2.8<pH<4.8时，WO_4^{2-}浓度大于$MnOH^+$浓度且HWO_4^-浓度大于$MnOH^+$浓度，钨锰矿表面荷负电，直到pH=4.8时，HWO_4^-浓度出现极大值，对应负ζ电位的极大值。而随着pH值的升高，HWO_4^-浓度减小而$MnOH^+$浓度增大，负ζ电位降低。

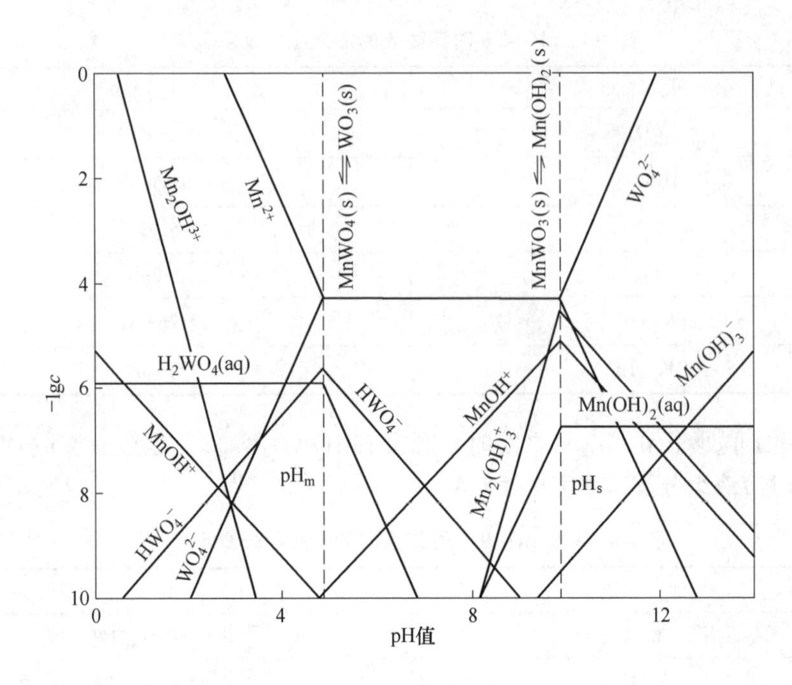

图 4-1　钨锰矿（$MnWO_4$）饱和溶液中溶解组分的浓度对数图[1]

pH 值为 6.0～9.9 时，表面溶解的 Mn^{2+} 大大减少，主要离子浓度关系为 Mn^{2+}浓度等于 WO_4^{2-} 浓度，且远大于 HWO_4^- 浓度和 $MnOH^+$浓度。此时钨锰矿表面的 ζ 电位取决于 Mn^{2+}和 WO_4^{2-}，但是 Mn^{2+}比 WO_4^{2-} 更易从表面溶解，因此钨锰矿表面在这一 pH 值区间内仍有较小的负值，这一区域也称为“近零电点区域”。当 pH 值大于 9.9 时，WO_4^{2-} 浓度急剧增大，钨锰矿表面的负电位也急剧增大，定位离子为 WO_4^{2-}。

4.1.2　钨铁矿的溶液化学与表面电性

4.1.2.1　钨铁矿的溶解行为

与钨锰矿类似，钨铁矿饱和溶液中发生的反应见表 4-5。钨铁矿在一定条件下也能产生 H_2WO_4 和 $Fe(OH)_2$ 沉淀。同样地，这一沉淀反应受溶液 pH 值的控制。

表 4-5　钨铁矿溶解反应及反应常数[1-3]

反 应 式	lg*K*	公式序号
$FeWO_4(s) \rightleftharpoons Fe^{2+} + WO_4^{2-}$	-11.04	(4-15)
$Fe^{2+} + OH^- \rightleftharpoons FeOH^+$	4.5	(4-16)
$Fe^{2+} + 2OH^- \rightleftharpoons Fe(OH)_2(aq)$	7.2	(4-17)

续表 4-5

反 应 式	lg*K*	公式序号
$Fe^{2+} + 3OH^- \rightleftharpoons Fe(OH)_3^-$	11.0	(4-18)
$Fe^{2+} + 4OH^- \rightleftharpoons Fe(OH)_4^{2-}$	10.0	(4-19)
$Fe(OH)_2(s) \rightleftharpoons Fe^{2+} + 2OH^-$	-14.95	(4-20)
$H^+ + WO_4^{2-} \rightleftharpoons HWO_4^-$	3.5	(4-9)
$H^+ + HWO_4^- \rightleftharpoons H_2WO_4(aq)$	4.6	(4-10)
$WO_3 + H_2O \rightleftharpoons WO_4^{2-} + 2H^+$	-14.05	(4-11)
$WO_3 + H_2O \rightleftharpoons H_2WO_4(aq)$	-5.95	(4-12)

同样在钨铁矿（$FeWO_4$）饱和溶液中，可以通过式（4-21）和式（4-22）计算出生成 $Fe(OH)_2$ 沉淀和 H_2WO_4 沉淀的条件分别为 pH>9.3、pH<4.3，其平衡的各组分浓度见表 4-6 和表 4-7。

$$FeWO_4(s) + 2OH^- \rightleftharpoons Fe(OH)_2(s) + WO_4^{2-} \quad K_{sp} = 10^{3.75} \tag{4-21}$$

$$FeWO_4(s) + 2H^+ \rightleftharpoons H_2WO_4(s) + Fe^{2+} \quad K_{sp} = 10^{3.01} \tag{4-22}$$

表 4-6 pH>9.3 时钨铁矿的溶液组分及浓度[1-3]

组 分	lg*c*
Fe^{2+}	13.05-2pH
WO_4^{2-}	-24.09+2pH
$FeOH^+$	3.55-pH
$Fe(OH)_2(aq)$	-7.75
$Fe(OH)_3^-$	-17.95+pH
$Fe(OH)_4^{2-}$	-32.95+2pH
HWO_4^-	-20.59+pH

表 4-7 pH<4.3 时钨铁矿的溶液组分及浓度[1-3]

组 分	lg*c*
WO_4^{2-}	-14.05+2pH
HWO_4^-	-10.55+pH
$H_2WO_4(s)$	-5.95
Fe^{2+}	3.01-2pH
$FeOH^+$	-6.49-pH

在 4.3<pH<9.3 时，钨铁矿（$FeWO_4$）饱和溶液中既没有 H_2WO_4 沉淀，也没有 $Fe(OH)_2$ 沉淀。此时溶液组分及其浓度见表 4-8。

表 4-8　4.3<pH<9.3 时钨铁矿的溶液组分及浓度[1-3]

组　分	lg*c*
Fe^{2+}	$0.5(\lg K_2+\lg\alpha_{WO_4}-\lg\alpha_{Fe})$
WO_4^{2-}	$0.5(\lg K_2+\lg\alpha_{Fe}-\lg\alpha_{WO_4})$
$FeOH^+$	$-9.5+pH+\lg c_{Fe^{2+}}$
$Fe(OH)_2(aq)$	$-20.8+2pH+\lg c_{Fe^{2+}}$
$Fe(OH)_3^-$	$-31+3pH+\lg c_{Fe^{2+}}$
$Fe(OH)_4^{2-}$	$-46+4pH+\lg c_{Fe^{2+}}$
HWO_4^-	$3.5-pH+\lg c_{WO_4^{2-}}$
$H_2WO_4(aq)$	$8.1-2pH+\lg c_{WO_4^{2-}}$

依据表 4-6~表 4-8 所列的不同 pH 值下的溶液组分及浓度，可绘制如图 4-2 所示的钨铁矿（$FeWO_4$）溶解组分浓度对数图。

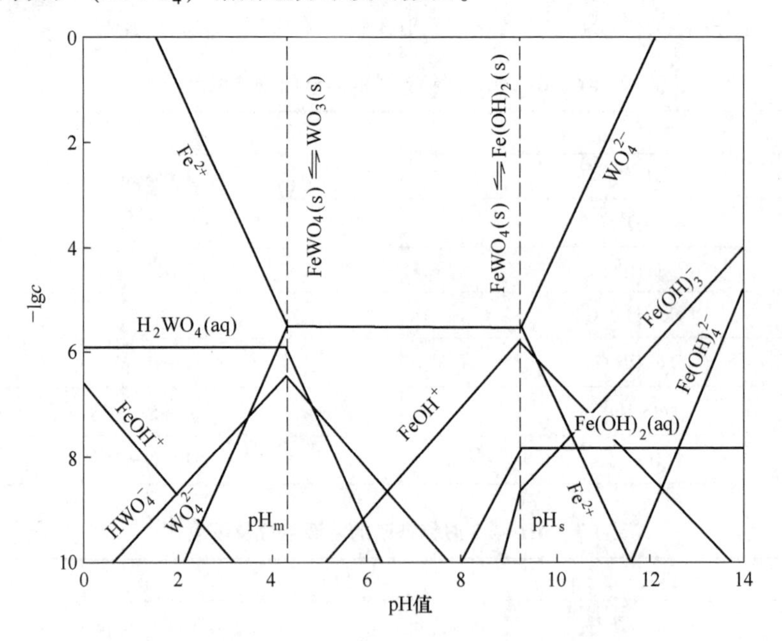

图 4-2　钨铁矿（$FeWO_4$）溶解组分浓度对数图[1]

4.1.2.2　钨铁矿的溶解与表面电性

与钨锰矿类似，钨铁矿的溶解会直接影响表面定位离子及表面电位。

pH<2.0 时，钨铁矿表面的 Fe^{2+} 大量溶解，表面荷正电，表面定位离子为 $FeOH^+$ 和 HWO_4^-，理论等电点为 $FeOH^+$ 浓度等于 HWO_4^- 浓度的 pH=2.0。

pH>2.0 时，HWO_4^- 的浓度大于 $FeOH^+$浓度，钨铁矿表面带负电，且在 pH=4.3 处 HWO_4^- 浓度和负 ζ 电位出现极大值。4.3<pH<6.0 时，负 ζ 电位随 HWO_4^- 浓度降低。

近零电点区域出现在 pH 值为 6.0~9.3 的区间内。当 pH 值大于 9.9 时，钨铁矿表面的负电位随定位离子 WO_4^{2-} 浓度的增大而增大。

4.1.3 黑钨矿的溶液化学与浮选行为

由黑钨矿（钨锰矿和钨铁矿）的溶液化学计算及其溶解对表面电位的影响可知，在水溶液或矿浆中，黑钨矿不可避免地发生水解反应，释放 Mn^{2+}、Fe^{2+}并引起一系列受 pH 值控制的溶解反应，改变矿物表面电性和矿物表面的定位离子。根据黑钨矿的溶解组分图，可以精确分析黑钨矿浮选的有利 pH 值区间。如图 4-3（a）所示，钨锰矿理论 IEP 为 2.8，钨铁矿理论 IEP 为 2.0，实际黑钨矿的 IEP 受铁、锰含量的影响在 2.0~2.8 之间波动。当 pH<IEP 时，从黑钨矿表面溶解出大量的 Mn^{2+}、Fe^{2+}，此时的表面定位离子为 $MnOH^+$、$FeOH^+$、HWO_4^-，且 $MnOH^+$和 $FeOH^+$浓度高于 HWO_4^- 浓度，黑钨矿表面荷正电，但阴离子捕收剂在此条件下没有解离，因此难以通过静电力在黑钨矿表面吸附；当 IEP<pH<6 时，黑钨矿表面负动电位出现极值，这是由于 HWO_4^- 的浓度随 pH 值增大而先升高后下降。黑钨矿表面的高负电及定位离子 $MnOH^+$、$FeOH^+$、HWO_4^- 都不利于阴离子捕收剂的静电力吸附和化学吸附；当 6<pH<9.5 时，黑钨矿表面呈低负电性，Mn^{2+}、Fe^{2+}为定位离子，有利于阴离子捕收剂通过静电力吸附，同时捕收剂还通过与定位离子的化学键合作用在黑钨矿表面发生化学吸附；pH>9.5 时，因 $(Fe,Mn)WO_4$ 与 OH^-反应生成 $Mn(OH)_2$、$Fe(OH)_2$ 沉淀，WO_4^{2-} 为定位离子，表面负动电位急剧增大，导致阴离子捕收剂难以吸附。如图 4-3（b）所示，无论是通过静电吸附的阴离子捕收剂还是通过与黑钨矿表面铁锰离子键化学吸附的捕收剂，都在黑钨矿“近零电点区域”的 pH 值区间(6~9.5)内浮选效果最佳。

在此基础上结合捕收剂的溶液化学分析可以解释浮选药剂在黑钨矿表面的作用机理。如图 4-4（a）所示，在油酸（HOL）浮选黑钨矿效果较好的 6~9.5 的 pH 值区间内，油酸根离子 OL^-和$(OL)_2^{2-}$ 显著增多，离子-分子缔合体$H(OL)_2^-$ 也有增加，说明溶液中的油酸根离子和离子-分子缔合体对黑钨矿浮选过程起主导作用；如图 4-4（b）所示，pH 值为 6~9.5 时，黑钨矿表面晶格阳离子与油酸根离子捕收剂阴离子生成 $Fe(OL)_2$ 与 $Mn(OL)_2$ 的标准自由能负值最高，说明油酸通过与表面 Mn 与 Fe 质点反应生成油酸盐吸附在黑钨矿表面；如图 4-4（c）和（d）所示，$Fe(OL)_2$ 与 $Mn(OL)_2$ 组分浓度最高的 pH 值区间与黑钨矿浮选效果最佳的 pH 值区间相吻合，说明油酸在黑钨矿表面吸附生成$Fe(OL)_2$ 与 $Mn(OL)_2$ 沉淀可能是油酸在黑钨矿表面吸附的主要形式[6]。

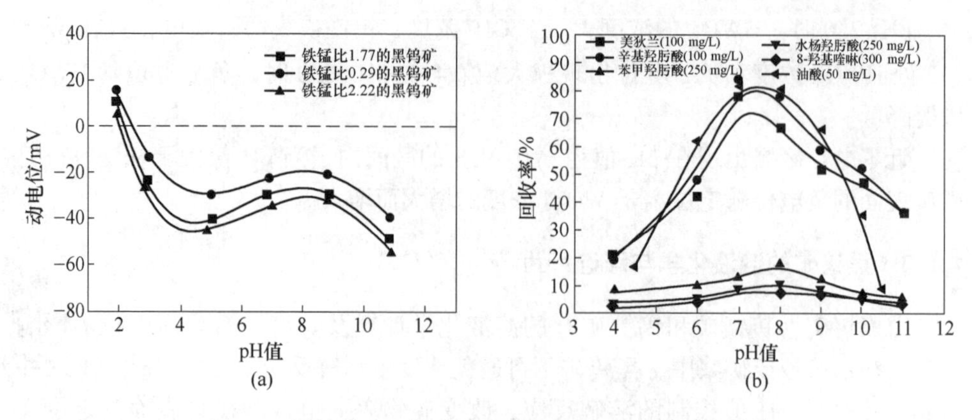

图 4-3　黑钨矿动电位、浮选回收率与 pH 值的关系[4-5]

（a）动电位与 pH 值；（b）回收率与 pH 值

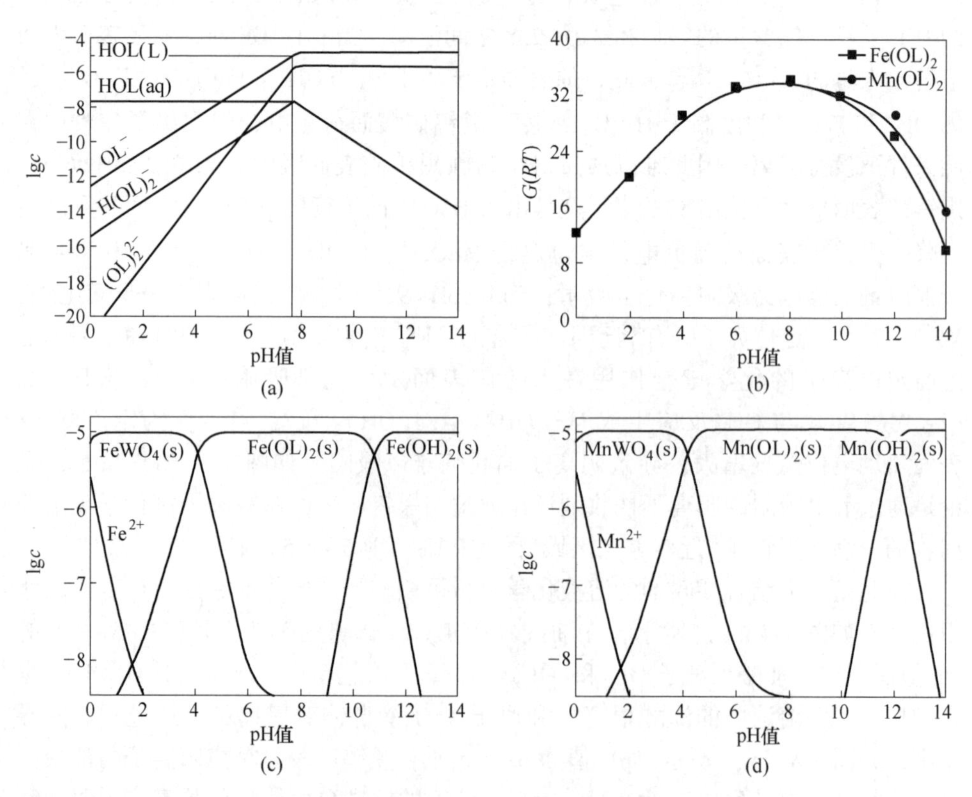

图 4-4　油酸-黑钨矿浮选体系中的油酸 lg$c$-pH 图（10^{-5} mol/L）、黑钨矿表面油酸盐 $\Delta G^{\ominus}$-pH 图和金属阳离子 lg$c$-pH 图[6]

（a）油酸 lg$c$-pH；（b）油酸盐 $\Delta G^{\ominus}$-pH；（c）Fe^{2+} 的 lg$c$-pH；（d）Mn^{2+} 的 lg$c$-pH

冯其明等人[7-8]借助溶液化学计算分析了辛基羟肟酸（OHA）在黑钨矿表面

的吸附机制。如图 4-5 所示，辛基羟肟酸对黑钨矿的浮选效果与矿物表面生成的金属辛基羟肟酸盐 $Fe(OHA)_2$、$Mn(OHA)_2$ 沉淀紧密相关。在酸性条件下，金属辛基羟肟酸盐沉淀的浓度较低，相应地，黑钨矿的回收率和捕收剂吸附量较低。这主要是因为酸性条件下黑钨矿溶解度低，而且 OHA 主要以分子形式存在，OHA 离子存在较少，无法在黑钨矿表面形成足够的金属辛基羟肟酸盐沉淀，导致黑钨矿表面的药剂吸附量和矿物可浮性下降。在 8~10 的 pH 值范围内，金属辛基羟肟酸盐沉淀的浓度高于金属钨酸盐和金属羟基化合物，此时金属辛基羟肟酸盐是黑钨矿表面的主要组分。辛基羟肟酸盐阴离子通过交换 $MeOH^-$ 中的 OH^- 和 $MeWO_4$ 中的 WO_4^{2-} 而吸附到黑钨矿表面，从而提高黑钨矿的可浮性[9]。当 pH 值超过 10 时，金属辛基羟肟酸盐沉淀的浓度降低，金属羟基化合物浓度增大。在 pH>11 时，金属羟基化合物浓度高于金属辛基羟肟酸盐的浓度，此时黑钨矿表面主要为金属羟基化合物沉淀，因此亲水性增大，可浮性下降。

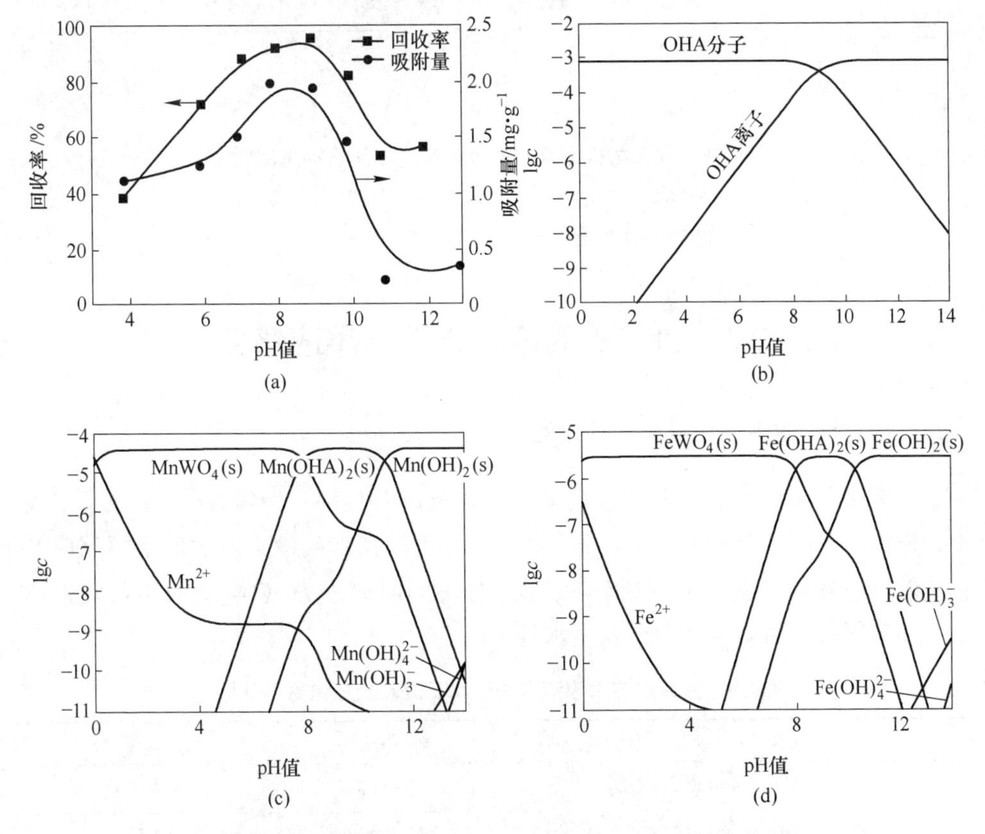

图 4-5 辛基羟肟酸-黑钨矿浮选体系中的浮选回收率与药剂吸附量-pH 图、捕收剂 lg*c*-pH 图、金属阳离子 lg*c*-pH 图[7-8]

（a）浮选回收率与药剂吸附量-pH；（b）捕收剂 lg*c*-pH；（c）Mn^{2+} 的 lg*c*-pH；（d）Fe^{2+} 的 lg*c*-pH

王淀佐等人[1]研究了浮选药剂与金属离子生成的络合离子对黑钨矿浮选的影响。如图 4-6 所示，柠檬酸在浮选溶液中与黑钨矿溶解出的 Mn^{2+} 和方解石溶解出的 Ca^{2+} 发生络合反应生成了 MnL^- 和 CaL^- 络合离子；在这些络合离子显著增加的浓度区间内，黑钨矿与方解石浮选回收率急剧下降；在相同的柠檬酸抑制剂用量下，CaL^- 较 MnL^- 更易生成。因此在浮选中可以通过控制柠檬酸用量使其在一定浓度范围内优先抑制方解石，而不影响黑钨矿的浮选效果。

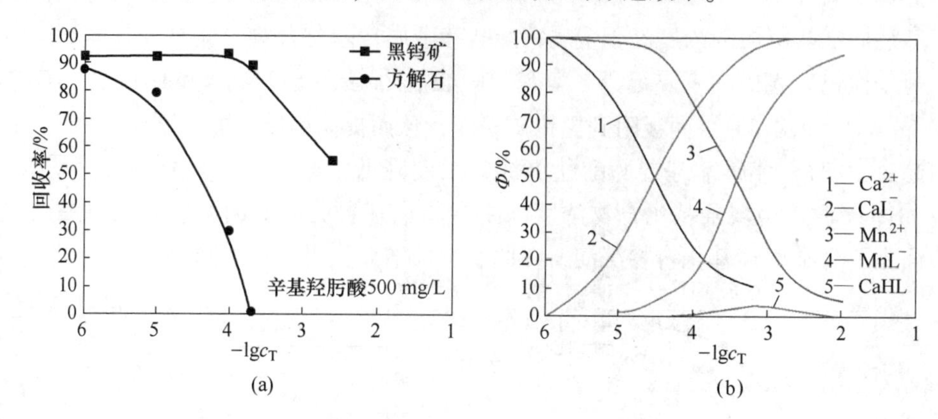

图 4-6　柠檬酸为抑制剂时的黑钨矿、方解石浮选回收率及浮选溶液中的络合离子分布图[1]

（a）回收率--$\lg c_T$；（b）Φ--$\lg c_T$

4.2　白钨矿的溶液化学及浮选意义

4.2.1　白钨矿的溶液化学与表面电性

白钨矿是典型的盐类矿物，具有盐类矿物的共性——溶解性[10]。在水溶液中，白钨矿会溶解并释放出 Ca^{2+} 和 WO_4^{2-}。白钨矿在水溶液中发生的溶解反应及相应的反应常数见表 4-9。白钨矿化学组分中的阴离子为 WO_4^{2-}，属于弱酸根离子，在溶解释放后会与水分子发生水解反应。

表 4-9　白钨矿在水溶液中的溶解反应及反应常数[1,11-12]

反　应　式	lg*K*	公式序号
$CaWO_4(s) \rightleftharpoons Ca^{2+} + WO_4^{2-}$	-9.3	(4-23)
$Ca^{2+} + OH^- \rightleftharpoons CaOH^+$	1.40	(4-24)
$Ca^{2+} + 2OH^- \rightleftharpoons Ca(OH)_2(aq)$	2.77	(4-25)
$Ca(OH)_2(aq) \rightleftharpoons Ca^{2+} + 2OH^-$	-5.22	(4-26)

续表 4-9

反 应 式	lgK	公式序号
$H^+ + WO_4^{2-} \rightleftharpoons HWO_4^-$	8.5	(4-27)
$H^+ + HWO_4^- \rightleftharpoons H_2WO_4(aq)$	4.6	(4-28)
$WO_3 + H_2O \rightleftharpoons WO_4^{2-} + 2H^+$	-14.05	(4-29)
$CaWO_4(s) + 2OH^- \rightleftharpoons Ca(OH)_2(s) + WO_4^{2-}$	-4.08	(4-30)

依据白钨矿在水溶液中的一系列反应及相应的平衡常数，可得到如图 4-7 所示的白钨矿饱和水溶液溶解组分图。由图 4-7 可以看出，白钨矿在水溶液中的溶解受溶液 pH 值的控制，是 pH 值的函数[13]。当 pH<1.3 时，溶液含有 $Ca(OH)^+$和 HWO_4^-，此时 $Ca(OH)^+$浓度大于 HWO_4^- 浓度，此外溶液中明显还会生成微量的 H_2WO_4 沉淀；当 pH=1.3 时，此时溶液中的 $Ca(OH)^+$浓度与 HWO_4^- 浓度相同，此时等电点 IEP=1.3；当溶液 pH 值高于 2 而低于 4.7 时，白钨矿的饱和水溶液中有大量自由的 H^+，此时水解反应式（4-27）和式（4-28）占主导地位，从而使得 H_2WO_4 以沉淀形式存在于整个溶液体系中，此外，HWO_4^- 和 WO_4^{2-} 的浓度随着 pH 值增大而增大，而 Ca^{2+}的浓度随着 pH 值增大而减小；当溶液的 pH 值高于 13.7 时，白钨矿的饱和水溶液中存在大量自由的 OH^-，溶液中过量的 OH^- 又会与优先解离的 Ca^{2+}结合，生成 $Ca(OH)_2$ 沉淀，此时反应式（4-25）为主要的

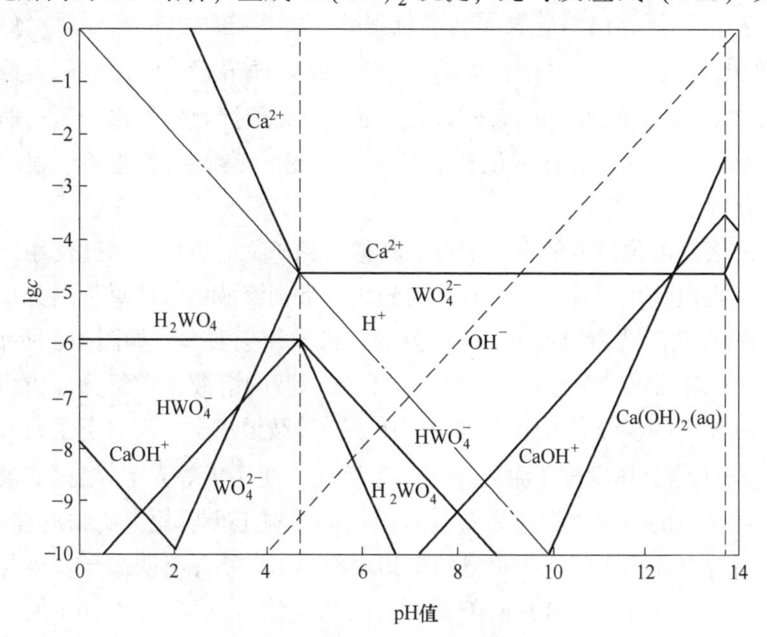

图 4-7 白钨矿饱和水溶液溶解组分图[1,10]

副反应；而当溶液的 pH 值介于 4.7 和 13.7 之间时，主导反应为式（4-24）和式（4-27），此时的白钨矿饱和溶液中既不存在 H_2WO_4 沉淀，也没有 $Ca(OH)_2$ 沉淀，存在的离子以 Ca^{2+}、WO_4^{2-}、HWO_4^- 和 $CaOH^+$ 为主[11,14-15]。

值得重点强调的是，白钨矿在水溶液中的溶解行为还涉及 Ca^{2+} 与其结合的 WO_4^{2-} 优先解离的问题。研究表明，当白钨矿与水接触时，Ca^{2+} 解离的优先级比 WO_4^{2-} 解离的优先级要高，即 Ca^{2+} 先于 WO_4^{2-} 发生解离反应，这一结果会使白钨矿表面的 Ca^{2+} 缺失或不足，而 WO_4^{2-} 过剩，从而导致白钨矿的表面电荷为负值[16]。

4.2.2　白钨矿的溶液化学与浮选行为

由白钨矿的溶液化学计算可知，在水溶液或矿浆中，白钨矿不可避免地发生水解反应，释放 Ca^{2+} 并引起一系列受 pH 值控制的溶解反应，改变矿物表面电性和矿物表面的定位离子。根据白钨矿的溶解组分图可知，白钨矿的理论等电点 IEP = 1.3。当 pH < 1.3 时，白钨矿表面定位离子为 $Ca(OH)^+$ 和 HWO_4^-，且 $Ca(OH)^+$ 浓度大于 HWO_4^- 浓度，白钨矿表面荷正电；当 1.3<pH<4.7 时，HWO_4^- 浓度及 WO_4^{2-} 浓度逐渐增大，在 pH=4.7 时，出现极大值，此时白钨矿表面负动电位达到最大；当 4.7<pH<13.7 时，Ca^{2+} 浓度等于 WO_4^{2-} 浓度、大于 $Ca(OH)^+$ 浓度及 HWO_4^- 浓度，白钨矿表面动电位保持不变。这时白钨矿表面定位离子为 Ca^{2+} 和 WO_4^{2-}，其中 Ca^{2+} 相对于 WO_4^{2-} 更易于从表面溶解，使白钨矿表面有过剩的 WO_4^{2-}，构成荷负电的定位离子层。当使用阴离子捕收剂浮选白钨矿时，不利于捕收剂靠静电力吸附，此时阴离子捕收剂浮选白钨矿主要通过与表面溶解的 Ca^{2+} 发生化学键合作用[17]。

白钨矿表面电位较方解石、萤石等其他含钙矿物的更负，因此使用阳离子捕收剂可以实现白钨矿与其他含钙矿物的分离。借助溶液化学计算可以分析烷基胺等阳离子捕收剂浮选白钨矿的 pH 值范围，指导浮选实践。如图 4-8 所示，pH<9.5 时十二胺对白钨矿浮选效果较好，结合十二胺的溶液化学组分分析可知，此时主要发挥作用的组分是 RNH_3^+ 和 $(RNH_3)_2^{2+}$ 等胺根离子，而对于萤石和方解石则是离子-分子缔合体发挥了主要作用。王淀佐、胡岳华等人[18]根据溶液化学计算研究了烷基胺的溶液化学行为及其对白钨矿等碱土金属盐类矿物的捕收性能，烷基胺通过静电作用吸附在荷负电的矿物表面，与矿物晶格阴离子发生化学反应生成铵盐沉淀。如图 4-9 和表 4-10 所示，烷基胺浮选盐类矿物的 pH 值上限对应于胺分子沉淀的临界值。

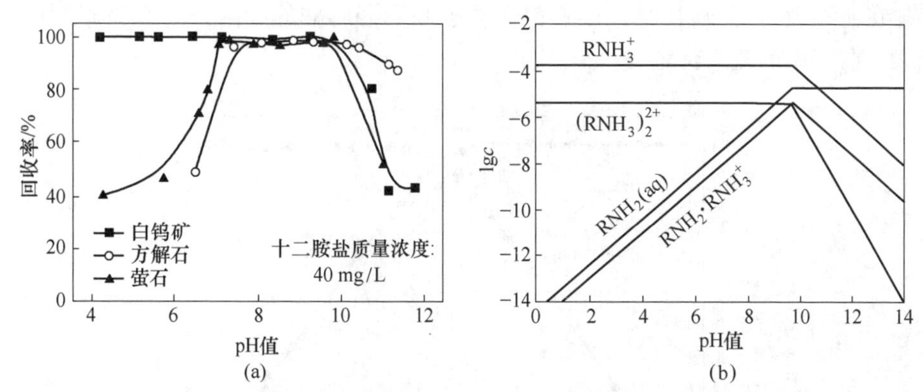

图 4-8 十二胺溶液浮选含钙矿物回收率（a）及其溶解组分浓度对数图（b）[19]

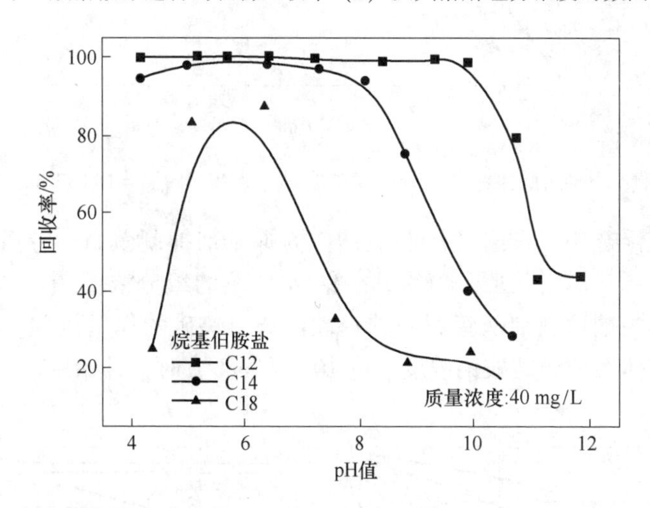

图 4-9 不同烷基胺浮选白钨矿回收率与 pH 值关系[19]

表 4-10 烷基胺（5×10^{-5} mol/L）生成沉淀的 pH 值[18]

烷基胺	十胺	十二胺	十四胺	十六胺	十八胺
溶解度/$mol \cdot L^{-1}$	$10^{-3.3}$	$10^{-4.7}$	$10^{-6.0}$	$10^{-7.1}$	$10^{-8.3}$
沉淀 pH 值		10.5	8.9	7.9	6.6
解离常数	10.64	10.63	10.60	10.60	10.60

基于白钨矿的溶液化学及浮选药剂的溶液化学分析，可以解释白钨矿浮选过程中浮选药剂的作用组分与作用机理。邱显扬等人[20]结合浮选溶液中化学计算对苯甲羟肟酸浮选白钨矿的机理进行了分析。如图 4-10 所示，在 pH 值为 7~10 时，苯甲羟肟酸对白钨矿捕收能力最强，这是因为此时苯甲羟肟酸解离产生的阴离子与中性分子浓度相当，在白钨矿表面发生共吸附；同时界面区域内金属羟肟

酸盐在矿物表面再吸附[21]，二者都促进了苯甲羟肟酸的吸附，药剂吸附层厚度变大，白钨矿的疏水性增强。

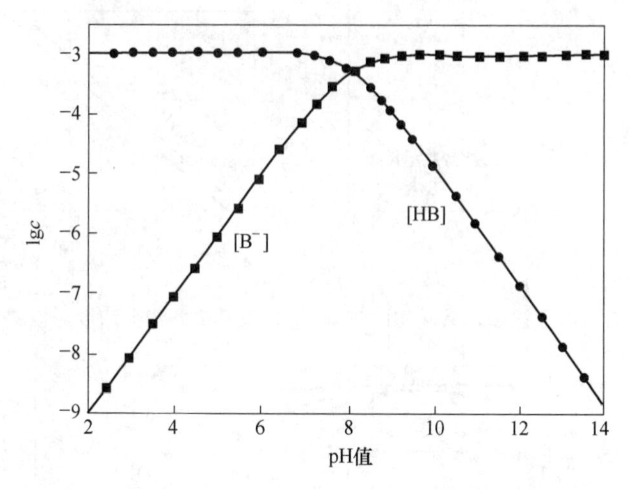

图 4-10　苯甲羟肟酸溶液各组分浓度对数图（15 ℃，$c_{BHA} = 1\times10^{-3}$ mol/L）[20]

在白钨矿浮选中，常常使用硅酸钠作为抑制剂抑制萤石、方解石等脉石矿物。孙伟等人[22]计算得到了矿物-硅酸钠-水体系的组分浓度图，从另一个角度解释了使用硅酸钠抑制剂从萤石中选择性浮选白钨矿的作用机理。如图 4-11 所示，在白钨矿体系中当硅酸钠浓度超过 $10^{-2.76}$ mol/L 时，开始生成硅酸钙沉淀，

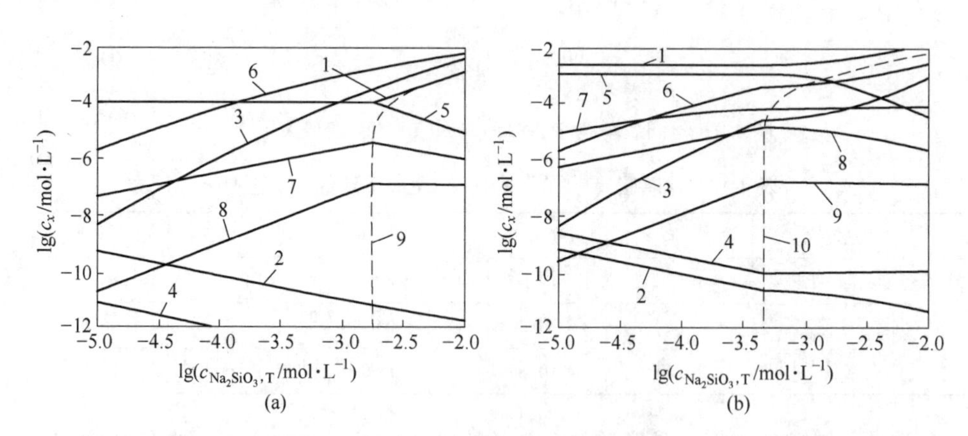

图 4-11　白钨矿-硅酸钠-水体系（a）和萤石-硅酸钠-水体系（b）组分浓度分布图[22]

（a）：1—WO_4^{2-}；2—H^+；3—SiO_3^{2-}；4—HWO_4^-；5—Ca^{2+}；6—$HSiO_3^-$；7—$CaOH^+$；8—$Ca(OH)_2(aq)$；9—$CaSiO_3(s)$；

（b）：1—F^-；2—H^+；3—SiO_3^{2-}；4—HF(aq)；5—Ca^{2+}；6—$HSiO_3^-$；7—$H_2SiO_3(aq)$；8—$CaOH^+$；9—$Ca(OH)_2(aq)$；10—$CaSiO_3(s)$

而在萤石体系中生成硅酸钙沉淀只需要 $10^{-3.34}$ mol/L 浓度的硅酸钠，硅酸钠更容易在萤石表面生成硅酸钙沉淀，降低其浮选效果。

4.2.3 含钙矿物间的表面转化及浮选行为

在单矿物体系中，盐类矿物的溶解会解离出不同的离子，并改变溶液组分[23-25]。而在两种或多种矿物共存的体系中，由一种矿物的溶解而解离出的离子会在另外一种或几种矿物的表面发生吸附作用，并发生化学反应，导致矿物表面的组成和性质发生一定的变化[23,26]，如果反应时间充足且反应条件充分，被作用的矿物表面会逐渐趋近于溶解矿物，甚至会转化为溶解矿物，即完成矿物表面的改性及转化过程。

白钨矿常常与方解石和萤石等含钙矿物紧密共生，它们都拥有相同的表面活性点 Ca^{2+}，表面化学性质相近。同时，白钨矿、方解石和萤石均属于可溶性盐类矿物，溶解度比较大，含钙矿物之间存在相互转化的现象，这使各矿物的浮选行为变得很复杂，含钙矿物间的浮选分离更加困难。一方面，矿物溶解产生的离子会发生水解反应，影响矿浆 pH 值的调节；另一方面，白钨矿、萤石和方解石溶解产生的 WO_4^{2-}、F^-、CO_3^{2-} 等可以和矿物表面的含钙质点发生化学反应，在矿物表面形成另一种含钙盐类矿物，导致三种矿物表面发生相互转化。

4.2.3.1 白钨矿与萤石的表面转化

白钨矿与萤石在水溶液中的水解反应如下：

$$CaWO_4 \rightleftharpoons Ca^{2+} + WO_4^{2-} \quad K_{sp(CaWO_4)} = 10^{-9.3} \tag{4-31}$$

$$CaF_2 \rightleftharpoons Ca^{2+} + 2F^- \quad K_{sp(CaF_2)} = 10^{-10.41} \tag{4-32}$$

结合式（4-31）和式（4-32）可以得到萤石-白钨矿体系的反应平衡式：

$$CaF_2 + WO_4^{2-} \rightleftharpoons CaWO_4 + 2F^- \tag{4-33}$$

依据反应式及 CaF_2 和 $CaWO_4$ 的溶度积常数 K_{sp}，可以求出式（4-33）的平衡常数 K：

$$K = \frac{c_{F^-}^2}{c_{WO_4^{2-}}} = \frac{c_{Ca^{2+}}c_{F^-}^2}{c_{Ca^{2+}}c_{WO_4^{2-}}} = \frac{K_{sp(CaF_2)}}{K_{sp(CaWO_4)}} = 10^{-1.11} \tag{4-34}$$

结合热力学，可以确定萤石-方解石表面转化反应的吉布斯自由能，如式（4-35）所示。

$$\Delta G = -RT\ln K + RT\ln\frac{c_{F^-}^2}{c_{WO_4^{2-}}} \tag{4-35}$$

若 $\Delta G<0$，式（4-33）向右自动进行，白钨矿溶解的 WO_4^{2-} 将与萤石表面 CaF_2 反应生成 $CaWO_4$，条件为：

$$-RT\ln K + RT\ln\frac{c_{F^-}^2}{c_{WO_4^{2-}}} < 0 \tag{4-36}$$

即有

$$\lg c_{WO_4^{2-}} > 1.11 + 2\lg c_{F^-}^2 \tag{4-37}$$

在萤石与白钨矿共存的矿浆中，若白钨矿溶解产生的 WO_4^{2-} 浓度满足式（4-37）的条件，则式（4-33）向右进行，萤石表面将生成 $CaWO_4$ 沉淀。依据式（4-37）确定的条件，可以得到如图 4-12 所示的萤石-白钨矿体系的表面转化临界曲线。当实际矿浆中 WO_4^{2-} 浓度与 pH 值的关系曲线处在曲线 1 上方时，则式（4-37）的条件满足，发生萤石向白钨矿的表面转化。图 4-12 中曲线 2 是实测和计算确定的白钨矿澄清液中 WO_4^{2-} 浓度与 pH 值的关系曲线。可以看出，在 pH>4 时，曲线 2 一直处于曲线 1 的上方，表明 pH>4 时萤石-白钨矿矿浆中白钨矿溶解的 WO_4^{2-} 浓度满足式（4-37）的条件，WO_4^{2-} 在萤石表面发生化学反应生成 $CaWO_4$。因此 pH=4 是萤石向白钨矿转化的临界 pH 值。依据式（4-33）向左的可逆反应，同样可求出临界曲线，但对于萤石-白钨矿体系，实验测得在任一 pH 值下，该反应不能发生，所以这里没有列出式（4-33）向左的可逆反应的条件和曲线[11]。这说明矿物间的相互转化行为与溶液中的离子浓度息息相关。

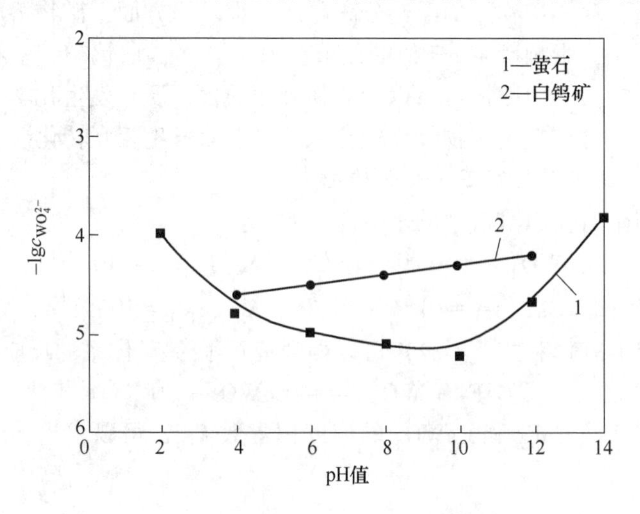

图 4-12　萤石-白钨矿体系表面转化平衡图[12]

4.2.3.2　白钨矿与方解石的表面转化

方解石的水解反应公式如下：

$$CaCO_3 \rightleftharpoons Ca^{2+} + CO_3^{2-} \quad K_{sp(CaCO_3)} = 10^{-8.35} \tag{4-38}$$

结合式（4-33）和式（4-38），可以得到方解石-白钨矿体系的溶液化学反应平衡式：

$$CaCO_3 + WO_4^{2-} \rightleftharpoons CaWO_4 + CO_3^{2-} \tag{4-39}$$

依据反应式及 $CaCO_3$ 和 $CaWO_4$ 的溶度积常数 K_{sp}，可以求出式（4-39）的平衡常数 K：

$$K=\frac{c_{CO_3^{2-}}}{c_{WO_4^{2-}}}=\frac{c_{Ca^{2+}}c_{CO_3^{2-}}}{c_{Ca^{2+}}c_{WO_4^{2-}}}=\frac{K_{sp(CaCO_3)}}{K_{sp(CaWO_4)}}=10^{0.95} \tag{4-40}$$

结合热力学，可以确定白钨矿-方解石表面转化反应的吉布斯自由能：

$$\Delta G=-RT\ln K+RT\ln\frac{c_{CO_3^{2-}}}{c_{WO_4^{2-}}} \tag{4-41}$$

若 $\Delta G<0$，式（4-39）向右自动进行，白钨矿溶解的 WO_4^{2-} 将与方解石表面 $CaCO_3$ 反应生成 $CaWO_4$，条件为：

$$-RT\ln K+RT\ln\frac{c_{CO_3^{2-}}}{c_{WO_4^{2-}}}<0 \tag{4-42}$$

即有

$$\lg c_{WO_4^{2-}}>\lg c_{CO_3^{2-}}-0.95 \tag{4-43}$$

在方解石-白钨矿共存的矿浆中，若白钨矿溶解产生的 WO_4^{2-} 浓度满足式（4-43）的条件，则式（4-39）向右进行，萤石表面将生成 $CaWO_4$ 沉淀；反之，若白钨矿溶解产生的 WO_4^{2-} 浓度不满足式（4-43）的条件，则式（4-39）向左进行。

在开放体系中，可以得到

$$\lg c_{CO_3^{2-}}=-21.64+2pH \tag{4-44}$$

从而有

$$\lg c_{WO_4^{2-}}>-22.59+2pH \tag{4-45}$$

依据式（4-45），可以得到如图 4-13 所示的方解石-白钨矿体系的表面转化临界曲线。由图 4-13 可知：临界曲线 1 与白钨矿澄清液中 WO_4^{2-} 浓度、临界曲线 2 与方解石澄清液中 CO_3^{2-} 浓度的交点为 pH=8.8；当 pH<8.8 时，WO_4^{2-} 的浓度始终高于临界曲线 1，说明 WO_4^{2-} 的浓度满足关系式（4-45），此时在白钨矿澄清液中方解石表面会产生 $CaWO_4$ 沉淀；当 pH>8.8 时，CO_3^{2-} 的浓度始终高于临界曲线 2，说明 CO_3^{2-} 的浓度满足式（4-39）的逆反应，此时在方解石澄清液中白钨矿表面会生成 $CaCO_3$ 沉淀。

4.2.3.3 萤石与方解石的表面转化

白钨矿通常伴生有萤石和方解石，不仅仅白钨矿与萤石、方解石之间可以发生表面转化，萤石和方解石之间也会发生表面转化。萤石和方解石在水溶液中的主要水解反应如式（4-32）和式（4-38）所示，结合这两种伴生矿物的水解反应，可以得到如下的萤石和方解石表面转化的反应式。

$$CaF_2+CO_3^{2-}\rightleftharpoons CaCO_3+2F^- \tag{4-46}$$

依据反应式及 CaF_2 和 $CaCO_3$ 的溶度积常数 K_{sp}，可以求得式（4-46）的平衡常数 K：

$$K=\frac{c_{F^-}^2}{c_{CO_3^{2-}}}=\frac{c_{Ca^{2+}}c_{F^-}^2}{c_{Ca^{2+}}c_{CO_3^{2-}}}=\frac{K_{sp(CaF_2)}}{K_{sp(CaCO_3)}}=10^{-2.06} \tag{4-47}$$

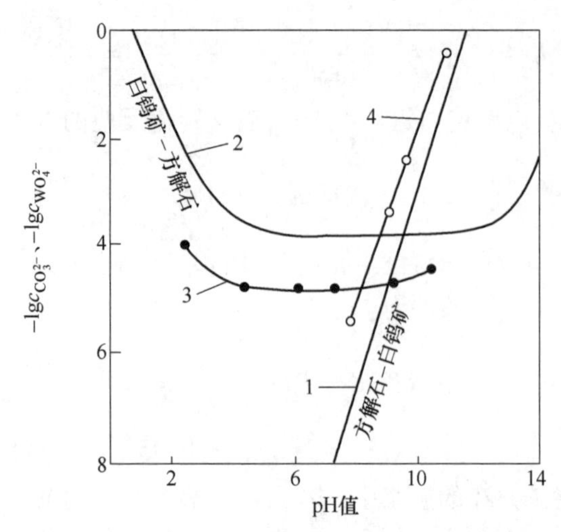

图 4-13　方解石-白钨矿体系表面转化平衡图[14]

1，2—表面转化临界曲线；3—白钨矿澄清液中 WO_4^{2-} 浓度；4—方解石澄清液中 CO_3^{2-} 浓度

由以上溶液化学计算可知，当碳酸根离子浓度升高时，萤石和方解石的表面转化反应向方解石生成的方向进行，萤石表面逐步转化为方解石结构；而当氟离子的浓度升高时，反应又向着生成萤石的方向进行，方解石表面逐步转化为萤石结构。正反应和逆反应此消彼长，最终实现动态平衡。

4.2.3.4　含钙矿物表面转化对浮选分离的意义

A　矿物浮选行为的变化

白钨矿及伴生矿物的表面转化直接影响矿物的浮选行为。胡岳华、张治元等人[23-24,26-27]研究发现，盐类矿物表面溶解平衡导致的矿物表面的相互转化及其所伴随生成的新产物使盐类矿物表面特性趋于相同及复杂化，是多种盐类矿物共存体系中浮选分离难以进行的主要原因。

王若林等人[28]对白钨矿、方解石、萤石三种矿物表面转化后的浮选行为进行了研究，发现萤石在白钨矿表面基本不发生转化反应，而萤石在方解石表面的转化反应容易发生且十分明显。萤石在方解石表面的转化会在方解石表面生成氟化钙薄膜，从而使方解石的浮选行为和萤石接近。该研究利用 Pb-BHA 配位捕收剂[29-30]具有较好的选择性及对萤石基本没有捕收能力这一特点[31]，采用天然萤石矿物将方解石表面转化为 CaF_2，从而实现了白钨矿和方解石的分离，结果如图 4-14 所示。

类似地，王若林等人[32]又对表面转化后的白钨矿、重晶石、萤石的浮选行为进行了研究，发现萤石在重晶石表面的转化比萤石在白钨矿表面的转化更容易发生，形成了 BaF_2 薄膜。同时，表面转化后形成的 BaF_2 在 Pb-BHA 配位捕收剂体系下也不会被捕收。基于此，利用 Pb-BHA 作捕收剂、萤石作抑制剂，实现了白钨矿与重晶石的浮选分离，结果如图 4-15 所示。

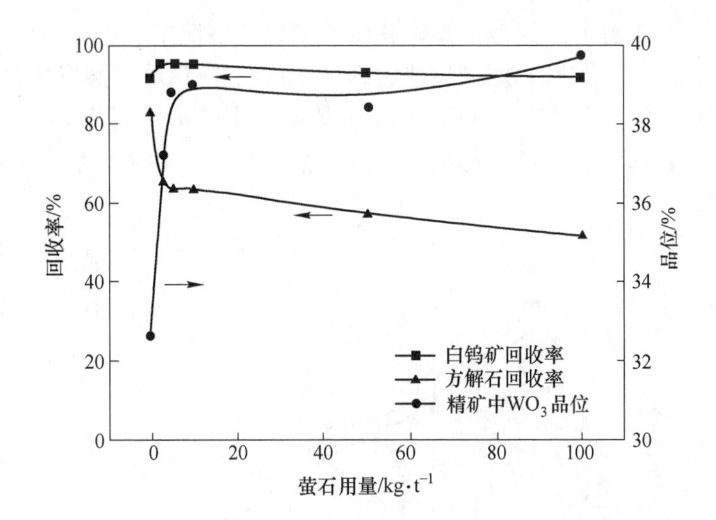

图 4-14 萤石对白钨矿-方解石混合矿浮选分离的影响[12,28]

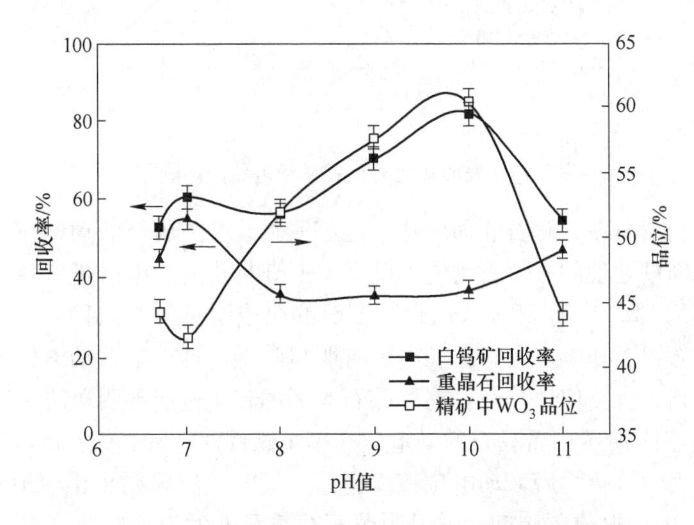

图 4-15 萤石对白钨矿-重晶石混合矿浮选分离的影响[32]

B 矿物表面电性的变化

在两种或多种盐类矿物共存的体系中，其中一种或多种矿物的表面电性受另一种或多种矿物溶解组分的影响。当有表面转化发生，即被转化矿物表面生成其他矿物时，该矿物表面电性就会趋向于生成矿物的表面电性，表面性质发生重大变化。

白钨矿的零电点为 1.8，萤石的零电点为 7.0，但萤石在白钨矿澄清液中的零电点会大幅度减小至 4.5，动电位随 pH 值的变化也逐渐接近于白钨矿在去离子水中的动电行为，这主要归因于从白钨矿表面解离出的 WO_4^{2-} 在萤石表面吸附并发生化学反应，生成了 $CaWO_4$ 沉淀，使得萤石表面的化学组成及表面电性具有了类似白钨矿的性质。但是白钨矿在萤石的饱和溶液中，实验测得在任一 pH 值下，很难发生式（4-33）的逆反应，即 F^-很难在白钨矿表面发生化学反应生成 CaF_2。图 4-16 为萤石对白钨矿动电位的影响。由图 4-16 可以看出，萤石的加入对白钨矿的动电位基本没有影响，溶液中的萤石及溶解产生的 F^-基本没有在矿物表面吸附。

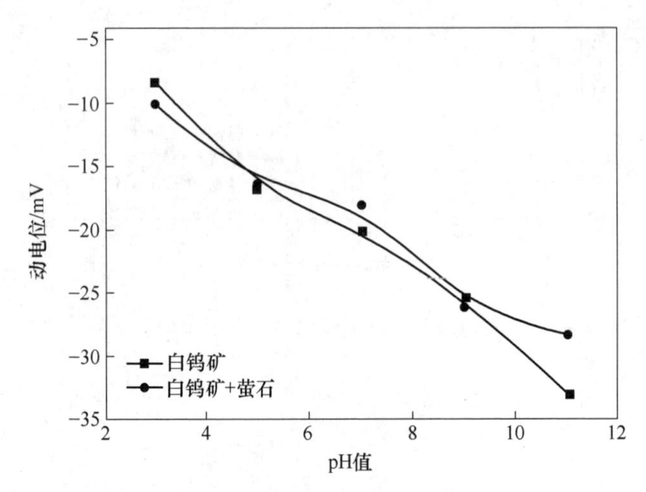

图 4-16　表面转化对白钨矿动电位的影响[28]

相反地，萤石在方解石表面转化，能够明显改变方解石的动电位。如图 4-17 所示，没有经过处理的方解石动电位随着 pH 值的升高渐渐由正变负，零电点在 8~9 的 pH 值区间。当萤石加入后，方解石的曲线明显向左偏移，且曲线介于萤石动电位和方解石动电位之间，动电位有明显降低，即方解石动电位有向萤石动电位靠近的趋势。类似地，萤石在重晶石表面的转化也能够明显改变其原本的动电位，如图 4-18 所示。重晶石的动电位在整个碱性浮选 pH 值区间均为负值，经过萤石在其表面转化之后，动电位整体正移。等电点出现在 8.0~9.0 的 pH 值区间，与 BaF_2 的动电位更接近，这说明萤石对重晶石的表面转化明显改变了原本的动电位。

C　矿物表面元素能量变化

a　白钨矿和萤石的表面转化

白钨矿、萤石及表面转化之后的样品具有不同的特征峰。白钨矿样品在俄歇电子能谱表面分析（AES）下的特征峰为 Ca 299 eV、W 179 eV、W 1745 eV 及 O 518 eV，萤石样品的特征峰为 Ca 292 eV、F 654 eV。但萤石在白钨矿澄清液中，Ca、F 特征峰位移至 299 eV 和 660 eV，同时出现了新元素的特征峰 W 178 eV、W 1732 eV、O 519 eV，证明萤石在白钨矿澄清液中与 WO_4^{2-} 发生化学反应，表面生成了 $CaWO_4$。

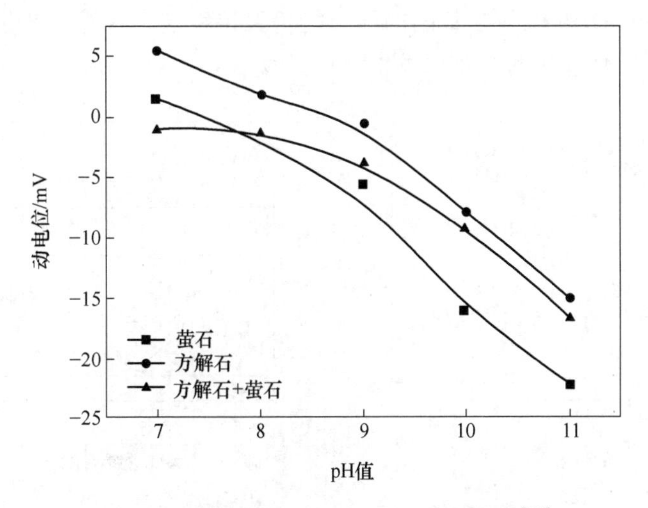

图 4-17 表面转化对方解石动电位的影响[28]

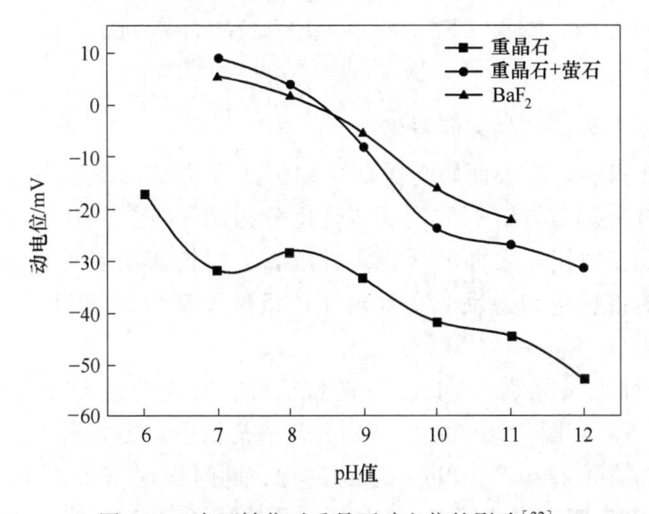

图 4-18 表面转化对重晶石动电位的影响[32]

X 射线光电子能谱分析（XPS）能够精确地检测矿物表面不同元素的相对原子质量变化及其峰值对应的结合能的偏移程度。图 4-19（a）为白钨矿的 Ca 2p 光谱，图中的两个峰为 Ca 2$p_{3/2}$和 Ca 2$p_{1/2}$，对应的结合能分别为 346.79 eV 和 350.34 eV[29]。在加入萤石后，Ca 2$p_{3/2}$和 Ca 2$p_{1/2}$峰只发生了非常微小的位移，分别达到了 346.84 eV 和 350.39 eV，说明萤石对 Ca 2p 光谱基本没有影响。由图 4-19（b）可以看出：O 1s 的结合能峰值出现在 530.24 eV 和 531.89 eV 处，分别对应 W—O 和 Ca—O 基团；当加入萤石时，这两个基团的结合能分别从 530.24 eV和 531.89 eV 偏移至 530.29 eV 和 531.79 eV，偏移量为 0.05 eV 和 0.10 eV。白钨矿表面 O 1s 峰的微小偏移表明萤石对白钨矿表面的影响不大，经萤石处理后 W—O 和 Ca—O 基团的结合能仍保持稳定。这进一步证实了萤石在白钨矿表面的转化非常弱，难以发生[28]。

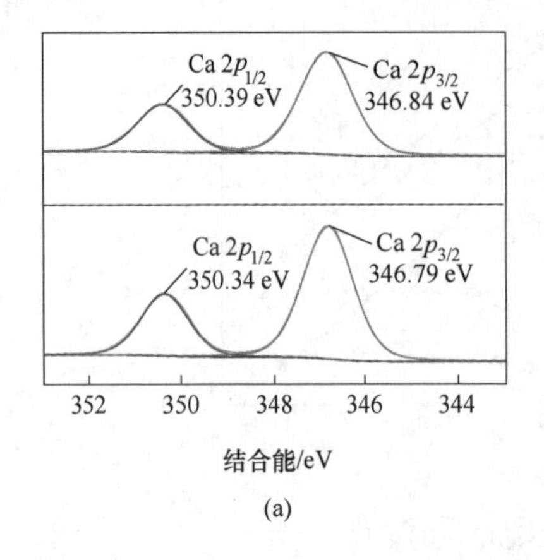

(a)

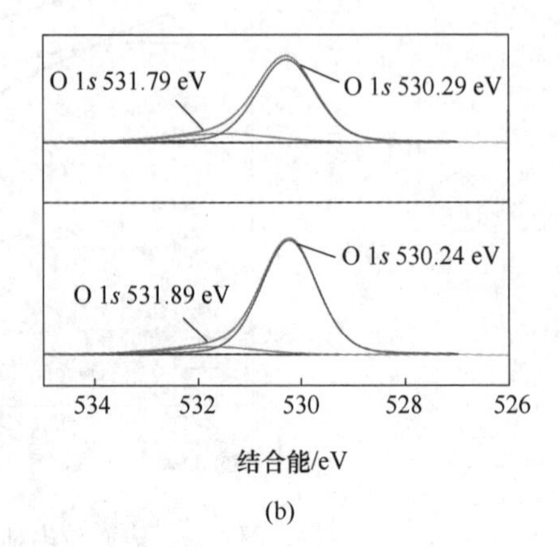

(b)

图 4-19　白钨矿在未添加（下）和添加（上）萤石条件下的 Ca 2p 和 O 1s 光谱[28]
（a）Ca 2p 光谱；（b）O 1s 光谱

b　白钨矿与方解石的表面转化

与白钨矿和萤石的表面转化类似，白钨矿与方解石表面转化的溶液化学计算表明，白钨矿与方解石的表面转化也分为两种：白钨矿在方解石表面的转化及方解石在白钨矿表面的转化。方解石、白钨矿两者可以相互转化，即式（4-39）的正反应和逆反应在常规浮选条件下都可以发生，且以 pH = 8.8 为界。

方解石表面出现元素 C、Ca、O 的特征峰，对应的结合能分别为 276 eV、299 eV、519 eV。如图 4-20 所示，在白钨矿澄清液中，方解石表面元素 C、Ca、O 的特征峰位移至 225 eV、298 eV、515 eV，同时出现 W 的特征峰 204 eV 和 225 eV，证明在白钨矿澄清液中，方解石表面生成了 $CaWO_4$ 沉淀[14]。

白钨矿表面元素特征峰为 Ca(299 eV)、W(179 eV)、O(518 eV)。如图 4-21 所示，在方解石澄清液中，这些元素特征峰位移至 Ca(294 eV)、O(551 eV)。同时元素 C 的特征峰出现在 272 eV 处，表明在方解石澄清液中，白钨矿表面与 CO_3^{2-} 反应，生成了 $CaCO_3$ 沉淀。

c　萤石和方解石的表面转化

萤石对方解石的钙活性位点影响较大。方解石表面的 Ca 2p 光谱如图 4-22（a）所示：未经萤石处理的 Ca 2$p_{3/2}$ 和 Ca 2$p_{1/2}$ 结合能分别为 346.84 eV 和 350.40 eV；加入萤石处理后，Ca 2$p_{3/2}$ 结合能发生了 0.11 eV 的偏移，Ca 2$p_{1/2}$ 的结合能偏移量为 0.12 eV。方解石表面的 O 1s 光谱如图 4-22（b）所示：C—O 和

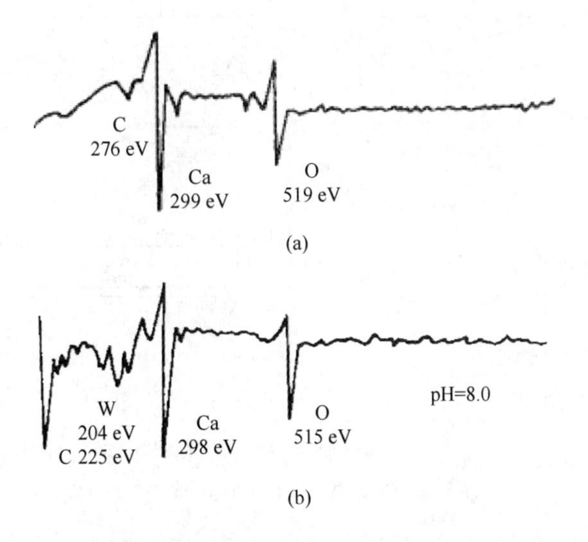

图 4-20 方解石（a）及其在白钨矿澄清液中（b）的特征峰[14]

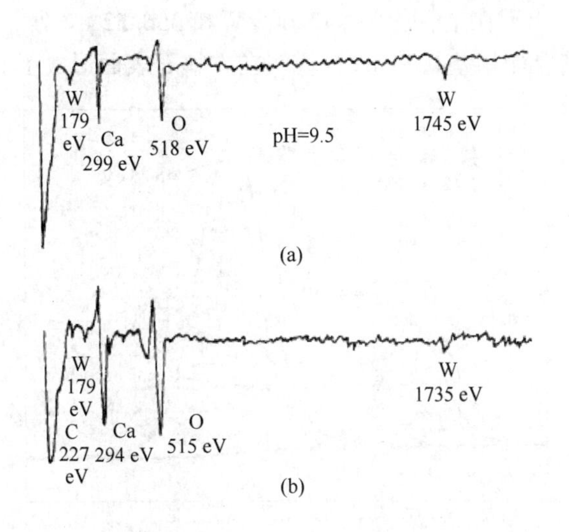

图 4-21 白钨矿（a）及其在方解石澄清液中（b）的特征峰[14]

Ca—O 基团的结合能分别出现在 531.19 eV 和 532.39 eV；随着萤石的加入，531.19 eV 处的 O 1*s* 峰保持不变，而 532.39 eV 处的 O 1*s* 峰移动到 532.19 eV 处，发生了 0.2 eV 的偏移，说明 Ca—O 基团受到萤石的影响较大，在方解石与萤石之间发生了电子转移。由此可见，方解石表面可以提供钙离子活性位点，且该活性位点对萤石溶解产生的氟离子的吸附作用更强。

图 4-23 是对方解石的 Ca 2*p* 光谱进行进一步的分峰拟合的结果，可以进一步

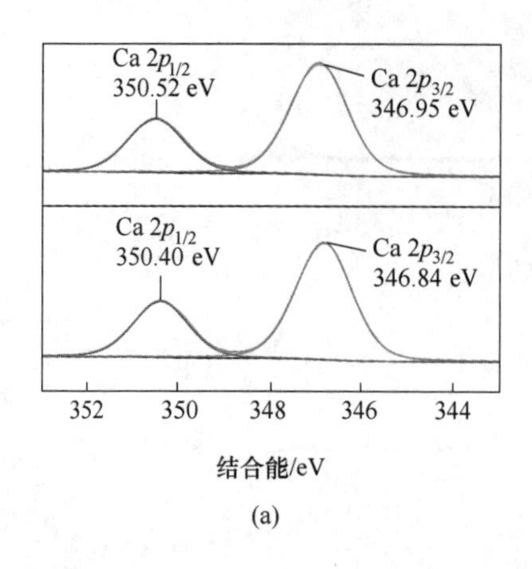

(a)

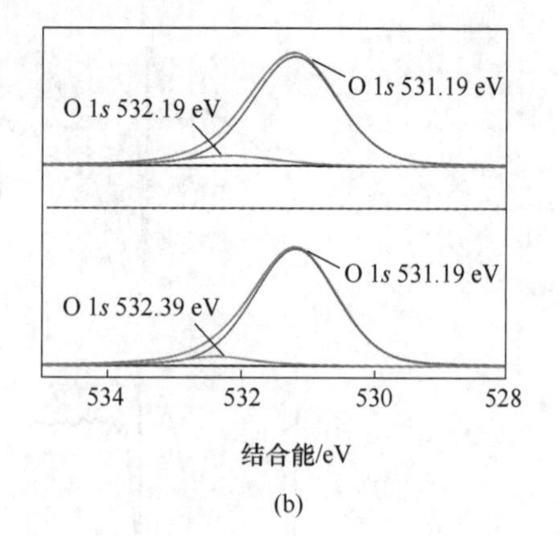

(b)

图 4-22　方解石在未添加（下）和添加（上）萤石条件下的 Ca 2*p* 和 O 1*s* 光谱[28]
（a）Ca 2*p* 光谱；（b）O 1*s* 光谱

确定萤石表面转化对 Ca 2*p* 结合能光谱的影响。方解石在萤石表面经转化处理后，Ca $2p_{3/2}$和 Ca $2p_{1/2}$的峰可以再拟合分峰成两个更合适的峰。这两个峰中包含 Ca—F 基团的峰，出现在结合能为 347. 66 eV 和 350. 52 eV 处。方解石与萤石之间 Ca $2p_{3/2}$峰的结合能相差 0. 81 eV，说明在方解石表面形成了 CaF_2。

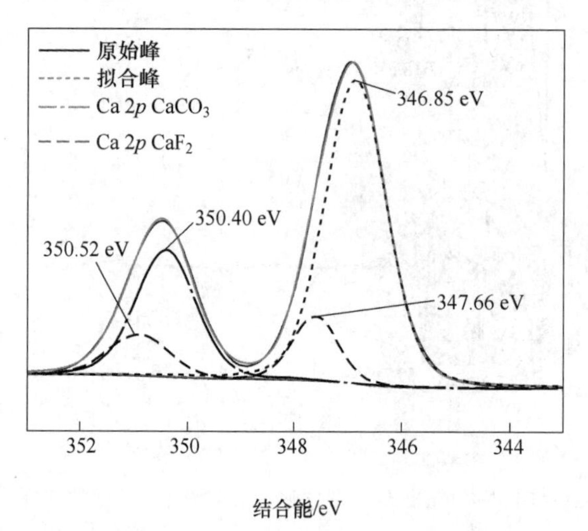

图 4-23　表面转化对方解石表面影响下 Ca 2*p* 的分峰[28]

D　矿物表面微观形貌的变化

原子力显微镜（AFM）能够以二维和三维的方式直观地观察矿物表面的变化情况，可以揭示固体表面或界面的微观结构。图 4-24 展示的是萤石澄清液处理前后白钨矿表面的 AFM 图像。可以看出，在未经处理之前，白钨矿表面比较平整，在给定面积为 1.21 μm^2 区域内表面粗糙度 $R_a=3.78$ nm、$R_q=4.76$ nm。尽管 3D 图像显示在加入萤石澄清液处理之后白钨矿表面形态有明显的凸起或凹陷变化，但在面积为 1.05 μm^2 区域的粗糙度略微增加到 $R_a=4.30$ nm、$R_q=5.22$ nm，增量微乎其微。这表明 F^- 很难在白钨矿表面发生化学反应生成 CaF_2，即在常规浮选条件、无外加条件（压力、温度）下，式（4-33）只能发生正反应，逆反应不会发生。

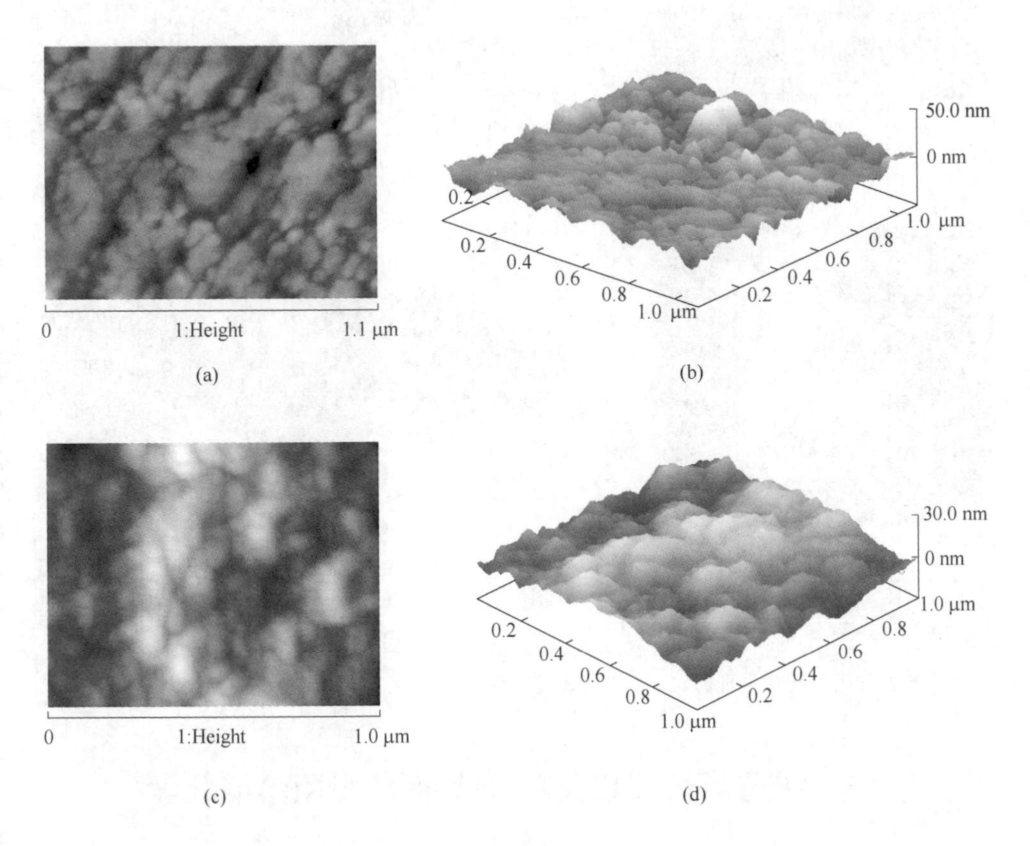

图 4-24 表面转化处理前（a）（b）和处理后（c）（d）白钨矿表面的 AFM 图像[28]

与白钨矿不同，方解石表面形貌在萤石澄清液处理前后存在十分明显的差异。如图 4-25 所示，未经过处理之前，方解石表面也较为平整，在 3.79 μm^2 的区域内粗糙度 $R_a=5.12$ nm、$R_q=7.63$ nm。但是，在经萤石澄清液处理之后，可以直观地从 3D 图像中看出，矿物表面形态起伏更加明显，有十分明显的沟壑状凹陷和山地状凸起。矿物表面的粗糙度 R_a 和 R_q 分别增加为 30.60 nm 和 37.60 nm，对应的增加量为 25.48 和 29.97，这一结果支撑了前述萤石与方解石相互转化的结论。

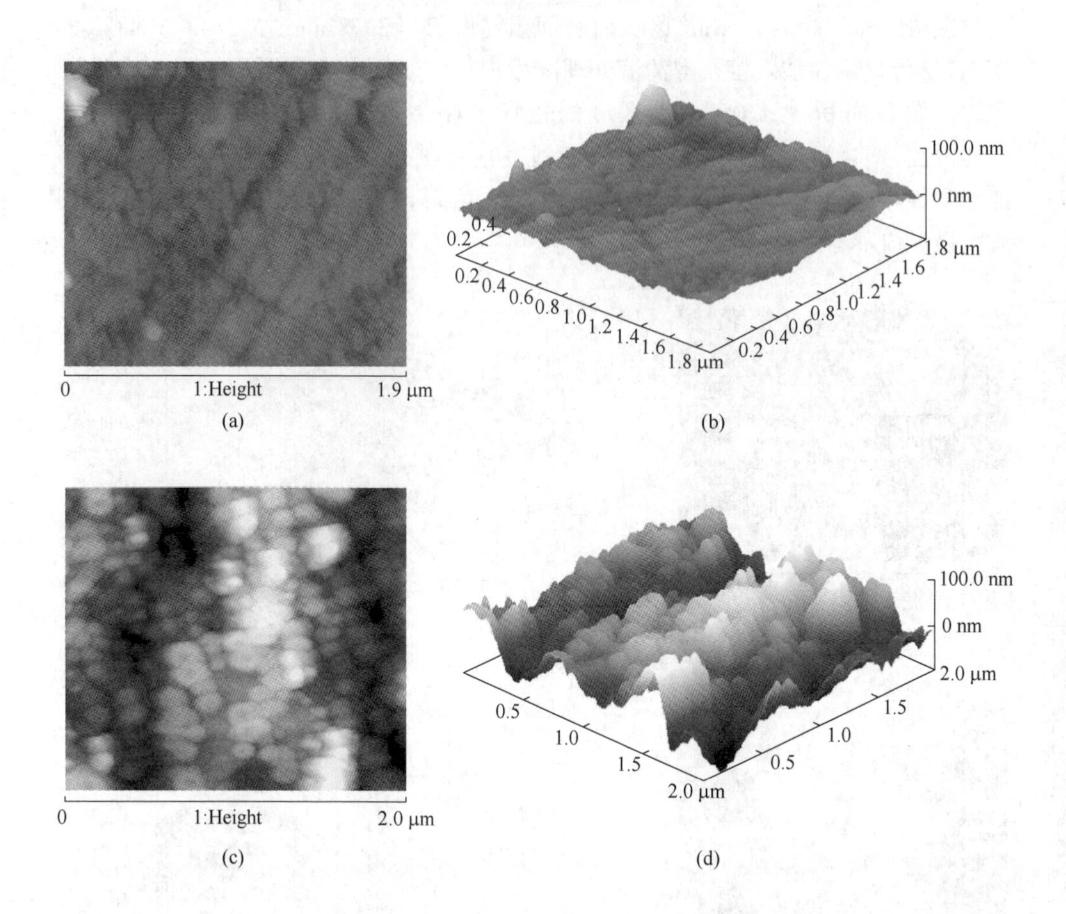

图 4-25　表面转化处理前（a）（b）和处理后（c）（d）方解石表面的 AFM 图像[28]

4.3　浮选药剂及其在固-液界面的吸附溶液化学

4.3.1　无机调整剂及其在固-液界面的吸附

碳酸钠常作为碱性调整剂广泛用于钨矿浮选，其在矿浆中电离和水解产生 OH^-、HCO_3^- 和 CO_3^{2-} 等离子，这些离子对于少量 H^+和 OH^-具有缓冲作用，所以碳酸钠调节 pH 值比较稳定，可使矿浆 pH 值保持在 8~10 范围。此外，碳酸钠具有分散矿泥的作用，对于微细粒赤铁矿[33]、微细粒铝硅酸盐矿物[34]、蛇纹石矿泥[35]等都具有较好的分散作用。

不同 pH 值下，碳酸钠对矿物的分散行为有较大影响，这与其溶液化学行为有关。碳酸钠在水溶液中存在下列平衡反应[10]：

$$Na_2CO_3 \rightleftharpoons 2Na^+ + CO_3^{2-} \tag{4-48}$$

$$CO_3^{2-} + H_2O \rightleftharpoons OH^- + HCO_3^- \qquad K_1 = 1\times10^{10.33} \tag{4-49}$$

$$HCO_3^- + H_2O \rightleftharpoons OH^- + H_2CO_3 \qquad K_2 = 1\times10^{6.35} \tag{4-50}$$

由式（4-48）~式（4-50）绘制 Na_2CO_3 水解组分与 pH 值关系图，如图 4-26 所示。从图 4-26 可看出，pH 值小于 6 时，碳酸钠在溶液中的优势组分为 H_2CO_3；pH 值为 6~10 时，优势组分为 HCO_3^-；pH 值大于 10 时，优势组分为 CO_3^{2-}，HCO_3^- 浓度随 pH 值的增加而减少，CO_3^{2-} 浓度随 pH 值的增加而增加。

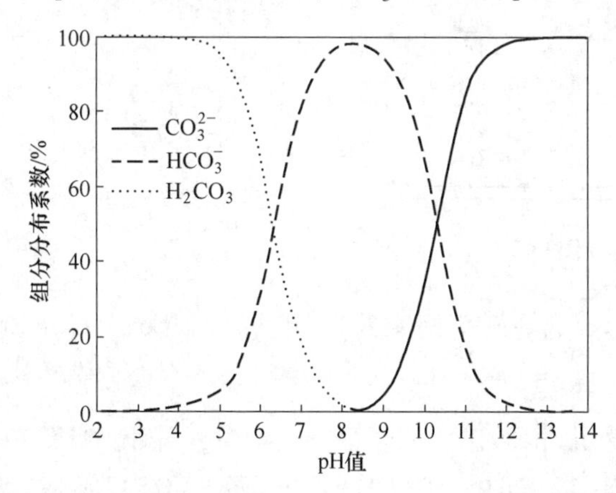

图 4-26 碳酸钠各组分的分布系数与 pH 值关系图[36]

朱超英等人[37]研究认为，用碳酸钠调矿浆 pH 值时，矿浆中的 CO_3^{2-} 与 Ca^{2+} 生成 $CaCO_3$ 覆盖于白钨矿表面，白钨矿对 CO_3^{2-} 是特征吸附，CO_3^{2-} 与 SiO_3^- 之间存在竞争吸附，因此可以改善白钨矿可浮性。陈臣[38]认为当用碳酸钠作为调整剂时，油酸根离子在白钨矿表面吸附强度增强，在萤石表面吸附强度减弱，而在方解石表面几乎不变。这是因为在一定浓度范围内的 CO_3^{2-} 与矿浆中含钙矿物溶解产生的 Ca^{2+} 发生了化学作用生成了沉淀，减轻了 Ca^{2+} 对油酸钠的沉淀作用，消除了 Ca^{2+} 对浮选产生的不利影响，从而增强了油酸钠与白钨矿表面的作用，有利于提高矿物的浮选回收率。截至目前，关于碳酸钠在钨矿浮选中的具体作用机制尚无公认的结论。

硅酸钠属于强碱弱酸盐，在水溶液中会发生一系列的水解反应，生成各种组分的水解产物，其水解反应过程可用以下方程式表示[39]：

$$SiO_2(s，无定型) + 2H_2O \rightleftharpoons Si(OH)_4 \qquad K = 10^{-2.7} \tag{4-51}$$

$$Si(OH)_4 \rightleftharpoons SiO(OH)_3^- + H^+ \qquad K = 10^{-9.46} \tag{4-52}$$

$$SiO(OH)_3^- \rightleftharpoons SiO_2(OH)_2^{2-} + H^+ \qquad K = 10^{-12.56} \tag{4-53}$$

硅酸钠水解得到的组分十分复杂，水解产生的 $Si(OH)_4$ 在水溶液中发生一系列的电离产生大量的 $SiO(OH)_3^-$、$SiO_2(OH)_2^{2-}$ 或 $Si_4O_6(OH)_6^{2-}$ 等各种形态的组分，以及大量 H_2SiO_3 和 SiO_3^{2-} 聚合形成的胶团。硅酸钠在不同的 pH 值条件下，水解和电离反应的方向也会发生变化，溶液中所形成的主要组分也会随之发生变化。根据式（4-51）~式（4-53），可绘制出不同 pH 值条件下硅酸钠溶液中主要组分含量图，如图 4-27 所示。

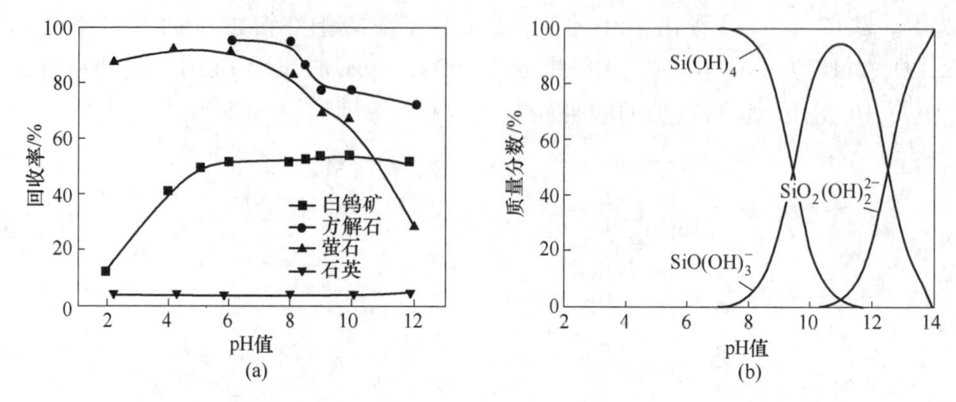

图 4-27 不同 pH 值条件下硅酸钠对矿物的抑制性能（$c_{731}=100$ mg/L，$c_{硅酸钠}=100$ mg/L）（a）及其溶液组分含量（b）[40-42]

硅酸钠的溶液化学研究表明：pH<9.4 时，硅酸钠溶液中的优势组分是 $Si(OH)_4$，9.4<pH<12.6 时，$SiO(OH)_3^-$ 占优势；pH>12.6 时，$SiO_2(OH)_2^{2-}$ 占优势。硅酸钠开始抑制萤石、方解石的 pH 值，对应于 $SiO(OH)_3^-$ 开始形成的 pH 值，因此可知 $SiO(OH)_3^-$ 是抑制萤石和方解石的有效组分[1]。

研究认为硅酸钠对含钙矿物的抑制机理是其水解组分与矿物表面钙质点发生化学反应生成硅酸钙沉淀，使矿物表面亲水受到抑制。硅酸钠与含钙矿物表面钙质点反应生成硅酸钙涉及的反应如下[17]：

$$Ca^{2+} + SiO_3^{2-} \Longrightarrow CaSiO_3 \qquad K = 10^{-11.08} \tag{4-54}$$

$$Ca^{2+} + OH^- \Longrightarrow CaOH^+ \qquad K = 10^{1.40} \tag{4-55}$$

$$Ca^{2+} + 2OH^- \Longrightarrow Ca(OH)_2 \qquad K = 10^{2.77} \tag{4-56}$$

$$H^+ + SiO_3^{2-} \Longrightarrow HSiO_3^- \qquad K = 10^{12.56} \tag{4-57}$$

$$H^+ + HSiO_3^- \Longrightarrow H_2SiO_3 \qquad K = 10^{12.56} \tag{4-58}$$

根据式（4-54）求得硅酸钙条件浓度积与溶液 pH 值之间的关系，见图 4-28 曲线 1。曲线 2、3 和 4 分别为不同 pH 值下白钨矿、萤石和方解石饱和溶液中的 Ca^{2+} 总浓度 $c_{Ca^{2+},T}$ 与 SiO_3^{2-} 总浓度 $c_{SiO_3^{2-},T}$ 乘积的对数 $-\lg(c_{Ca^{2+},T} \cdot c_{SiO_3^{2-},T})$，当其在曲线 1 上方时，说明溶液中生成了硅酸钙沉淀。由图 4-28 可知，曲线 2、3、4 与曲线 1 的交点分别为 pH=8.6、pH=8.8 和 pH=9.5，说明随着 pH 值逐渐增大，$SiO(OH)_3^-$ 在矿物表面发生化学吸附生成硅酸钙沉淀时的先后顺序为：方解石、萤石和白钨矿。因此，可以通过将 pH 值控制在 8.60~9.50 之间，使硅酸钠

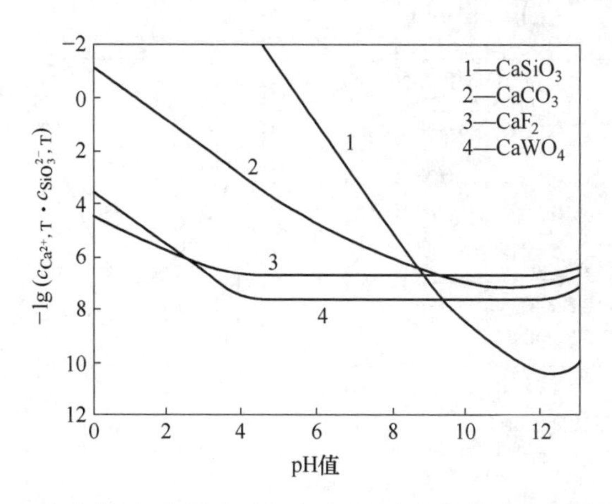

图 4-28 不同含钙矿物表面生成硅酸钙条件的溶液化学计算[17]

在方解石和萤石表面生成硅酸钙沉淀，选择性抑制方解石和萤石，浮选白钨矿[17]。改性水玻璃的相关研究在后续章节中详细论述。

Dong 等人[43]以氟硅酸钠（Na_2SiF_6）为抑制剂，研究了氟硅酸钠对白钨矿与方解石的选择性抑制机理。氟硅酸钠在溶液中发生的解离反应如下：

$$SiF_6^{2-} + 2H^+ + 4H_2O \rightleftharpoons Si(OH)_4 + 6HF \qquad K=10^{-26.27} \tag{4-59}$$

$$HF \rightleftharpoons H^+ + F^- \qquad K=10^{-3.13} \tag{4-60}$$

$$Si(OH)_4 \rightleftharpoons SiO(OH)_3^- + H^+ \qquad K=10^{-9.46} \tag{4-61}$$

$$SiO(OH)_3^- \rightleftharpoons SiO_2(OH)_2^{2-} + H^+ \qquad K=10^{-12.56} \tag{4-62}$$

图 4-29 为氟硅酸钠的溶液组分图。如图 4-29 所示，在碱性条件下，氟硅酸钠对方解石具有较强的选择性抑制作用，可以实现白钨矿与方解石的选择性分离。此时，氟硅酸钠溶液中的主要溶液组分为带负电荷的 F^-、$SiO_2(OH)_2^{2-}$ 和 $SiO(OH)_3^-$，可以通过静电作用选择性吸附在方解石表面。此外，$SiO_2(OH)_2^{2-}$ 和 $SiO(OH)_3^-$ 还通过氢键作用在方解石表面，形成亲水膜，阻碍捕收剂进一步吸附，从而抑制方解石上浮。

磷酸盐类抑制剂对于硅酸盐和一些含钙矿物具有较强的抑制能力，因此在白钨矿浮选实践中也有广泛应用。以六偏磷酸钠为例，在溶液中会发生下列水解反应：

$$(NaPO_3)_6 + 6H_2O \longrightarrow 6Na^+ + 12H^+ + 6PO_4^{3-} \tag{4-63}$$

$$H^+ + PO_4^{3-} \rightleftharpoons HPO_4^{2-} \qquad K_1^H = 10^{12.35} \tag{4-64}$$

$$H^+ + HPO_4^{2-} = H_2PO_4^- \qquad K_2^H = 10^{7.20} \tag{4-65}$$

$$H^+ + H_2PO_4^- = H_3PO_4 \qquad K_3^H = 10^{2.15} \tag{4-66}$$

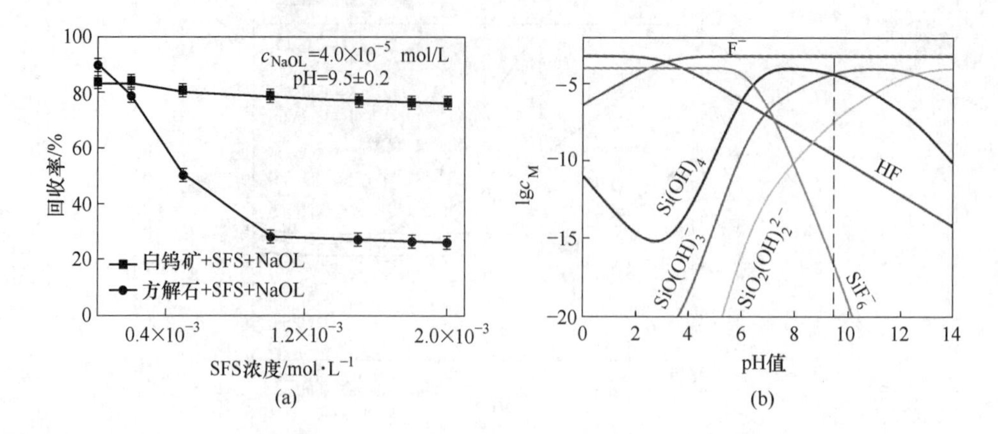

图 4-29　氟硅酸钠（SFS）作用下白钨矿与方解石浮选回收率（a）及其溶液组分图（$c=1\times10^{-3}$ mol/L）（b）[43]

如图4-30所示，当pH值为4~6时，溶液中的主要组分为HPO_4^{2-}；当pH值为9~11时，溶液中的主要组分为$H_2PO_4^-$，这些磷酸根阴离子容易与方解石表面Ca^{2+}反应发生吸附生成$Ca_3(PO_4)_2$，使方解石表面强烈亲水而受到抑制。

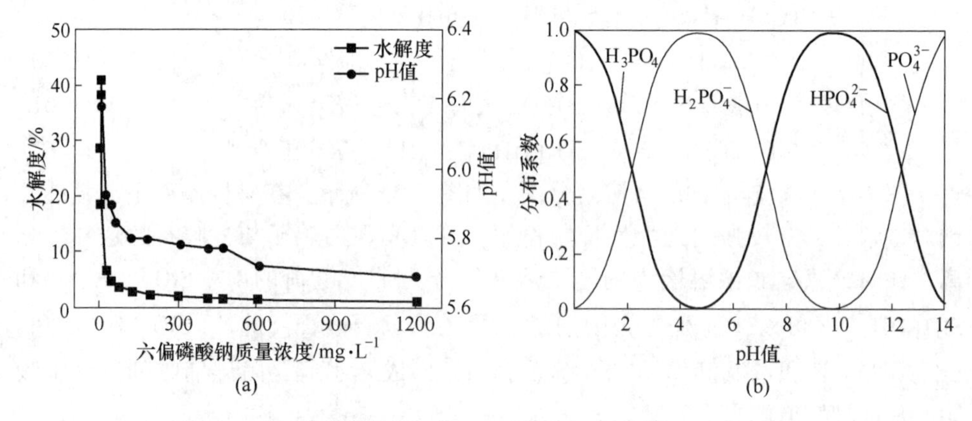

图 4-30　六偏磷酸钠水解度（a）及溶液组分分布（b）图[44]

冯其明等人[45]进一步研究发现，在方解石浮选过程中加入六偏磷酸钠后，浮选溶液钙离子浓度明显升高，认为六偏磷酸钠与方解石表面钙离子反应生成具有极高稳定性和水溶性的螯合物，使得方解石表面钙离子脱落进入浮选溶液中，因而捕收剂在方解石表面吸附位点显著减少，导致捕收剂难以吸附在方解石表面，所以抑制了其上浮。

焦磷酸钠（$Na_4P_2O_7$）对含钙脉石矿物和硅酸盐也具有较强的选择性抑制作用，特别是根据“镜像对称规则”，焦磷酸钠对磷灰石具有选择性抑制作用，因此常常用于白钨矿与磷灰石的浮选分离[46]。如图4-31所示，焦磷酸钠存在时白钨矿和磷灰石的浮选回收率均随矿浆 pH 值的增加而降低，当 pH>9.0 时，焦磷酸钠对磷灰石具有明显的选择性抑制效果，白钨矿与磷灰石回收率存在明显差异，可以实现白钨矿与磷灰石的浮选分离；当 pH 值为 8.0~9.0 时，焦磷酸钠的主要溶液组分为 $HP_2O_7^{3-}$，当 pH>9.0 时，焦磷酸钠主要以 $P_2O_7^{4-}$ 的形式存在，且其质量分数随着 pH 值的升高而逐渐增高，因此 $P_2O_7^{4-}$ 是焦磷酸钠抑制磷灰石的主要作用组分。

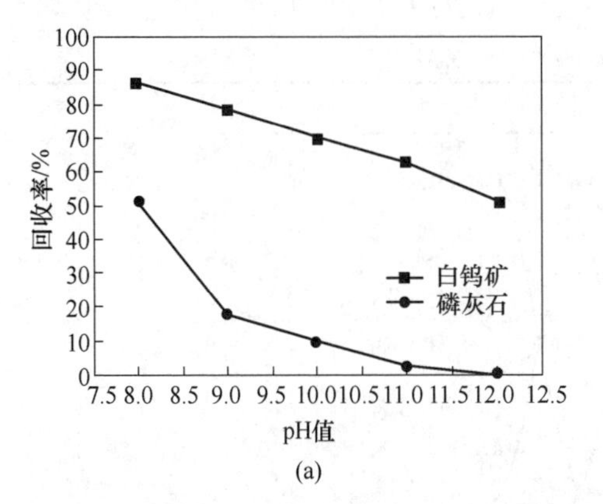

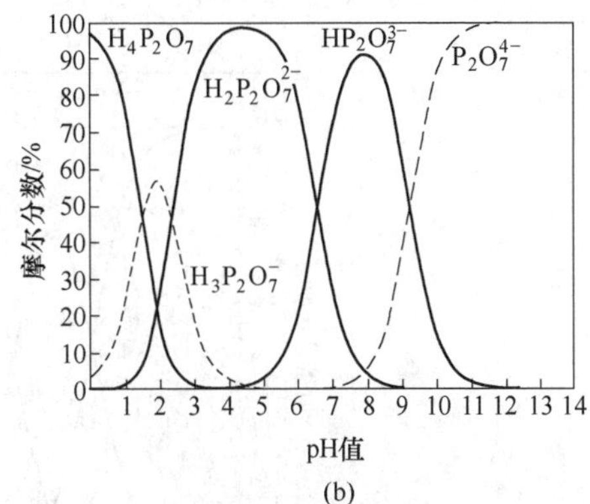

图 4-31 焦磷酸钠作用下白钨矿与磷灰石浮选回收率（a）及焦磷酸钠溶液组分分布（b）[46]

（NaOL 浓度 1.5×10^{-4} mol/L，焦磷酸钠浓度 200 mg/L）

此外，如表 4-11 所列，计算可得三种基团的电负性大小依次为：磷酸根离子<焦磷酸根离子<钨酸根离子，基团电负性越大的离子与钙离子作用时的离子键越强，因此三种离子与钙离子的作用强弱顺序为：磷酸根离子<焦磷酸根离子<钨酸根离子。焦磷酸根离子的基团电负性介于磷酸根离子与钨酸根离子之间，因而焦磷酸钠可强烈抑制磷灰石，对白钨矿的抑制作用较弱。

表 4-11 离子基团电负性计算结果[46]

离子基团	PO_4^{3-}	$P_2O_7^{4-}$	WO_4^{2-}
电负性 χ_g	4.95	5.17	5.24

4.3.2 有机调整剂及其在固-液界面的吸附

柠檬酸常作为抑制剂抑制萤石、方解石等脉石矿物。柠檬酸是一种三羧酸，在溶液中发生分步电离，其电离反应及反应平衡常数列于表 4-12 中。根据式(4-67)~式(4-69)，绘制如图 4-32 所示的柠檬酸溶液组分图。柠檬酸的溶液组分组成受 pH 值影响明显，当 pH<3.1 时，溶液中优势组分为柠檬酸分子 H_3L；当 pH>3.1 时，溶液中的主要组分为柠檬酸根离子；pH>6.4 时，溶液中优势组分

为 L^{3-}；当 pH>9 时，溶液中的柠檬酸几乎全部以 L^{3-}形式存在。因此，在碱性条件下使用柠檬酸作为抑制剂进行白钨矿与萤石浮选分离时，柠檬酸主要以 L^{3-} 的形式发挥抑制作用。

表 4-12 柠檬酸在水溶液中的溶解反应及反应平衡常数[47]

反 应 式	lg*K*	公式序号
$H^+ + L^{3-} \rightleftharpoons HL^{2-}$	6.396	(4-67)
$H^+ + HL^{2-} \rightleftharpoons H_2L^-$	4.761	(4-68)
$H^+ + H_2L^- \rightleftharpoons H_3L$	3.31	(4-69)

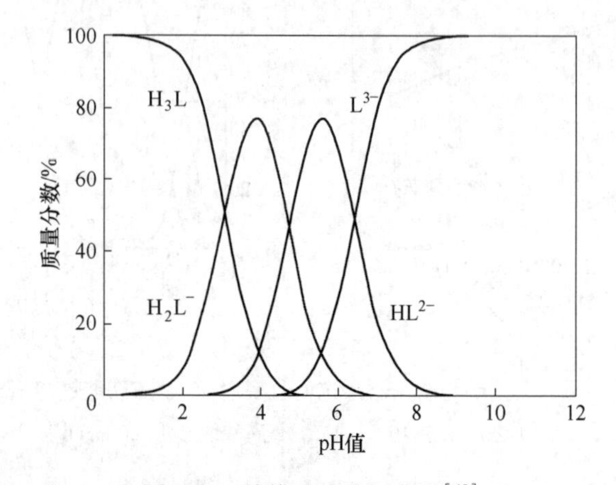

图 4-32 柠檬酸溶液组分图[48]

表 4-13 和表 4-14 分别为柠檬酸在白钨矿和萤石表面发生的反应及反应平衡常数，图 4-33 为柠檬酸在白钨矿和萤石表面分别生成柠檬酸钙的吉布斯自由能。由图 4-33（a）可知，对于白钨矿而言，在整个 pH 值区间内，生成 CaL^-、CaHL 和 CaH_2L^+ 的吉布斯自由能均为正值，不能自发生成，因此柠檬酸在白钨矿表面的吸附较弱。由图 4-33（b）可知，对于萤石而言，当 pH>9 时，柠檬酸

表 4-13 柠檬酸在白钨矿固-液界面的反应及反应平衡常数[47]

反 应 式	lg*K*	公式序号
$CaWO_4(s) + L^{3-} \rightleftharpoons CaL^-(s) + WO_4^{2-}$	-4.68	(4-70)
$CaWO_4(s) + HL^{2-} \rightleftharpoons CaHL(s) + WO_4^{2-}$	-6.21	(4-71)
$CaWO_4(s) + H_2L^- \rightleftharpoons CaH_2L^+(s) + WO_4^{2-}$	-8.20	(4-72)

表 4-14 柠檬酸在萤石固-液界面的反应及反应平衡常数[47]

反 应 式	lg*K*	公式序号
$CaF_2(s) + L^{3-} \rightleftharpoons CaL^-(s) + 2F^-$	0.98	(4-73)
$CaF_2(s) + HL^{2-} \rightleftharpoons CaHL(s) + 2F^-$	-0.61	(4-74)
$CaF_2(s) + H_2L^- \rightleftharpoons CaH_2L^+(s) + 2F^-$	2.60	(4-75)

在萤石表面生成的几种不同产物的吉布斯自由能大小依次为：$CaL^- < 0 < CaHL < CaH_2L^+$，$CaL^-$ 为萤石表面最容易生成的产物。因此，柠檬酸通过在萤石表面自发生成亲水性的 CaL^- 选择性抑制萤石浮选。

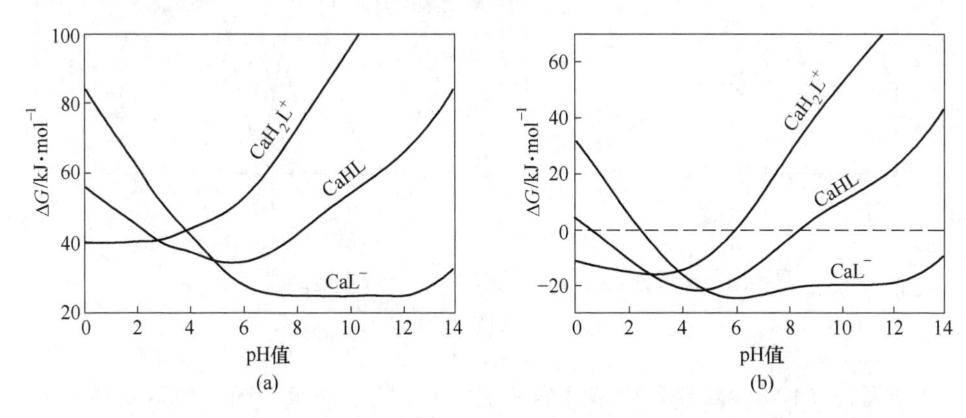

图 4-33 柠檬酸在白钨矿（a）和萤石（b）表面的吸附产物及吉布斯自由能[47]

聚天冬氨酸（PASP）是一种新型的含钙矿物浮选抑制剂，具有无毒、溶解度高、易降解的特点。聚天冬氨酸分子结构中有多个羧基，容易与钙离子相互作用，在白钨矿浮选中可以有效抑制方解石等脉石矿物。聚天冬氨酸在溶液中发生的分步反应及反应平衡常数列于表 4-15 中，根据式（4-76）~式(4-79)，绘制如图 4-34 所示的聚天冬氨酸溶液组分图。聚天冬氨酸溶液组分组成受 pH 值影响明显，当 pH<2 时，溶液中优势组分以聚天冬氨酸分子形式存在；当 pH>2 时，溶液中的主要组分为聚天冬氨酸根阴离子；pH>6 时，溶液中优势组分为 L^{4-}；当 pH>8.5 时，溶液中的聚天冬氨酸几乎全部以 L^{4-} 形式存在。因此在碱性条件下使用聚天冬氨酸作为抑制剂进行白钨矿与方解石浮选分离时，聚天冬氨酸主要以 L^{4-} 的形式发挥抑制作用。

表 4-15 聚天冬氨酸在溶液中的电离反应及反应平衡常数[49]

反 应 式	lg*K*	公式序号
$H^+ + L^{4-} \rightleftharpoons HL^{3-}$	5.30	(4-76)
$H^+ + HL^{3-} \rightleftharpoons H_2L^{2-}$	4.22	(4-77)
$H^+ + H_2L^{2-} \rightleftharpoons H_3L^-$	3.72	(4-78)
$H^+ + H_3L^- \rightleftharpoons H_4L$	2.40	(4-79)

羧甲基纤维素（CMC）是一种典型的有机聚合物，是由纤维素经过氯乙酸处理后得到的一种阴离子型多糖，在白钨矿浮选中可以作为抑制剂选择性抑制方解石[50]。在浮选溶液中，羧甲基纤维素的羧酸可以发生电离生成阴离子-$RCOO^-$：

$$—CH_2—COOH \rightleftharpoons —CH_2—COO^- + H^+ \qquad K=10^{3.8} \tag{4-80}$$

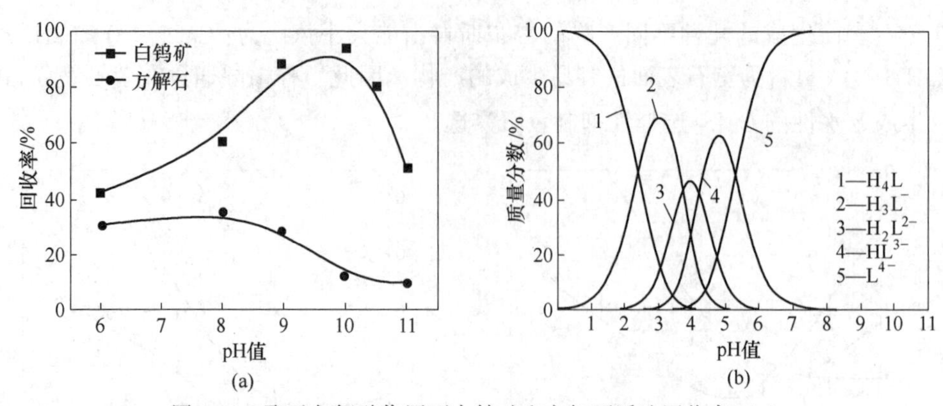

图 4-34　聚天冬氨酸作用下白钨矿和方解石浮选回收率（a）及其溶液组分（b）[49]

（c=4 mg/L）

根据式（4-80）绘制羧甲基纤维素在溶液中的溶液组分图，如图 4-35 所示。当 pH<3 时，溶液中以未电离的羧甲基纤维素分子为主；当 pH>3 时，溶液中以电离的羧甲基纤维素阴离子为主[51]。在浮选中，羧甲基纤维素阴离子通过静电作用吸附于电位较为偏正的方解石表面，而在白钨矿表面吸附较少[50]。

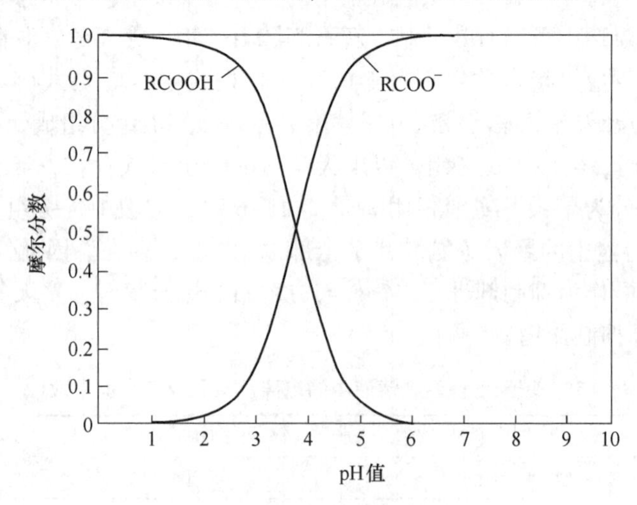

图 4-35　羧甲基纤维素溶液组分图[51]

4.3.3　捕收剂及其在固-液界面的吸附

4.3.3.1　阴离子捕收剂

脂肪酸是钨矿浮选过程中最常用的阴离子捕收剂。表 4-16 列出了不同脂肪酸在水溶液中的溶解度和解离常数。饱和脂肪酸在水中的解离常数随着相对分子质量的增大而减少，且 C_{10}以上的高级脂肪酸的解离常数相近，约为 $10^{-4.92}$。根据脂肪酸在溶液中的水解反应，绘制不同脂肪酸在溶液中的浓度组分分布，如图4-36～图4-41所示。

表4-16 不同饱和脂肪酸的溶解度及解离常数[52]

脂肪酸	解离常数	溶解度
月桂酸	$10^{-4.92}$	0.0055
肉豆蔻酸	$10^{-4.90}$	0.0020
棕榈酸	$10^{-4.92}$	0.00072
硬脂酸	$10^{-4.92}$	0.00029
油酸	$10^{-4.95}$	$10^{-7.2}$
亚油酸	$10^{-1.72}$	0.0139

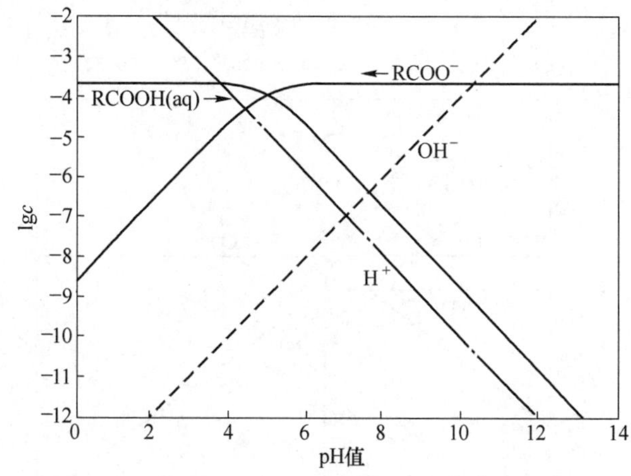

图4-36 月桂酸溶解组分图[52]

($c_T=2.0\times10^{-4}$ mol/L；$K_a=1.20\times10^{-5}$；$S=0.0055$)

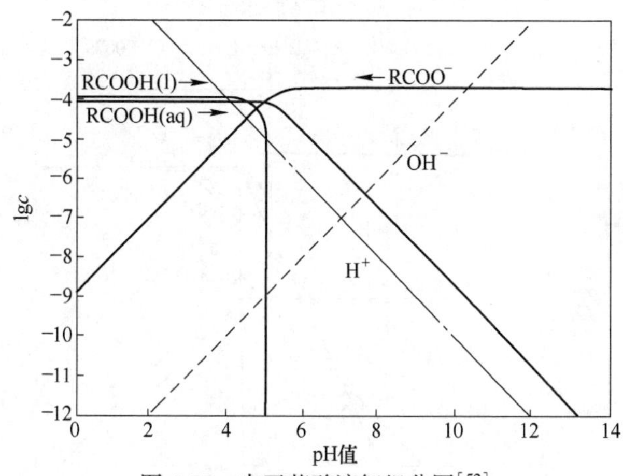

图4-37 肉豆蔻酸溶解组分图[52]

($c_T=2.0\times10^{-4}$ mol/L；$K_a=1.26\times10^{-5}$；$S=0.0020$)

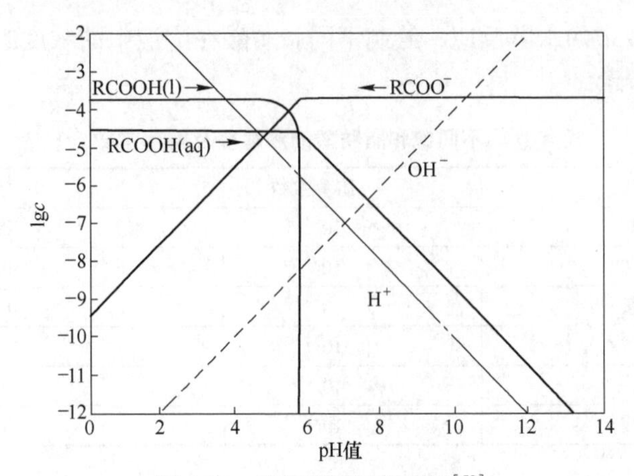

图 4-38　棕榈酸溶解组分图[52]

（$c_T = 2.0\times10^{-4}$ mol/L；$K_a = 1.20\times10^{-5}$；$S = 0.00072$）

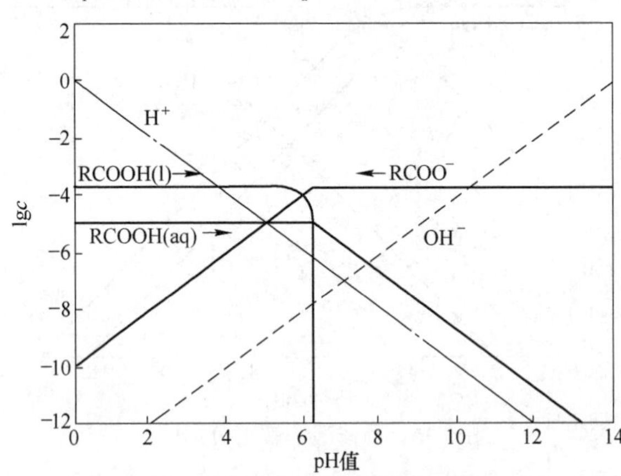

图 4-39　硬脂酸溶解组分图[52]

（$c_T = 2.0\times10^{-4}$ mol/L；$K_a = 1.20\times10^{-5}$；$S = 0.00029$）

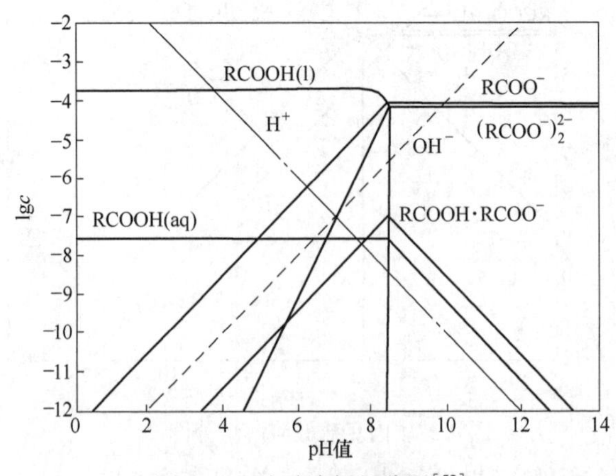

图 4-40　油酸溶解组分图[52]

（$c_T = 2.0\times10^{-4}$ mol/L；$K_a = 1.23\times10^{-5}$；$S = 10^{-7.2}$）

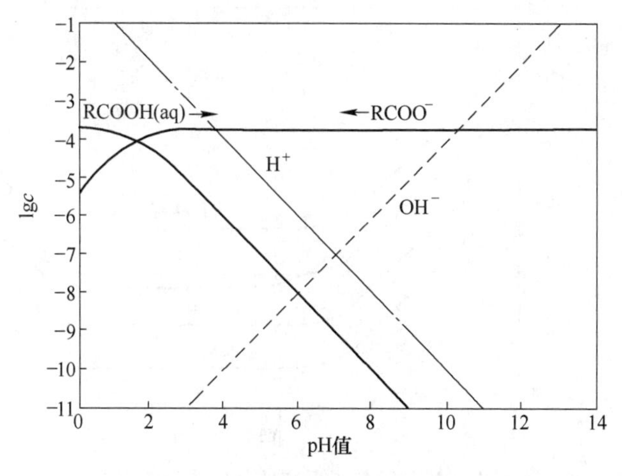

图 4-41 亚油酸溶解组分图[52]

（$c_T = 2.0 \times 10^{-4}$ mol/L；$K_a = 0.019$；$S = 0.0139$）

对比可知，脂肪酸对矿物的作用活性与 pH 值有着密切的关系，脂肪酸在强酸性环境中主要以分子形式存在，在强碱性环境中主要以离子形式存在。在弱酸性、中性或弱碱性环境中则存在较多的脂肪酸分子及脂肪酸根离子，且在烃链间的相互吸引下发生缔合作用形成离子-分子缔合物，此离子-分子缔合物与矿物浮选行为密切相关。离子-分子缔合物可先在溶液中形成，然后再在矿物表面吸附，或先在矿物表面吸附的脂肪酸根离子通过烃链间的缔合使脂肪酸分子吸附在矿物表面，这种离子-分子缔合物的共吸附有利于提高脂肪酸在矿物表面的吸附密度。反之，在强酸性环境下，脂肪酸主要呈分子状态，发生捕收作用的活性不强。在强碱性环境中，由于 OH^-浓度大，易与脂肪酸根离子或离子-分子缔合物发生竞争吸附，相互争夺矿物表面或从表面排挤去已吸附的脂肪酸组分，从而降低脂肪酸的捕收作用，甚至使矿物被抑制。

图 4-42 为不同脂肪酸与钙离子反应的 $\Delta G^{\ominus}$与 pH 值的关系。由图 4-42 可知，在整个 pH 值范围内，有较大的负值，此时脂肪酸与钙离子形成沉淀的反应容易进行，捕收剂在矿物表面的吸附量较大，矿物的可浮性较好，这与药剂在矿物表面的吸附量结论一致。在相同条件下，随着饱和脂肪酸的碳原子数增加，$\Delta G^{\ominus}$的值更负，说明反应越容易进行。碳链越长的饱和脂肪酸越容易与矿物界面形成沉淀从而对矿物有更好的捕收能力，这与单矿物浮选试验结果一致：在同等药剂用量条件下，脂肪酸的碳链越长，矿物的回收率越高。吸附量及浮选回收率的升降与 $\Delta G^{\ominus}$的增大或减少有一致关系。

4.3.3.2 阳离子捕收剂

烷基伯胺是钨矿浮选中常用的典型阳离子捕收剂，它在浮选溶液中电离产生

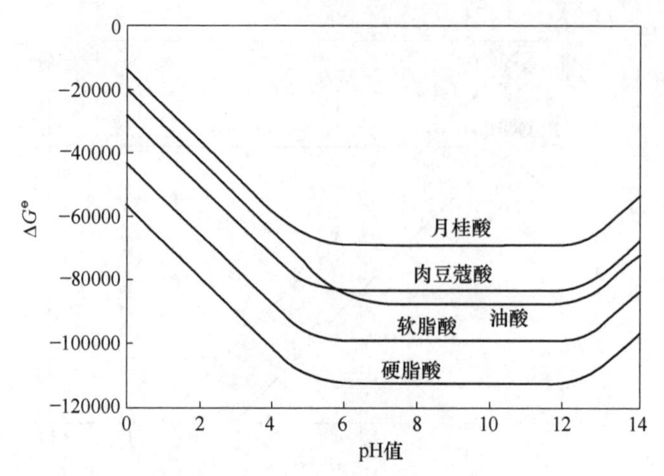

图 4-42　不同脂肪酸与钙离子反应的 $\Delta G^{\ominus}$ 与 pH 值的关系[52-53]

的荷正电的胺离子可以与矿物表面发生作用，使矿物疏水上浮。烷基伯胺是一种弱电解质，在水溶液中会发生水解和解离反应，所以溶液中既存在一部分呈离子状态的胺离子，又存在一部分仍呈分子状态的胺分子。溶液中胺分子和胺离子之间的比例受介质值支配。胺在水溶液中的解离性质主要取决于本身的解离常数和介质的值。烷基胺在溶液中存在下列平衡：

溶解平衡：　$RNH_2(s) \rightleftharpoons RNH_2(aq)$　(4-81)

水解平衡：　$RNH_2 + H_2O \rightleftharpoons RNH_3^+ + OH^-$　(4-82)

解离平衡：　$RNH_3^+ \rightleftharpoons RNH_2 + H^+$　(4-83)

表 4-17 为十二胺、十四胺和十八胺的分子溶解度（S）、水解常数（pK_b）和解离常数（pK_a）。根据表 4-17 和式（4-81）~式（4-83）可以计算得到不同浓度下烷基胺生成胺分子沉淀的临界 pH_s 值，见表 4-18。

表 4-17　十二胺、十四胺和十八胺的分子溶解度 S、水解常数 pK_b 和解离常数 pK_a[1,18-19]

药　剂	S/mol · L^{-1}	pK_b	pK_a
十二胺	$10^{-4.7}$	-3.37	10.63
十四胺	$10^{-6.0}$	-3.38	10.60
十八胺	$10^{-8.3}$	-3.40	10.60

表 4-18　不同浓度下烷基胺生成胺分子沉淀的 pH_s[1,18-19]

药　剂	浓　度					
	10^{-2} mol/L	10^{-3} mol/L	5×10^{-4} mol/L	2×10^{-4} mol/L	1.5×10^{-4} mol/L	5×10^{-5} mol/L
十二胺	7.93	8.93	9.25	9.68	9.82	10.45
十四胺	6.60	7.60	7.90	8.30	8.43	8.91
十八胺	4.30	5.30	5.60	6.00	6.12	6.60

由表 4-18 可以看出，在一定浓度下，不同碳链烷基生成胺分子沉淀的值相差较大，随着烷基链碳原子数的增加，生成胺分子沉淀的 pH_s 降低，这与图 4-43 中不同碳链长度烷基伯胺为捕收剂时的白钨矿浮选规律一致。十二胺盐、十四胺盐和十八胺盐作捕收剂时，白钨矿浮选回收率在碱性条件下开始下降的 pH 值分别是 9.7、8.3、6.1，分别对应于十二胺盐、十四胺盐和十八胺盐产生沉淀的值。阳离子胺类捕收剂起作用的主要有效成分为 RNH_3^+，当 $pH>pH_s$ 时，胺大部分生成沉淀 $RNH_2(s)$，RNH_3^+ 的浓度大大减小，浮选作用将减弱[19]。

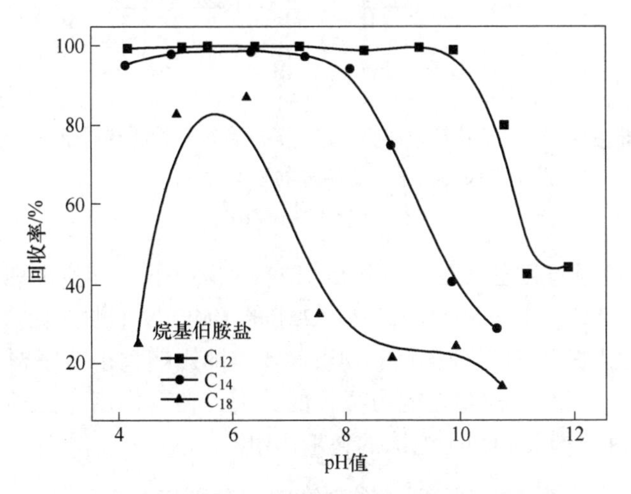

图 4-43 不同碳链长度烷基伯胺作用下白钨矿浮选回收率[19]
（质量浓度：40 mg/L）

此外，长链烷基伯胺烃链间通过范德华力，发生疏水缔合作用，在一定浓度下，离子和分子间也产生缔合作用：

离子缔合平衡：
$$2RNH_3^+ \rightleftharpoons (RNH_3)_2^{2+} \tag{4-84}$$
离子-分子缔合平衡：
$$RNH_3^+ + RNH_2\ (aq) \rightleftharpoons RNH_3^+ \cdot RNH_2\ (aq) \tag{4-85}$$

以十二胺为例，根据其在溶液中的各反应和平衡常数，可计算其在水溶液中各组分的浓度与 pH 值的关系，如图 4-44 所示。由图 4-44 可知，十二胺与白钨矿作用的主要成分以离子-分子缔合物为主，白钨矿的浮选规律对应于 $RNH_3^+ \cdot RNH_2$ (aq) 的分布规律。而十二胺与方解石和萤石作用的应该是离子-分子缔合物 $RNH_3^+ \cdot RNH_2$ (aq) 和分子 RNH_2 (aq)，矿物浮选回收率先随 pH 值的升高而增加，在某一值后开始下降，且方解石浮选回收率下降比较缓慢。

表 4-19 为几种典型阳离子捕收剂的临界胶束浓度（CMC）和亲水亲油平衡值（HLB）。由表 4-19 可以看出，同系物中，随碳链长度的增长，CMC 值和 HLB 值降低，药剂的疏水性增大，但溶解度降低。由 1231 的 HLB 值可知，其捕收能

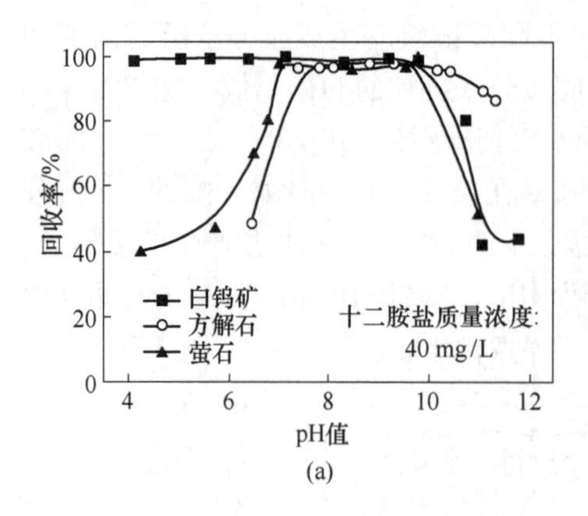

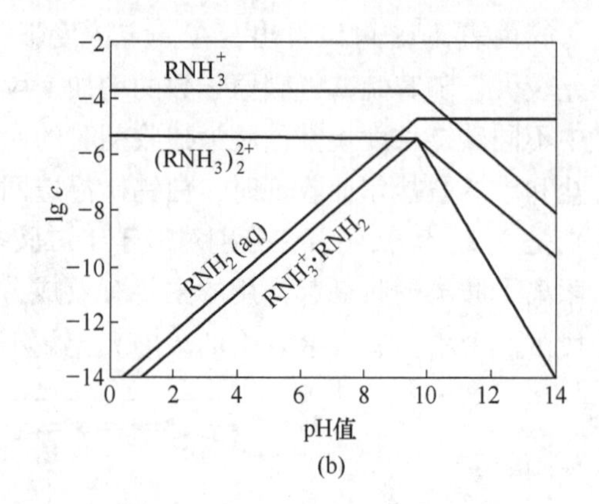

图 4-44　以十二胺盐为捕收剂时，三种含钙矿物浮选回收率（a）及十二胺盐溶液中各组分的浓度对数图（b）[19]
（$c = 2\times10^{-4}$ mol/L）

力很弱，兼具较好的起泡性能，因此在 1231 的作用下，三种含钙矿物的浮选回收率都不高。1231、十二胺、1227 和 1221 的 CMC 大小顺序是 1231>十二胺>1227>1221，这与它们对三种含钙矿物表面电位的影响大小顺序相对应。从 1227 的 HLB 值可知，其是一种起泡能力很强的药剂，在其作用下三种含钙矿物表现出较好的可浮性可能要归功于泡沫的夹带作用。

表 4-19　阳离子捕收剂的 CMC 值和 HLB 值[19]

药　剂	化学式	CMC /mol · L^{-1}	HLB
十二胺	$C_{12}H_{25}NH_2$	1.3×10^{-2}	2.9
十四胺	$C_{14}H_{29}NH_2$	3.27×10^{-3}	1.95
十八胺	$C_{18}H_{37}NH_2$	4.0×10^{-4}	0.05
十二烷基三甲基氯化铵（1231）	$C_{12}H_{25}(CH_3)_3NCl$	1.61×10^{-2}	9.275
十八烷基三甲基氯化铵（1831）	$C_{18}H_{37}(CH_3)_3NCl$	3.1×10^{-4}	6.425
双十二烷基二甲基氯化铵（1221）	$(C_{12}H_{25})_2(CH_3)_2NCl$	1.8×10^{-4}	4.05
十二烷基二甲基苄基氯化铵（1227）	$C_{21}H_{38}NCl$	7.8×10^{-3}	7.425

4.4　金属离子与浮选药剂的交互作用及其影响

白钨矿、萤石、方解石等含钙矿物具有一定溶解性，在浮选过程中会因为自身溶解而向矿浆中释放大量的钙离子。浮选溶液中的这些钙离子与脂肪酸根离子之间必然会发生反应，生成金属油酸配合物，影响白钨矿的浮选过程。

4.4.1 金属离子与脂肪酸的配位反应及其影响

4.4.1.1 Ca-OL溶液化学研究

优势组分图可以清楚地表明溶液中沉淀平衡、络合平衡、质子传递平衡中某一独立变量的值固定时饱和溶液中的优势存在的组分类型。在用油酸浮选半可溶性含钙矿物的浮选溶液中，矿物溶出钙离子可以与油酸根离子反应，形成油酸钙胶体，对浮选产生影响。下面借助优势组分图讨论油酸钙生成条件与pH值及油酸浓度的关系[54-57]。

在钙离子-油酸体系中，存在下列平衡：

$$Ca^{2+} + OH^- \rightleftharpoons CaOH^+ \qquad K = 10^{1.40} \tag{4-86}$$

$$CaOH^+ + OH^- \rightleftharpoons Ca(OH)_2(aq) \qquad K = 10^{1.36} \tag{4-87}$$

$$HOL(l) \rightleftharpoons HOL(aq) \qquad K = 10^{-7.6} \tag{4-88}$$

$$HOL(aq) \rightleftharpoons OL^- + H^+ \qquad K = 10^{-4.95} \tag{4-89}$$

$$2OL^- + H^+ \rightleftharpoons HOL \cdot OL^- \qquad K = 10^{9.9} \tag{4-90}$$

$$2OL^- \rightleftharpoons OL_2^{2-} \qquad K = 10^{4} \tag{4-91}$$

$$Ca^{2+} + 2OL^- \rightleftharpoons Ca(OL)_2(s) \qquad K = 10^{15.52} \tag{4-92}$$

质量守恒式：

$$c_{Ca} = c_{Ca^{2+}} + c_{CaOH^+} + c_{Ca(OH)_2(aq)} + c_{Ca(OL)_2(s)} \tag{4-93}$$

$$c_{HOL} = c_{HOL(l)} + c_{HOL(aq)} + c_{OL^-} + c_{2HOL \cdot OL^-} + c_{2OL_2^{2-}} + c_{2Ca(OL)_2(s)} \tag{4-94}$$

根据式（4-86）~式（4-94）可以计算出钙离子-油酸体系中各个组分之间的分界线并绘制钙离子-油酸体系中的优势组分图。图4-45为钙离子浓度为1×10^{-6} mol/L、1×10^{-5} mol/L和1×10^{-4} mol/L时的优势组分图。

油酸钙存在的优势区间由钙离子浓度、油酸浓度和pH值共同决定。在1×10^{-6} mol/L的钙离子浓度下，无论油酸浓度和pH值如何改变，油酸钙都不会是体系中的优势组分。在1×10^{-5}~1×10^{-4} mol/L的钙离子浓度下，在某一油酸浓度和pH值区间内油酸钙是溶液体系中的优势组分。随着钙离子浓度的增大，油酸钙存在的临界pH值和临界油酸浓度逐渐降低，油酸钙作为优势组分存在的区间逐渐增大。pH值为8~11时，萤石和白钨矿饱和溶液钙离子浓度大于1×10^{-6} mol/L，在常用的1×10^{-5}~1×10^{-4} mol/L油酸浓度下，油酸钙稳定且作为优势组分存在。在pH>10时，方解石饱和溶液中钙离子浓度低于1×10^{-6} mol/L，此时油酸钙组分微量存在，主要油酸组分为油酸根离子。可以推测油酸浮选萤石、白钨矿过程中，除油酸分子、油酸根离子外，油酸钙也发挥着重要的作用。

4.4.1.2 Ca-OL特征官能团

图4-46为油酸钠（NaOL）和Ca-OL胶体的红外光谱分析结果。NaOL与

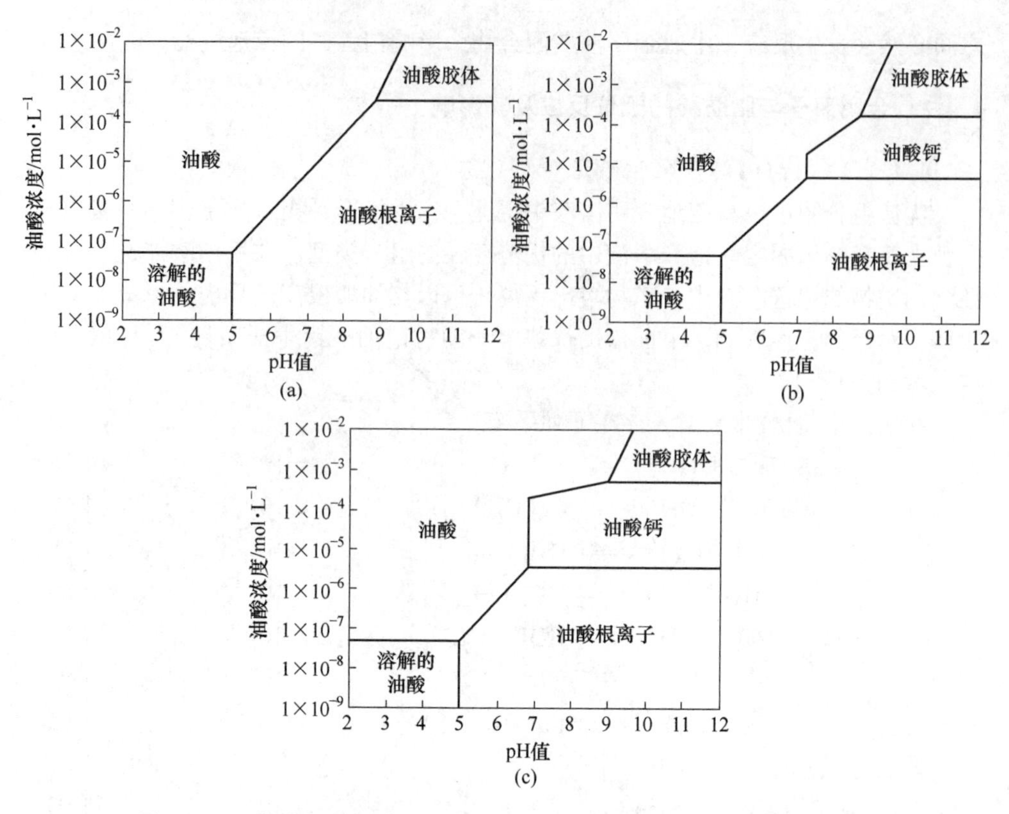

图 4-45 Ca^{2+}浓度为 $10^{-6}\sim10^{-4}$ mol/L 时，油酸溶液中的优势组分图[58]

（a）$c_{Ca^{2+}}=10^{-6}$ mol/L；（b）$c_{Ca^{2+}}=10^{-5}$ mol/L；（c）$c_{Ca^{2+}}=10^{-4}$ mol/L

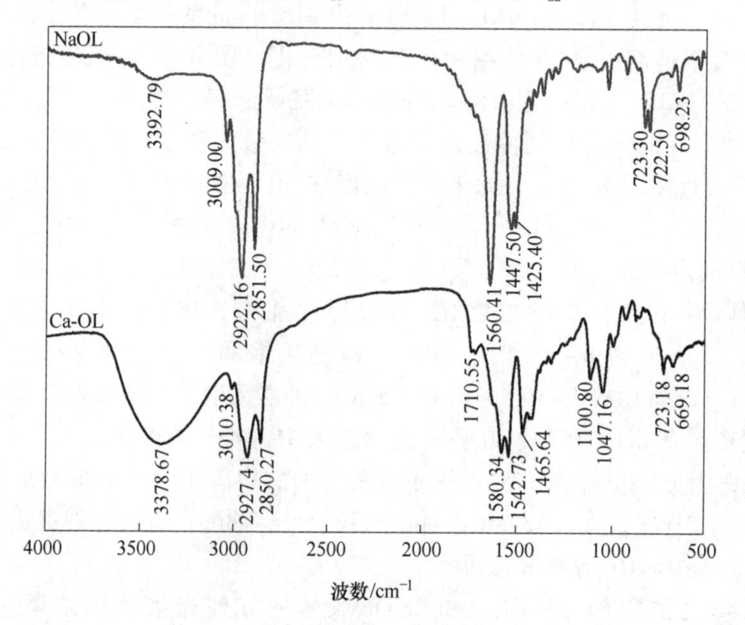

图 4-46 NaOL 与 Ca-OL 胶体红外光谱[59]

CaOL 胶体的红外光谱分析结果相似，主要官能团有—CH_3、C—H、—CH_2、═C—H、—COO—等。表 4-20 与表 4-21 为 Ca-OL 胶体和 NaOL 的各基团吸收峰。两者的主要区别在于 Ca-OL 胶体在 1710.55 cm^{-1}处出现了游离的羧基二聚体（C ═O）的伸缩振动吸收峰，在 1100.80 cm^{-1}处出现了 C—H 的面内弯曲振动吸收峰。

表 4-20 NaOL 官能团红外吸收峰[59]

红外吸收峰/cm^{-1}	代表基团	振动类型
3392.79	O—H	伸缩振动吸收峰
3009.00	═C—H	伸缩振动吸收峰
2922.16、2851.50	(—CH_3、—CH_2) 中 C—H	对称振动吸收峰
1560.41	—COO—	不对称伸缩振动吸收峰
1447.50、1425.40	—COO—	对称振动吸收峰
722.50、698.23	O—H	面外弯曲振动吸收峰

表 4-21 Ca-OL 官能团红外吸收峰[59]

红外吸收峰/cm^{-1}	代表基团	振动类型
3378.67	O—H	伸缩振动吸收峰
3010.38	═C—H	伸缩振动吸收峰
2927.41、2850.27	(—CH_3、—CH_2) 中 C—H	对称振动吸收峰
1710.55	C ═O	伸缩振动吸收峰
1580.34、1542.73	—COO—	不对称伸缩振动吸收峰
1465.64	—COO—	对称振动吸收峰
1100.80、1047.16	C—H	面内弯曲振动吸收峰
723.18、669.18	O—H	面外弯曲振动吸收峰

4.4.1.3 Ca-OL 胶体性质分析

A 粒级分布

图 4-47 为不同 $CaCl_2$ 和 NaOL 比例下生成的 Ca-OL 胶体的直径分布。由图 4-47 可知，Ca-OL 胶体直径大多分布在 0.1～1 μm 之间，60%以上直径在 190.1～531.2 nm 之间，只有极少数的 Ca-OL 团聚成为直径大于 1 μm 的大胶团。不同 $CaCl_2$ 和 NaOL 摩尔比下混合生成的 Ca-OL 直径分布各不相同，在实验的 3 种比例中，随着 $CaCl_2$ 比例的升高，Ca-OL 胶体直径逐渐增大。

B 表面张力

NaOL 与 Ca-OL 胶体在不同浓度下测得的表面张力结果如图 4-48 所示。试验所用纯水测得的表面张力为 71～73 mN/m。作为高表面活性剂之一，NaOL 的表

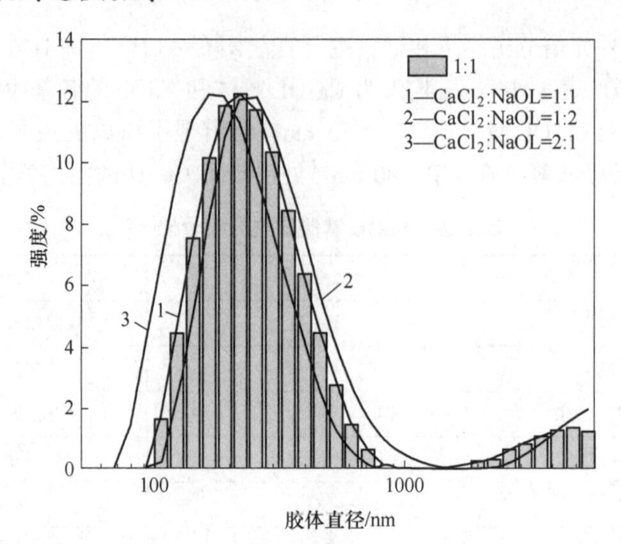

图 4-47 Ca-OL 胶体直径分布[59]

（NaOL 的浓度为 1×10^{-4} mol/L）

面张力随其浓度的增加而不断下降，最后稳定在 18 mN/m 左右。实验测得，其临界胶束浓度约为 1×10^{-3} mol/L，这与文献报道结果基本一致[70]。NaOL 与 $CaCl_2$ 混合生成的 Ca-OL 胶体的表面张力始终高于 NaOL，也随着其浓度的增加而不断下降，直至在其浓度为 1×10^{-3} mol/L 时出现肉眼可见的悬浮胶团。这说明混合溶液中有大量的 Ca-OL 胶团生成，溶液中的游离油酸根离子减少，导致溶液表面张力上升。此外，溶液中游离钙离子可以与油酸根离子亲水基团发生电性中和，因而 Ca-OL 胶体表面张力较 NaOL 的表面张力上升幅度不大。

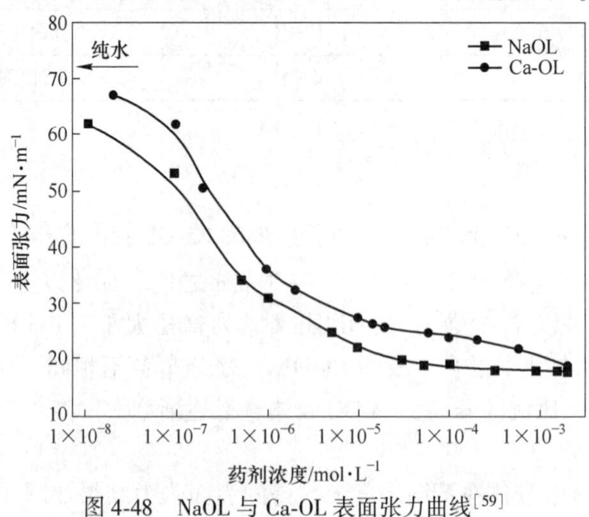

图 4-48 NaOL 与 Ca-OL 表面张力曲线[59]

（pH＝10，30 ℃）

C 起泡性能

金属离子对表面活性剂的起泡性能有较大的影响。图 4-49 是 NaOL 与 Ca-OL 的泡沫量图。NaOL 本身具有起泡性，浓度大于 1×10^{-4} mol/L 时，泡沫量开始呈现增多趋势。一旦浓度高于 1×10^{-3} mol/L，会因泡沫量过大而导致溢槽。NaOL 溶液形成的泡沫中底层气泡偏小，上层以大气泡为主，黏度较低。当在 NaOL 溶液中引入 Ca^{2+}后，溶液的起泡性明显变差，尤其是 NaOL 与 Ca^{2+}浓度为 2∶1 时，溶液基本不产生泡沫。这说明混合溶液中生成了 Ca-OL 胶体，Ca-OL 胶体不利于泡沫的生成。用 NaOL 浮选半可溶性含钙矿物时，主要由油酸根离子产生泡沫。

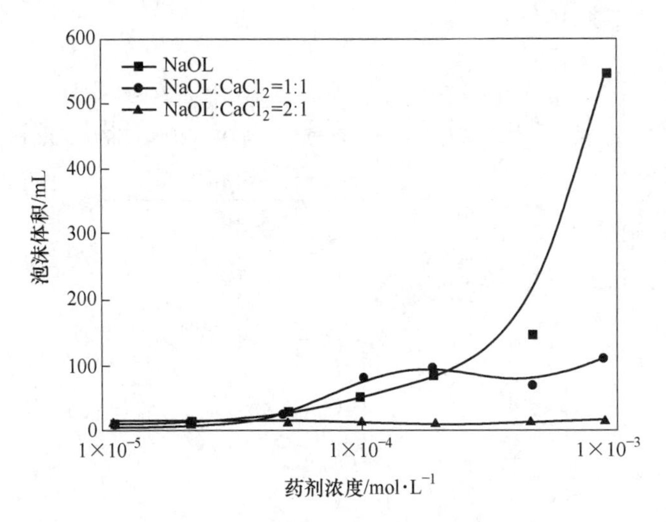

图 4-49 NaOL 与 Ca-OL 的起泡性[59]

D 表面电位

Ca-OL 胶体动电位与 pH 值的关系如图 4-50 所示。由图 4-50 可知，钙离子组分的动电位始终为负，且在测试 pH 值范围内其动电位几乎不受 pH 值影响。NaOL 组分动电位随着 pH 值增大而逐渐增大，最高动电位出现在 pH = 10.5。在测试 pH 值范围内，Ca-OL 胶体的动电位曲线与 Ca^{2+}相似，介于 Ca^{2+}与 NaOL 之间。随着 pH 值的增大，Ca-OL 胶体表面动电位与油酸钠组分表面动电位差距逐渐减小。随着钙离子浓度增大，溶液中的 Ca-OL 胶体逐渐增多，动电位也逐渐正移。

E 浮选作用机理

基于钙离子与脂肪酸的溶液化学研究，孙文娟等人[59]推测脂肪酸浮选体系中存在两种作用方式模型，如图 4-51 所示。一种是脂肪酸根离子与矿物表面钙质点作用，形成脂肪酸钙沉淀，从而吸附在矿物表面；另一种是溶液中溶解的钙离子与油酸根离子生成稳定的 Ca-OL 胶体，然后迁移至矿物表面发生吸附。

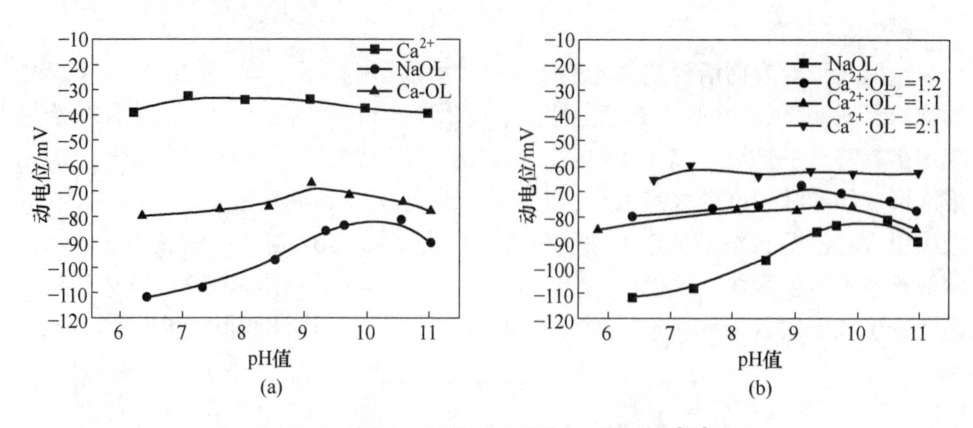

图 4-50 Ca-OL 胶体动电位与 pH 值关系[59]

(a) Ca^{2+}、NaOL、Ca-OL 的动电位；(b) 不同 Ca^{2+} 与 OL^- 浓度比下的 Ca-OL 的动电位

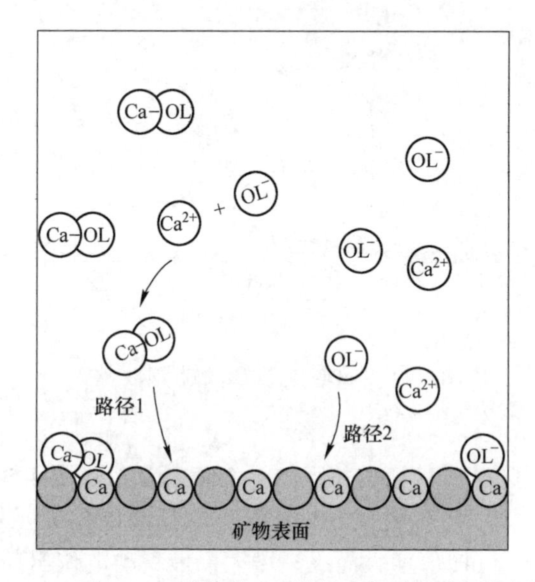

图 4-51 NaOL 和 Ca-OL 胶体在半可溶性含钙矿物表面作用机理[59]

4.4.2 金属离子与羟肟酸的配位反应及其影响

螯合捕收剂是钨矿浮选的一类重要浮选药剂，其中苯甲羟肟酸在工业中应用广泛，但是螯合捕收剂浮选钨矿往往需要金属离子活化，例如铅离子、铁离子等。活化浮选过程中金属离子与浮选捕收剂间的交互作用对于浮选过程具有显著影响。

4.4.2.1 Pb-BHA 的稳定常数

大量研究认为铅离子与羟肟酸反应生成稳定的 PbB_2 配合物，但长期以来未能证实其具体结构。假设苯甲羟肟酸（BHA）与硝酸铅反应生成 PbB_2，同时考虑苯甲羟肟酸的加质子效应，采用电位滴定法测定其各级稳定常数。

生成函数 $\overline{n}$ 表示已与中心离子 M 配位的配体数目的平均值：

$$\overline{n} = \frac{\text{已配位于中心离子的配体的总浓度}}{\text{中心离子的总浓度}} \tag{4-95}$$

对于 M 与配体 L 形成单核配离子体系来说，已与中心离子配位的配体的总浓度为：$c_{ML_1} + 2c_{ML_2} + 3c_{ML_3} + \cdots + nc_{ML_n}$，中心离子的总浓度为 c_{M_T}，则有：

$$\overline{n} = \frac{c_{ML_1} + 2c_{ML_2} + \cdots + nc_{ML_n}}{c_M + c_{ML_1} + \cdots + c_{ML_n}} \tag{4-96}$$

将有关稳定常数的表达式代入，则有：

$$\overline{n} = \frac{\beta_1 c_L + 2\beta_2 c_L^2 + \cdots + n\beta_n c_L^n}{1 + \beta_1 c_L + \cdots + \beta_n c_L^n} \tag{4-97}$$

生成函数 $\overline{n}$ 只是 c_L 的函数

$$c_L = \frac{c_{H_T} - c_H + c_{OH}}{\sum_{n=1}^{N} n\beta_n^H c_H^n} \tag{4-98}$$

$$\overline{n} = \frac{c_{L_T} - c_L\left(1 + \sum_{n=1}^{N} \beta_n^H c_H^n\right)}{c_{M_T}} \tag{4-99}$$

式中，c_L 为配体的浓度；c_{H_T}为体系总酸度；β_n^H 为 L 的积累加质子常数；c_{L_T}为苯甲羟肟酸的总浓度；c_{M_T}为金属离子的总浓度。

$c_{BHA}=0.01$ mol/L，$c_{Pb^{2+}}=0.01$ mol/L，取 BHA 10 mL，硝酸铅 4 mL，并加入 0.5 mL 浓度为 0.068 mol/L 的硝酸，用浓度为 0.1 mol/L 的硝酸钾溶液定容至 100 mL，体系中 $c_{BHA}=0.001$ mol/L，$c_{Pb^{2+}}=0.0004$ mol/L，用浓度为 1 mol/L 的 NaOH 溶液滴定，结果如图 4-52 所示。

Pb-BHA 体系的滴定曲线在硝酸铅和 BHA 滴定曲线之下，表明铅离子与 BHA 发生反应生成了新产物使得 BHA 释放 H^+。根据生成函数公式绘制 Pb-BHA 体系生成曲线，如图 4-53 所示。

按照图 4-53 所确定的逐级稳定常数为：

$$-\lg c_{L_{n=1/2}} = 7.62 \approx \lg K_1 \tag{4-100}$$

$$-\lg c_{L_{n=3/2}} = 5.08 \approx \lg K_2 \tag{4-101}$$

式中，K_1、K_2 分别为 $[PbB]^+$、PbB_2 的逐级稳定常数的近似值，累计稳定常数 $\lg\beta=12.70$。其与文献记载的羟肟酸铅配合物稳定常数（逐级稳定常数 $\lg K_1=6.7$、$\lg K_2=4.0$，累计稳定常数 $\lg\beta=10.7$）存在一定差异，特别是逐级稳定常数。这可能是由于苯甲羟肟酸与铅离子的配位过程中的加羟基或加质子反应引起，其配位形式可能并非单一的 PbB_2 形式。

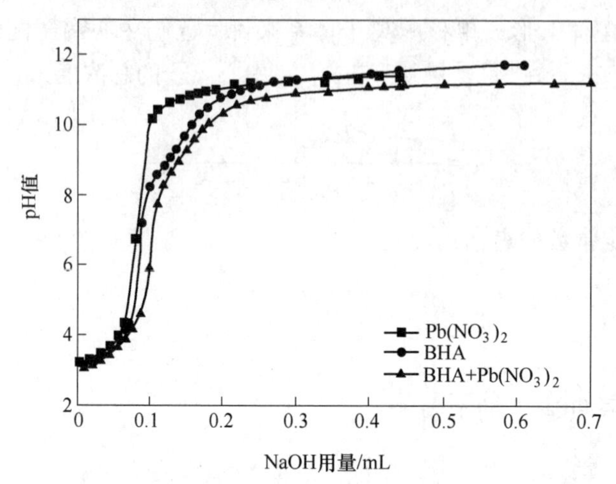

图 4-52　Pb-BHA 体系的滴定曲线[60]

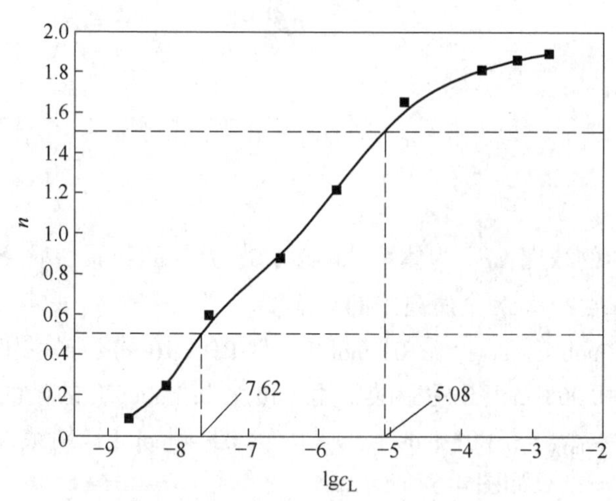

图 4-53　Pb-BHA 配合物生成曲线[60]

根据上述各级平衡常数计算 Pb-BHA 体系中各级铅配合物随 B^- 浓度变化的分布，如图 4-54 所示。

$$Pb^{2+}+B^- \longrightarrow (PbB)^+ \qquad \beta_1=\frac{c_{(PbB)^+}}{c_{Pb^{2+}}c_{B^-}}=10^{7.62} \tag{4-102}$$

$$(PbB)^+ + B^- \longrightarrow PbB_2 \qquad \beta_2 = \frac{c_{PbB_2}}{c_{(PbB)^+}c_{B^-}} = 10^{5.08} \tag{4-103}$$

$$c_{(PbB)^+} = \beta_1 c_{Pb^{2+}} c_{B^-} \tag{4-104}$$

$$c_{PbB_2} = \beta_2 c_{(PbB)^+} c_{B^-} \tag{4-105}$$

$$\begin{aligned} c_{Pb,T} &= c_{Pb^{2+}} + c_{(PbB)^+} + c_{PbB_2} \\ &= c_{Pb^{2+}} + \beta_1 c_{Pb^{2+}} c_{B^-} + \beta_2 c_{(PbB)^+} c_{B^-} \\ &= c_{Pb^{2+}} + \beta_1 c_{Pb^{2+}} c_{B^-} + \beta_2 \beta_1 c_{Pb^{2+}} c_{B^-}^2 \end{aligned} \tag{4-106}$$

$$c_{(PbB)^+} = \beta_1 c_{Pb^{2+}} c_{B^-} \tag{4-107}$$

$$c_{PbB_2} = \beta_2 c_{(PbB)^+} c_{B^-} = \beta_1 \beta_2 c_{B^-}^2 c_{Pb^{2+}} \tag{4-108}$$

$$\begin{aligned} \phi_{Pb^{2+}} &= \frac{c_{Pb^{2+}}}{c_{Pb^{2+}} + \beta_1 c_{Pb^{2+}} c_{B^-} + \beta_2 \beta_1 c_{Pb^{2+}} c_{B^-}^2} \\ &= \frac{1}{1 + \beta_1 c_{B^-} + \beta_2 \beta_1 c_{B^-}^2} \end{aligned} \tag{4-109}$$

$$\phi_{(PbB_1)} = \frac{c_{(PbB)^+}}{c_{Pb^{2+}} + \beta_1 c_{Pb^{2+}} c_{B^-} + \beta_2 \beta_1 c_{Pb^{2+}} c_{B^-}^2} = \phi_{Pb^{2+}} \beta_1 c_{B^-} \tag{4-110}$$

$$\phi_{(PbB_2)} = \frac{c_{PbB_2}}{c_{Pb^{2+}} + \beta_1 c_{Pb^{2+}} c_{B^-} + \beta_2 \beta_1 c_{Pb^{2+}} c_{B^-}^2} = \phi_{Pb^{2+}} \beta_1 \beta_2 c_{B^-}^2 \tag{4-111}$$

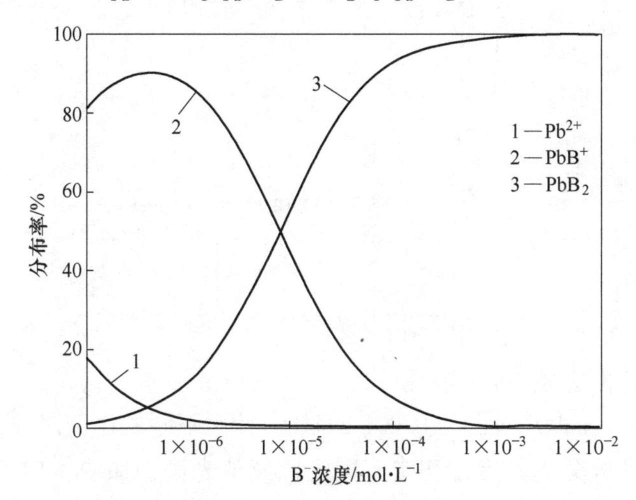

图 4-54 配合物体系各级配离子的分布图[60]

从苯甲羟肟酸溶液化学组分图可以看出，在 pH 值为 9 左右时，苯甲羟肟酸电离主要以 B^- 形式存在，如果不考虑配合物的加羟基作用，当 B^- 浓度大于 10^{-7} mol/L 时，铅离子主要以配合物形式存在，同时单矿物试验证实比较低的 B^- 浓度下，苯甲羟肟酸对黑钨矿及白钨矿捕收能力很差，因此浮选过程中起捕收作用的极有可能是Pb-BHA配合物。

由此可知，不论Pb^{2+}与BHA反应以何种配合物形式存在，在pH值为9左右时，Pb^{2+}主要以配合物形式存在，游离的Pb^{2+}或$Pb(OH)^+$很少，在浮选过程中起主要作用的可能是某种或某几种配合物组分。但是Pb^{2+}与苯甲羟肟酸配位反应复杂，其稳定配合物并非仅有PbB_2，需要考虑羟基、氢离子及其他配位离子的影响。

4.4.2.2 溶液体系Pb-BHA的组分状态

图4-55和图4-56分别为苯甲羟肟酸与硝酸铅在不同浓度下的紫外/可见光光谱，在不同浓度下其特征峰有微弱位移，苯甲羟肟酸的特征吸收峰波长约为233~237 nm，硝酸铅的特征吸收峰波长为233 nm、260~263 nm、297~298 nm。其中，BHA浓度为0.001 mol/L、0.01 mol/L、0.1 mol/L时，其特征吸收峰波长分别为233.5 nm、235 nm、237 nm；Pb^{2+}浓度为0.001 mol/L、0.01 mol/L、0.1 mol/L时，其特征吸收峰波长分别为221.5 nm、232.5/261/297 nm、233/263/298 nm。

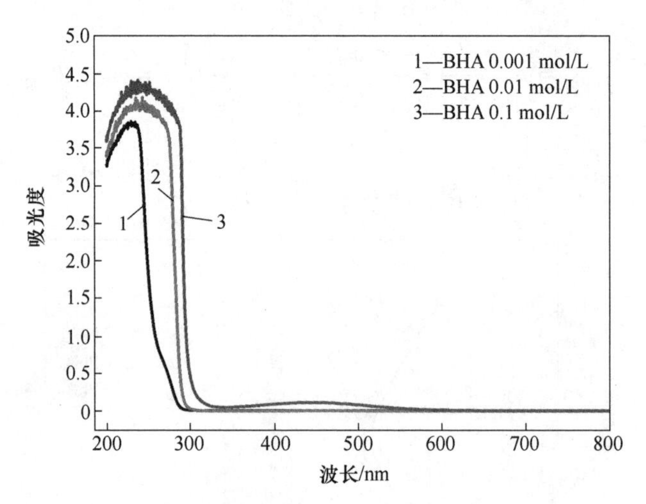

图4-55 苯甲羟肟酸紫外/可见光光谱[60]

A 连续变化法测定配合物配位数

$c_{BHA}=0.001$ mol/L，$c_{Pb^{2+}}=0.001$ mol/L，按照不同的比例混合，溶液总体积为10 mL，以紫外分光光度计测定不同配比紫外光谱，如图4-57所示。结果表明，苯甲羟肟酸与硝酸铅混合后特征峰发生了较大位移，说明二者反应生成了新产物，且随着二者配比的变化，溶液吸光度峰值发生了一系列变化，表明二者比例的变化影响了溶液体系配合物的组分及其分布。

图4-58为特定波长下吸光度随苯甲羟肟酸与硝酸铅配比的变化曲线。曲线出现两个峰值，表明苯甲羟肟酸与硝酸铅反应生成了多种配合物，其配位数难以通过连续变化法确定，但是可以推测其稳定配合物至少有两种。

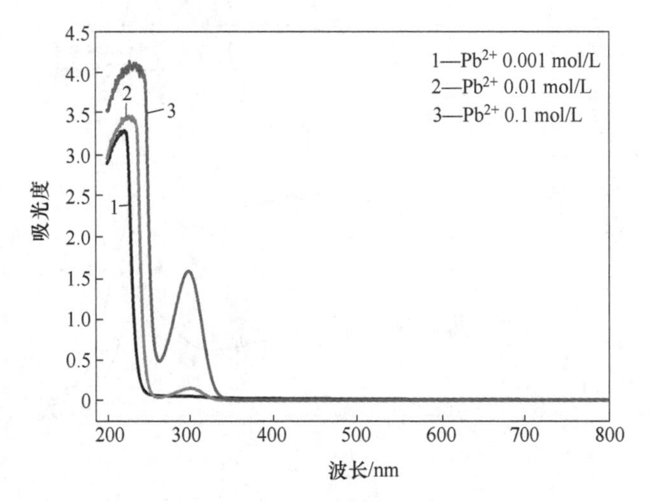

图 4-56 $Pb(NO_3)_2$ 紫外/可见光光谱[60]

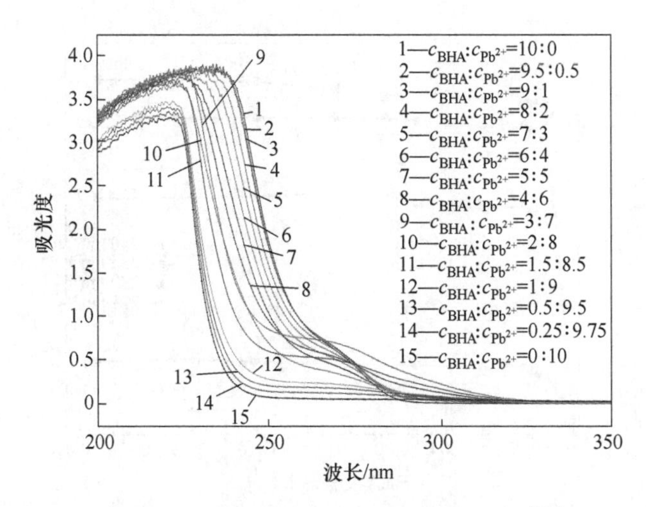

图 4-57 不同比例配合物紫外/可见光光谱[60]

B 浓度变化法测定配合物配位数

a 固定金属离子-变换配体浓度

固定 $c_{Pb^{2+}}=0.001$ mol/L，逐渐改变苯甲羟肟酸的浓度，分别于 221 nm、230 nm、235 nm、240 nm 波长下测定其吸光度，绘制吸光度-BHA 浓度变化曲线，如图 4-59 所示。结果表明，拐点出现在 c_{BHA} 为 0.001～0.002 mol/L 之间，此时 Pb^{2+} 与 BHA 的摩尔比为（1～2）：2，这表明铅离子与 BHA 反应配位并非单纯的生成 PbB_2，必然有其他阴离子参与了反应。

b 固定配体-变换金属离子浓度

固定 $c_{BHA}=0.001$ mol/L，逐渐改变铅离子的浓度，分别于 235 nm、240 nm

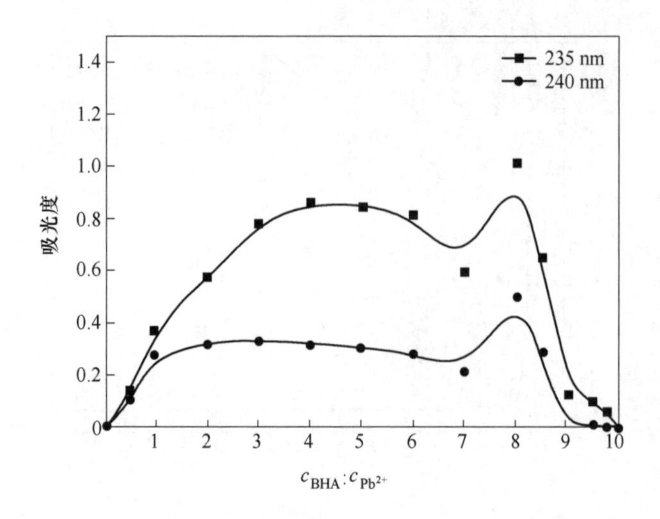

图 4-58　特定波长下吸光度-配比曲线[60]

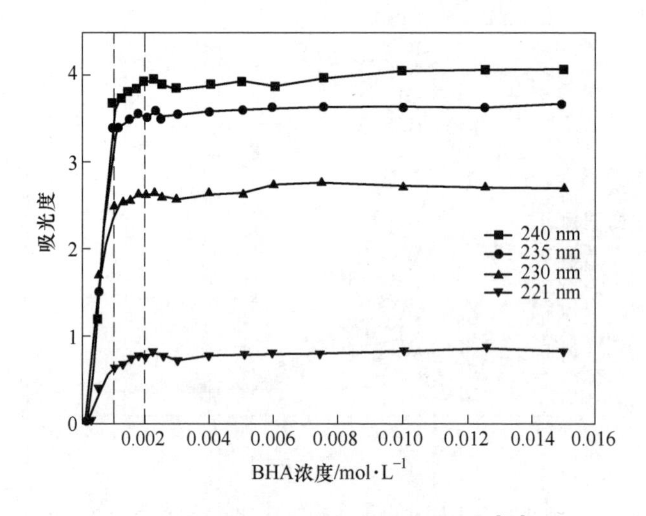

图 4-59　吸光度-BHA 浓度变化曲线[60]

波长下测定其吸光度，绘制吸光度-Pb^{2+}浓度变化曲线，如图 4-60 所示。结果表明，吸光度-Pb^{2+}曲线在测定范围内出现了两个平台区，第一个平台区估计为低 Pb^{2+}与 BHA 的摩尔比下生成的配合物，而第二个平台区为高 Pb^{2+}与 BHA 摩尔比下生成的配合物，且低摩尔比下的配合物更为稳定。

因此，通过紫外/可见光分光光度法基本确定苯甲羟肟酸与 Pb^{2+}反应一般会生成至少两种较为稳定的配合物。考虑到 Pb^{2+}与 OH^-反应可能导致羟合配离子的生成，推测为 PbB_2 或 $Pb_m(OH)_{2m-1}B$，且前者更为稳定。

4.4.2.3　界面区域苯甲羟肟酸铅配合物的溶液化学性质

上述试验研究表明 Pb-BHA 配合物具有与 Pb^{2+}类似的性质：易与羟基结合，

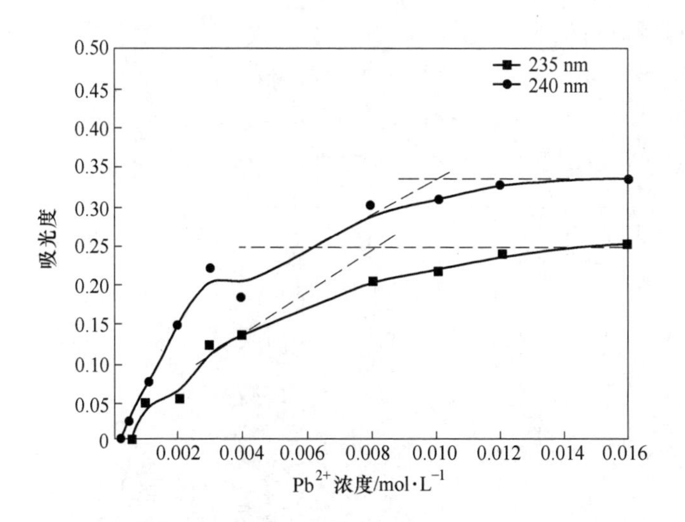

图 4-60 吸光度-Pb^{2+}浓度变化曲线[60]

在一定 pH 值区间内生成沉淀。因此，可以推测 Pb-BHA 配合物在矿物表面的行为可能与 Pb^{2+}在矿物表面的行为类似。

Pb-BHA 配合物在界面吸附达到平衡时，离子水解过程中某组分在溶液中和界面区域也达到某种平衡，其电位化学相位是相等的。根据溶液化学，在矿物-水界面区域内的离子溶液中组分 i 的浓度要比 i 在溶液中的浓度更大一些。在矿物-水界面区域内配合物沉淀所需要的 pH 值比在溶液中产生沉淀所需要的 pH 值更低。当矿物表面的定位离子是 H^+或 OH^-时，H^+吸附近似处理为只有静电力作用，界面区域 pH 值和溶液 pH 值的关系为：

$$pH' = pH + \frac{e\psi_d}{2.3RT} \tag{4-112}$$

当 $\psi_d<0$ 时，即矿物表面的电位为负值，$pH'<pH$；反之则 $pH'>pH$。

在白钨矿、黑钨矿最佳浮选 pH 值区间（8～10）内，矿物表面荷负电（$\psi_d<0$），矿物界面区域内的 pH 值低于溶液 pH 值，但是界面区域配合物浓度高于溶液体系，加之界面区域介质介电常数远比溶液数值小，因此在界面区域内 Pb-BHA 配合物可能在矿物表面生成羟基络合物沉淀，从而实现对矿物的捕收。关于 Pb-BHA 配合物在钨矿表面的吸附作用机制，将在第 5 章详细论述。

4.4.3 金属离子与硅酸胶体的配位反应及其影响

硅酸钠是钨矿浮选中常用的抑制剂，不同金属离子（Fe^{2+}、Fe^{3+}、Ca^{2+}、Mg^{2+}、Pb^{2+}、Al^{3+}）的引入对其浮选效果影响巨大，其中 Al^{3+}改性水玻璃在工业中最为常用，然而其具体作用机制存在一定争议。本节从金属离子配位组装的角度对其作用机制进行论述。

4.4.3.1　Al-Na_2SiO_3 聚合结构的红外光谱分析

为了研究 Al-Na_2SiO_3 聚合物的自组装机理，首先需要对其结构进行表征。Na_2SiO_3 及 Al-Na_2SiO_3 聚合物的红外光谱的表征结果如图 4-61 所示。

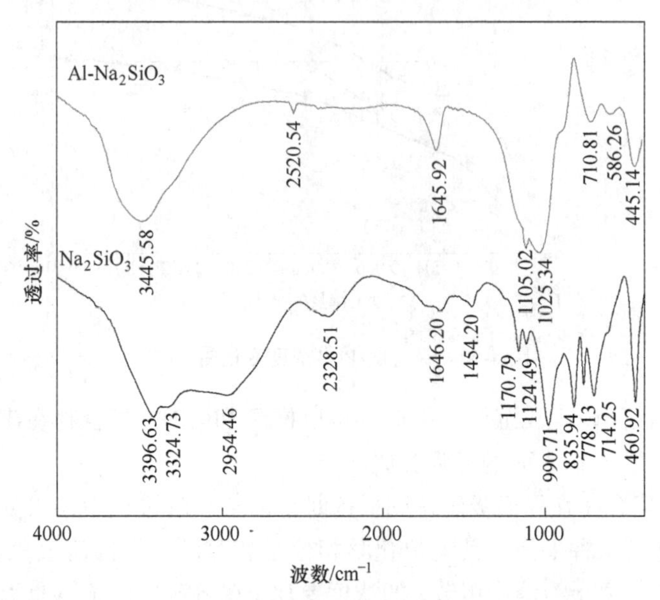

图 4-61　Na_2SiO_3 及 Al-Na_2SiO_3 的红外光谱图[41,61-62]

根据文献[63]-[64]报道，标准硅酸钠红外光谱中各吸收谱峰见表 4-22。对照图 4-61 和表 4-22 可知，3324.73 cm^{-1} 和 3396.63 cm^{-1} 吸收谱带为分子间缔合羟基振动吸收峰。3396.63 cm^{-1} 处峰为硅酸钠分子间缔合羟基伸缩振动吸收峰，1646.20 cm^{-1} 为水分子羟基弯曲振动吸收峰，990.71 cm^{-1} 和 460.92 cm^{-1} 分别为 SiO_2^{2-} 的 Si—O—Si 伸缩振动峰和 SiO_4^{4-} 的 Si—O—Si 弯曲振动峰。

表 4-22　水玻璃红外光谱吸收谱峰[61]

基团名称	红外吸收峰波数/cm^{-1}	吸收峰形状
游离羟基	3670~3580，1500~1250	前者尖，后者强、宽
分子间缔合羟基	3550~3200	
二聚体羟基	3550~3450	较尖
多聚体羟基	3400~3200	强、宽
结晶水羟基	3600~3100，1645~1615	前者弱、尖，后者宽、弱
Si—OH	3680±10	
Si—O—Si	1093~1020，500~400	前者强、尖

对比 Na_2SiO_3 及 Al-Na_2SiO_3 聚合物的红外光谱图，在 Al-Na_2SiO_3 的图谱中出现了 2520.54 cm^{-1}和 586.26 cm^{-1}两个新的吸收峰，同时 2954.46 cm^{-1}、2328.51 cm^{-1}、1454.20 cm^{-1}、835.94 cm^{-1}等几个位置的吸收峰消失，其余的吸收峰发生了不同程度的位移，这表明 Al^{3+}与 Na_2SiO_3 的自组装反应使得硅酸钠的结构发生了一定程度的变化。图谱显示的 3445.58 cm^{-1}处为游离的羟基伸缩振动产生的吸收峰，2520.54 cm^{-1}处的吸收峰主要是 O—Al 键合的结果，水分子在 1645.92 cm^{-1}区域内有角度变形频率，1105.02 cm^{-1}和 445.14 cm^{-1}处的吸收峰是硅酸钠与铝离子及 Al-Na_2SiO_3 聚合物间形成的 Si—O—Al 振动所产生的[65]，586.26 cm^{-1}处的吸收峰可归属于叠加在水分子吸收峰上 Al—OH 的弯曲振动[66]。所以，通过 1104.11 cm^{-1}、445 cm^{-1}、586.26 cm^{-1}处峰强度的变化可以看出铝离子与硅酸钠的反应后，铝离子与 Si—O 键发生了成键作用，从而出现了 Si—O—Al 的键合。

通过对 Na_2SiO_3 及 Al-Na_2SiO_3 聚合物的红外光谱图的对比分析发现，铝离子与 Na_2SiO_3 的自组装反应使得硅酸钠的结构发生了变化，Si—O—Al 振动峰的出现说明铝离子与硅酸钠不是简单的复合，而是存在着相互作用，两者之间通过化学键相联，自组装生成了更稳定的 Al-Na_2SiO_3 聚合物。

4.4.3.2 Al^{3+}与 Na_2SiO_3 在水溶液中的自组装

Na_2SiO_3 属于强碱弱酸盐，在水溶液中会发生一系列的水解反应，生成各种组分的水解产物，其水解反应产物及各组分的分布已在 4.3.1 节中进行了详细的讨论，在此不再赘述。除水解反应外，Na_2SiO_3 溶液中 $Si(OH)_4$ 会进一步发生聚合反应，生成更大相对分子质量的聚合硅酸。$Si(OH)_4$ 在不同 pH 值条件下有着不同的聚合行为。$Si(OH)_4$在酸性溶液中与 H^+结合成 $H_5SiO_4^+$，而且 $H_5SiO_4^+$ 浓度随 pH 值减小而增大。因此在酸性溶液中，$Si(OH)_4$与 $H_5SiO_4^+$ 发生聚合反应生成聚硅酸，并按此反应形成多元体，反应式如下：

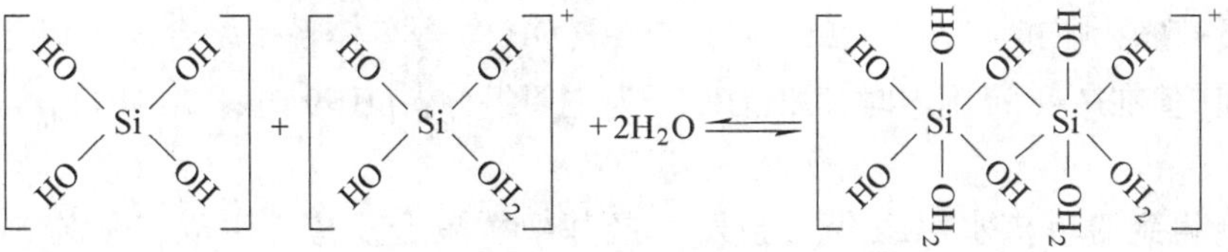

$$\left[\mathrm{Si(OH)_4}\right] + \left[\mathrm{Si(OH)_3(OH_2)}\right]^+ + 2H_2O \rightleftharpoons \left[\mathrm{(HO)_3(H_2O)Si(OH)_2Si(OH)_2(OH_2)_2}\right]^+ \tag{4-113}$$

$Si(OH)_4$在中性或碱性溶液中失去氢离子形成 $H_3SiO_4^-$，因此在碱性或中性条件下 $Si(OH)_4$与 $H_3SiO_4^-$ 发生聚合反应生成双聚硅酸，反应式如下：

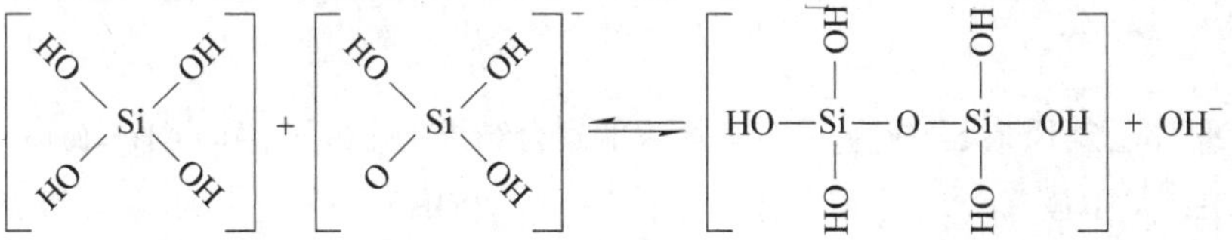

$$\left[\mathrm{Si(OH)_4}\right] + \left[\mathrm{SiO(OH)_3}\right]^- \rightleftharpoons \left[\mathrm{(HO)_3Si{-}O{-}Si(OH)_3}\right] + OH^- \tag{4-114}$$

双聚硅酸中性分子可以与 OH^- 作用生成 $H_5Si_2O_7^-$，双聚硅酸中性分子与 $H_5Si_2O_7^-$ 可以进一步聚合生成聚合度更高的硅酸分子。聚合生成的多聚硅酸继续聚合时，反应不仅发生在链的末端，而且可以发生在链的中部，因此会生成球形或椭球形的硅酸胶粒。聚硅酸内部结构为硅氧烷键（—Si—O—Si—）连接形成的网状结构，而表面含有大量的羟基（—OH），其结构示意图如图 4-62 所示[67]。

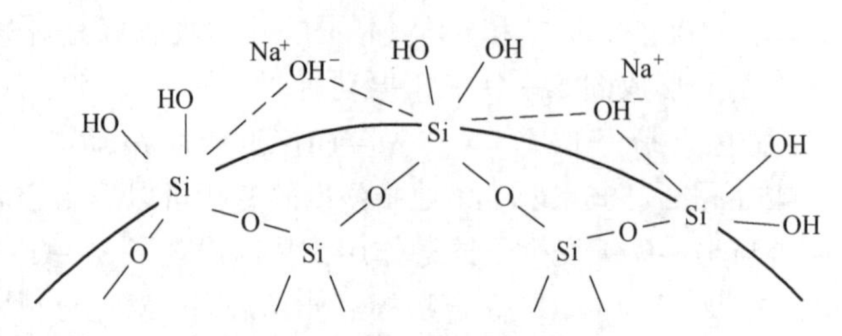

图 4-62 聚合硅酸胶体结构示意图[67-68]

铝盐加入水溶液后，Al^{3+} 首先发生逐级水解反应。Al^{3+} 在水溶液中会和 6 个水分子发生配位，形成 $[Al(H_2O)_6]^{3+}$ 和 $[Al(H_2O)_5OH]^{2+}$ 等的八面体配体结构的水合物，在碱性较强的环境下，Al^{3+} 在水溶液中会发生如下水解反应[41,61,69]：

$$Al^{3+} + H_2O = Al(OH)^{2+} + H^+ \qquad K = 1 \times 10^{-4.99} \tag{4-115}$$

$$Al^{3+} + 2H_2O = Al(OH)_2^+ + 2H^+ \qquad K = 1 \times 10^{-10.0} \tag{4-116}$$

$$Al^{3+} + 3H_2O = Al(OH)_3(aq) + 3H^+ \qquad K = 1 \times 10^{-9.35} \tag{4-117}$$

$$Al^{3+} + 4H_2O = Al(OH)_4^- + 4H^+ \qquad K = 1 \times 10^{-23.0} \tag{4-118}$$

由上述公式绘制不同 pH 值条件下 Al^{3+} 水解组分含量图，如图 4-63 所示。pH 值在 3~5 范围内时，Al^{3+}、$Al(OH)^{2+}$、$Al(OH)_2^+$ 等单体羟基络合离子组分占优势；pH 值在 7~8 范围内时，$Al(OH)_3$ 为主要组分；pH>9 时，$Al(OH)_4^-$ 为主要组分。

所得到的单核水解组分还会发生羟基架桥聚合反应，生成二聚体铝水合物，如：

$$2[Al(OH)(H_2O)_5]^{2+} \rightleftharpoons [(H_2O)_4Al\begin{matrix}OH\\ \\OH\end{matrix}Al(H_2O)_4]^{4+} + 2H_2O \tag{4-119}$$

二聚体还会不断聚合成为多聚体,最终的聚合结果是生成了 $[Al_2(OH)_2(H_2O)_8]^{4+}$、$[Al_3(OH)_4(H_2O)_{10}]^{5+}$、$[Al_6(OH)_{15}]^{3+}$、$[Al_7(OH)_{17}]^{4+}$ 等不同聚合度的高电荷络离子。当 Al^{3+} 加入硅酸钠溶液中时，一方面，单体铝水解产物可能以聚硅酸

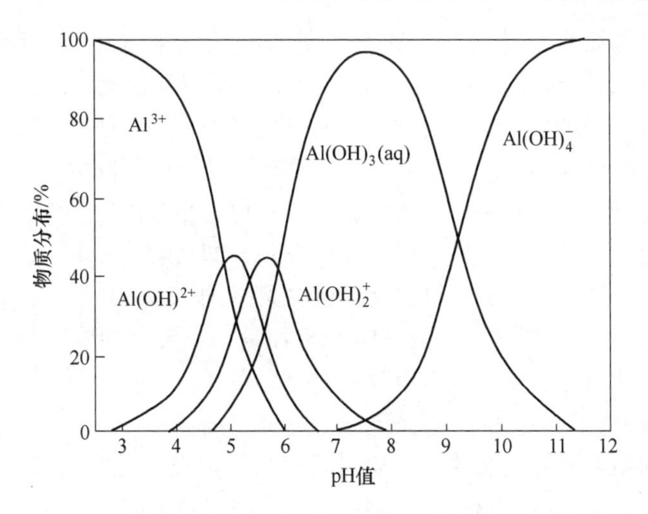

图 4-63 不同 pH 值条件下单体铝溶液组分含量[41]

表面或结构中的羟基作桥发生聚合反应生成多聚体铝水合物；另一方面，单体铝羟基络合离子和多聚体铝水合物会与聚硅酸表面或结构中的羟基发生脱水缩聚反应形成新的复合铝硅酸聚合物[67,70]。以单体硅酸水解组分和单体铝水解产物为例，在酸性和中性条件下，溶液中的优势组分 $Si(OH)_4$ 和 $Al(OH)_3$ 按照如下反应进行脱水缩聚[41,61]：

$$3\,HO-\underset{\displaystyle OH}{\overset{\displaystyle HO}{Si}}-OH + HO-Al\begin{matrix}OH\\OH\end{matrix} \longrightarrow Al\left[O-\underset{\displaystyle OH}{\overset{\displaystyle HO}{Si}}-OH\right]_3 + 3H_2O \tag{4-120}$$

在碱性条件下，溶液中的主要组分 $H_3SiO_4^-$ 和 $Al(OH)_4^-$ 进行如下脱水缩聚反应[41,61]：

$$4\left[HO-\underset{\displaystyle OH}{\overset{\displaystyle HO}{Si}}-O\right]^- + \left[HO-\underset{\displaystyle OH}{\overset{\displaystyle OH}{Al}}-OH\right]^- \longrightarrow \left[HO-\underset{\displaystyle OH}{\overset{\displaystyle HO}{Si}}-O-\underset{\displaystyle O-Si(OH)_3}{\overset{\displaystyle (HO)_3Si-O}{Al}}-O-\underset{\displaystyle OH}{\overset{\displaystyle HO}{Si}}-OH\right]^- + 4OH^- \tag{4-121}$$

单体铝羟基络合离子与硅酸组分的综合作用结果是体系中除了 Si—O—Si 键、O—Al—O 键，还有 Si—O—Al 键，硅氧四面体和铝氧四面体以氧原子为桥形成三维网状结构的复合铝硅酸聚合物，这和红外光谱的检测结果相符[41,61]。而铝水解产物的聚合体与硅酸的聚合产物聚硅酸之间也会发生上述的脱水缩聚反应，生成结构更复杂、基团更大的铝硅酸聚合物。溶液化学反应说明：铝水解产物可与硅酸通过化学成键作用生成铝硅聚合物，即 Al-Na_2SiO_3，而多聚体铝水合物又可以与聚硅酸反应生成结构更复杂的多聚体 Al-Na_2SiO_3。与硅酸钠相比，Al-Na_2SiO_3的结构发生了变化，其溶液组分更加复杂，聚合物胶团相对分子质量更大，物理化学性质也发生了一定程度的变化。

4.4.3.3　Al^{3+}对 Na_2SiO_3 胶粒电位性质的影响

在矿物的浮选中，药剂的电性质对药剂在矿物表面的吸附有着很大的影响，为了对 Na_2SiO_3 和 Al-Na_2SiO_3 在矿物表面的吸附进行研究，需要先对两者的电性质进行表征。测定 100 mg/L 的 Na_2SiO_3 及 Al-Na_2SiO_3 在纯水溶液中的动电位，如图 4-64 所示。结果表明，在 pH 值为 4～12 的范围内，硅酸钠胶粒的动电位为负，且随着 pH 值增加，动电位不断负移，在 pH 值为 8～10 的范围内，动电位在 −20 mV 左右。对于 Al-Na_2SiO_3，其动电位在 pH 值为 4～12 的范围内变化幅度更大，pH<5 时其动电位为正，随着 pH 值的增加，动电位不断负移，在 pH 值为 8～10 的范围内，动电位在−40 mV 左右。

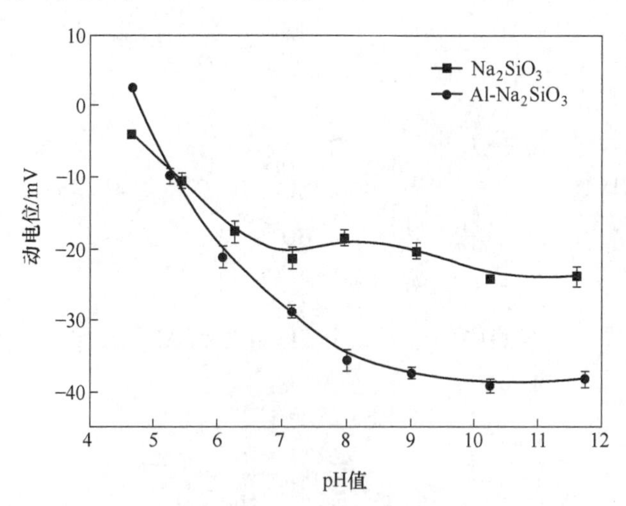

图 4-64　Na_2SiO_3及 Al-Na_2SiO_3 的动电位差异[62]

在 pH 值为 4～12 的范围内 Al-Na_2SiO_3 的电位更负，这可能是由于铝离子与硅酸钠的自组装反应使得硅酸钠聚合成为相对分子质量更大的聚合物，Al-Na_2SiO_3 聚合物的表面羟基基团变多，使得聚合物表面电位更负。另外，由于铝离子在水溶液中的水解，促进了硅酸钠的水解反应，使得溶液中出现了更多的硅酸胶粒，因而整个系统的电位更负。与 Na_2SiO_3 相比，在 pH 值为 8~10 的浮选范围内 Al-Na_2SiO_3 的电位更负，这使得 Al-Na_2SiO_3 在带负电荷的白钨矿表面的吸附变得更加困难，而在方解石等带正电荷的矿物表面的吸附变得更加容易，这将有利于其在方解石表面的吸附，而不利于在白钨矿表面的吸附。

参考文献

[1] 王淀佐，胡岳华．浮选溶液化学［M］．长沙：湖南科学技术出版社，1988.

[2] 齐美超．黑钨矿表面特性与可浮性关系的研究［D］．赣州：江西理工大学，2015.

[3] 张辉．金属离子对黑钨矿浮选行为的影响及作用机理研究［D］．昆明：昆明理工大学，2017.

[4] 罗礼英．黑钨矿螯合类捕收剂的浮选性能评价［D］．赣州：江西理工大学，2013.

[5] 胡文英．组合捕收剂浮选微细粒黑钨矿作用机理与应用研究［D］．赣州：江西理工大学，2013.

[6] 孟庆有，袁致涛，马龙秋，等．油酸钠与微细粒黑钨矿的作用机理［J］．东北大学学报（自然科学版），2018，39（4）：599-603.

[7] MENG Q Y，FENG Q M，OU L M. Flotation behavior and adsorption mechanism of fine wolframite with octyl hydroxamic acid［J］. Journal of Central South University，2016，23（6）：1339-1344.

[8] MENG Q Y，FENG Q M，SHI Q，et al. Studies on interaction mechanism of fine wolframite with octyl hydroxamic acid［J］. Minerals Engineering，2015，79：133-138.

[9] MARINAKIS K I，KELSALL G H. Adsorption of dodecyl sulfate and decyl phosphonate on wolframite，$(Fe,Mn)WO_4$，and their use in the two-liquid flotation of fine wolframite particles［J］. Journal of Colloid & Interface Science，1985，106（2）：517-531.

[10] YUEHUA H，CHI R，XU Z. Solution chemistry study of salt-type mineral flotation systems：Role of inorganic dispersants［J］. Industrial & Engineering Chemistry Research，2003，42（8）：1641-1647.

[11] 胡岳华，邱冠周，徐竞，等. 白钨矿/萤石浮选行为的溶液化学研究［J］. 矿冶，1996，5（1）：28-33，84.

[12] 王若林，韩海生，孙伟，等．含钙矿物表面转化行为及其在浮选中的应用［J］. 金属矿山，2021（6）：52-59.

[13] 曾庆军，林日孝，张先华，等. 东北某白钨矿选矿工艺的研究［J］. 广东有色金属学报，2006，16（3）：164-167.

[14] 秦奇武，胡岳华．半可溶盐类矿物溶液化学行为及其对矿物可浮性的影响［J］. 矿冶工程，1999，19（2）：4.

[15] 邹耀伟．白钨矿/方解石/萤石的合成，表面溶解和药剂吸附性能研究［D］. 赣州：江西理工大学，2016.

[16] YANG Y U，SUN C Y，SHUO-SHI L U. Study of floatability and crystal chemistry analysis of

scheelite and calcium minerals [J]. Journal of China University of Mining & Technology, 2013, 42 (2): 278-283.

[17] 刘红尾. 难处理白钨矿常温浮选新工艺研究 [D]. 长沙: 中南大学, 2010.

[18] 胡岳华, 王淀佐. 烷基胺对盐类矿物捕收性能的溶液化学研究 [J]. 中南矿冶学院学报, 1990, 21 (1): 31-38.

[19] 李仕亮. 阳离子捕收剂浮选分离白钨矿与含钙脉石矿物的试验研究 [D]. 长沙: 中南大学, 2010.

[20] 高玉德, 邱显扬, 冯其明. 苯甲羟肟酸捕收白钨矿浮选溶液化学研究 [J]. 有色金属 (选矿部分), 2003 (4): 28-31.

[21] 程新朝. 钨矿物和含钙矿物分离新方法及药剂作用机理研究 [J]. 国外金属矿选矿, 2000 (7): 16-21.

[22] 孙伟, 唐鸿鹄, 陈臣. 萤石-白钨矿浮选分离体系中硅酸钠的溶液化学行为 [J]. 中国有色金属学报, 2013, 23 (8): 2274-2283.

[23] 张治元, 王博, 傅景海. 矿物表面的相互转化对盐类矿物共存体系浮选的影响 [J]. 金属矿山, 1995 (4): 38-41, 55.

[24] 张治元, 王博. 共存体系中矿物表面的相互转化 [J]. 西部探矿工程, 1994 (6): 9-11.

[25] 肖力平, 陈荩. 盐类矿物的浮选溶液化学 [J]. 中国有色金属学报, 1992 (3): 19-24.

[26] 胡岳华, 王淀佐. 盐类矿物的溶解, 表面性质变化与浮选分离控制设计 [J]. 中南大学学报 (自然科学版), 1992, 23 (3): 273-279.

[27] 张治元, 王博. 盐类矿物浮选中矿物的溶解及转化 [J]. 有色金属科学与工程, 1997, 11 (3): 20-23.

[28] WANG R L, ZHAO W, HAN H S, et al. Fluorite particles as a novel calcite recovery depressant in scheelite flotation using Pb-BHA complexes as collectors [J]. Minerals Engineering, 2019, 132: 84-91.

[29] HAN H S, HU Y H, SUN W, et al. Fatty acid flotation versus BHA flotation of tungsten minerals and their performance in flotation practice [J]. International Journal of Mineral Processing, 2017, 159: 22-29.

[30] HAN H S, LIU W L, HU Y H, et al. A novel flotation scheme: selective flotation of tungsten minerals from calcium minerals using Pb-BHA complexes in Shizhuyuan [J]. Rare Metals, 2017, 36 (6): 533-540.

[31] 胡岳华, 韩海生, 田孟杰, 等. 苯甲羟肟酸铅金属有机配合物在氧化矿浮选中的作用机理及其应用 [J]. 矿产保护与利用, 2018 (1): 42-47, 53.

[32] WANG R L, SUN W J, HAN H S, et al. Fluorite particles as a novel barite depressant in terms of surface transformation [J]. Minerals Engineering, 2021, 166 (6): 106877-106885.

[33] 左倩, 张芹, 邓冰, 等. 3 种调整剂对微细粒赤铁矿分散行为的影响 [J]. 金属矿山, 2011 (2): 3.

[34] 王毓华, 陈兴华, 胡业民. 碳酸钠对细粒铝硅酸盐矿物分散行为的影响 [J]. 中国矿业

大学学报，2007，36（3）：292-297.

[35] 冯博，卢毅屏，翁存建. 碳酸根对蛇纹石/黄铁矿浮选体系的分散作用机理［J］. 中南大学学报（自然科学版），2016，47（4）：1085-1091.

[36] 汤家焰，张少杰，张静茹，等. 碳酸钠对细粒萤石和石英的分散作用机理［J］. 非金属矿，2020，43（6）：17-20，24.

[37] 朱超英，孟庆丰，朱家骥. pH 值调整剂对白钨矿与方解石和萤石分离的影响［J］. 矿冶工程，1990，10（1）：19-23.

[38] 陈臣. 无机阴离子对三种典型含钙盐类矿物浮选行为影响及作用机制［D］. 长沙：中南大学，2011.

[39] MARINAKIS K I，SHERGOLD H L. Influence of sodium silicate addition on the adsorption of oleic acid by fluorite，calcite and barite［J］. International Journal of Mineral Processing，1985，14（3）：177-193.

[40] ZHAO W，HU Y，HAN H，et al. Selective flotation of scheelite from calcite using Al-Na_2SiO_3 polymer as depressant and Pb-BHA complexes as collector［J］. Minerals Engineering，2018，120：29-34.

[41] WEI Z，HU Y Y，HAN H S，et al. Selective flotation of scheelite from calcite using Al-Na_2SiO_3 polymer as de pressant and Pb-BHA complexes as collector［J］. Minerals Engineering，2018，120：29-34.

[42] 胡红喜. 白钨矿与萤石、方解石及石英的浮选分离［D］. 长沙：中南大学，2011.

[43] DONG L Y，JIAO F，QIN W Q，et al. Selective depressive effect of sodium fluorosilicate on calcite during scheelite flotation［J］. Minerals Engineering，2019，131：262-271.

[44] 张汉泉，许鑫，陈官华，等. 六偏磷酸钠在磷矿浮选中的应用及作用机理［J］. 矿产保护与利用，2020，40（6）：58-63.

[45] 冯其明，周清波，张国范，等. 六偏磷酸钠对方解石的抑制机理［J］. 中国有色金属学报，2011，21（2）：436-441.

[46] 王纪镇，印万忠，孙忠梅. 白钨矿与磷灰石浮选的选择性抑制及机理研究［J］. 有色金属工程，2019，9（2）：66-69.

[47] DONG L Y，JIAO F，QIN W Q，et al. New insights into the depressive mechanism of citric acid in the selective flotation of scheelite from fluorite［J］. Minerals Engineering，2021，171：107117-107128.

[48] 姚金，李东，印万忠，等. 柠檬酸在含碳酸盐赤铁矿浮选体系中的分散机理［J］. 东北大学学报（自然科学版），2017，38（5）：720-724.

[49] WEI Z，FU J H，HAN H S，et al. A highly selective reagent scheme for scheelite flotation：Polyaspartic acid and Pb-BHA complexes［J］. Minerals，2020，10（6）：561.

[50] DONG L Y，JIAO F，QIN W Q，et al. New insights into the carboxymethyl cellulose adsorption on scheelite and calcite：adsorption mechanism，AFM imaging and adsorption model［J］. Applied Surface Science，2019，463：105-114.

[51] LÓPEZ-VALDIVIESO A, LOZANO-LEDESMA L A, ROBLEDO-CABRERA A, et al. Carboxymethylcellulose (CMC) as PbS depressant in the processing of Pb-Cu bulk concentrates. Adsorption and floatability studies [J]. Minerals Engineering, 2017, 112: 77-83.
[52] 杨耀辉．白钨矿浮选过程中脂肪酸类捕收剂的混合效应 [D]. 长沙：中南大学，2010.
[53] 江庆梅．混合脂肪酸在白钨矿与萤石、方解石分离中的作用 [D]. 长沙：中南大学，2009.
[54] FA K, NGUYEN A V, MILLER J D. Hydrophobic attraction as revealed by AFM force measurements and molecular dynamics simulation [J]. The Journal of Physical Chemistry B, 2005, 109 (27): 13112-13118.
[55] FA K, NGUYEN A V, MILLER J D. Interaction of calcium dioleate collector colloids with calcite and fluorite surfaces as revealed by AFM force measurements and molecular dynamics simulation [J]. International Journal of Mineral Processing, 2006, 81 (3): 166-177.
[56] FREE M L, MILLER J D. The significance of collector colloid adsorption phenomena in the fluorite/oleate flotation system as revealed by FTIR/IRS and solution chemistry analysis [J]. International Journal of Mineral Processing, 1996, 48 (3): 197-216.
[57] FA K Q, TAO J A, NALASKOWSKI J, et al. Interaction forces between a calcium dioleate sphere and calcite/fluorite surfaces and their significance in flotation [J]. Langmuir, 2003, 19 (25): 10523-10530.
[58] SUN W J, HAN H S, SUN W, et al. Novel insights into the role of colloidal calcium dioleate in the flotation of calcium minerals [J]. Minerals Engineering, 2022, 175: 107274-107282.
[59] 孙文娟，韩海生，胡岳华，等．金属离子配位调控分子组装浮选理论及其研究进展 [J]. 中国有色金属学报，2020, 30 (4): 927-941.
[60] 韩海生．新型金属配合物捕收剂在钨矿浮选中的应用及其作用机理研究 [D]. 长沙：中南大学，2017.
[61] 卫召．Al-SiO_3 胶粒的自组装行为及其在白钨矿与方解石浮选分离中的应用 [D]. 长沙：中南大学，2018.
[62] 卫召，孙伟，韩海生，等．Al-Na_2SiO_3 聚合物抑制剂在白钨矿与方解石浮选分离中的作用机理 [J]. 中国有色金属学报，2020, 30 (12): 3006-3017.
[63] 谢晶曦，常俊标，王绪明．红外光谱在有机化学和药物化学中的应用 [M]. 北京：科学出版社，2001.
[64] 杨南如，岳文海．无机非金属材料图谱手册 [M]. 武汉：武汉工业大学出版社，2000.
[65] 于慧，高宝玉，岳钦艳，等．红外光谱法研究聚硅氯化铝混凝剂的结构特征 [J]. 山东大学学报，1999, 34 (2): 198-201.
[66] 陈文纳，钟惠萍，杨军，等．不同制备工艺聚硅氯化铝的红外光谱和晶貌研究 [J]. 化学研究与应用，2002, 14 (1): 73-75.
[67] 马金霞．改性微粒硅溶胶的研制及应用机理研究 [J]. 南京林业大学学报（自然科学版），2005, 29 (1): 113.

[68] 吕谦. 由硅酸钠制备大粒径硅溶胶颗粒研究 [D]. 济南：山东大学，2017.
[69] 栾兆坤. 铝的水化学反应及其形态组成 [J]. 环境工程学报，1987 (2)：3-12.
[70] 方永浩，冈田能彦. 铝改性硅溶胶胶粒组成与结构关系研究 [J]. 硅酸盐学报，1995，23 (2)：184-189.

5 钨矿浮选药剂

浮选药剂、设备和工艺是浮选技术的“三驾马车”，其中浮选药剂是浮选技术的科学基础和关键，也是浮选过程强化的根本所在。近百年来，在钨矿浮选药剂领域开展了大量研究工作，特别是在提高药剂选择性、强化浮选药剂与矿物表面作用领域，取得了一系列成就，支撑了复杂钨资源的高效开发利用。本章总结了钨矿浮选药剂及其研究进展，详述了钨矿浮选药剂的设计组装原理及其作用机制，以期为新型钨矿浮选药剂的设计与开发提供借鉴。

5.1 钨矿浮选药剂及其分子设计

5.1.1 钨矿浮选捕收剂

钨矿浮选捕收剂种类众多，常见的有阴离子型、阳离子型、两性型和配合物型等。白钨矿浮选捕收剂常用分类见表 5-1。

表 5-1 白钨矿浮选捕收剂常用分类

捕收剂类型	代表性药剂	特 点
阴离子捕收剂	脂肪酸：油酸、油酸钠、氧化石蜡皂、塔尔油等	捕收性强，选择性差
	螯合类：苯甲羟肟酸、辛基羟肟酸、水杨羟肟酸、铜铁灵等	选择性强，捕收性差
	磺酸类：十二烷基硫酸钠、十二烷基苯磺酸钠	捕收性较强，起泡性强
	膦酸类：苯乙烯膦酸	选择性较强，捕收性一般
阳离子捕收剂	伯胺：十二胺；季铵：双十烷基二甲基氯化铵、十二烷基三甲基氯化铵	捕收性强，选择性较强
两性捕收剂	α-苯甲氨基苄基磷酸、氨基甲酸	选择性强，成本较高
配合物捕收剂	Pb-BHA（苯甲羟肟酸铅配合物）	选择性强，捕收性弱

5.1.1.1 阴离子捕收剂

钨矿阴离子捕收剂可分为脂肪酸类、螯合类、磺酸类和膦酸类等，其中以脂肪酸类和螯合类应用最为广泛。脂肪酸类捕收剂成本低，捕收能力强，但选择性差，通常需要辅助大量抑制剂，如水玻璃、六偏磷酸钠等抑制其他脉石矿物。螯合类捕收剂选择性好，但成本高。

A 脂肪酸类捕收剂

脂肪酸类捕收剂是阴离子捕收剂中应用最广的一类钨矿捕收剂，主要包括各种脂肪酸及其皂类，如油酸、油酸钠、亚油酸、亚麻酸、蓖麻油酸、塔尔油、棕榈酸、环烷酸、氧化石蜡皂等。其中，油酸及其钠盐和氧化石蜡皂是常用的脂肪酸类捕收剂。氧化石蜡皂含有长链脂肪酸，能与钨矿表面金属离子生成络合物，可大幅度提高钨矿表面的疏水性，同时也兼备起泡性，且价格低廉，多应用于白钨矿的浮选，黑钨矿则用得较少。另外，氧化石蜡皂以脂肪酸含量多少可分为不同型号，常见的型号为 731 和 733。731 氧化石蜡皂捕收能力和起泡性较强，但选择性较差，通常与粗塔尔油混合使用[1]。733 皂化程度高于 731，选择性好，但价格较 731 贵。

研究表明脂肪酸类捕收剂的主要作用机理是利用羧基与钨矿表面的金属活性位点进行配位，形成捕收剂双层膜或油酸-金属离子沉淀[2]，作用机理如图 5-1 所示。钨矿表面的 Ca^{2+}活性位点为脂肪酸捕收剂的主要作用位点，脂肪酸类捕收剂的羧基与矿物表面 Ca^{2+}作用生成脂肪酸钙沉淀，使白钨矿表面疏水，从而实现对白钨矿的捕收。

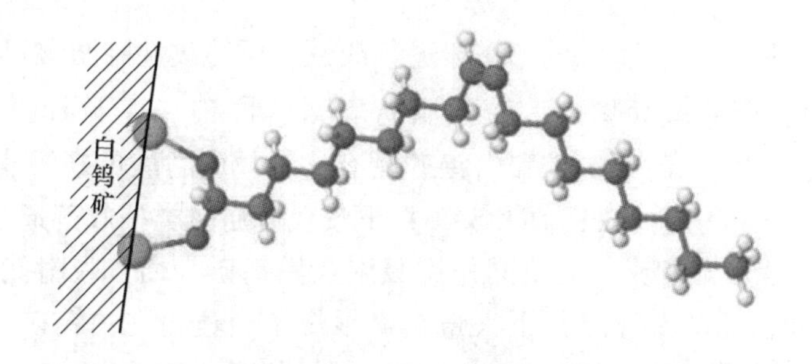

图 5-1 脂肪酸在白钨矿表面的吸附作用机理[3]

尽管脂肪酸类捕收剂都有共同的羧基基团及与矿物作用机理相似，但不同碳链长度和支链数量的脂肪酸类捕收剂对钨矿及其他含钙脉石矿物的作用效果不同。杨耀辉[4]研究了不同链长、支链数量、饱和程度及是否含有羟基对脂肪酸捕收能力的影响（见图 5-2），总结了脂肪酸类捕收剂的“构-效”关系，并筛选出具有优异选择性的脂肪酸用于白钨矿和其他含钙矿物的分离，取得了显著的分离效果，主要研究结论为：（1）单用脂肪酸时，碳链越长和不饱和程度越大，脂肪酸对白钨矿、萤石、方解石的捕收能力越好；（2）脂肪酸引入支链后的浮选效果优于正构烃链脂肪酸；(3) 脂肪酸分子引入羟基浮选效果将变差；(4) 脂肪酸混用时，存在协同作用，混合捕收剂比单用捕收剂对含钙矿物的浮选效果好；（5）先加强捕收剂（油酸）或同时加入两种捕收剂能产生正的协同作用，先加弱捕收剂（月桂酸）不产生协同作用，甚至产生负的协同作用；（6）油酸与月桂酸的混合使用效果较好，表明长、短链相差较大的脂肪酸混合有利于相互促进对含钙矿物的浮选。这一研究结果为脂肪酸类浮选药剂的设计及组装提供了依据。

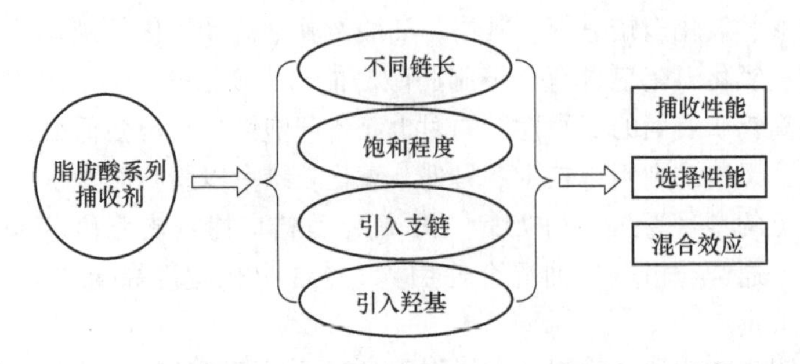

图 5-2　设计不同脂肪酸的基本思路[4]

除了不同脂肪酸之间的混合使用，脂肪酸与其他药剂的混合使用也可改善其浮选效果。因此，近几年来脂肪酸的研究主要集中于对传统脂肪酸的改性以提高其耐低温、耐水硬度等特性，从而提高捕收剂对钨矿的选择性，如 GY 系列、TAB 系列、BK 系列、EA 系列、K 系列等[5]。除此之外，也可通过引入卤素原子，如氯、溴等原子对 $C_{17\sim20}$的脂肪酸进行改性，所得改性脂肪酸可提高白钨矿回收率。以溴代脂肪酸为例[6]，溴代脂肪酸类捕收剂 DHT-1（$C_{13}H_{25}O_2Br$）与 DHT-3（$C_{18}H_{33}O_2Br_3$）对黑钨矿和白钨矿具有比常规脂肪酸更好的捕收能力。其作用机理是，在弱酸条件（pH 值为 5~6）下溴代脂肪酸类捕收剂通过 Br—H⋯O 与羧基（化学键合与氢键）的协同作用吸附在黑钨矿表面，吸附能力更强；在碱性条件（pH 值为 7.5~8.5）下大量氢氧根离子会覆盖在白钨矿钙离子表面，与溴代脂肪酸类捕收剂 Br—H⋯O 键形成氢键，起到“桥梁作用”，对白钨矿表现出良好的捕收性。

B　螯合类捕收剂

螯合类捕收剂是指能够与矿物表面金属离子形成稳定螯合物的表面活性剂，常见的有羟肟酸类和砷酸类捕收剂，如苯甲羟肟酸、水杨羟肟酸、萘羟肟酸、苄基胂酸、甲苯胂酸等，另外，8-羟基喹啉、α-亚硝基-β-萘酚、铜铁试剂等也是较常用的螯合剂。由于胂酸类螯合剂毒性较强，对生态环境影响较大，现阶段该类螯合剂应用较少，主要应用的是毒性较小的其他螯合剂，如 GY 系列（羟肟酸类）、CF 系列（亚硝基苯胲铵盐）等。

羟肟酸类捕收剂是螯合捕收剂的代表性药剂，其具有很强的螯合能力，能与金属离子如 Cu^{2+}、Co^{2+}、Ni^{2+}、Fe^{3+}、Zn^{2+}及稀土金属离子形成稳定的螯合物[7]。但与烷基结构相同的脂肪酸相比，羟肟酸的解离较弱，溶解度较小，因此，羟肟酸一般需要溶解在弱碱性溶液中使用。以苯甲羟肟酸浮选白钨矿为例[8-10]，在 pH 值为 4.7~13.7 区间内，羟肟酸的—CONHOH 基团中的 O 原子可与钨矿表面的金属离子发生较强的螯合作用，形成稳定的“O,O”五元环螯合物结构；羟肟酸同样以“O,O”五元环螯合物形式吸附在黑钨矿表面，但作用的活性质点存在一定争议，一种观点认为黑钨矿表面的主要活性物质是 Mn^{2+}[10]，另一种观点认为黑钨矿表面的 Fe^{2+}能与羟肟酸形成更稳定的产物[11]。

为了提高羟肟酸类捕收剂的捕收性能和选择性，近几年出现了许多新型羟肟酸类药剂，如环己基羟肟酸、酰胺羟肟酸、辛基羟肟酸、癸酸羟肟酸、膦酸羟肟酸、尼泊金羟肟酸、烷基羟肟酸和肉桂羟肟酸等[12]。实际上，羟肟酸的改性大多沿用经典的羟胺法，通过改变原料的成分来合成不同的羟肟酸。以肉桂羟肟酸为例[13]，采用肉桂酸甲酯和羟胺为原料，通过羟胺法即可生成新型羟肟酸-肉桂羟肟酸（CIHA），其制备反应过程如下[13]：

$$\text{C}_6\text{H}_5\text{CH=CHC(=O)OCH}_3 + \text{NH}_2\text{OH}\cdot\text{HCl} + \text{NaOH} \longrightarrow \text{C}_6\text{H}_5\text{CH=CHC(=O)NHOH} \qquad (5\text{-}1)$$

除此之外，酰胺-羟肟酸也是一种比较新颖的螯合剂[14]，如 N-(6-(羟氨基)-6-羰基)苯甲酰胺（NHOB）、N-(6-(羟氨基)-6-羰基)辛酰胺（NHOO）、N-(6-(羟氨基)-6-羰基)癸酰胺（NHOD）和 N-(4-(羟氨基)-4-羰基)辛酰胺(NOBO)等。浮选结果表明，相对于其他几种酰胺-羟肟酸，NHOD 对白钨矿具有更好的捕收性，NHOD 除了通过静电作用吸附到白钨矿表面外，还可能通过形成表面络合物而化学吸附到白钨矿上，并且 NHOD 具备独特的键型和双疏水基团，可以在白钨矿表面形成分子间氢键，这些特征使其成为白钨矿/方解石浮选分离的高效捕收剂。

C 磺酸类捕收剂

磺酸类捕收剂是指具有磺酸基团的一类阴离子表面活性剂，工业应用较少。与脂肪酸类捕收剂相比，磺酸类捕收剂选择性较好且泡沫更丰富，不过捕收能力弱于脂肪酸。烃基磺酸钠是磺酸类捕收剂的代表，如常见的十二烷基磺酸钠。磺酸类捕收剂常用于辅助脂肪酸类捕收剂改善泡沫结构和提高选择性，也可将油酸等脂肪酸采用浓硫酸进行磺化，以提高传统脂肪酸的选择性，其捕收性能与脂肪酸类相似[15]，即磺酸根离子与钨矿表面金属活性位点形成难溶物，使得钨矿表面疏水，进而实现钨矿和脉石矿物的分选。与脂肪酸类捕收剂相比，磺酸类捕收剂捕收能力较低，但由于其与钙等结合能力较弱，因而其抗硬水能力较强。因此，磺酸类捕收剂相较脂肪酸类捕收剂选择性更好，且起泡能力强，必要时也可加入其他捕收能力强的药剂增强其选别效果[16]。除十二烷基磺酸钠外，十二烷基苯磺酸钠及石油磺酸钠等也广泛应用于钨矿浮选。

D 膦酸类捕收剂

膦酸类捕收剂是指具有膦酸基团的一类阴离子表面活性剂，可以通过自身膦酸基团与金属离子形成比较稳定的配合物，选择性好，广泛应用于黑钨矿浮选，例如对-乙苯膦酸、己基膦酸、庚基膦酸、辛基膦酸、苯乙烯膦酸和其他烷基膦酸酯等。膦酸类药剂选择性好，且属于低毒或无毒化工产品，有利于对生态环境的保护。但这类药剂合成工艺较复杂，产品的产率较低，导致成本较高，在大部分情况下难以单独使用，需配合脂肪酸类捕收剂使用[17]。

膦酸类捕收剂能与 Fe^{2+}、Fe^{3+}、Ca^{2+}等生成难溶性盐，对黑钨矿、白钨矿具有良好的捕收能力[18]。如采用苯乙烯膦酸作为黑钨矿捕收剂[19]，对于原矿 WO_3 品位 0.41% 的黑钨矿，通过浮选—重选—浮选工艺可获得 WO_3 品位 53.08%~55.95%和回收率 81.31%~84.77%的黑钨精矿。采用 LP-08（异丙基烷基膦酸）浮选白钨矿[20]，其可选择性地化学吸附在白钨矿表面，而在萤石及石榴石等脉石矿物表面吸附较少，从而实现白钨矿与脉石矿物的良好分离。除此之外，采用 FXL-14（十四烷基亚氨基二次甲基膦酸）浮选黑钨矿[21]，无论采用或者不采用 Pb^{2+}作活化剂，黑钨矿均有较好的浮选效果，表明 FXL-14 对于黑钨矿具有极强的捕收能力。除此之外，烷基膦酸酯也是重要的膦酸类捕收剂，选择性优于常规捕收剂[22-24]。

5.1.1.2 阳离子捕收剂

上述阴离子捕收剂主要通过与钨矿表面金属活性位点作用，从而捕收钨矿物。然而，由于白钨矿（$CaWO_4$）与同为含钙矿物的方解石（$CaCO_3$）及萤石（CaF_2）具有相似的表面结构和溶解性能，白钨矿与其他含钙矿物的浮选分离一直缺乏有效的高选择性的捕收剂。目前，虽然应用最为广泛的是脂肪酸类捕收剂，如油酸、氧化石蜡皂等，但这类捕收剂由于与含钙矿物的作用机理相同，均是通过脂肪酸上的羧基与矿物表面 Ca^{2+}作用产生化学吸附或钙盐沉淀而实现对矿物的捕收，导致脂肪酸类捕收剂对于白钨矿和其他含钙矿物的分选性较差。为了实现白钨矿和其他含钙矿物的良好分选，当采用脂肪酸类捕收剂时，通常需添加大量水玻璃等抑制剂，且钨粗精矿需要采用“彼德洛夫”法进行精选才能获得高品质的钨精矿，但这一工艺能耗高，污染大。因此，开发高选择性的捕收剂，实现白钨矿的常温浮选，是钨矿浮选领域的一个重要课题。

白钨矿等含钙盐类矿物在水溶液中受水偶极及溶质的作用，表面会带电荷。研究表明，由于矿物表面组分溶解不平衡，导致不同矿物表面荷电有所差异，如白钨矿晶格中 WO_4^{2-} 与 Ca^{2+}溶解不平衡，使得白钨矿表面一般荷负电，而萤石表面的 F^-与 Ca^{2+}溶解不平衡，使得萤石表面荷正电[25-28]。另外，Ca^{2+}和 Mg^{2+}可以使白钨矿表面电位正移，而硅酸盐、磷酸盐和多磷酸盐能增大白钨矿表面的电负性，使表面电位负移[28-30]，即通过调控 pH 值及添加外来金属离子活化剂，可以扩大白钨矿与方解石、萤石之间表面电性的差异。因此，根据静电作用原理，在理论上采用阳离子捕收剂实现白钨矿与其他含钙矿物的浮选分离是可行的。

大部分阳离子捕收剂是含氮的有机表面活性剂（胺类化合物），少部分含有磷、硫或硅等，常用于硅酸盐、碳酸盐、磷酸盐、钾盐、金属氧化矿等矿物的分选。作为白钨矿的有效捕收剂，阳离子捕收剂主要是指胺类捕收剂，如脂肪胺和芳香胺等，常见的有十二胺（DDA）、十二烷基三甲基氯化铵及三辛基甲基氯化铵等。脂肪胺最早发现于 1850 年，直到 1920 年才被用作浮选捕收剂，然而由于存在合成成本高、溶解度低、选择性差等缺点，阻碍了其作为阳离子捕收剂的推广及应用。经过几十年的研发，胺类捕收剂的种类由单一的脂肪胺发展到多种胺类，例如醚胺、酰胺、多胺、缩合胺、芳香胺、吗啉及其季铵盐等，并促进了阳离子浮选工艺的发展。这些胺类捕收剂的官能团是带正电的胺基 $R—NH_3^+$，因此胺类捕收剂可以通过静电作用选择性地吸附在荷负电的白钨矿表面，从而实现白钨矿和其他常见含钙脉石矿物的有效分离。

众多胺类捕收剂中，十二胺是最为常见的胺类捕收剂。然而，十二胺不溶于水，在使用之前需将其酸化成盐然后再用水溶解。其中，常用的酸有醋酸、盐酸和硫酸等，以醋酸最为常见。十二胺在白钨矿表面的吸附作用机理如图 5-3 所示，DDA 通过 $R—NH_3^+$ 与矿物表面的 WO_4^{2-} 之间的静电作用吸附形成 $(RNH_3)_2WO_4$，从而增强白钨矿表面的疏水性。一般认为，烷基胺盐在矿物表面的吸附是物理吸附[32]，但十二胺醋酸盐对白钨矿的吸附强度大于对方解石的吸

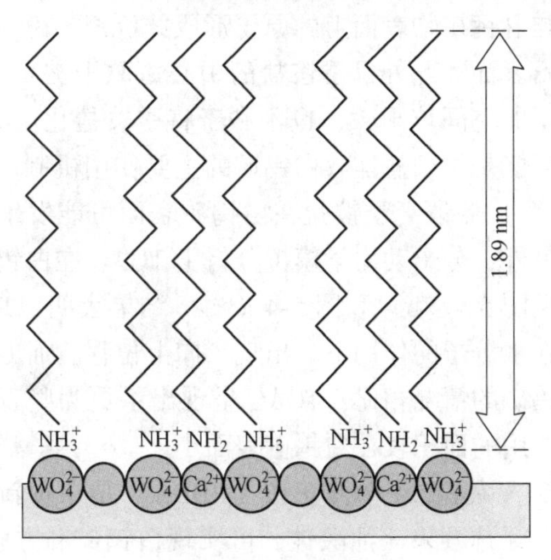

图 5-3 十二胺在白钨矿表面的吸附示意图[31]

附，该吸附差异来自 DDA 的阳离子 RNH_3^+，它容易在钨酸盐位点上吸附，但在碳酸盐位点上的吸附受到限制，进而强化了白钨矿与方解石的浮选分离。

除十二胺外，季铵盐也是研究较多的胺类捕收剂，其为具有 NR_4^+ 结构的带正电的氮化物，即季铵阳离子，其中 R 为烷基或芳基。因此，季铵盐的主要区别在于中心氮上的 4 个取代基，这些取代基的结构差异使其具有不同的浮选性能。另外，伯、仲、叔胺等脂肪胺本身并不带正电荷，只有在溶液中结合了 H^+ 才会带正电荷，因此这三种胺类捕收剂对于溶液 pH 值很敏感。它们只有在弱酸性环境下才表现出很强的活性，而在强碱性及强酸性环境下通常没有捕收能力。而季铵盐无论在酸性、中性还是碱性环境下均呈季铵离子状态，在溶液中的形态不会受 pH 值的影响而发生变化，始终保持着带正电荷的表面活性部分。因此，季铵盐类捕收剂对浮选溶液环境适应性更强，有着更广阔的应用潜力。

双十烷基二甲基氯化铵（DDAC）、三辛基甲基氯化铵（TOAC）和十二烷基三甲基氯化铵（DTAC）是三种典型的季铵类阳离子捕收剂，其结构式如图 5-4（a）所示[33]。它们分别包含 2 个、3 个和 1 个长链烷基取代基，这些结构差异决定了其具有不同的捕收性能。浮选结果表明：DDAC 和 TOAC 对白钨矿的捕收性能和选择性远高于 DTAC；DDAC 的捕收性能略高于 TOAC，但其选择性弱于 TOAC；且与传统捕收剂油酸钠相比，DDAC 和 TOAC 对白钨矿的捕收性能和选择性更优。以 TOAC 作为捕收剂对柿竹园某白钨粗精矿进行常温精选，钨精矿 WO_3 品位为 52.01%，作业回收率为 51.54%，基本实现了白钨矿与含钙脉石矿物的常温浮选分离。在浮选条件下，季铵盐的中心氮原子既不能提供价电子，也不能提供空的轨道与含钙矿物表面上的原子形成共价键，说明季铵盐不会化学吸附在白钨矿和方解石表面。此外，季铵盐的中心氮原子被 4 个烷基取代基包围，与矿物表面相互作用的空间位阻大，也不利于将季铵盐化学吸附在矿物表面上。因此，物理作用很可能是季铵盐捕收白钨矿的主要作用机制。进一步的动电位测试和红外光谱分析[34]也验证了季铵盐在白钨矿表面可能发生了物理吸附，并没有发生化学吸附。另外，分子动力学模拟分析了 TOAC 在白钨矿和方解石常见暴露面的吸附构型，见图 5-4（b）和图 5-4（c）。结果表明：TOAC 分子由初始的紧贴白钨矿表面，在水分子的作用下，出现了向上位移；而方解石在 1.2 ns 体系达到平衡时，与白钨矿的情况相比，TOAC 呈现出了更为竖直的构型；作用基团仍然是头基，但是作用的面积较在白钨矿表面小。

另外，季铵盐双八烷基二甲基溴化铵（BDDA）是一种新型胺类捕收剂[35]，浮选结果表明 BDDA 浮选效果比油酸佳，可实现白钨矿和方解石的选择性分离。同时，机理研究表明 BDDA 也是通过静电作用吸附在白钨矿表面的。

因此，阳离子捕收剂的选择性较好，耐低温能力强，在浮选分离白钨矿与含钙脉石矿物方面表现出了极大的潜力，特别是季铵盐及其衍生物等。但受药剂来

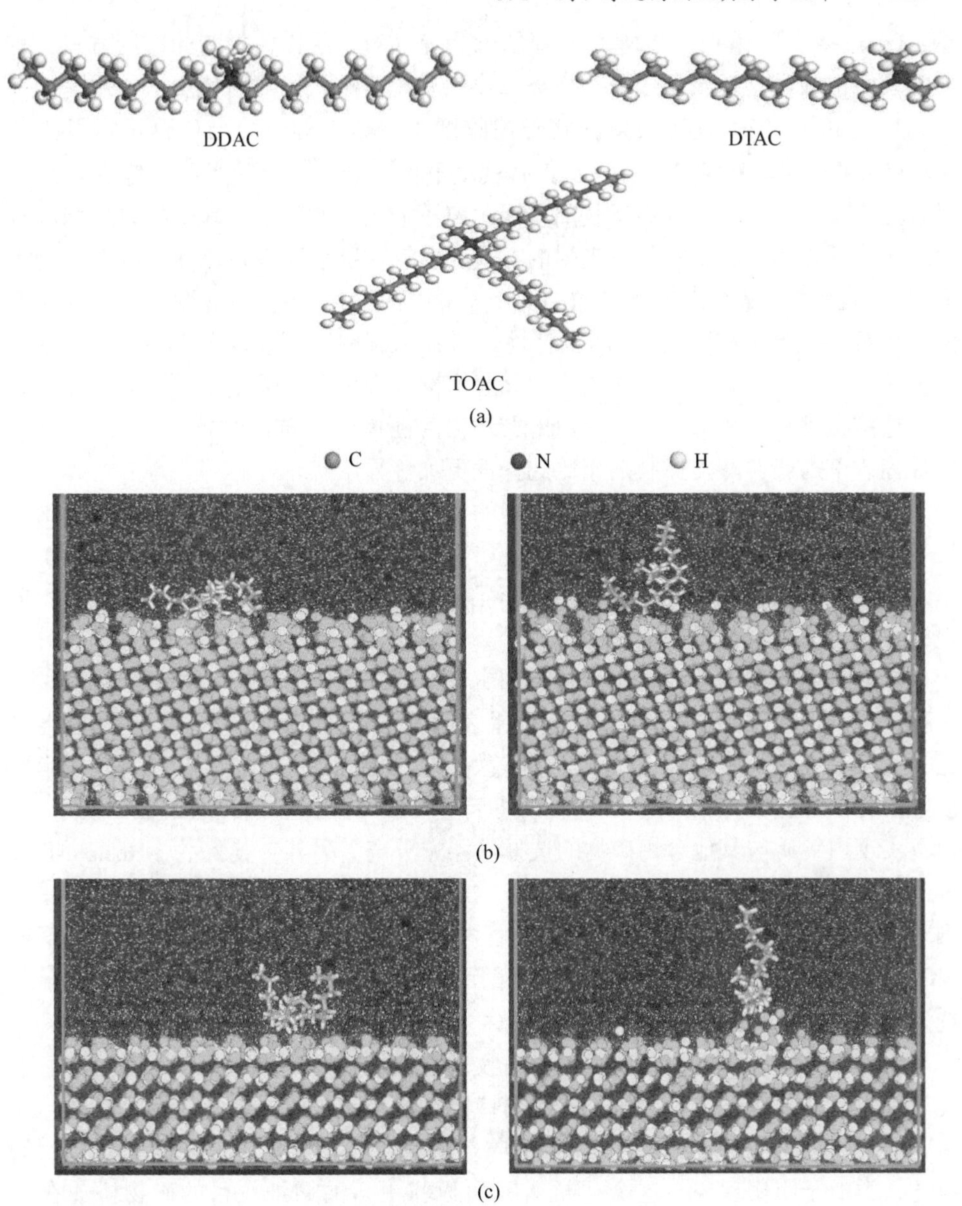

图 5-4 季铵捕收剂阳离子结构（a）、水溶液中 TOAC 在白钨矿（101）面（b）和方解石（104）面（c）的初态（左）及 1.2 ns 时的吸附构型（右）[33]

源、成本等因素限制，其大规模工业化应用问题还有待解决。

5.1.1.3 两性捕收剂

两性捕收剂几乎在整个 pH 值范围内都能使用，对矿浆 pH 值适应性较强。常见的两性捕收剂主要是指氨基酸类，如 α-苯甲氨基苄基膦酸、α-氨基芳基膦酸、β-氨基烷基膦酸、β-氨基烷基亚膦酸酯等。对于两性捕收剂的作用方式，有研究表明，在酸性矿浆条件下，该类捕收剂呈现阳离子捕收剂特点，作用基团为—NH_3^+，而白钨矿表面带负电，此时捕收剂主要依靠静电力与矿物表面发生作用[36]；在矿浆呈碱性时，有研究者通过动电位测定、捕收剂吸附测定和红外光谱表征，发现氨基酸类两性捕收剂呈现阴离子捕收剂的特点，其中的单价捕收剂阴离子为活性结合物，以化学吸附的方式在含钙矿物表面吸附，从而改变矿物表面的亲/疏水性，改善矿物的浮选行为[12]。由于两性捕收剂具有两种电荷，在不同的矿浆 pH 值下呈现不同的离子特性，可在从强酸到强碱较宽的 pH 值范围应用，还可以很好地与许多其他捕收剂和起泡剂配合使用以强化泡沫，改善疏水效果，适应各种矿物的浮选[37]。除此之外，两性捕收剂抗硬水能力较好，因此，两性捕收剂与脂肪酸类捕收剂相比选择性更加优异[16]。

不同两性捕收剂对钨矿及脉石矿物的可浮性影响存在差异。通过考查β-氨基烷基膦酸和β-氨基烷基亚膦酸酯对萤石、重晶石、白钨矿的捕收性能可知，β-氨基烃基膦酸在宽泛的 pH 值范围内对萤石有强的捕收能力，通过调整矿浆 pH 值至碱性，可实现萤石与白钨矿的分离[38]。氨基甲酸和二磷酸等两性捕收剂对白钨矿具有良好的选择性，但作用机理研究不够深入[11]。α-苯甲氨基苄基膦酸是一种新型两性捕收剂[39]，浮选试验结果表明，萤石在 pH 值为 6~10 时可浮性较好，方解石在 pH 值为 8~10 时可浮性较好，而白钨矿在 pH 值为 8 左右时显示出有限的可浮性，因此，采用α-苯甲氨基苄基膦酸两性捕收剂，通过控制矿浆 pH 值可实现白钨矿与其他含钙矿物的选择性浮选分离。另外，美狄兰、HostponT 及 Flotble AM20（N-烷基-茁-氨基丙酸钠）、AM21（油酸氨基磺酸钠）等两性捕收剂对黑钨矿具有选择捕收能力[40]。尽管两性捕收剂具有优异的性能，但要获得 WO_3 品位 65%以上的高品位钨精矿，精选过程仍需借鉴“彼德洛夫”法加温浮选工艺[41]。

相比于单一的阴离子或者阳离子捕收剂，两性捕收剂在不同的矿浆 pH 值下会呈现不同的阴离子或者阳离子捕收剂特性，这有助于捕收更多的目的矿物，而中间的疏水段类似于“桥梁”。两性捕收剂的这个特性有助于改善微细粒矿物的浮选，类似于团聚现象，这个“桥梁”可以将更多的微细粒目的矿物桥连在一起，从而形成较大表观粒径的疏水颗粒。不过需要注意的是，由于在不同 pH 值下才能呈现出两性的特性，因此，捕收更多目的矿物就需调整到酸碱不同的 pH 值，此时要考虑已吸附在目的矿物表面的官能团解吸的可能。另外，很多两性捕收剂具有较强的起泡性，因此，新型两性捕收剂的设计和组装，除了设计两端的两性官能团及中间的疏水链，其起泡性质也需重视，否则在实际应用过程中，两性捕收剂的用量将大幅降低，这将弱化两性捕收剂与目的矿物的吸附。为此，可以通过优化合成途径及与其他药剂（包括其他类型捕收剂、起泡剂和消泡剂等）

之间相互组合使用提升两性捕收剂的应用范围和选择性捕收能力。

5.1.2 钨矿浮选调整剂

钨矿浮选过程是一个复杂体系，分选难度大，往往通过一系列调整剂调控实现钨矿与脉石矿物可浮性差异，从而实现高效浮选分离。钨矿浮选调整剂主要包括 pH 值调整剂、抑制剂、分散剂和活化剂等。

5.1.2.1 钨矿浮选 pH 值调整剂

在浮选过程中，矿浆 pH 值具有十分重要的意义，各种矿物只有在各自适宜的 pH 值条件下才能有效地浮选。矿物浮选的最佳 pH 值不仅仅取决于矿物的界面性质，同时取决于浮选药剂制度等条件，即同一种药剂，不同的矿物对应的最佳浮选 pH 值不一定相同，不同药剂浮选同一种矿物，最佳浮选 pH 值也不一定相同。因此，矿浆 pH 值是控制浮选过程的最重要的参数之一。黑钨矿、白钨矿一般在碱性条件下浮选，常见的 pH 值调整剂主要是无机类，如氢氧化钠（NaOH）、硅酸钠（Na_2SiO_3）、碳酸钠（Na_2CO_3）和氧化钙（CaO）等[42-43]。

白钨矿浮选实践中，碳酸钠既可以消除矿浆中难免离子的影响，又可调节矿浆 pH 值，应用最为普遍。在方解石含量较多的矽卡岩型白钨矿的浮选中，常选用 Na_2CO_3 作为 pH 值调整剂；在需要更高浮选 pH 值的作业中，一般先使用碳酸钠调节至弱碱性，然后再用氢氧化钠调至强碱性。除此之外，碳酸钠另一个特性是它可以保持矿浆 pH 值在一个比较稳定的区间内，因为它是一种强碱弱酸盐，电离和水解反应过程如下所示：

电离式：
$$Na_2CO_3 = 2Na^+ + CO_3^{2-} \tag{5-2}$$

水解式：
$$CO_3^{2-} + H_2O \rightleftharpoons HCO_3^- + OH^- \qquad K_1 = 2.26 \times 10^{-4} \tag{5-3}$$

$$HCO_3^- + H_2O \rightleftharpoons H_2CO_3 + OH^- \qquad K_2 = 2.95 \times 10^{-8} \tag{5-4}$$

式中，K_1，K_2 为第一步和第二步反应的水解常数。

由上述反应式可知，水解后得到 OH^-、HCO_3^- 和 CO_3^{2-} 等离子，外来少量的 H^+或 OH^-，对矿浆 pH 值并没有多大影响，所以用碳酸钠调节的 pH 值比较稳定，它可使矿浆的 pH 值保持在 8~10 之间，有利于对浮选 pH 值要求比较苛刻的矿物浮选分离。也有观点[44]认为使用碳酸钠调矿浆 pH 值时，矿浆中的 CO_3^{2-} 与 Ca^{2+} 生成 $CaCO_3$ 覆盖于白钨矿表面，白钨矿对 CO_3^{2-} 是特征吸附，CO_3^{2-} 与 SiO_3^{2-} 之间存在竞争吸附，因此 CO_3^{2-} 的存在降低了 SiO_3^{2-} 在白钨矿表面的吸附，进而改善了白钨矿的可浮性。

碳酸钠除了作为 pH 值调整剂外，它对不同含钙矿物也具有不同的抑制能力，抑制能力大小依次为萤石>方解石>含钙硅酸盐>白钨矿和磷灰石[45]。因此，碳酸钠的作用不仅限于沉淀或限制矿浆中的钙和镁离子、缓冲 pH 值及改善矿物浮选性能，而且还对含钙矿物，特别是方解石具有选择性抑制作用。然而对于需要较高碱度才可以浮选的矿石，碳酸钠无法将矿浆 pH 值调至足够高，这种情况下氢氧化钠的效果更好。在高萤石、低方解石的白钨矿浮选中，常选用氢氧化钠作为 pH 值调整剂。国内外钨矿浮选实践证明，对于含可溶性或微溶性矿物较多的矿石，采用碳酸钠作矿浆 pH 值调整剂较佳，反之可用氢氧化钠[46]。

5.1.2.2　钨矿浮选抑制剂

钨矿浮选抑制剂种类众多，可分为无机抑制剂和有机抑制剂[3]。其中无机抑制剂主要包括水玻璃、磷酸钠、氟硅酸钠等，有机抑制剂主要有羧甲基纤维素、柠檬酸和多聚羧酸等。其中，廉价的无机抑制剂应用较为广泛。

A　无机抑制剂

水玻璃是白钨矿浮选实践中应用最为广泛的抑制剂。硅酸钠的水溶液俗称水玻璃，是一种高浓度强碱性的黏稠水溶液。它是采用石英砂与纯碱高温熔融得到，颜色呈淡黄色或青灰色。硅酸钠型的水玻璃用 $Na_2O \cdot mSiO_2$ 表示，其中 m 称为水玻璃的模数，通常以 $m=3$ 划分水玻璃的酸碱性，$m<3$ 时为碱性，而 $m \geqslant 3$ 时为中性。硅酸钠属于强碱弱酸盐，在水溶液中会发生一系列的水解和电离反应，生成各种组分的水解产物，硅酸钠在不同 pH 值条件下的溶液组分分布如图 5-5 所示。

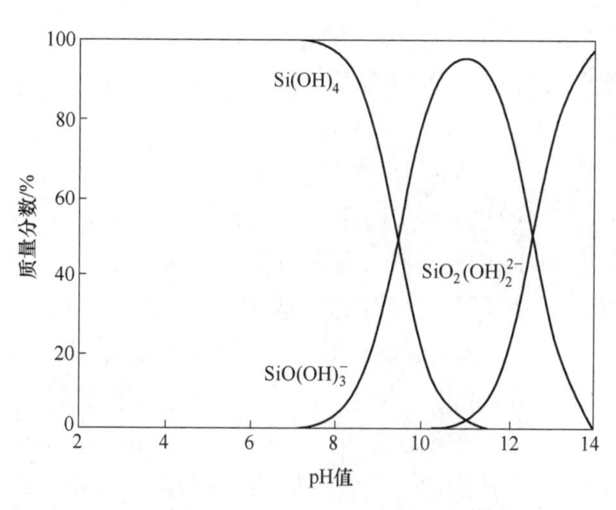

图 5-5　硅酸钠在不同 pH 值条件下的溶液组分分布[47]

水玻璃对含钙脉石矿物及硅酸盐矿物抑制作用较强，在白钨矿的常温浮选中效果显著。水玻璃对方解石和萤石等含钙脉石矿物的捕收剂膜具有很强的解吸能力，而对白钨矿表面的捕收剂几乎不影响，从而可以实现白钨矿与脉石矿物的高效浮选分离。硅酸根离子在方解石表面的吸附比油酸根离子更容易，这表明使用水玻璃作为抑制剂可以将方解石和白钨矿分离，因此当白钨矿矿石组成类型较为简单时，单一水玻璃就可以取得满意的分选指标。当矿物组成复杂时，单一水玻璃的选择性往往较差，在抑制方解石和萤石等脉石矿物的同时，对白钨矿也产生了一定程度的影响，制约了白钨矿回收率的提高[48-49]。

除水玻璃外，磷酸盐类抑制剂和氟硅酸钠对于硅酸盐和一些含钙矿物具有较强的抑制能力，因此在白钨矿浮选实践中也有应用。磷酸盐在溶液中会电离和水解形成一系列磷酸根离子，这些阴离子会与方解石表面 Ca^{2+} 反应发生吸附生成 $Ca_3(PO_4)_2$，从而使方解石表面强烈亲水而受到抑制[50]。氟硅酸钠对于石英、长石等硅酸盐矿物也具有选择性抑制作用[51]。需要注意的是，氟硅酸钠属于难溶于水的化合物，使用时需要稀释为极低浓度或在磨矿环节与矿物直接作用来加强吸附效果。六偏磷酸钠 $(NaPO_3)_6$ 在水中电离，阴离子可以与矿物表面的 Ca^{2+}形成络合物[52]，继而转化成可溶性络合物，从而达到抑制方解石或萤石的目的。同时矿物表面的油酸钙分子可以溶于六偏磷酸钠，产生可溶性钙络合物转入液相，解吸含钙矿物表面的捕收剂而达到抑制的目的。与水玻璃相比，六偏磷酸钠的吸附使方解石动电位向负值方向的偏移量更大，从而减少了阴离子型捕收剂在方解石表面的吸附，进而降低了方解石可浮性。需要注意的是，六偏磷酸钠用量与矿浆 pH 值对白钨矿及其他脉石矿物的可浮性影响较大[53]，浮选分离最佳 pH 值在 10 左右，当六偏磷酸钠用量大于 20 mg/L 时可抑制萤石的浮选，大于 80 mg/L 时可抑制方解石的浮选。

B 有机抑制剂

目前在工业应用方面，水玻璃及改性水玻璃依然是应用最多、抑制效果最好的抑制剂，而有机抑制剂的应用较少。但是，水玻璃在大量使用时会造成矿浆沉降困难，导致废水的循环回用效率较低。而有机抑制剂由于来源广、种类多，近年来在白钨矿浮选中的研究越来越多，无毒无污染的环境友好型有机抑制剂的开发已经成为白钨矿浮选抑制剂重要的研究方向。

白钨矿浮选的有机抑制剂按照相对分子质量可分为小分子和大分子抑制剂两大类，小分子抑制剂主要包括草酸、柠檬酸、乳酸等，大分子抑制剂主要有淀粉类、纤维素类、单宁类、聚糖类、EDTA（乙二胺四乙酸）等。有机抑制剂的分子一般都含有两个以上的极性基，这些极性基具有很高的活性，在矿物表面的吸附使矿物表面强烈地亲水从而被抑制。根据与矿物表面作用时官能团的不同，可以将抑制剂分为羧基类、磺酸基/硫酸基类、羟基类和磷酸类等，其中羧基类主要有聚天冬氨酸、腐植酸钠、海藻酸钠、黄原胶、羧甲基纤维素和柠檬酸等[54-58]，磺酸基/硫酸基类主要有木质素磺酸钙和葡聚糖硫酸钠等[59-60]，羟基类主要有单宁酸和葡萄糖等[61]，磷酸类主要是植酸等[62]。

对于小分子有机抑制剂，柠檬酸是典型代表，它是一种天然酸，在很多动植物体内均存在，常用作防腐剂、食品添加剂等，是一类对环境友好的药剂。柠檬酸的分子结构含有 3 个羧基和 1 个羟基，因此易溶于水且具有较强的酸度，极易与钙离子螯合。胡岳华等人[63]将柠檬酸作为萤石抑制剂，F305 为白钨矿捕收剂，在 pH 值为 6~12 时，柠檬酸可以强烈地抑制萤石的浮选，但对白钨矿浮选基本无影响；人工混合矿浮选试验表明，采用柠檬酸可以获得 WO_3 品位 65.2%、回收率 88.3%的白钨精矿。另外，针对湖南柿竹园公司多金属选矿厂的黑白钨矿（WO_3 0.40%，CaF_2 16.46%），采用该药剂体系，一段粗选即可获得 WO_3 品位 3.24%、回收率 88.45%的白钨粗精矿，进一步证实了柠檬酸对萤石的选择性抑制能力；动电位测定表明，柠檬酸在萤石表面吸附较多，但在白钨矿表面吸附较少；进一步的溶液化学计算表明，在萤石表面反应生成柠檬酸钙的吉布斯自由能为负，而在白钨矿表面为正，说明柠檬酸与萤石表面的钙离子可以自发反应，但在白钨矿表面难以反应。

对于大分子有机抑制剂，常见的有聚羧酸、天然胶、羧甲基纤维素（CMC）、腐植酸及其钠盐等。以下简要分析这些大分子有机抑制剂对钨矿及脉石矿物浮选行为的影响。

聚羧酸是环境友好型药剂的代表，它拥有多个羧酸官能团，能够与金属离子螯合，是良好的阻垢剂，常用于工业水处理中，具有绿色高效的特性。因此，基于聚羧酸分子结构和良好的钙螯合能力，其具备作为含钙矿物抑制剂的潜力。聚天冬氨酸（PASP）、聚丙烯酸（PAA）、聚马来酸（HPMA）、聚环氧琥珀酸（PESA）是四种常见的聚羧酸。油酸钠作捕收剂时，浮选试验结果表明：除 PESA 外，PAA、PASP 和 HPMA 在一定条件下均可以实现白钨矿与萤石、方解石的浮选分离，其中以 PASP 的选择性抑制效果最佳[54]；与传统水玻璃类抑制剂相比，PASP 具有环保高效、用量小、选择性好等特点。吸附机理研究表明：与聚羧酸抑制剂作用后，三种含钙矿物表面电位均发生负移，表明抑制剂在其表面发生了吸附；之后与油酸钠作用，萤石和方解石表面电位基本不变，白钨矿表面电位继续负移，表明抑制剂的吸附阻碍了捕收剂油酸钠在萤石和方解石表面的吸附，但对油酸钠在白钨矿表面的吸附几乎没有影响。进一步的分析表明，聚羧酸在萤石和方解石表面发生了较强的化学吸附，在白钨矿表面吸附相对较弱。

除了聚羧酸外，含有羧酸和膦酸基团的有机羧酸类药剂也是重要的阻垢剂，也具有良好的钙螯合能力。膦酰基丁烷三羧酸（PBTCA）可以选择性地吸附在方解石表面，阻碍后续油酸钠的吸附，从而使方解石被较好地抑制。而在白钨矿表面吸附较少，对后续油酸钠的吸附和白钨矿的可浮性影响较小，从而实现白钨矿和方解石的选择性分离，但用量不宜过大，否则白钨矿也会被抑制[64]。

另外，天然胶也是重要的大分子抑制剂，它属于聚糖类大分子药剂，具有高度的稳定性、安全性，而且易于改性，同时在浮选中具有调整细粒矿物的絮凝和分散的功能。这使得天然胶在选矿中显示出广阔的应用前景，尤其对于矿物工程界面临的细粒乃至微细粒选矿难题的解决有着很大的意义。浮选试验结果表明，阿拉伯胶、瓜尔胶、黄原胶对白钨矿等含钙矿物均有抑制作用[65]。在以油酸钠为捕收剂时，随着天然胶用量的增加，白钨矿的回收率大幅下降，而方解石和萤石的回收率下降缓慢，表明天然胶对白钨矿抑制作用更强。另外，水玻璃与天然胶的组合使用可以提高天然胶对白钨矿和萤石的选择抑制性；金属离子对黄原胶抑制方解石有较好的助抑效果；搅拌时间对天然胶的抑制作用影响不大。人工混合矿的浮选试验结果表明，天然胶对白钨矿与方解石有较好的分离效果，对萤石与方解石的分离效果不好。机理研究表明，不同天然胶在含钙矿物表面的吸附方式不同，阿拉伯胶和黄原胶在矿物表面的吸附主要是静电力、氢键等物理作用和化学作用，而瓜尔胶主要表现为氢键吸附。天然胶分子结构与性能的计算表明，天然胶的支链结构、羟基基团、相对分子质量对天然胶的抑制性有很大影响。

羧甲基纤维素（CMC）、腐植酸及其钠盐也是浮选中应用较广泛的一类高分子有机抑制剂。有研究者发现羧甲基纤维素在 pH 值为 7.5~9.5 时，对方解石和萤石的抑制效果十分明显，在较好的用量及 pH 值条件下羧甲基纤维素可有效抑制白钨矿中的萤石及方解石[53]。其抑制机理是羧基和矿物表面 Ca^{2+} 结合，同时，没有发生作用的极性基团起到了亲水的作用[66]。腐植酸是一种广泛存在于土壤及煤系矿物中的天然高分子聚电解质，易形成胶体分散于溶液中。由芳环和脂环组成其基本结构，存在的活性官能团主要为羧基、羟基、羰基、醌基、甲氧基等，作为一种天然金属螯合剂，与钙、镁离子络合后形成不溶性化合物。浮选过程中加入腐植酸类抑制剂，可显著降低萤石和方解石的溶解度，减少捕收剂对 Ca^{2+} 的吸附量，以达到选择性抑制含钙脉石、高效回收白钨矿的目的[67]。

对于其他有机抑制剂，不同的官能团对钨矿及脉石矿物的抑制能力存在差异。有研究表明：采用 731 氧化石蜡皂为捕收剂，无论采用栲胶还是柠檬酸抑制剂，最适宜白钨矿与方解石、萤石分离的矿浆 pH 值均为 10 左右。其中，栲胶对方解石的抑制能力最强，因此，当与白钨矿共存的含钙脉石仅为方解石时，栲胶是分选白钨矿的有效抑制剂；柠檬酸对萤石的抑制能力最强，强于苹果酸、没食子酸等，因此，当与白钨矿共存的含钙脉石仅为萤石时，柠檬酸是分选白钨矿的有效抑制剂[68]。除此之外，在白钨矿和方解石浮选中[69]，采用油酸钠作捕收剂时，羧化壳聚糖、壳聚糖、黄原胶、黄薯树胶、木质素磺酸钙、海藻酸钠对方解石具有较好的选择性抑制效果；而羧甲基淀粉钠、甲基纤维素、果胶可以抑制方解石但也会抑制白钨矿，选择性较差，其中羧甲基淀粉钠对方解石的抑制效果要弱于白钨矿；刺槐豆胶和羟乙基纤维素对方解石抑制效果不显著；混合矿试验和实际矿石试验证实羧化壳聚糖、壳聚糖、木质素磺酸钙、海藻酸钠、黄薯树胶五种高分子抑制剂能够在白钨矿浮选过程中作为方解石脉石抑制剂发挥效果。

对于这些有机抑制剂在矿物表面的吸附机理，普遍认为是有机抑制剂含氧官能团中的氧原子和矿物表面钙质点的结合，此外还可能包括与矿物表面的氢键作用等[56,70]。由图 5-6 吸附模型可知，有机抑制剂的官能团主要通过氧原子与矿物表面的钙质点进行键合，并和矿物表面的氧原子形成一些氢键。有机抑制剂在白钨矿和脉石矿物表面的吸附具有选择性，研究表明，有机抑制剂更倾向于在方解石和萤石等脉石矿物表面吸附，而在白钨矿表面的吸附较少。有机抑制剂的这种选择性吸附与矿物表面钙质点密度和表面电性有很大关系。方解石和萤石表面钙质点密度比白钨矿高，有利于有机抑制剂在其表面的吸附；方解石和萤石表面在 pH 值为 8~11 的碱性环境下往往带正电，而白钨矿带负电，这使得在溶液中带负电荷的有机抑制剂更容易吸附在方解石和萤石表面。

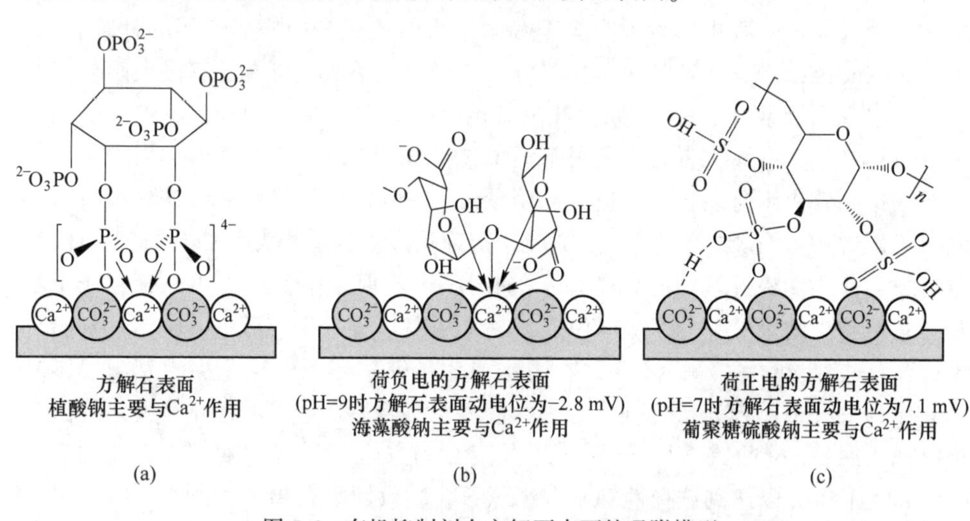

图 5-6　有机抑制剂在方解石表面的吸附模型

(a) 植酸钠[62]；(b) 海藻酸钠[56]；(c) 葡聚糖硫酸钠[60]

5.1.2.3　钨矿浮选分散剂

一般来说，能够分散细粒或微细粒悬浮体的药剂都是分散剂。分散剂一般分为无机分散剂和有机分散剂两大类。白钨矿和黑钨矿浮选中常用的无机分散剂有水玻璃、碳酸钠、六偏磷酸钠等，常用的有机分散剂有羧甲基纤维素、单宁酸等。

水玻璃（Na_2SiO_3）对矿泥有分散作用，通过添加水玻璃可以减弱矿泥对浮选的有害影响，但用量不宜过大。白钨矿浮选时，广泛使用水玻璃作抑制剂，同时也常用它作矿泥分散剂。其作用机理主要是水玻璃解离出的胶态硅酸、$HSiO_3^-$及 SiO_3^{2-} 在矿泥表面吸附后，形成了一层强亲水性且带负电荷的“抗凝聚”覆盖物，它增强了矿泥表面水化层的强度和亲水性，更重要的是大大提高了矿泥表面负电位的绝对值，增强了微细矿粒间同性电荷的静电排斥力，使它们难于相互接近。水玻璃也常与氢氧化钠联合使用，以使微细矿粒群达到最佳分散状态。

碳酸钠是黑白钨矿浮选中广泛使用的 pH 值调整剂，其调节的 pH 值范围为 8~10，同时它对细泥也有一定的分散作用。因此，当浮选过程要求的 pH 值不高，且要求分散细泥时，采用 Na_2CO_3 作调整剂可兼具这两种作用。有时为了加强其分散作用，也常将少量的水玻璃和碳酸钠联合使用。有学者发现将 Na_2SiO_3 和 Na_2CO_3 组合使用可以提高对萤石和磷灰石的选择性抑制能力[71]。

5.1.2.4 *钨矿浮选活化剂*

活化剂通常指可以活化目的矿物的金属离子，如 Cu^{2+}、Fe^{2+}、Pb^{2+}、Ca^{2+} 等。在钨矿浮选中，不论采用螯合剂如苯甲羟肟酸，还是常规脂肪酸捕收剂如油酸钠，Pb^{2+}都是钨矿浮选中最常见也是相对最有效的活化剂[5]。传统的活化理论认为，采用硝酸铅作活化剂时，溶液中硝酸铅会在不同 pH 值下水解生成具有活性成分的 Pb^{2+}、$Pb(OH)^+$和 $Pb(OH)_2$ 等，这些有效成分可选择性地吸附于钨矿物表面，然后螯合剂或脂肪酸再与这些活性成分作用，从而实现钨矿物与脉石矿物的选择性分离。

5.2 钨矿浮选药剂的协同效应与界面组装

近年来，国内外科研院所围绕浮选药剂的设计与开发开展了大量研究工作。组装药剂比单一药剂具有更好的表面活性和协同作用。通过不同的药剂复配，可以将不同药剂的选择性与活性互补，发挥协同效果，使药剂的矿浆环境适应性更好、耗量更低、捕收能力更强[72]。在经典混合用药的基础上，国内外科研工作者对组合药剂及其协同作用机制进行了深入的研究，发展了浮选药剂的界面分子组装理论，包括：阴阳离子捕收剂组装、同类型离子捕收剂组装、阴离子与中性分子组装、阴离子与大分子组装及金属离子配位调控分子组装等[73-75]，支撑开发了一系列新型浮选药剂，在钨矿浮选中得到了广泛应用。

5.2.1 阴-阴离子捕收剂协同效应

阴离子捕收剂主要通过阴离子官能团，如羧基、磺酸基和膦酸基等与钨矿物表面的 Ca、Fe 和 Mn 等活性位点作用形成单配位、双配位和桥环配位等配位化合物[76]，然后通过自身不同的疏水碳链使钨矿物表面疏水。对于复杂钨资源，采用羧酸类、磺酸类、羟肟酸及螯合类等单一阴离子捕收剂往往难以实现钨矿和脉石矿物（萤石、方解石、重晶石等）的有效分离。不同结构的阴离子捕收剂的协同组装能够提高阴离子捕收剂的性能，弥补单一类型药剂活性或选择性的缺陷，如图 5-7 所示。

油酸类阴离子捕收剂具有较长的碳链结构，与金属离子，尤其是 Ca^{2+}、Mg^{2+} 有很强的结合能力，导致其不耐低温和对硬水的适应性差。而油酸钠与不同烃基

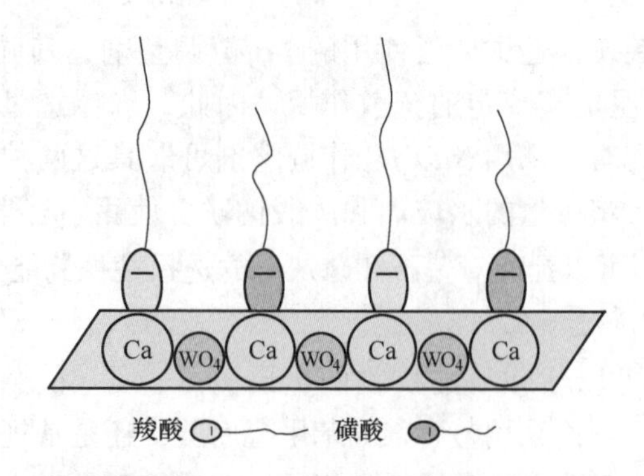

图 5-7　阴-阴离子组装捕收剂在白钨矿表面的协同作用机理模型

脂肪酸钠组合使用后，白钨矿与萤石的可浮性普遍变好，而方解石的可浮性普遍变差，其中效果较好的是油酸钠与月桂酸钠、硬脂酸钠的组合。江庆梅等人[77]组合使用油酸钠及其同系物月桂酸钠、硬脂酸钠等浮选分离白钨矿与方解石、萤石，试验结果如图 5-8 所示。由图 5-9 可知，油酸钠与正辛酸钠组合使用，当药

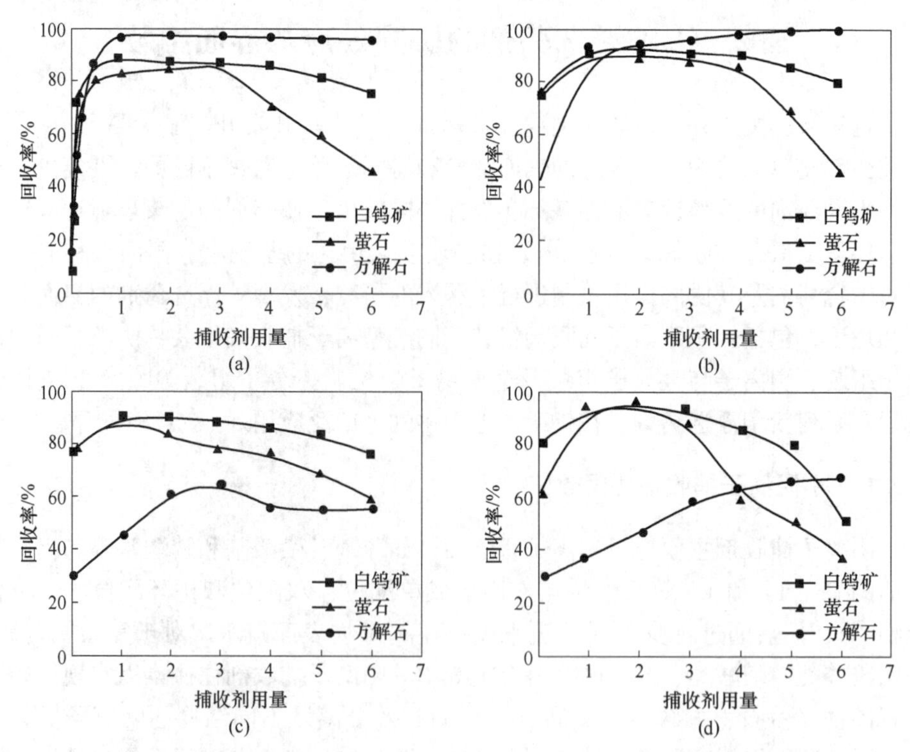

图 5-8　捕收剂用量对矿物可浮性的影响[77]

（a）油酸钠；（b）油酸钠+正辛酸钠；（c）油酸钠+月桂酸钠；（d）油酸钠+硬脂酸钠

（横坐标捕收剂用量的数值表示 8.22×10^{-5} mol/L 的倍数）

剂用量小于 8.22×10^{-6} mol/L 时，方解石的可浮性较差；油酸钠与月桂酸钠、硬脂酸钠组合使用后，同样的药剂用量下，白钨矿的可浮性优于萤石和方解石；同样 pH 值与药剂用量条件下，如果白钨矿与萤石达到同样的回收率，组合药剂的用量比油酸钠的低。这一结果表明油酸钠与同系脂肪酸盐之间存在一定的正向协同作用。

羟肟酸是一种对金属离子具有高效选择性的表面活性剂，具有一定的捕收能力和良好的选择性。而油酸钠与羟肟酸类表面活性剂组装复配，捕收能力明显改善，选择性显著提高。黄建平[78]考察了环己甲基羟肟酸（CHA）、对叔丁基苯甲羟肟酸（THA）、苯甲羟肟酸（BHA）、水杨羟肟酸（SHA）、辛基羟肟酸（OHA）对白钨矿、黑钨矿浮选行为的影响，结果表明环己甲基羟肟酸比水杨羟肟酸、苯甲羟肟酸等对白钨矿、黑钨矿具有更强的捕收能力，五种羟肟酸对白钨矿、黑钨矿捕收性能强弱顺序为：环己甲基羟肟酸>对叔丁基苯甲羟肟酸>辛基羟肟酸>水杨羟肟酸>苯甲羟肟酸。进而以苯甲羟肟酸和环己甲基羟肟酸为代表考察了羟肟酸与油酸钠混合捕收剂的浮选性能。如图 5-9 和图 5-10 所示，在捕收

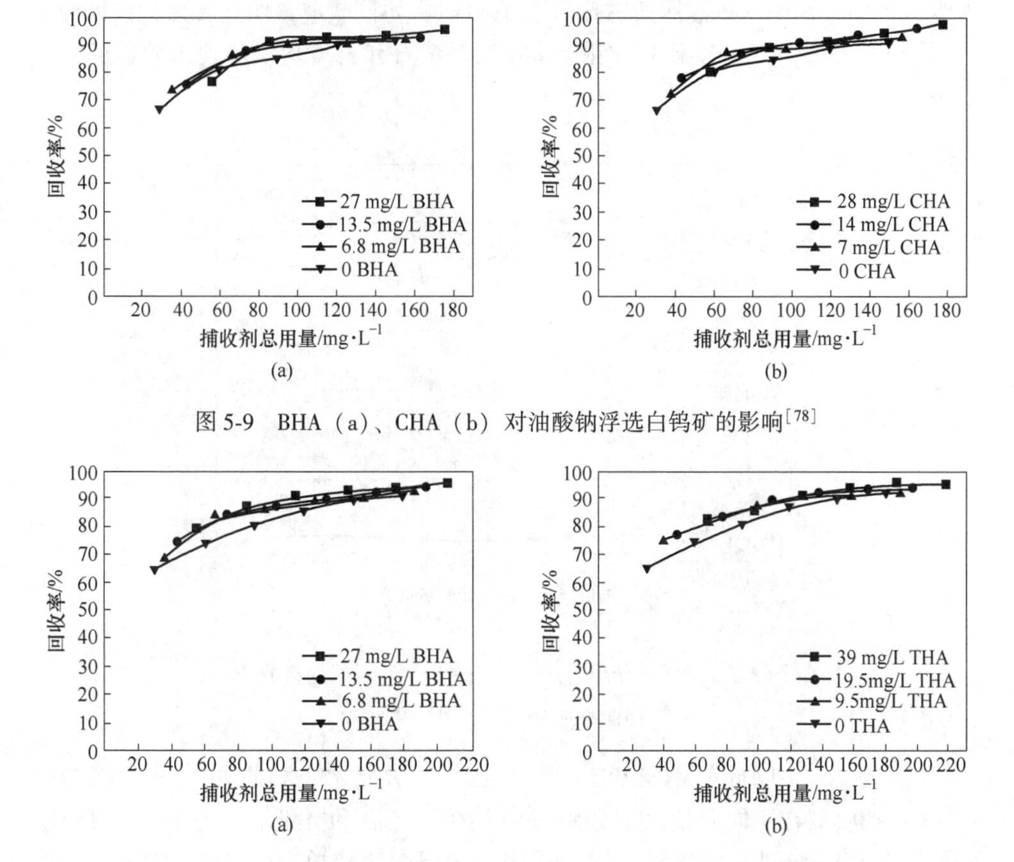

图 5-9 BHA（a）、CHA（b）对油酸钠浮选白钨矿的影响[78]

图 5-10 BHA（a）、THA（b）对油酸钠浮选黑钨矿的影响[78]

剂总用量相同时，与单用油酸钠相比，羟肟酸类捕收剂的加入显著提高了钨矿的浮选回收率。机理分析表明，油酸钠或者羟肟酸优先吸附在钨矿表面后可能改变了钨矿表面的物理化学性质，促使捕收剂二次吸附；或者是羟肟酸与油酸钠缔合发生共吸附，产生正协同作用，提高了白钨矿、黑钨矿的浮选回收率。

胡文英[72]研究了脂肪酸捕收剂 731 分别与苯甲羟肟酸和水杨醛肟组合对黑钨矿、萤石和石英可浮性的影响，如图 5-11 和图 5-12 所示。单用 731 和苯甲羟肟酸时，黑钨矿的回收率分别为 69. 38%和 75. 60%；当组合捕收剂中苯甲羟肟酸分别占 20%、30%和 40%时，黑钨矿回收率均高于 69. 38%，组合捕收剂以 731 为主时，对黑钨矿浮选存在协同效应，其中当组合捕收剂中苯甲羟肟酸所占比例为 30%，即 731 与苯甲羟肟酸的用量比为 7 : 3 时，协同效应最明显，黑钨矿回收率达到了 79. 35%；各组合配比的组合捕收剂组合前后对萤石和石英的捕收能力未见增强。单用 731 和水杨醛肟时，黑钨矿的回收率分别为 65. 43% 和 69. 60%；当组合捕收剂中水杨醛肟分别占 10%、20%和 40%时，黑钨矿回收率均高于 72. 60%，即组合捕收剂以 731 为主时，对黑钨矿浮选存在协同效应，其中当组合捕收剂中水杨醛肟所占比例为 10%时，协同效应最明显，黑钨矿回收率达到了 81. 83%；各组合配比的组合捕收剂对萤石和石英均未体现出明显的协同作用。

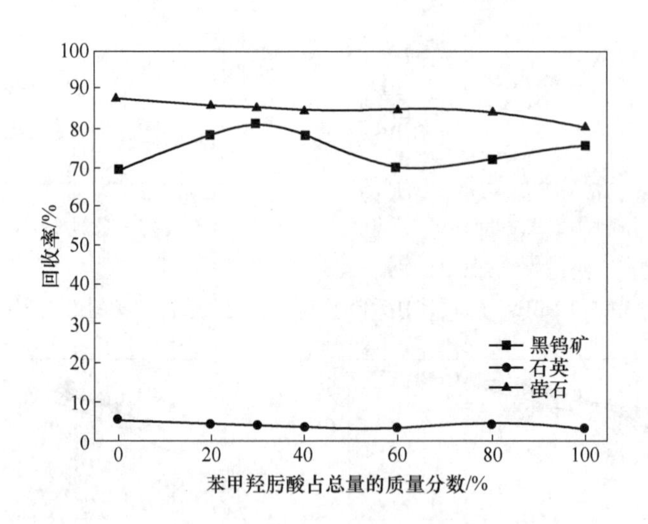

图 5-11 731 与苯甲羟肟酸配比对单矿物浮选的影响[72]
（硝酸铅 400 mg/L，731+BHA 200 mg/L）

Gao 等人[79]以硅酸钠（WG）作抑制剂，研究 733 和脂肪酸甲酯磺酸钠（MES）捕收剂在不同质量比下分别对白钨矿、萤石和方解石浮选行为的影响，结果如图 5-13 和图 5-14 所示。733 和 MES 的混合物较单一的 733、MES 对方解

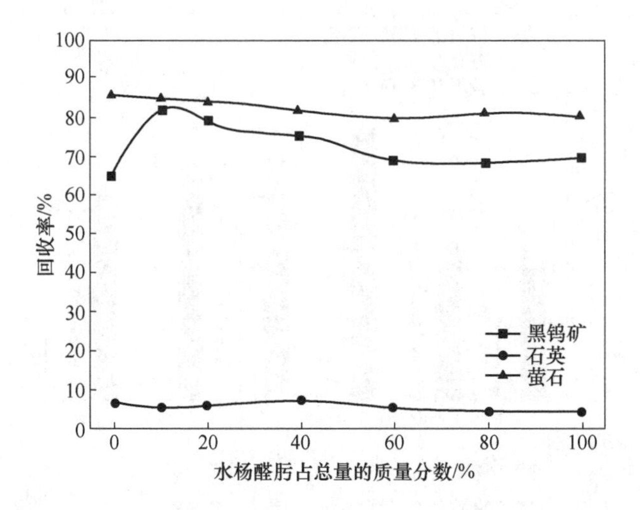

图 5-12 731 与水杨醛肟配比对单矿物浮选的影响[72]
（硝酸铅 400 mg/L，731+水杨醛肟 200 mg/L）

石和萤石中白钨矿的浮选具有更高的选择性；在 733 与 MES 质量比为 4：1 时，可得到品位为 65.76%、回收率为 66.04%的精矿产品。在 733 与 MES 质量比为 4：1 的组装捕收剂体系中，Ca^{2+}或 Mg^{2+}浓度对白钨矿浮选行为的影响（pH=10，捕收剂总用量 50 mg/L）如图 5-15 所示。结果表明，组装捕收剂体系中，随着钙、镁离子浓度的增加，白钨矿回收率降低幅度明显减弱，证明组装捕收剂对白

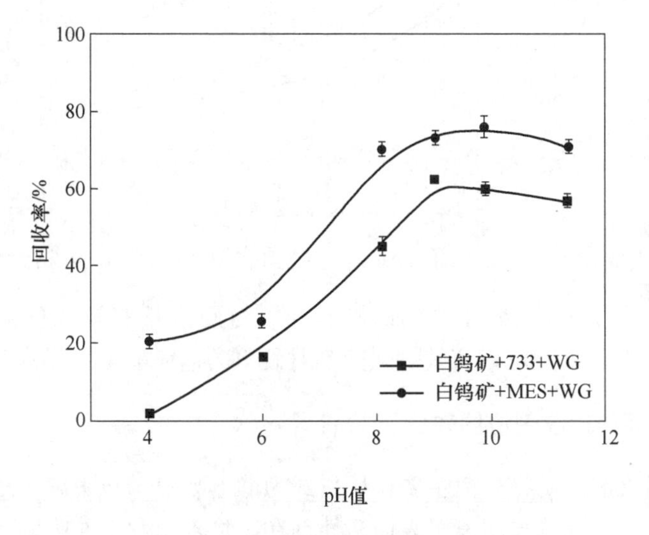

图 5-13 pH 值对白钨矿浮选行为的影响[79]
（捕收剂用量：50 mg/L，水玻璃用量：1.5×10^{-3} mol/L）

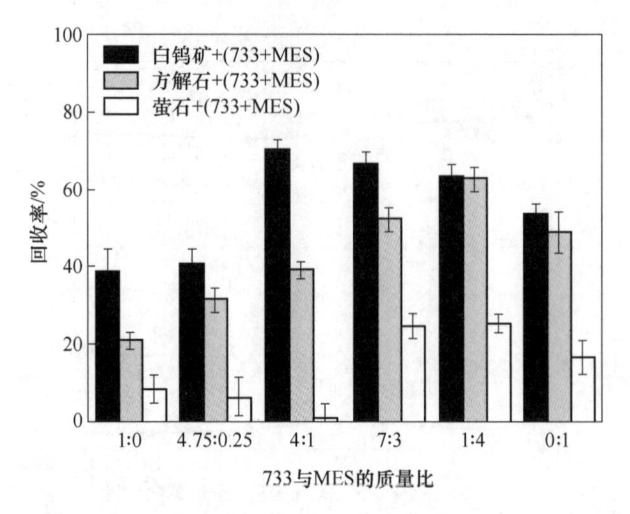

图 5-14　733 与 MES 的质量比对白钨矿、萤石和方解石浮选行为的影响[79]

（捕收剂用量：50 mg/L，水玻璃用量：3×10^{-3} mol/L，pH = 10）

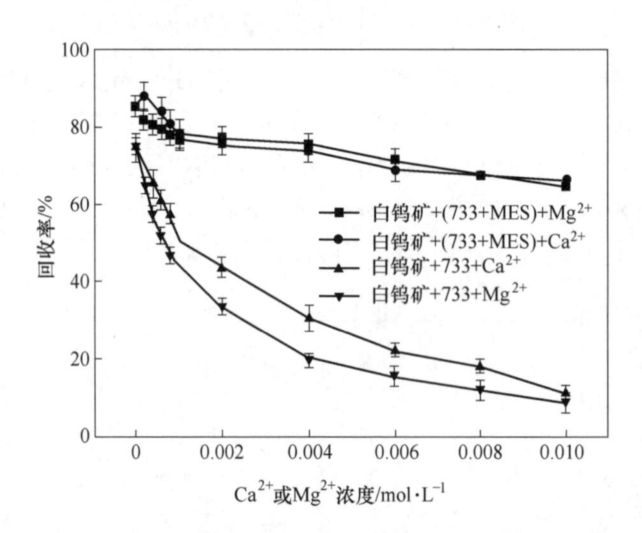

图 5-15　以 733 和 733+MES 作捕收剂时 Ca^{2+} 或 Mg^{2+} 浓度对白钨矿浮选行为的影响[79]

钨矿的捕收能力受 Ca^{2+} 或 Mg^{2+} 的影响较小，对硬水具有较高的耐受性。因此 MES 与 733 的组装复配可以有效增强药剂对硬水的适应能力，提高药剂选择性。

5.2.2　阴-阳离子捕收剂协同效应

阳离子捕收剂在矿物表面主要作用方式为静电吸附，与阴离子表面活性剂联合使用，通过电荷补偿与阴离子表面活性剂在矿物表面发生共吸附，从而改善药剂性能，强化适应能力，改善浮选效果，作用机理模型如图 5-16 所示。

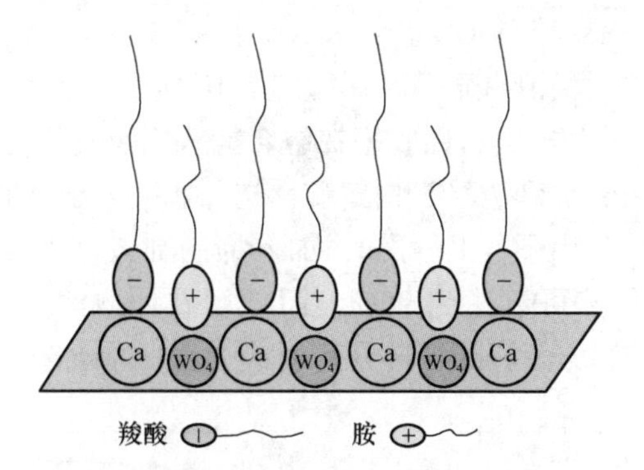

图 5-16 阴-阳离子组装捕收剂在白钨矿表面的协同作用机理模型

油酸钠（NaOL）与十二胺（DDA）组装复配，能够改善十二胺的泡沫黏度和疏水性，提高分选效率。董留洋等人[80]研究了阳离子捕收剂 DDA 和阴离子捕收剂 NaOL 及其组合捕收剂在白钨矿和方解石浮选分离中的作用及机理。如图 5-17

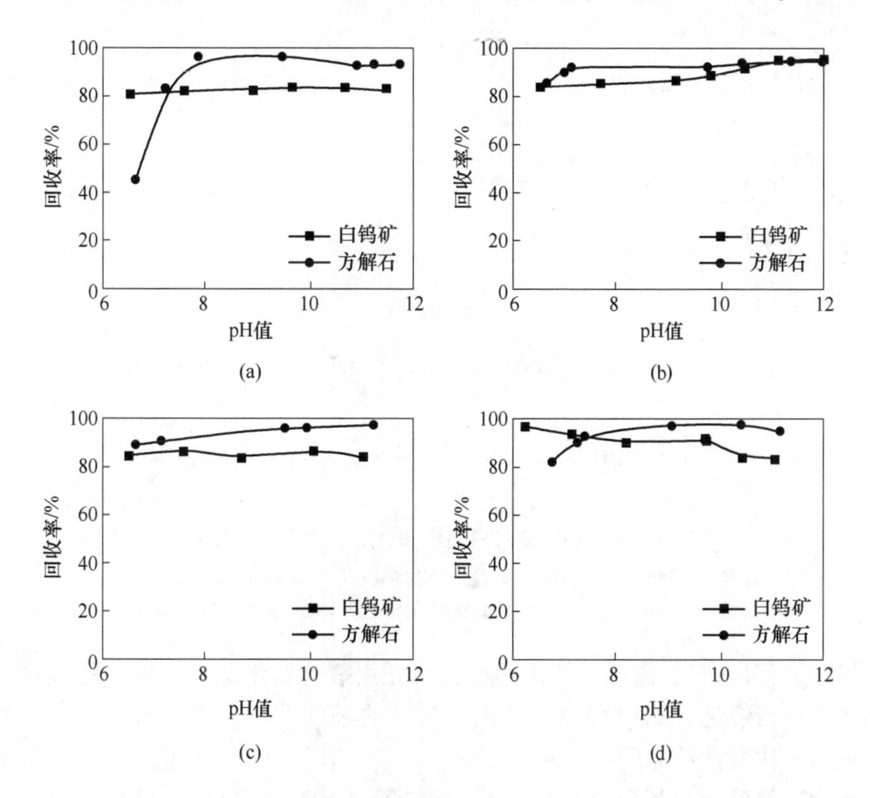

图 5-17 pH 值对白钨矿和方解石可浮性的影响[80]

(a) 单用 DDA（DDA 用量 2×10^{-4} mol/L）；(b) 单用 NaOL（NaOL 用量 2×10^{-4} mol/L）；
(c) DDA : NaOL = 1 : 9（DDA+NaOL 总用量 1.5×10^{-4} mol/L）；
(d) DDA : NaOL = 9 : 1（DDA+NaOL 总用量 1.5×10^{-4} mol/L）

所示，pH=7 左右，DDA 和 NaOL 组合摩尔比为 9∶1 时，白钨矿回收率高达 95%，比单独使用十二胺、油酸钠明显提高。如图 5-18 所示，当 DDA 和 NaOL 按 9∶1 摩尔比组合时，白钨矿和方解石回收率在组合捕收剂总用量为 1.5×10^{-4} mol/L 时达到最大值，分别为 97%和 76%，白钨矿浮选回收率大于方解石，有利于白钨矿和方解石的浮选分离。由图 5-19 可知，加入抑制剂酸化水玻璃之后，白钨矿可浮性稍微降低，但仍然可以达到 90%，而方解石回收率由 80%左右下降到了 40%左右，为白钨矿和方解石的浮选分离创造了良好的条件。

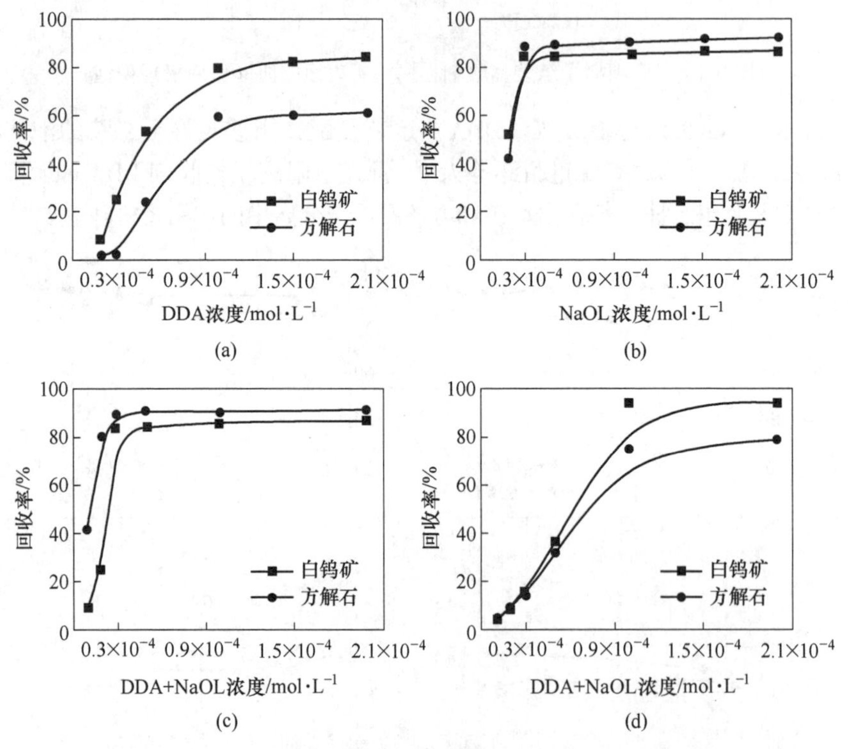

图 5-18　捕收剂浓度对白钨矿和方解石回收率的影响[80]

（a）单用 DDA（pH=7±0.2）；（b）单用 NaOL（pH=9.5±0.2）；

（c）DDA∶NaOL=1∶9（pH=7±0.2）；（d）DDA∶NaOL=9∶1（pH=7±0.2）

杨帆[33]针对柿竹园某白钨矿的矿石，先用氧化石蜡皂和苯甲羟肟酸作为混合捕收剂进行粗选，然后在加入酸化水玻璃的条件下对白钨矿粗精矿进行强搅拌，进行一次空白精选后再加入季铵捕收剂（十烷基二甲基氯化铵、辛基甲基氯化铵或十二烷基三甲基氯化铵）进行常温精选。萤石在粗选中得到了较好的分离，但是对白钨矿和方解石的分选效果较差；在加入季铵捕收剂进行常温精选过程中，季铵捕收剂显著提高了精选的效率，最终精矿产品 WO_3 品位由 37.54%提高到 50%以上。其作用原理是，白钨矿在粗选过程中吸附大量阴离子捕收剂，在

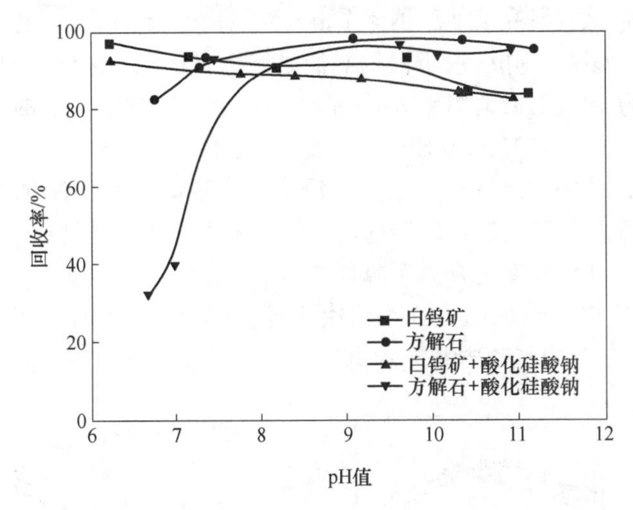

图 5-19 加入抑制剂前后 pH 值对白钨矿和方解石回收率的影响[80]

精选过程中进一步吸附阳离子捕收剂，实现了阴离子捕收剂与阳离子捕收剂的共吸附，大幅提高了白钨矿的可浮性。因此，油酸钠与季铵盐类的组装复配能够显著提高白钨矿和方解石的分选效率。

5.2.3 阴-非离子捕收剂协同效应

非离子表面活性剂主要以透镜状吸附、共吸附、桥连作用的形式作用于矿物表面，具有乳化、分散、抗离子干扰和增效能力[14,81]。因此，在阴离子表面活性剂中加入一定量的非离子表面活性剂，由于表面活性剂分子之间的相互作用，二者生成混合胶束，使得复配体系的表面张力和临界胶团浓度显著降低，具有更好的分散性和适应性，有利于抵抗钙、镁离子及温度和酸碱度对矿物浮选的影响[82]。目前钨矿浮选过程中应用较为广泛的非离子表面活性剂主要有聚氧乙烯醚类和脂肪酸酰胺类，作用机理模型如图 5-20 所示。

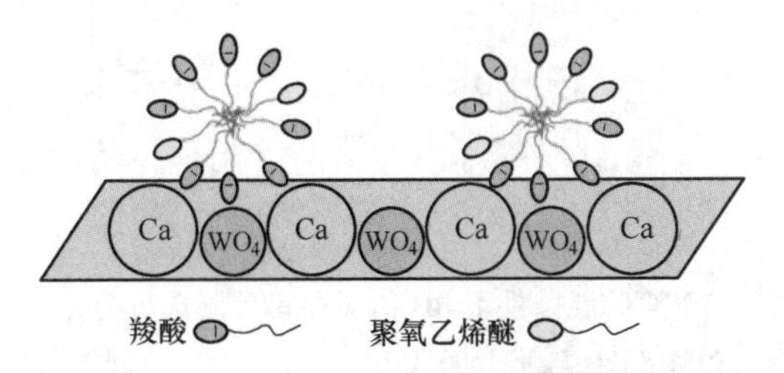

图 5-20 阴-非离子组装捕收剂在白钨矿表面的协同作用机理模型

在低温条件下，油酸钠对白钨矿的捕收能力较差，而油酸钠（NaOL）与聚氧乙烯醚的组装复配，对白钨矿的捕收能力有不同程度的改善。朱海玲等人[83]

通过单矿物浮选试验研究了油酸钠体系下不同结构的脂肪醇聚氧乙烯醚对白钨矿低温浮选行为的影响，并应用于白钨矿低温浮选实践中。如图 5-21 和图 5-22 所示，当 pH 值为 10、油酸钠用量为 60 mg/L 时，白钨矿在 10 ℃的浮选回收率仅为 20%；而当 NaOL 与 MOA-9 按照质量比 5∶1 混合使用时，相同 NaOL 浓度下白钨矿的浮选回收率最高可达 85%，可浮性显著提高，捕收剂用量大幅度降低，且试验用各聚氯乙烯醚对白钨矿浮选行为的影响具有相同的规律，随 pH 值的增加，白钨矿的浮选回收率先升高后降低，当 pH 值为 8～10 时，可浮性最好。此外，白钨矿的浮选回收率由大到小依次为异构醇聚氧乙烯醚（JFC-5、E-1306/1310）、直链十二醇聚氧乙烯醚（MOA）、直链十六醇聚氧乙烯醚（O）。

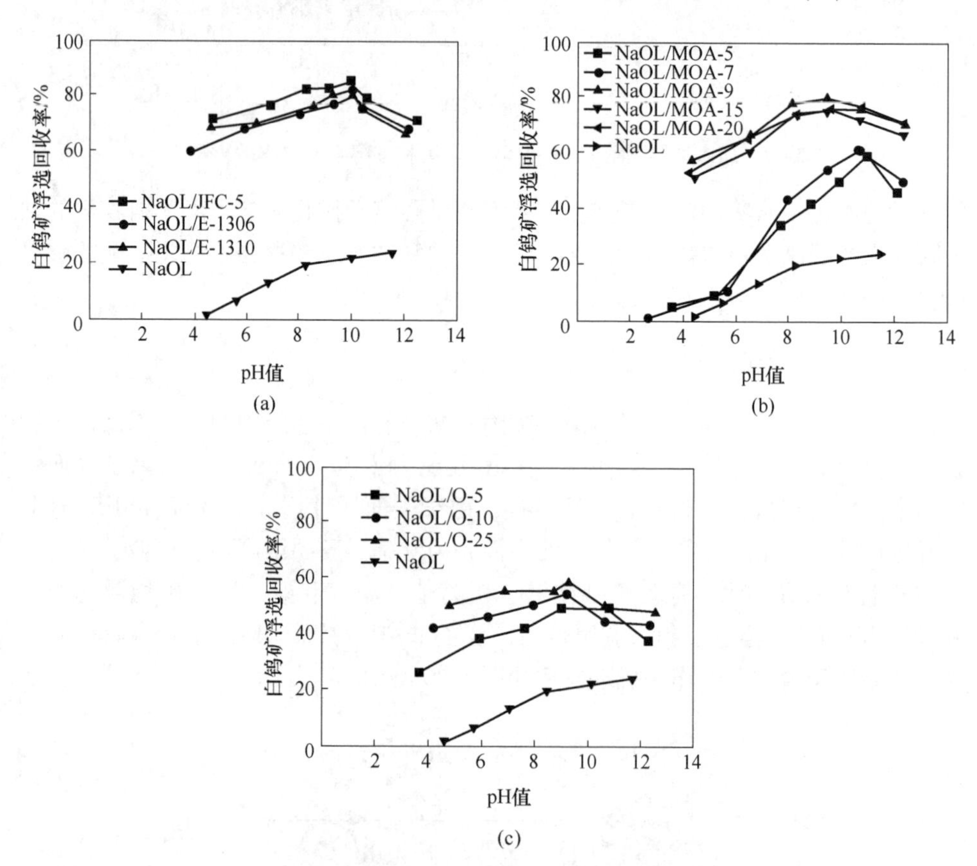

图 5-21　10 ℃低温条件下 pH 值对白钨矿浮选行为的影响[83]

（a）异构醇聚氧乙烯醚（JFC-5、E-1306/1310）；（b）直链十二醇聚氧乙烯醚（MOA）；（c）直链十六醇聚氧乙烯醚（O）

亲油性的磺酸类捕收剂与亲水性的非离子表面活性剂复配，可以获得亲水亲油性能适中的复配体系，复配体系的亲水亲油性能具有加和性，可显著降低界面

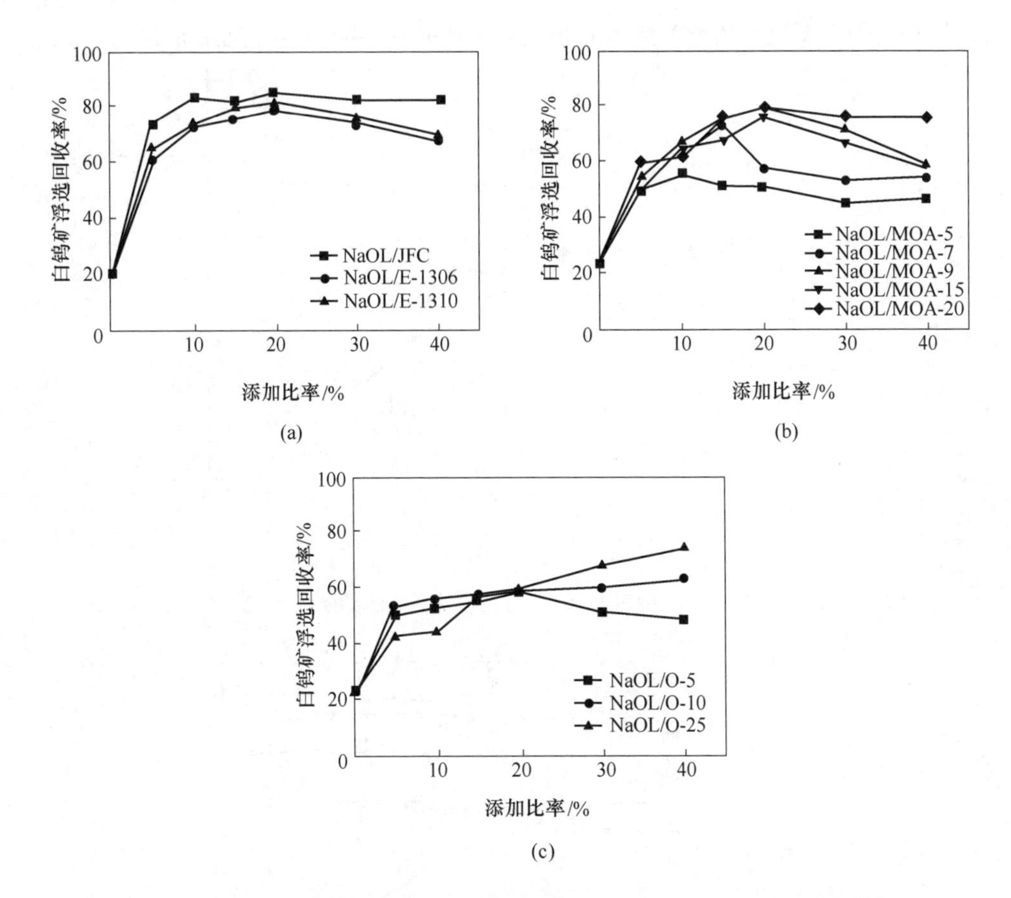

图 5-22 聚氧乙烯醚添加比率对油酸钠低温（10 ℃）浮选行为的影响[83]

（a）异构醇聚氧乙烯醚（JFC-5、E-1306/1310）；（b）直链十二醇聚氧乙烯醚（MOA）；（c）直链十六醇聚氧乙烯醚（O）

张力，实现协同作用。烷基苯磺酸钠是一种非离子磺酸盐表面活性剂，在水中发生水解和电离，具有稳定性高、在硬水中使用性能好、与其他类型的表面活性剂相溶性好及在水中溶解性能好等优点。王立成等人[84]研究了 3 种支链烷基苯磺酸钠（3C10ΦS、7C14ΦS、8C18ΦS）与 3 种聚氧乙烯醚非离子表面活性剂（LAP-9、OP-10、TW-20）在油-水界面张力方面的协同作用，结果表明：3C10ΦS、7C14ΦS 与 LAP-9 均是亲水性的，亲水性大小顺序为 3C10ΦS> LAP-9> 7C14ΦS；而 8C18ΦS 是亲油性的，在高碳数烷烃处的亲水亲油性能接近适中，实现了超低界面张力（见图 5-23）；同时，亲油性的磺酸盐 8C18ΦS 与亲水性的 LAP-9 非离子表面活性剂复配可以获得亲水亲油性能适中的复配体系，使界面张力降低，实现协同作用；而亲水性的磺酸盐 3C10ΦS、7C14ΦS 与亲水性的 LAP-9 非离子表面活性剂的复配体系仍然是亲水性的，界面活性低。上述结果说明磺酸盐与非离子表面活性剂复配体系的亲水亲油性能具有加和性（见图 5-24）。

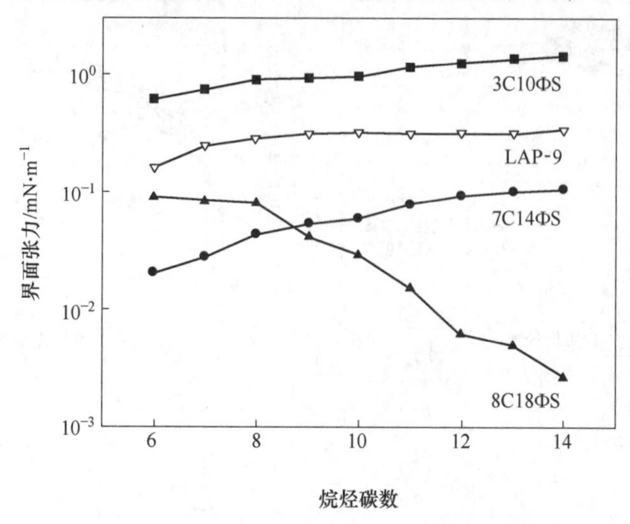

图 5-23　单一表面活性剂与正构烷烃间的界面张力[84]

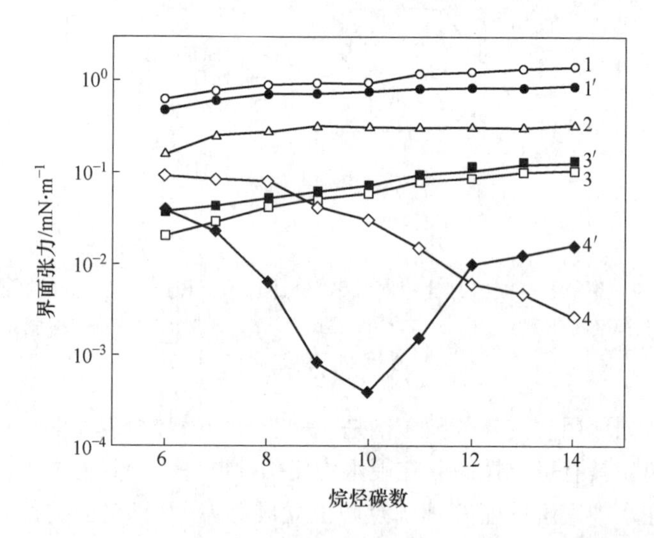

图 5-24　磺酸盐与 LAP-9 的复配体系与正构烷烃间的界面张力（复配体积比 2∶1）[84]

1—3C10ΦS；1′—3C10ΦS、LAP-9 复配体系；2—LAP-9；3—7C14ΦS；
3′—7C14ΦS、LAP-9 复配体系；4—8C18ΦS；4′—8C18ΦS、LAP-9 复配体系

脂肪酸酰胺是一种表面活性很强的非离子表面活性剂，具有很好的稳泡性和润湿、乳化能力，可以作为增效剂来提高脂肪酸的捕收性能。依据油酸钠和油酸酰胺界面组装的方法，设计开发出阴离子-非离子缔合体捕收剂，与单一油酸钠相比，缔合体捕收剂表现出更好的选择性，对方解石和萤石的捕收能力减弱，有助于白钨矿与萤石、方解石的浮选分离。油酸酰胺具有优异的乳化性、分散性、

抗离子干扰和协同作用能力。油酸酰胺的加入改变了单一油酸钠的胶束形态，与油酸钠通过烃链缔合形成稳定构型的混合胶束，以块状均匀吸附在白钨矿矿物表面，形成致密的多层吸附，而在方解石表面形成稀疏的混合胶束吸附，导致方解石表面疏水性差，显著增强白钨矿和方解石浮选行为差异，为白钨矿和方解石高效浮选分离提供了可能。

5.2.4 浮选药剂间的界面组装机制

不同药剂相互组合后在矿物表面的吸附是一个复杂的过程，关于组合捕收剂作用机理的阐述在很大程度上仅是一种假设和推论。其吸附机理大致可以归纳为共吸附、疏水端加长、电荷补偿、促进吸附等。在界面化学领域，大量的专家学者通过研究混合表面活性剂在溶液中的胶团形态和在水-气界面的吸附作用，提出了混合表面活性剂在溶液中的界面组装机理。表面活性剂界面组装定义为由于静电作用、氢键作用及疏水作用等非共价键作用，表面活性剂分子自发地、有序地集合在一起，形成一种热力学稳定的、有序的结构。这些特殊胶体结构在固-液、气-液界面的吸附具有高度选择性。由于钨矿的复杂性（单晶纯度、光学特性、溶解性等），浮选药剂在钨矿-水界面的组装与吸附测试难度较大，浮选药剂的微观作用机制研究尚不深入。但是，国内外科研工作者以硅酸盐矿物为对象，围绕浮选药剂的界面组装开展了大量的研究工作，试图揭示浮选药剂的界面作用机制。

Xu 等人[85]将混合表面活性剂的协同指数引入组合浮选剂领域，系统地研究并揭示了组合浮选剂分子在水溶液和矿物界面的协同组装行为；借助表面张力测试，结合胶体界面化学理论，利用溶液理论和 Rubingh 理论，系统推导并计算出了阴-阳离子组装捕收剂的协同指数；同时根据溶液化学相关理论，构建了阴-阳离子组装捕收剂的活性组分与溶液 pH 值的关系图，用于预测阴-阳离子组装捕收剂的浮选性能。王丽、蒋昊等人[86-87]深入且系统地研究了阴-阳离子组装捕收剂对白云母、黑云母、锂云母等云母类矿物的浮选增效机理，发现阳离子捕收剂不仅促进了阴离子捕收剂在云母表面的吸附，同时还增加了自身在云母表面的吸附量，强化了云母的疏水性及其与石英的选择性分离；通过接触角测定、分子动力学模拟、吸附量测试、红外光谱和 X 射线光电子能谱（XPS）等界面分析手段从微观层次揭示了阴-阳离子组装捕收剂在矿物表面的协同组装机制，发现组装捕收剂通过适当的方式组装可以达到“1+1>2”的协同效应。阴-阳离子之间的组装吸附不仅降低了相同分子之间的静电斥力，且使两种异电性分子间的静电引力增强，使捕收剂之间的距离缩短，从而使单位面积上排布的药剂分子增多。Wang 等人[88-90]以多尺度计算模拟为引导，并同步进行实验验证与反馈优化，从宏观、介观、微观层面研究了阴-阳离子组装捕收剂在水溶液中的组装行为，以及药剂缔合体从水溶液到矿物-水界面的二次组装机制，实现了药剂分子在矿物-水界面的吸附量、吸附形貌及吸附强弱的有效调控，如图 5-25 所示。通过分子

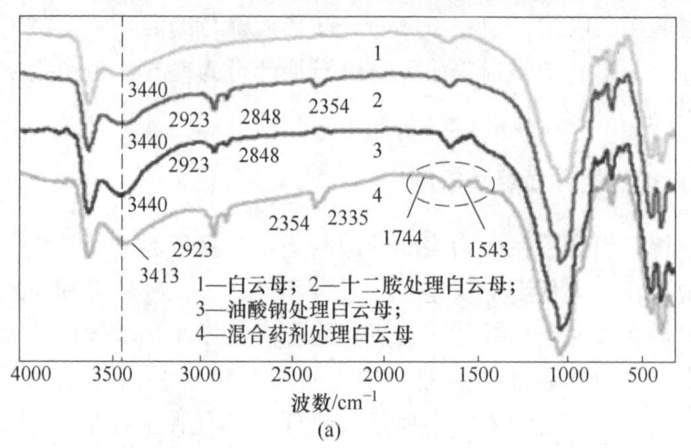

(a)

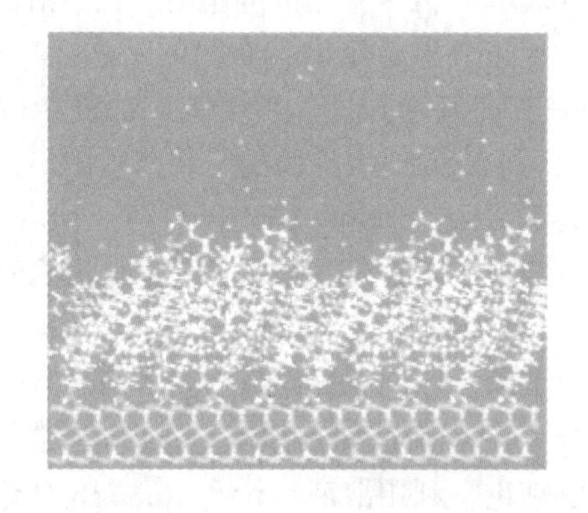

(b)

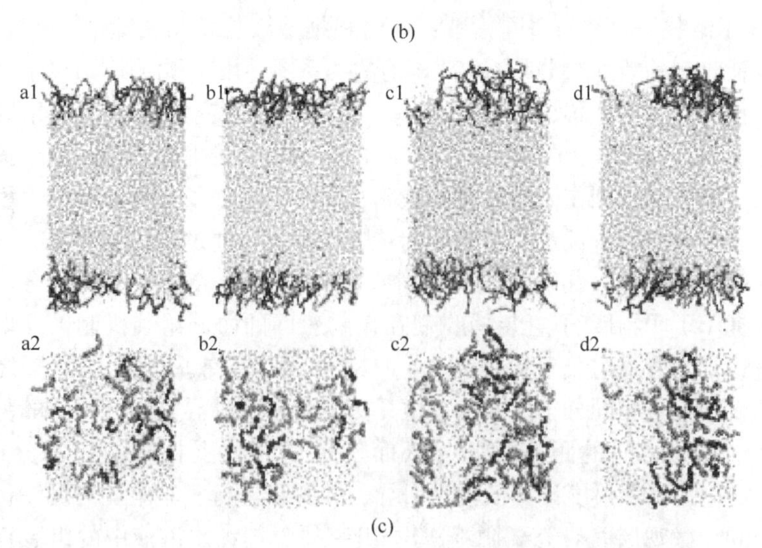

(c)

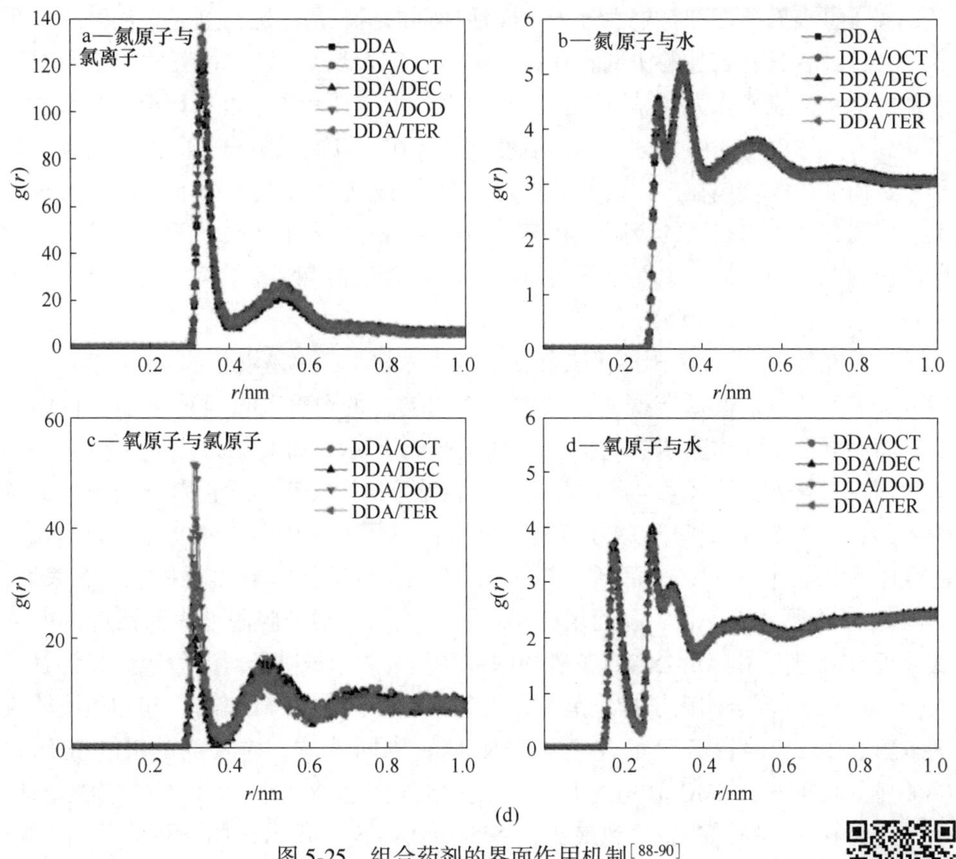

图 5-25 组合药剂的界面作用机制[88-90]

(a) 混合药剂处理矿物后的傅里叶变换红外光谱；(b) 混合药剂在矿物表面形成更致密的吸附层；(c) 四种混合药剂在空气-水界面的聚集行为；(d) 混合药剂与离子或水的相互作用

彩图

动力学模拟和实验研究发现，不同配比的两种类型药剂在气-液界面的吸附缔合结构是不同的，并进一步分析了缔合体的团簇大小、分子组成数、缔合体中表面活性剂分子与水分子之间的相互作用及表面活性剂之间的作用方式。通过矿物-水界面的模拟计算发现，与单一药剂相比，组合药剂在云母表面共吸附，疏水碳链倾斜于表面形成一个紧密的疏水缔合分子层；在石英表面，极个别阳离子吸附在石英表面，剩余的药剂通过碳链的疏水缔合作用分布在石英表面附近，形成松散的亲水缔合体结构。基于以上的研究，可以从一个全新的角度来认识组合捕收剂的界面组装作用机制：组合捕收剂在矿物表面的吸附不同于单一药剂的单分子层吸附，而是多个药剂分子组成的缔合体结构单元在矿物表面活性位点的吸附；组合捕收剂在矿物-水界面吸附形成不同形貌的缔合体结构，导致它在矿物表面的选择性疏水作用增强。

离子型表面活性剂与中性分子表面活性剂的组装是浮选药剂混合用药中的重要一类，二者具有较强的协同作用，其 CMC 值较低，可以比相应的单组分更有效地降低水的表面张力，具有更好的润湿性、增溶性和起泡性。研究表明[83-84]，当达到一定浓度时，中性分子表面活性剂的存在可以减弱阴离子间的静电互斥作用，从而强化捕收剂在矿物表面的吸附。中性分子表面活性剂含有的疏水长烃链也会增强其对疏水表面的吸附性和药剂的疏水性。组合用药时，随着中性分子表面活性剂浓度的增加，中性分子表面活性剂可能会取代阴离子表面活性剂而吸附在强疏水矿物表面。

王业飞等人[91]使用阳离子表面活性剂十六烷基三甲基溴化铵（CTAB）与中性分子表面活性剂辛基苯聚氧乙烯醚（TX-100）的组合药剂改变了油湿性砂岩的表面润湿性，并构建了吸附模型，如图 5-26 所示。研究结果表明，组合表面活性剂在石英表面的吸附与其浓度有关，低浓度时两种表面活性剂在石英表面竞争吸附；中等浓度条件下 TX-100 的加入，降低了 CTAB 间的静电斥力，形成的混合体的 CMC 值比单一表面活性剂的低，CTAB 会先于 TX-100 吸附在石英表面，再与 TX-100 形成聚集体，从而增强阳离子表面活性剂的吸附；表面活性剂的浓度大于 CMC 时，CTAB 会与石英表面的羧酸类物质形成离子对并解吸。杨沁红等人[92]研究发现混合阳离子捕收剂十六烷基三甲基氯化铵（CTAC）和非离子捕收剂辛醇（OCT）对白云母的浮选和吸附具有协同效应。捕收剂的混合比例对 CMC 值影响明显，CMC 值先随 CTAC 比例增加而逐渐减小，CTAC 与 OCT 的摩尔比达到 0.67 时 CMC 值达到最小，各表面活性剂表现出协同作用，而后 CMC 值随 CTAC 摩尔分数的增加而增加。对吸附量的研究结果表明，在第一阶段，除了捕收剂与白云母表面钾离子之间的阳离子交换吸附外，组合捕收剂与带负电荷基面｛001｝之间的静电吸附是吸附量大幅增加的主要驱动力；在第二阶段，捕收剂的非极性碳链彼此高度交织，并在白云母表面形成疏水层，使其呈现疏水状态。

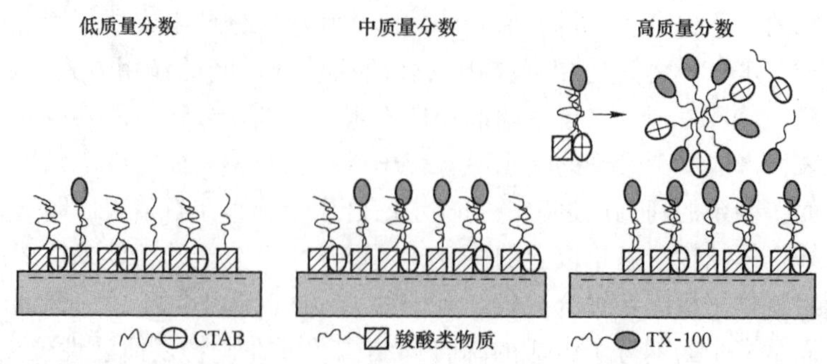

图 5-26 阳-非离子复合表面活性剂(CTAB/TX-100)改变油湿性砂岩表面润湿性的吸附模型[91]

事实上，浮选药剂界面组装的浮选应用及机理研究目前仍处于初始阶段。矿浆体系复杂，干扰因素多；前期研究手段相对单一，一般仅依靠药剂在矿物表面的吸附量、红外光谱测试等手段得出来的有用信息非常有限；对组合捕收剂在溶液中及在矿物界面的相互作用及吸附机理研究较少，对组合捕收剂作用机理的阐述很大程度上仅是一种假设和推论。对分子层面的药剂组装和吸附作用机制依然缺乏精确的解析，制约了浮选药剂开发的效率。近年来，量子化学计算、分子动力学模拟、界面光谱分析等技术快速发展，为精确解析浮选药剂的界面组装机制提供了良好的支撑，是未来发展的重要方向。例如，Nguyen 等人[93]通过和频振动光谱技术原位研究了阴、阳离子表面活性剂在气-液界面的吸附行为，其中阴离子表面活性剂为十二烷基硫酸钠（SDS），阳离子表面活性剂为盐酸十二烷基胺（DAH）。研究发现：混合体系下气-液界面的水分子结构和疏水烃链结构与单一药剂体系差异巨大，阴离子和阳离子基团之间发生了强烈的协同作用。通过和频振动光谱（SFG）的解析推测了阴、阳离子表面活性剂在气-液界面的分子构型，如图 5-27 所示。这一研究工作为浮选药剂的界面调控提供了依据，同时为界面组装机制的解析提供了新的手段。

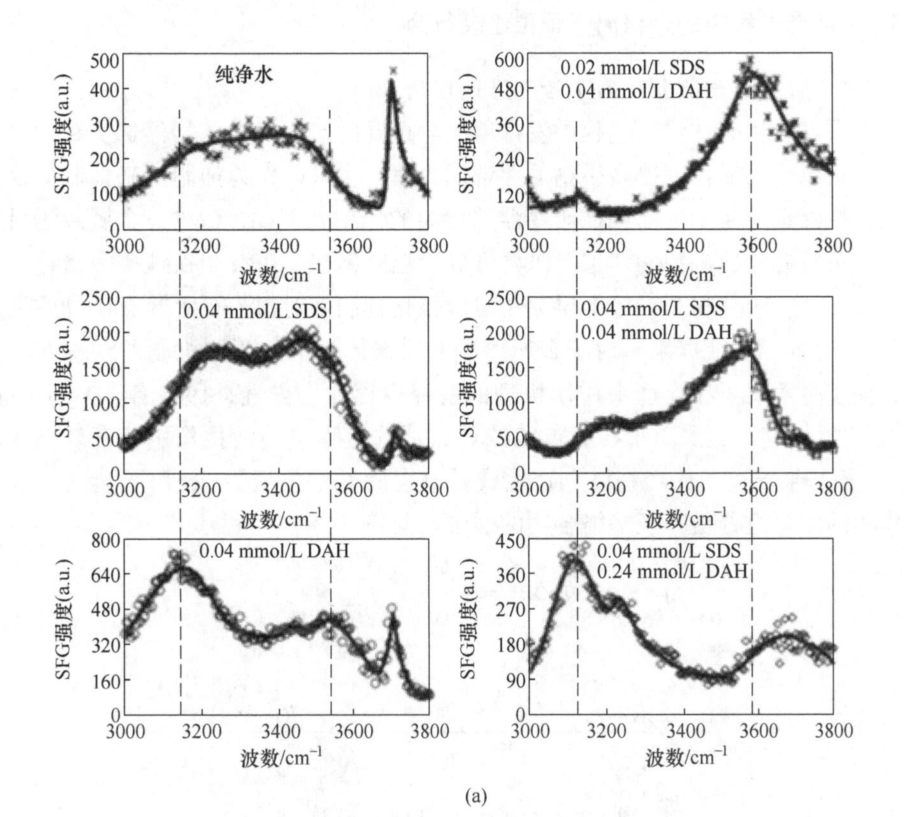

(a)

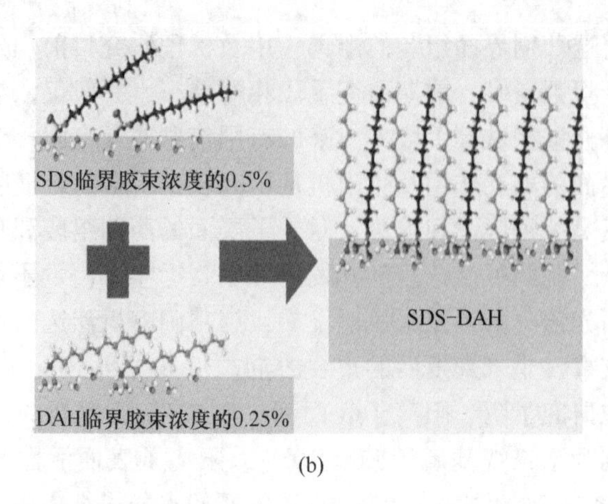

(b)

图 5-27 不同药剂体系下气-液界面水分子 SFG 信号（a）和 SDS 及 DAH（b）的协同模型[93]

5.3 钨矿浮选药剂的金属离子配位调控分子组装

5.3.1 浮选过程中的金属离子配位组装行为

5.3.1.1 经典的金属离子活化浮选理论

金属离子在矿物浮选过程中发挥着十分重要的作用。在矿物浮选实践中，金属离子可以作为活化剂提高矿物的浮选回收率，也可以作为抑制剂来抑制矿物的浮选，在浮选中起到定向调控矿物浮选行为的作用。例如，Ca^{2+}等金属离子可以活化石英等硅酸盐矿物的浮选，Pb^{2+}可以活化白钨矿、锡石和钛铁矿等氧化矿的浮选，Ca^{2+}、Mg^{2+}和 Fe^{3+}等金属离子可以强化抑制剂对白云石等脉石矿物的抑制等[74]。然而，长期以来，对于金属离子在浮选体系中的调控机制的认识并不全面，关于金属离子在浮选中作用机理的解释也存在多样性。1965 年，Fuerstenau 等人[74-94]研究了金属离子在石英和绿柱石浮选过程中的活化作用，发现最佳活化 pH 值与金属离子一羟基络合物生成量最大的 pH 值一致，提出了金属离子活化作用的主要组分是一羟基络合物的假说（见图 5-28）。

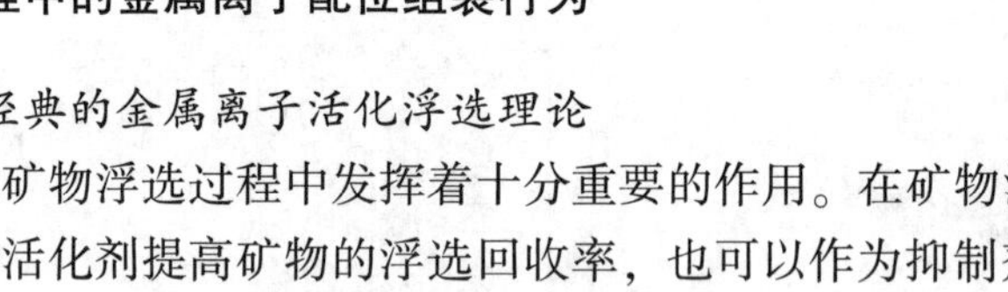

$$(-O)_2Si(OH)_2 + 2PbOH^+ = (-O)_2Si(O[H\ HO]Pb^+)_2 =$$

$$(-O)_2Si(O-Pb^+)_2 + 2H_2O \xrightarrow{2AX^-} (-O)_2Si(O-Pb-AX)_2$$

图 5-28 经典活化浮选理论模型[95]

经典活化浮选理论模型认为，金属离子水合物首先和矿物表面的羟基通过脱水缩合吸附在矿物表面形成金属离子活性位点，而后捕收剂离子与矿物表面的金属离子活性位点通过络合反应形成金属-捕收剂络合物从而吸附在矿物表面。经典活化浮选模型在一定程度上可以解释金属离子在活化浮选中的作用，然而这一假说忽略了下面三个问题：(1) 一羟基络合物生成量最大的 pH 值常常对应于氢氧化物沉淀生成的 pH 值；(2) 一羟基络合物生成的 pH 值范围较窄且浓度很低，其浓度通常不到总浓度的 1%~10%，显然小于有效作用浓度；(3) 矿物-水溶液界面上的金属氢氧化物沉淀溶度积比在溶液中更小[96]。基于上述认识，1987 年胡岳华和王淀佐等人[97]从金属离子在氧化矿表面的吸附对电性和可浮性的影响等试验结果等方面讨论了金属离子的活化作用，提出了另一种活化机理：金属氢氧化物表面沉淀物可能是金属离子在氧化矿表面吸附并起活化作用的有效组分。James 等人[96]研究发现，表面沉淀的形成受界面区域金属离子的活度、界面 pH 值及界面溶度积的控制。

事实上，金属离子在溶液中以水合金属离子形式存在，金属离子在矿物表面的吸附会导致矿物表面水化层结构发生变化，从而影响捕收剂的吸附；另外，溶液体系中水合金属离子与捕收剂会不可避免地发生作用形成一定的配合物，这些配合物在浮选过程中的作用往往被忽略。例如，在 pH=9 左右时，捕收剂苯甲羟肟酸（BHA）电离主要以 B^- 形式存在（见图 5-29），而硝酸铅主要以 $PbOH^+$ ($10^{-4.3}$ mol/L)、$Pb(OH)_2(aq)$ ($10^{-4.7}$ mol/L) 及 Pb^{2+} ($10^{-5.5}$ mol/L) 形式存在（见图 5-30）；液相体系中 BHA 和 Pb^{2+} 将络合形成一定的络合物，这一组分在矿物浮选中的作用长期以来未引起重视。因此，经典的活化浮选理论是一个简化的

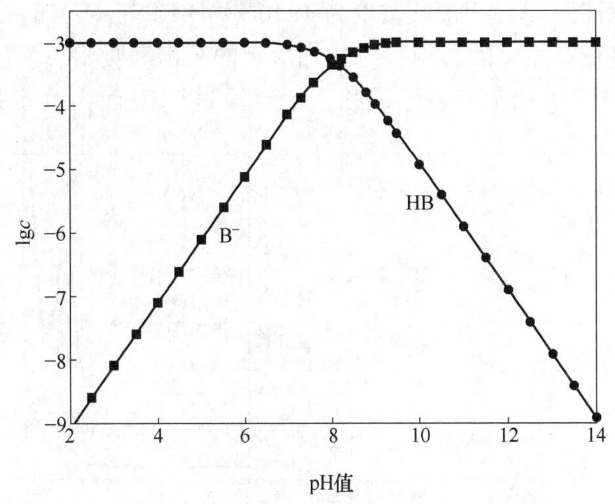

图 5-29 苯甲羟肟酸溶液各组分浓度对数图[99]

($c_{BHA}=1\times10^{-3}$ mol/L)

吸附模型，对金属离子、捕收剂的吸附过程的解释并不完善，有待进一步拓展。

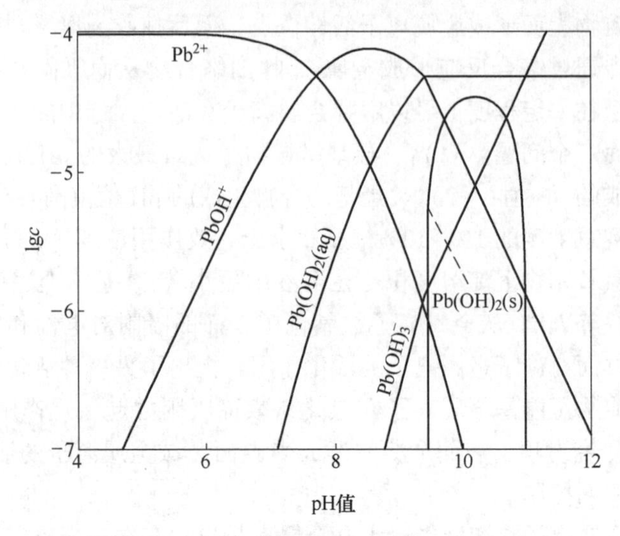

图 5-30　Pb^{2+}水解组分浓度对数图[98]

（$c_{Pb}=1\times10^{-4}$ mol/L）

5.3.1.2　脂肪酸体系钙离子的配位组装行为

1996 年，Jan D. Miller 等人[100]通过原位 FTIR/IRS 研究了油酸在矿物表面的吸附机制（见图 5-31）。通过对油酸盐和油酸钙沉淀在萤石/油酸体系中吸附的研究，得到以下几点结论：（1）在较低的油酸盐浓度下，油酸钙由于独特的化学吸附反应在萤石表面形成单层膜，而在较高的油酸盐浓度下，萤石表面形成多层表面油酸钙沉淀；（2）当油酸浓度为 4×10^{-6} ~ 4×10^{-5} mol/L 时，油酸钙的沉淀和吸附对浮选过程有显著的影响；（3）油酸钙的析出和吸附只发生在碱性 pH 值范围；（4）油酸钙是在溶液中形成的，然后输送到表面，而不是作为表面沉

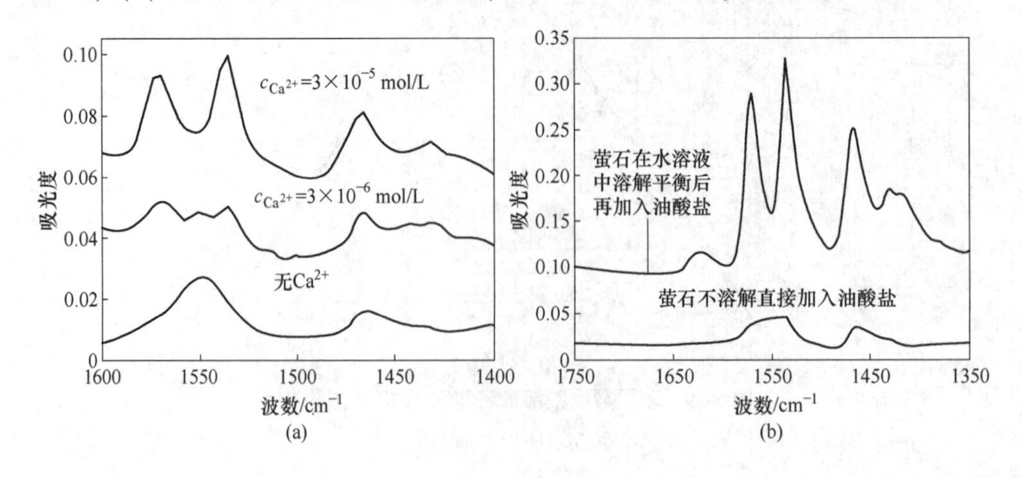

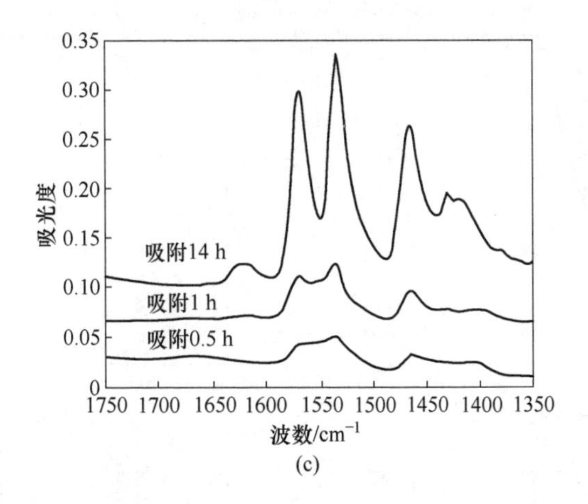

图 5-31 油酸盐和油酸钙沉淀在萤石/油酸体系中的吸附[100]

(a) 不同 Ca^{2+} 浓度时萤石表面吸附物的原位 FTIR/IRS 光谱；(b) 萤石达到溶解平衡和未平衡时油酸盐吸附产物的原位 FTIR/IRS 光谱；(c) 吸附时间与相对吸附量的比较

淀在表面成核和生长。由此推测，油酸在矿物表面的吸附可能是油酸组分首先在溶液中形成油酸钙胶体，然后油酸钙胶体吸附到矿物表面，而不是直接吸附在矿物表面。

此后，Fa 等人[101-103]通过红外光谱、浮选实验、原子力显微镜（AFM）、分子动力学模拟和 DLVO 理论等对油酸盐在方解石和萤石浮选中的作用机理进行了详细研究：红外光谱分析发现 1575 cm^{-1} 和 1538 cm^{-1} 附近有不对称羧酸（—COO—）拉伸偶联体存在，表明方解石、萤石表面均形成了油酸钙沉淀；而浮选实验表明，油酸钙捕收剂胶体对萤石具有比油酸钠更好的捕收剂性能，而且在一定浓度范围内对方解石几乎不具有捕收能力，可以实现萤石和方解石的浮选分离；通过将球形油酸钙胶体在 AFM 探针上进行修饰，测量了油酸钙在方解石、萤石表面的作用力，并与经典的 DLVO 胶体力进行了比较（见图 5-32），结合分子动力学模拟揭示了萤石-钙水界面不同的界面水结构，发现萤石表面具有一定的疏水性，油酸钙胶体颗粒与萤石疏水表面之间存在长程疏水作用力，因此，油酸钙胶体颗粒更容易在萤石表面吸附。

Sun 等人[104]研究了油酸钠体系和预先混合生成的油酸钙胶体体系中萤石、白钨矿和方解石三种典型半可溶性含钙矿物的浮选行为，如图 5-33 所示。结果表明，在 pH = 10 和低捕收剂浓度条件下，油酸钠与油酸钙对白钨矿和萤石的浮选效果相似，随着捕收剂浓度的增高，油酸钙与油酸钠之间的差距加大，表明油酸钙作用下白钨矿与萤石的浮选回收率更高；而方解石的浮选情况与白钨矿、萤石不同，油酸钙的浮选回收率明显低于油酸钠。溶液化学计算表明，白钨矿与萤石饱和溶液中溶出的钙离子浓度为 $10^{-5}\sim10^{-4}$ mol/L，在试验油酸钠浓度下，浮

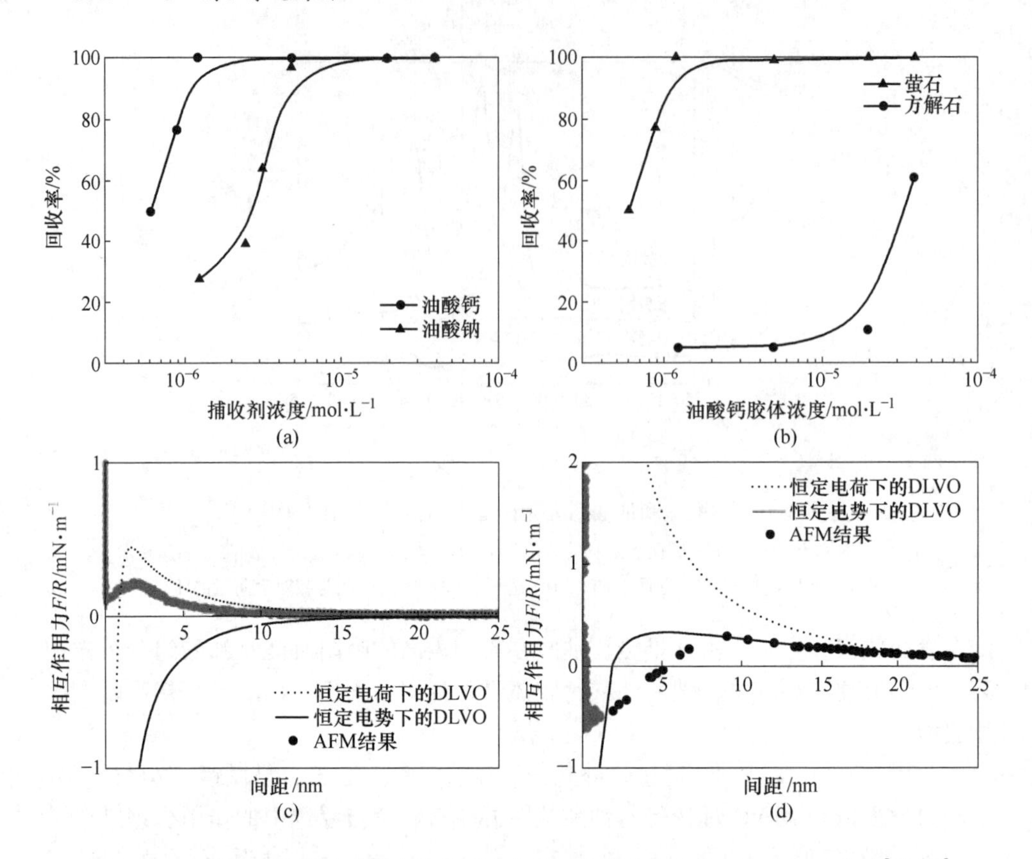

图 5-32 油酸钙胶体颗粒对萤石和方解石的选择性捕收能力和相互作用力曲线[101-102]

（a）油酸钠和油酸钙浓度对萤石浮选回收率的影响；（b）油酸钙浓度对萤石和方解石浮选回收率的影响；（c）AFM 油酸钙胶体探针在方解石表面的作用力曲线和 DLVO 力比较；（d）AFM 油酸钙胶体探针在萤石表面的作用力曲线和 DLVO 力比较

选溶液中油酸钙为优势组分，而方解石饱和溶液溶出钙离子浓度低于 10^{-6} mol/L，溶液中油酸钙只能微量存在，这进一步表明油酸钠浮选体系中油酸钙发挥着重要的作用，且油酸钙对白钨矿和萤石具有更强的捕收能力。

对油酸钙胶体捕收剂的研究表明，金属离子与浮选药剂所形成的配合物很有可能是活化浮选中真正起作用的组分，这对于金属离子在矿物浮选中的作用是全新的认识。这一研究成果表明，对于半可溶矿物，必须考虑金属阳离子与捕收剂形成的胶体在浮选过程中的作用，而且金属离子与捕收剂形成的胶态配合物很可能是真正起作用的有效组分。

5.3.1.3 苯甲羟肟酸体系铅离子的配位组装行为

铅离子与苯甲羟肟酸在工业上广泛应用于白钨矿、黑钨矿、锡石、钛铁矿等氧化矿的浮选。在传统的活化浮选实践中，通常通过优先加入铅离子来活化目的

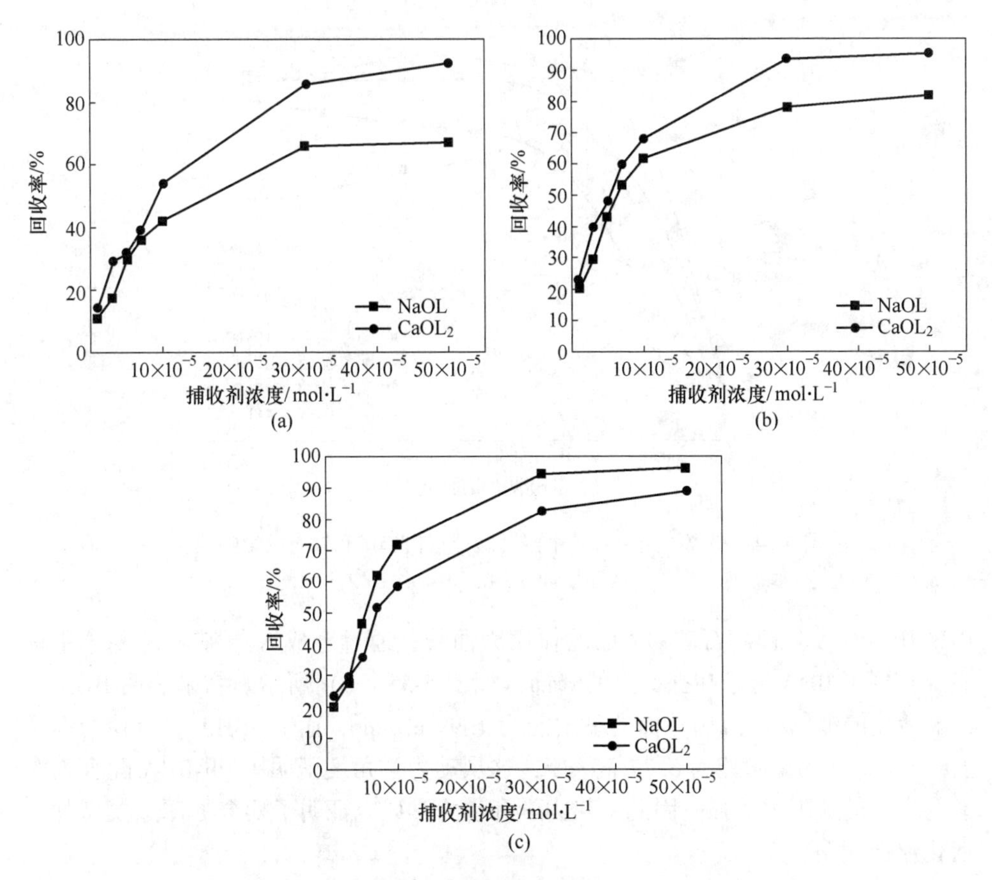

图 5-33 油酸钠与油酸钙的用量对白钨矿（a）、萤石（b）和方解石（c）浮选回收率的影响[104]

矿物，而后再加入羟肟酸捕收剂对目的矿物进行捕收。韩海生等人[105-106]系统地考察了硝酸铅与苯甲羟肟酸的加入方式对白钨矿和锡石浮选的影响，如图 5-34 所示。结果表明苯甲羟肟酸与硝酸铅预先混合明显优于顺序加药，由此推测苯甲羟肟酸和铅离子反应生成的配合物有可能是活化浮选中真正起作用的有效组分，且这种组分的捕收能力更强。

Tian 等人[108-109]采用溶液化学计算方法，对 Pb-BHA 配合物在不同 pH 值水溶液中的主要活性成分进行了分析，并基于密度泛函理论，通过第一原理计算，研究了活化浮选和配合物浮选两种模型中药剂在锡石表面吸附能的差异，如图 5-35（a）所示。结果表明在最佳浮选 pH 值为 8~9 时，HO-Pb-BHA 配合物在锡石表面的吸附能为-201.43 kJ/mol，而 $Pb(OH)(H_2O)_5^+$ 和 BHA 阴离子先后顺序吸附时的吸附能为-55.64 kJ/mol，因此，从热力学的角度来说，Pb-BHA 配合物在锡石表面更容易吸附。Hu 等人[110]采用 AFM 胶体探针的方法测量了水溶液中

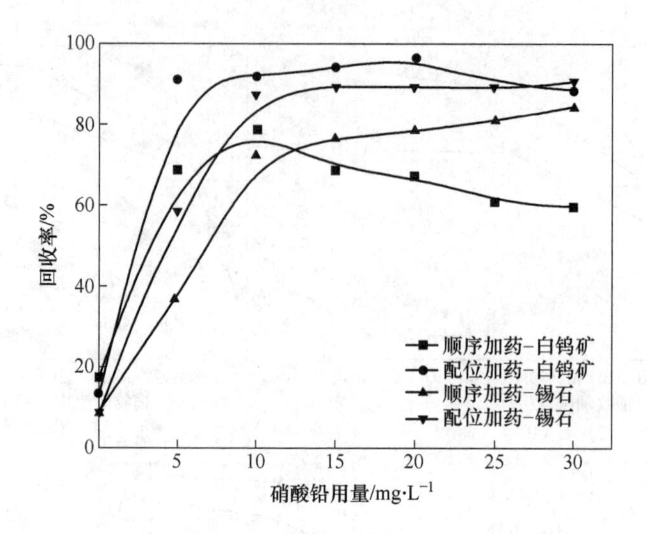

图 5-34　铅离子用量对苯甲羟肟酸浮选白钨矿和锡石的影响[107]
（BHA 用量 40 mg/L，pH=9.0±0.2）

BHA/Pb-BHA 与锂辉石矿物表面的作用力曲线，通过合成 N-羟基-4-巯基苯甲酰胺，实现了 BHA 分子在探针上的修饰，如图 5-35（b）所示。结果表明 BHA 与 Pb^{2+}活化的锂辉石（110）面的黏附能为 1.99 mJ/m^2，而 Pb-BHA 配合物与锂辉石（110）面的黏附能为 3.77 mJ/m^2，这从动力学角度证明了 Pb-BHA 配合物在矿物表面的吸附力更强。因此，热力学和动力学研究证明了配合物浮选模型优于活化浮选模型。

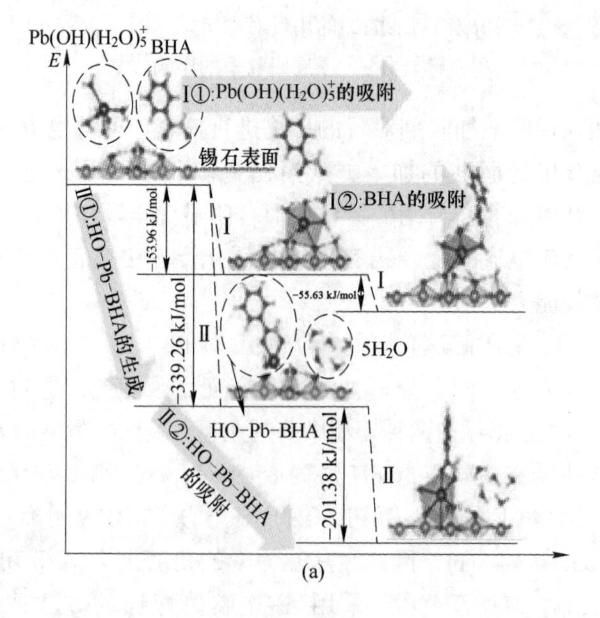

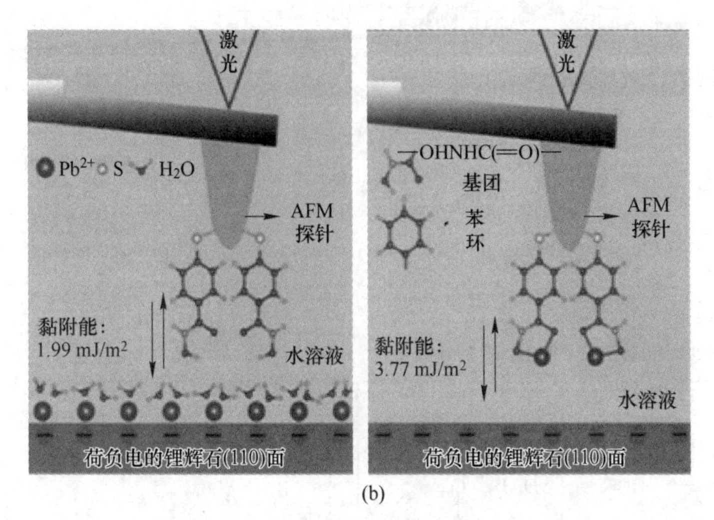

(b)

图 5-35 活化浮选和配合物浮选模型中药剂在矿物表面吸附行为的差异

（a）两种模型下药剂在锡石表面吸附能的差异[108]；（b）两种模型下药剂在锂辉石表面黏附能的差异[110]

在实验测试及理论分析的基础上，胡岳华等人[111]提出了金属离子界面预组装模型，如图 5-36 所示。模型一（见图 5-36（a））：活化浮选模型，溶液中的 Pb^{2+}、$PbOH^{+}$及 $Pb(OH)_2$ 胶体通过静电作用吸附在白钨矿、黑钨矿表面，并在表面发生羟桥脱水反应形成沉淀，BHA 阴离子与矿物表面的铅质点反应形成“O,O”五元环螯合物，达到浮选捕收目的。模型二（见图 5-36（b））：金属离子配位调控分子组装模型，溶液中的 Pb^{2+}、$PbOH^{+}$及 $Pb(OH)_2$ 胶体与 BHA 阴离子配体反应形成某种或某几种配合物，其具有类似铅离子的性质，胶体结构荷正电，通过静电作用吸附于矿物表面，在矿物表面发生羟桥缩水反应，强化捕收剂在矿物表面的吸附。在传统的活化浮选过程中，两种作用机制共存，且模型一所示作用机制占了相当比重，而配合物体系以模型二所示作用机制为主。虽然两种作用机制看似殊途同归，都是通过铅离子作为活性质点实现 BHA 在矿物表面的吸附，但是 BHA 在矿物表面的组分状态和结构可能存在一定的差异，例如 BHA 的结构、空间排布等，这些差异将导致两种作用体系下浮选效果的不同。实验研究表明，相对于在矿浆中顺序加入硝酸铅活化剂和苯甲羟肟酸（BHA）捕收剂，在相同药剂用量的条件下，Pb-BHA 金属有机配合物在白钨矿与方解石浮选分离中具有更强的捕收能力和选择性；在 pH 值为 8~10 的溶液中，该类新型捕收剂荷强正电，易通过静电力和化学作用选择性吸附在表面荷负电的白钨矿表面，而白钨矿浮选的主要脉石矿物（萤石、方解石）在此 pH 值范围内荷正电，不利于新型捕收剂的吸附，从而使其表现出浮选的高选择性。基于这一研究发现，胡岳华、孙伟等人提出了金属离子配位调控分子组装理念，为新型浮选药剂的设计与开发提供了新的思路与方向。

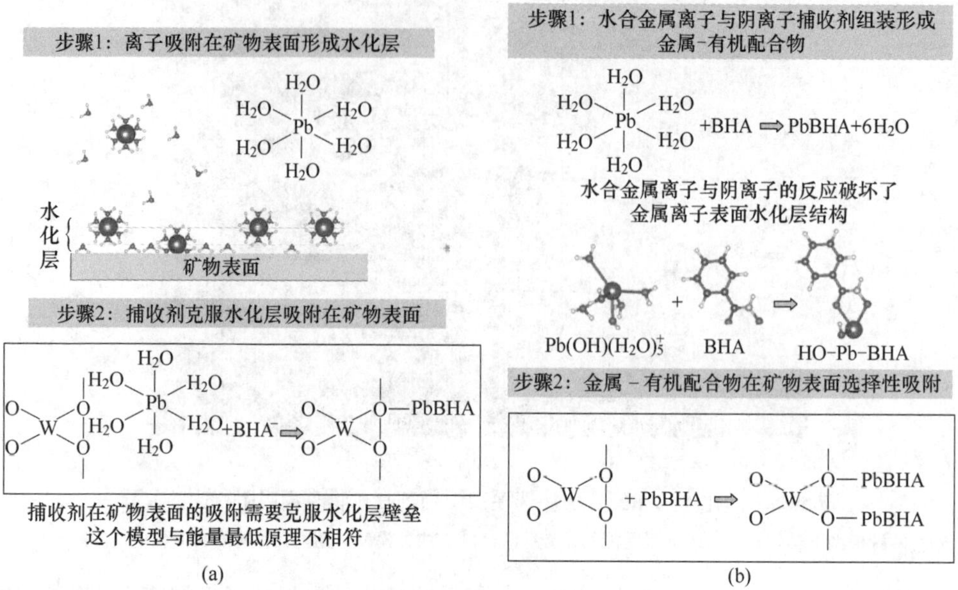

步骤1：离子吸附在矿物表面形成水化层

H_2O　H_2O　Pb　H_2O　H_2O　H_2O　H_2O

水化层

矿物表面

步骤2：捕收剂克服水化层吸附在矿物表面

H_2O　H_2O　Pb　H_2O　H_2O　H_2O　H_2O　O　W　O　$+BHA^-$ ⇒ O　W　O—PbBHA

捕收剂在矿物表面的吸附需要克服水化层壁垒

这个模型与能量最低原理不相符

(a)

步骤1：水合金属离子与阴离子捕收剂组装形成金属-有机配合物

H_2O　H_2O　Pb　H_2O　H_2O　H_2O　H_2O　+BHA ⇒ PbBHA+$6H_2O$

水合金属离子与阴离子的反应破坏了金属离子表面水化层结构

$Pb(OH)(H_2O)_5^+$　+　BHA　⇒　HO-Pb-BHA

步骤2：金属－有机配合物在矿物表面选择性吸附

O　W　O　+ PbBHA ⇒ O　W　O— PbBHA　O— PbBHA

(b)

图 5-36　金属离子配位调控分子组装模型[111]

（a）经典的金属离子活化浮选模型；（b）金属离子配位调控分子组装模型

5.3.2　金属离子-羟肟酸有机配合物捕收剂

白钨矿晶体化学和溶液化学研究揭示了白钨矿和萤石在弱碱性溶液体系中的微观差异，即白钨矿具有富氧原子的负电荷表面，而萤石具有富钙原子的正电荷表面，这一差异为新型浮选药剂的设计与开发提供了新的方案。国内外许多科研工作者围绕阳离子捕收剂（如十二胺、季铵盐等）开展了大量的研究工作，取得了一定的研究进展。值得注意的是，金属离子配位调控分子组装可以利用金属基团的高选择性，实现选择性吸附，即以金属基作为官能团与矿物表面的阴离子基团作用，而不是与钙原子键合。因此，利用金属离子的模板效应对有机配体进行调控组装，形成以金属基为极性基团、以有机配体为疏水基团的金属-有机配合物捕收剂，有可能实现捕收剂在白钨矿表面的靶向吸附，从而从根本上解决白钨矿与含钙脉石矿物的浮选分离难题（见图 5-37）。

5.3.2.1　铅离子与苯甲羟肟酸的配位组装行为

A　铅离子与苯甲羟肟酸配位组装的量子化学研究

量子化学计算结合检测技术是研究 Pb-BHA 配合物结构的重要手段。He 等人[107]采用量子化学计算研究了铅离子与苯甲羟肟酸的配位组装，在 B3LYP/aug-cc-pVDZ 理论水平下，对 BHA、BHA^-、$Pb(BHA)^{2+}$和 $Pb(BHA)^+$的结构进行了优化。图 5-38（a）显示了所有优化后的结构及它们与 Pb^{2+}的配合物，这些

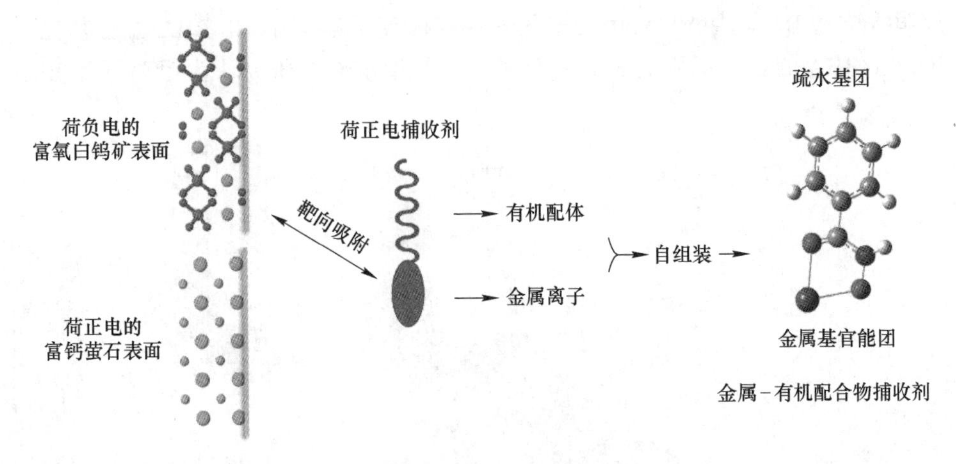

图 5-37 金属-有机配合物捕收剂的设计[112]

优化后的结构被分为 Ei、Zi、Ea 和 Za 四类。图 5-38（b）的计算结果表明 Za 类型是 BHA、BHA^-、$Pb(BHA)^{2+}$和$Pb(BHA)^+$最稳定的构型，且 BHA 更倾向于与Pb^{2+}配合形成“O,O”五元环，而不是“O,N”四元环。

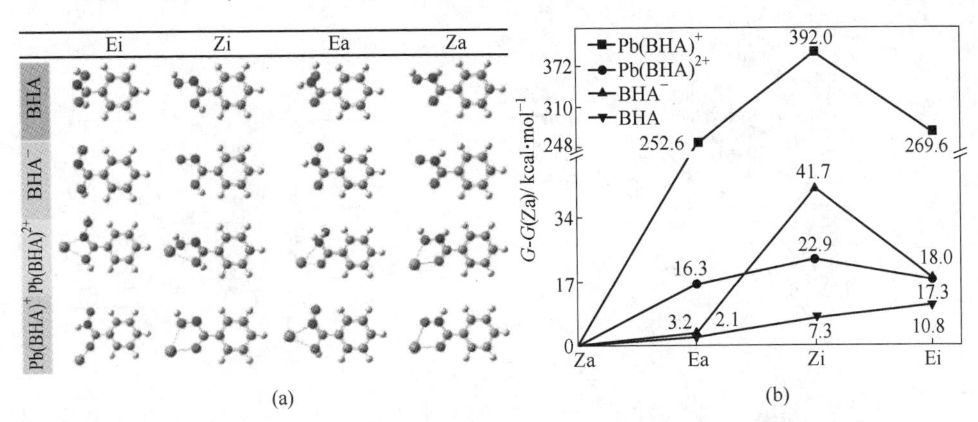

图 5-38 BHA 异构体和Pb^{2+}-BHA 配合物最优结构计算

（a）BHA、BHA^-、$Pb(BHA)^{2+}$和$Pb(BHA)^+$的优化结构；（b）BHA、BHA^-、$Pb(BHA)^{2+}$和$Pb(BHA)^+$同分异构体的吉布斯自由能

（以 Za 型的吉布斯自由能为零点，1 cal=4.184 J）

He 等人[113]采用量子化学计算在溶剂模型下计算了 BHA、$Pb(BHA)^+$和$Pb(BHA)_2$的优化结构及其最高占据分子轨道（HOMO）和最低未占分子轨道（LUMO）（见图 5-39（a）），结果表明$Pb(BHA)^+$的 LUMO 主要集中在铅离子上，而$Pb(BHA)_2$的 LUMO 分布在整个配合物上，$Pb(BHA)^+$的 HOMO 与 LUMO 的间隙较小，表明$Pb(BHA)^+$比$Pb(BHA)_2$更活跃，是一个以铅离子为亲电位点

的亲电分子。He 等人[107]采用量子化学计算研究了溶液中 Pb-BHA 配合物在不同的 Pb/BHA 的比例下所生成的配合物结构的稳定性，研究认为铅离子和 BHA

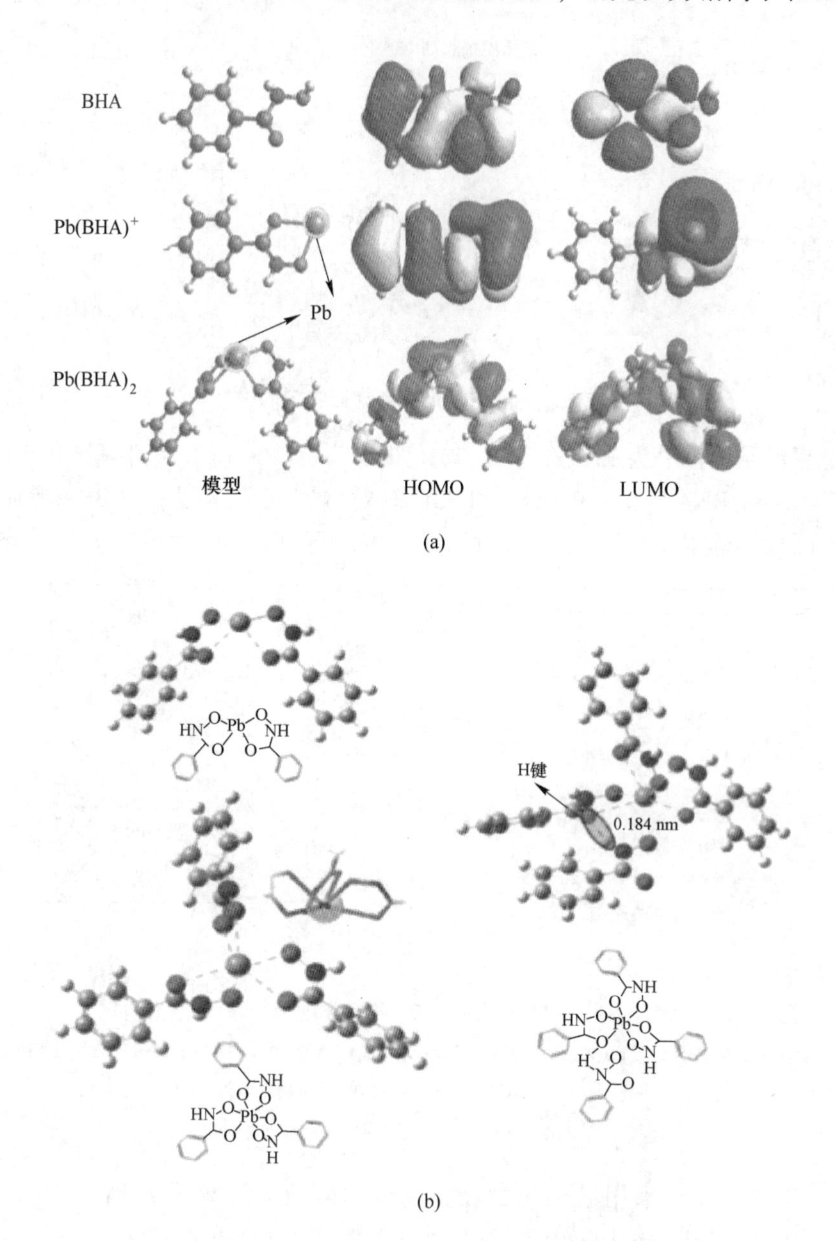

图 5-39　不同配位数的 Pb-BHA 配合物结构计算

(a) BHA、$Pb(BHA)^+$和 $Pb(BHA)_2$ 的优化结构及其 HOMO 和 LUMO 前线轨道[113]；
(b) 不同配位数的 Pb-BHA 优化结构[107]

在溶液中存在多种形式的配合物，首先形成单一配位 $Pb(BHA)^+$，然后形成如 $Pb(BHA)_2$、$Pb(BHA)_2+BHA^-$ 等配位数较高的配合物（见图 5-39（b））；Pb-BHA^- 在热力学上是一个比较有利的形态，而 BHA^- 与 Pb^{2+} 的反应自由能（−356.55 kcal/mol（−1492.80 kJ/mol））远高于水分子与 Pb 的反应能（−50.48 kcal/mol（−211.35 kJ/mol）），表明 BHA^- 与 Pb^{2+} 配位反应的效率高于水分子与 Pb^{2+} 的配位反应效率；第三个 BHA^- 的配位反应产生的吉布斯自由能正变化为 0.03 kcal/mol(0.13 kJ/mol)，表明第三个水分子与前一个 $Pb(BHA)_2$ 的结合在热力学上是不利的。此外，当 BHA 配体数量达到 4 时，由于氢键作用发生分子内聚集，添加的 BHA^- 和相邻 BHA^- 之间的氢键长度为 0.18 nm，N—H…O 键角为 153.9°。配体数量大于 3 时得到的配合物结构是不稳定的，但 Pb^{2+}-BHA 可以与 3 个或更多的 BHA 配体通过范德华力、氢键等分子间相互作用形成复合物。

B　铅离子与苯甲羟肟酸配合物的分子结构解析

量子化学研究初步揭示了铅离子和苯甲羟肟酸的组装行为，而 Pb-BHA 配合物结构的精确解析需要强说服力的技术手段和更全面的研究方法。单晶 X 射线结构分析是研究金属-有机配合物结构最直接也最有说服力的表征方法[114]，可以提供一个化合物在固态中所有原子的精确空间位置，从而得到材料的结构、排列方式、原子连接方式、准确的键长和键角等数据[115]。Pb-BHA 配合物捕收剂的结构受到 Pb 与 BHA 的比例和溶液 pH 值的影响。Pb-BHA 金属配合物的 X 射线晶体结构分析表明，Pb^{2+} 和 BHA 在摩尔比为 1∶1 的条件下生成的单晶的化学式为 $C_{56}H_{47}N_{12}O_{28}Pb_6$，分子式为 $Pb_6L_8(NO_3)_4$（HL = BHA），相对分子质量为 2579.19，单斜晶系，空间群为 $P2_1/c$，晶胞参数为：$a = 1.78428$（3）nm，$b = 1.80279$（3）nm，$c = 2.10876$（4）nm，$\alpha = 90.00°$，$\beta = 107.99°$（2），$\gamma = 90.00°$，$z=4$。在配合物分子中，6 个铅离子与 8 个配体和 4 个硝酸根离子进行配位形成 $Pb_6L_8(NO_3)_4$ 的配合物结构（见图 5-40（a））。Pb^{2+} 与 L 配体的氧原子配位形成非平面“O,O”五元环配合物。Pb^{2+} 在配合物中的配位环境如图 5-40（b）所示，配合分子中有 6 个 Pb^{2+} 中心，所有 Pb^{2+} 都与氧原子配位，Pb—O 键长范围为 0.2377（4）~0.2789（5）nm，其中，Pb1、Pb2、Pb3 和 Pb6 离子为五配位结构，Pb4 和 Pb5 离子为七配位结构。Pb1、Pb2 和 Pb6 离子与 L 配体的氧原子配位，而 Pb3、Pb4 和 Pb5 离子与 L 配体和 NO_3^- 的氧原子配位，其 O—Pb—O 角范围为 58.58（15）°~158.02（15）°。邻近配合物分子通过 Pb—O 键的连接结合，形成具有重复结构的三维扩展框架结构聚合物（见图 5-40（c））。三维框架结构中以 L 配体提供 N—H 键，而 L 或 NO_3^- 的羟基氧提供氧原子，形成分子内和分子间的 N—H…O 氢键。

Pb^{2+} 和 BHA 在摩尔比为 2∶1 的条件下生成分子式为 $[Pb_6L_8(NO_3)_3]NO_3$ 的配合物。$[Pb_6L_8(NO_3)_3]NO_3$ 在单斜晶系中结晶，其空间群为 $P2_1/c$，晶格常

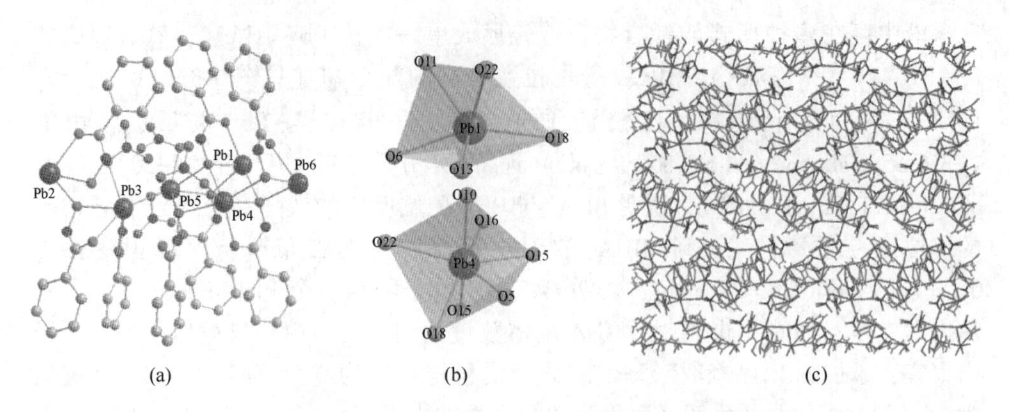

(a)　(b)　(c)

图 5-40　$Pb_6L_8(NO_3)_4$ 的晶体结构分析

（a）$Pb_6L_8(NO_3)_4$ 的分子结构；（b）Pb1 和 Pb4 的配位环境；

（c）$Pb_6L_8(NO_3)_4$ 三维扩展框架结构[116]

数为 a=1.79246（11）nm，b=1.81038(11）nm，c=2.14467(13）nm。在配合物的分子结构中，6 个 Pb^{2+} 与 8 个 L 配体和 3 个 NO_3^- 配位形成配合物的内界，并有一个游离的 NO_3^- 作为配合物的外界（见图 5-41（a））。Pb^{2+} 与 L 配体中的氧原子配位形成非平面五元环配合物。图 5-41（b）显示了配合物中 Pb^{2+} 的配位环境。在配合物分子中存在 6 个 Pb^{2+} 中心，所有 Pb^{2+} 都与氧原子配位，Pb—O 键距为 0.2364（5）~0.2751（5）nm。在这些 Pb^{2+} 中，Pb1、Pb2、Pb3 和 Pb6 是五配位的，而 Pb4 和 Pb5 是六配位的。Pb1、Pb2 和 Pb5 离子与 L 配体的氧原子配位，而 Pb3、Pb4 和 Pb6 离子与 L 配体或 NO_3^- 配体的氧原子配位。配体中的 Pb^{2+} 和氧原子与相邻的 Pb^{2+} 配合物分子键合，形成具有重复结构的三维扩展框架结构聚合

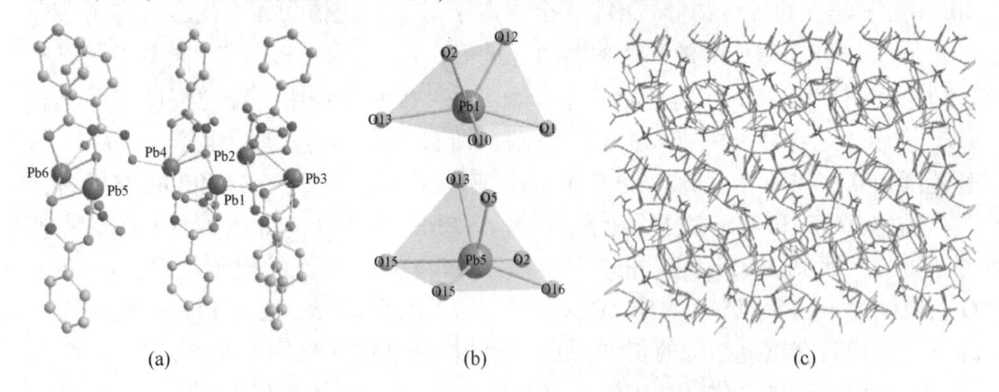

(a)　(b)　(c)

图 5-41　$[Pb_6L_8(NO_3)_3]NO_3$ 的晶体结构分析

（a）$[Pb_6L_8(NO_3)_3]NO_3$ 的分子结构；（b）Pb1 和 Pb5 的配位环境；

（c）$[Pb_6L_8(NO_3)_3]NO_3$ 三维扩展框架结构[112]

物（见图5-41（c））。在三维扩展框架结构中存在 N—H…O 氢键，其中 L 配体提供 N—H 键，而 L 或 NO_3^- 的羟基氧提供氧原子，形成分子内氢键和分子间氢键。

配合物在晶体、液相及界面吸附过程中的形态会发生演变。Pb^{2+} 和 BHA 在摩尔比为 1∶1 的条件下生成的配合物的晶体、液相及固-液界面的结构演变如图5-42所示。配合物单晶结构分子式为 $Pb_6L_8(NO_3)_4$，其液相沉淀物结构为 $Pb_4L_5(OH)_3$，未参与配合物组成的铅离子生成了 $Pb(OH)_2$ 沉淀，形成 $Pb_4L_5(OH)_3$ 和 $Pb(OH)_2$ 共存的悬浊液。配合物在矿物表面所生成的吸附物结构为 $Pb_4L_5(OH)_3$，配合物以铅离子与白钨矿表面的氧原子键合，形成键长为 0.2215 nm 的 Pb—O 键，此外，$Pb(OH)_2$ 也吸附在白钨矿表面。

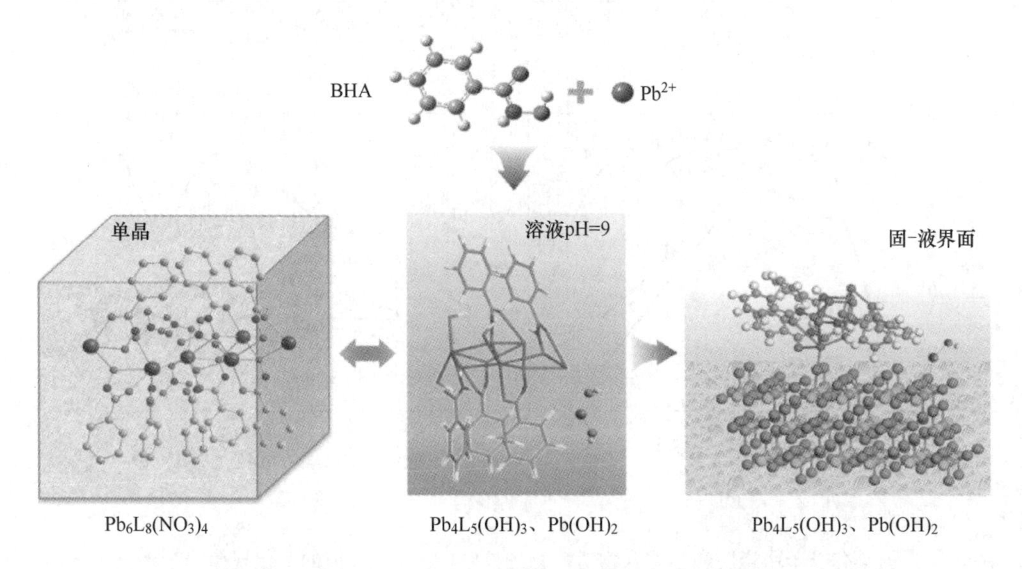

图 5-42 配合物的晶体、液相及固-液界面的结构演变[116]

5.3.2.2 铅离子-苯甲羟肟酸配合物捕收剂体系的矿物浮选行为

韩海生等人[106]研究了 Pb-BHA 配合物捕收剂的浮选行为，详细探究了 Pb^{2+} 和 BHA 的摩尔比和溶液 pH 值对配合物浮选白钨矿和黑钨矿的影响，如图5-43所示。结果表明，Pb^{2+} 与 BHA 不同的摩尔比下生成的配合物对不同矿物的捕收能力存在差异。$c_{Pb^{2+}}:c_{BHA}$ 为 1∶2、1∶1、2∶1 时，形成的配合物对白钨矿具有较强的捕收能力，三个配比下的共同有效 pH 值区间为 8.5~10.2；$c_{Pb^{2+}}:c_{BHA}$ 为 1∶2、1∶1、2∶1 时，形成的配合物对黑钨矿和方解石均具有较强的捕收能力，不同配比下形成的配合物的有效作用 pH 值区间差异较大；$c_{Pb^{2+}}:c_{BHA}$ 为 1∶1 时，形成的配合物对萤石具有一定的捕收能力；$c_{Pb^{2+}}:c_{BHA}$ 为 2∶1、1∶2、4∶1 时形成的配合物对萤石没有捕收能力或捕收能力很弱。这表明 Pb^{2+} 和 BHA 的比例影响了二者所形成的配合物及其组分状态，从而体现出了对不同矿物捕收性能的差异。

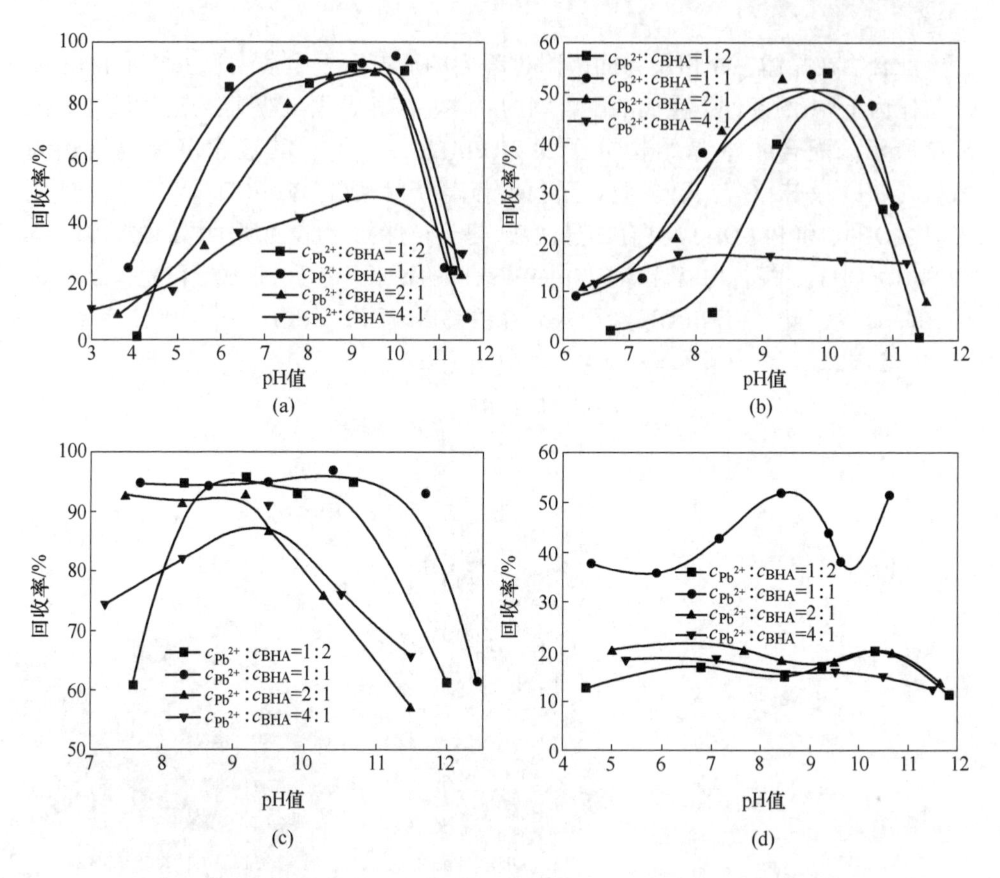

图 5-43　苯甲羟肟酸铅配合物对矿物的捕收能力随 pH 值的变化规律[106,118]

(a) 白钨矿；(b) 黑钨矿；(c) 方解石；(d) 萤石

(c_{BHA} = 1.5×10^{-4} mol/L，$c_{松油醇}$ = 12.5 μL/L)

研究表明配合物中 Pb^{2+} 和 BHA 的比例在 1∶2～2∶1 的浓度范围内对白钨矿、黑钨矿的捕收能力更强，而在 pH 值为 8～10 的范围内黑白钨矿可浮性较好。因此，Pb-BHA 配合物捕收剂对白钨矿具有很强的选择性捕收能力，而萤石基本不浮（见图 5-44）[48-49]，表明配合物具有很好的选择性，有利于钨矿/萤石伴生资源的高效浮选分离。通过合理调整 Pb^{2+} 与 BHA 配比及矿浆 pH 值，可以改变配合物对黑白钨矿及脉石矿物的可浮性，从而实现含钨矿物与含钙脉石矿物的高效分离。

Tian 等人[109]研究了 Pb-BHA 捕收剂在锡石浮选中的行为，如图 5-45 (a) 所示。在 BHA 质量浓度为 80 mg/L 时，锡石的回收率达到最大值约 46%，而在

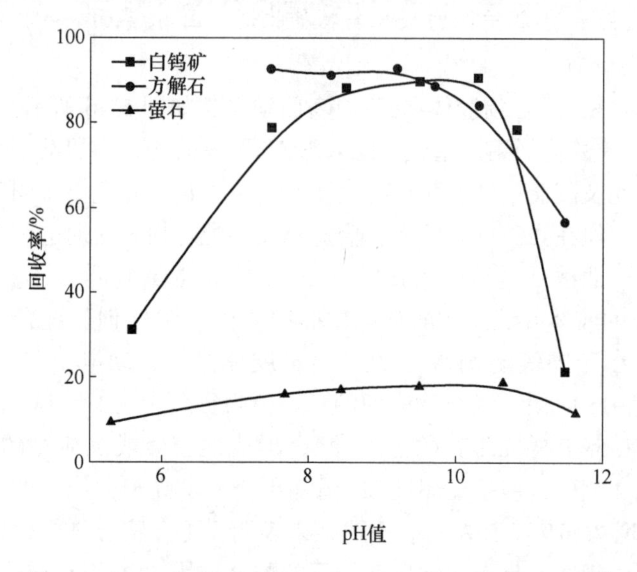

图 5-44 Pb-BHA 捕收剂体系下三种含钙矿物的可浮性[49]

使用 Pb-BHA 的条件下，锡石回收率显著提高到 86.15%，与单独使用 BHA 相比，锡石的最高回收率提高了 40.15 个百分点，表明 Pb-BHA 捕收剂对锡石浮选具有很强的捕收能力。Pb-BHA 捕收剂在锂辉石浮选中的行为如图 5-45（b）所示，在没有使用硝酸铅（LN）的情况下，锂辉石的回收率仅为 2%左右，在 LN 质量浓度为 40 mg/L 的条件下锂辉石的回收率达到了 40%左右，随着 BHA 质量浓度增加到 120 mg/L，锂辉石回收率迅速增大，达到最大值 81.61%，表明 Pb-BHA 对锂辉石浮选具有很强的捕收能力[117]。

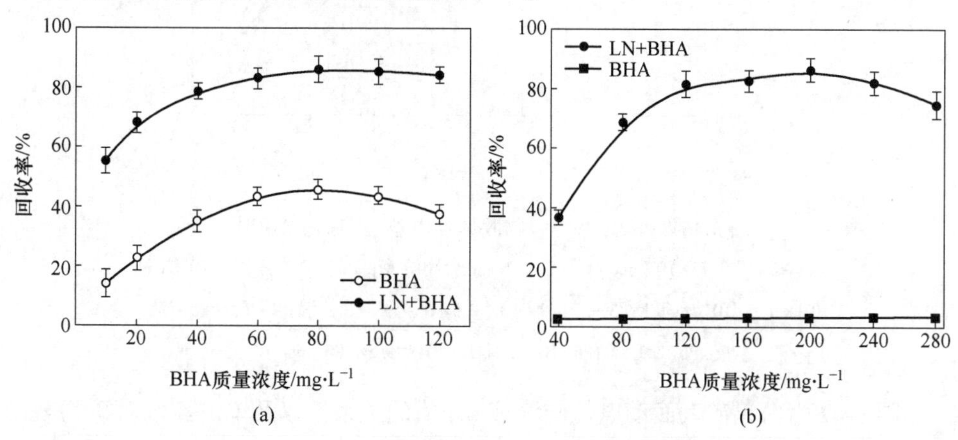

图 5-45 Pb-BHA 捕收剂对锡石和锂辉石的浮选捕收能力

(a) 锡石（pH 值为 7~8，LN：10 mg/L）[109]；(b) 锂辉石（pH 值为 8，LN：40 mg/L，BHA：40 mg/L）[117]

5.3.2.3　铅离子-苯甲羟肟酸配合物捕收剂在固-液界面吸附机制

A　动电位分析

Pb^{2+}、Pb-BHA 配合物胶体-沉淀的表面动电位如图 5-46 所示。曲线 2、4 分别是在曲线 1、3 的药剂用量基础上配入 BHA 形成的配合物的动电位曲线。可以看到，在弱碱性及碱性条件下配合物表面动电位为正，并且小于同等浓度的铅离子胶体动电位。但在强碱性条件下，恰好相反：配合物表面动电位高于铅离子胶体表面动电位。曲线 2 是 0.75×10^{-4} mol/L 的 $Pb(NO_3)_2$ 与 1.5×10^{-4} mol/L 的 BHA 配合形成的胶体或沉淀物的动电位曲线；在 pH<11 时，配合物的表面动电位为正，并且小于同等药剂浓度的铅离子胶体溶液，动电位的最高值出现在 pH=8 时。当 pH>11 时，配合物表面的动电位为负。曲线 4 是 1.5×10^{-4} mol/L 的 $Pb(NO_3)_2$ 和 1.5×10^{-4} mol/L 的 BHA 配合形成的胶体或沉淀物的动电位曲线，其规律与曲线 2 相似，但是在测试 pH 值范围内，均高于曲线 2 的动电位，曲线 4 的最高值出现在 pH=7.2 左右。上述结果表明：配合物与氢氧化铅胶体或沉淀具有类似的荷电规律，且不同配比条件下的配合物的动电位有一定的差值。

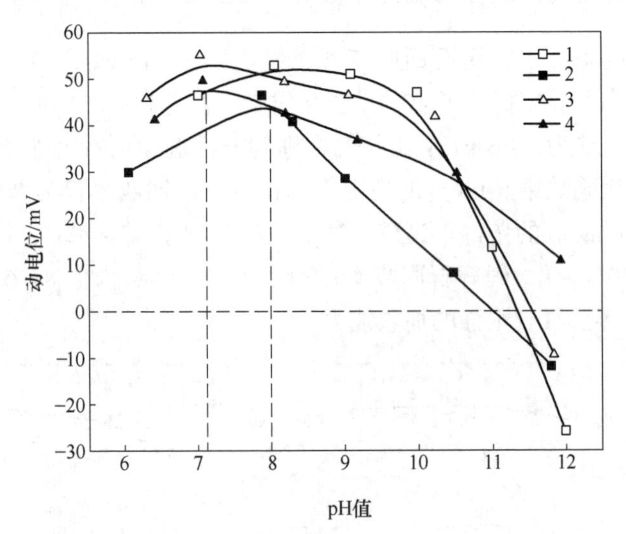

图 5-46　Pb-BHA 配合物胶体动电位与 pH 值关系[118]

1—$Pb(NO_3)_2$ 0.75×10^{-4} mol/L 溶液；2—配合物溶液：$Pb(NO_3)_2$ 0.75×10^{-4} mol/L+ BHA 1.5×10^{-4} mol/L；3— $Pb(NO_3)_2$ 1.5×10^{-4} mol/L 溶液；4—配合物溶液：$Pb(NO_3)_2$ 1.5×10^{-4} mol/L+ BHA 1.5×10^{-4} mol/L

图 5-47 为白钨矿表面动电位与溶液 pH 值的关系，以及单一药剂对矿物表面动电位的影响。溶液中加入 BHA，白钨矿表面动电位负移。白钨矿表面和 BHA 离子都带负电，所以可以推测 BHA 在白钨矿表面发生了非静电吸附：BHA 可能与白钨矿表面的 Ca^{2+} 发生了化学键合而吸附。在酸性条件下白钨矿表面的电位负

移较小，这是因为酸性条件下 BHA 解离度小，难以与钙质点反应。溶液中加入一定量的硝酸铅，铅离子、羟基络合物和氢氧化物胶体带正电，容易在荷负电的白钨矿表面吸附。当溶液中硝酸铅浓度为 0.75×10^{-4} mol/L 时，白钨矿表面动电位大幅度正移，随着 pH 值升高，白钨矿表面动电位迅速升高，在 pH=8 左右时白钨矿表面动电位最高，当 pH>10 时，白钨矿表面动电位迅速下降，甚至当 pH 值足够高时白钨矿表面动电位又变为负值。

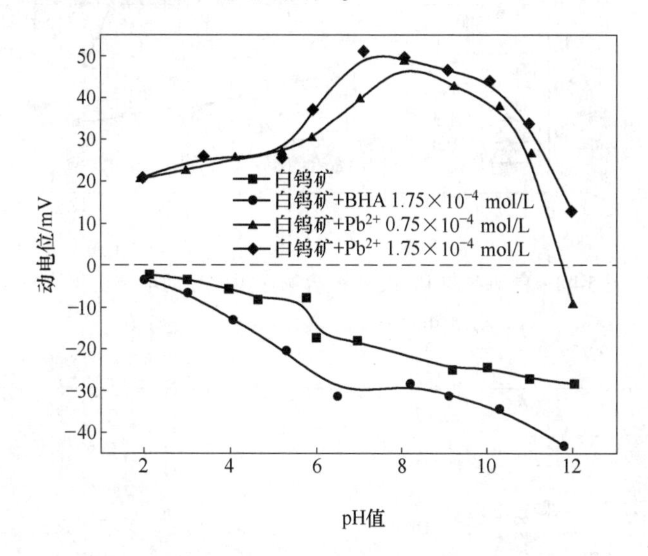

图 5-47 单一药剂的加入对白钨矿表面动电位的影响[118]

Pb-BHA 配合物和白钨矿的表面动电位测定结果表明，配合物胶体或沉淀表面荷正电，白钨矿表面荷负电，因此配合物容易通过静电力在矿物表面发生吸附。Pb-BHA 配合物与白钨矿作用前后的动电位如图 5-48 所示。加入 Pb-BHA 配合物后白钨矿表面的动电位均发生了正位移，动电位先随 pH 值升高而升高，在 pH=4.7 左右动电位曲线有一小幅的凹点。根据白钨矿饱和溶液中溶解组分图，这可能是由于白钨矿表面溶解引起的动电位变化，在 pH 值为 1.3~4.7 范围内，溶液中 HWO_4^- 和 WO_4^{2-} 浓度迅速升高，矿物表面动电位迅速负移，在 pH=4.7 时负移达到最大。在 pH=8 左右白钨矿表面动电位达到最大，然后随 pH 值升高急剧下降，等电点右移至 $pH_{IEP}=11$ 左右。因此，可以推测 Pb-BHA 配合物胶体具有类似氢氧化铅胶体性质，可以通过静电力吸附于白钨矿表面。

B 红外光谱分析

不同铅离子和 BHA 配比的 Pb-BHA 捕收剂红外光谱如图 5-49 所示。对于 BHA 的红外光谱，由于 BHA 的 O—H 伸缩振动和 N—H 伸缩振动的叠加，在 3295.33 cm^{-1}处形成了一个强的宽吸收峰，是羟肟酸的特征峰。3060.17 cm^{-1}处为 N—H 键的伸缩振动峰，3025.81 cm^{-1}处为 C—H 伸缩振动峰。一般认为肟类

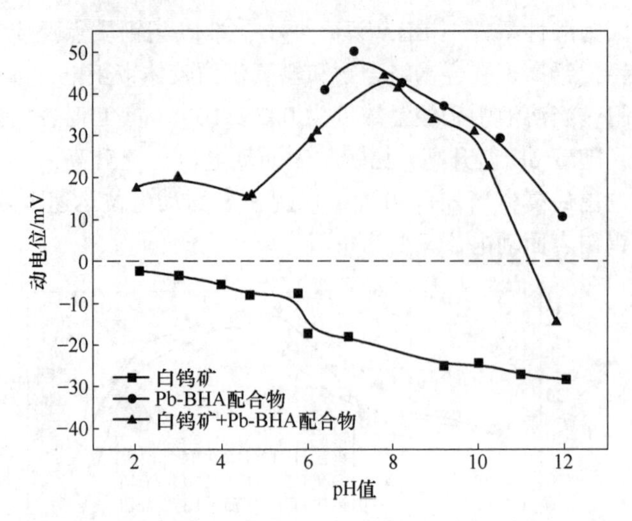

图 5-48　白钨矿与 Pb-BHA 配合物作用前后动电位变化[119]

（$c_{Pb}=1.5\times10^{-4}$ mol/L，$c_{BHA}=1.5\times10^{-4}$ mol/L）

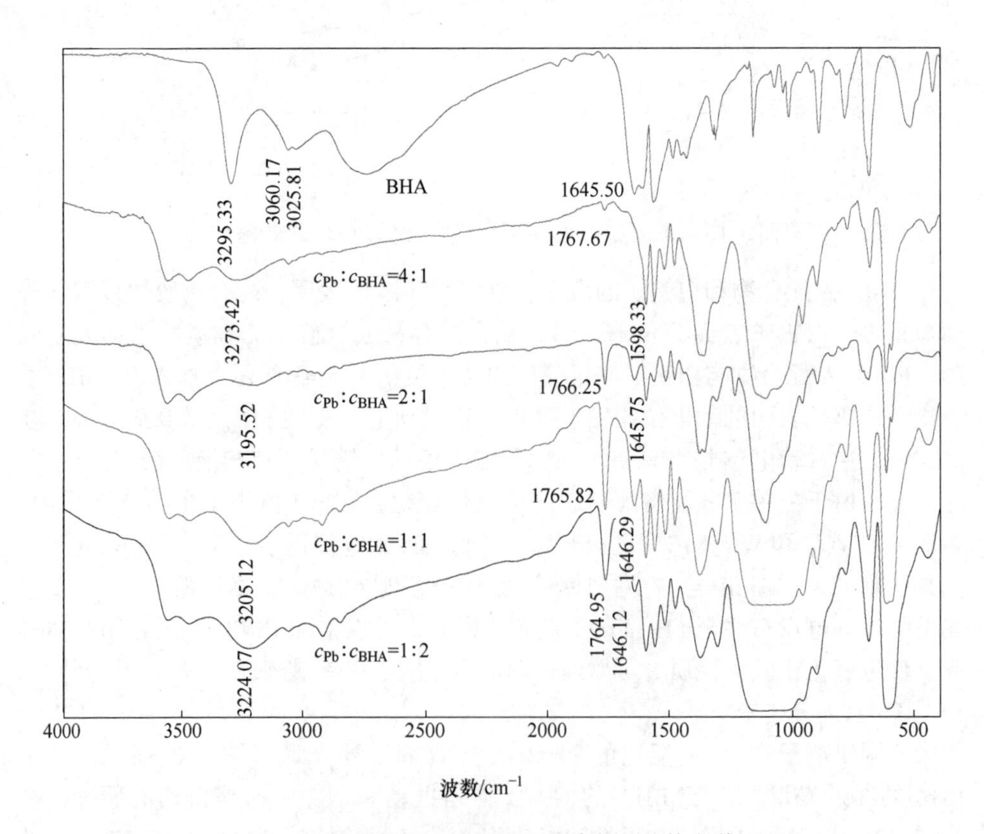

图 5-49　不同配比下 Pb-BHA 配合物的红外光谱

的C═N 双键伸缩振动峰在 1690~1650 cm^{-1}内，而对于具有芳香环的肟如 BHA 来说，C═N 伸缩振动峰要低 40 cm^{-1}左右，并且肟类的 C═O 双键也有类似的规律，羟肟酸异构形式中这两种键同时存在，因此 1645.50 cm^{-1}处为 BHA 的C═N 双键或 C═O 双键形成的一个较宽的强峰，这是芳香类羟肟酸的特征峰。1567 cm^{-1}、1488 cm^{-1}、1456.02 cm^{-1}处峰均较尖锐，是芳香肟的苯环骨架变形振动峰，或称为呼吸振动峰，也是 BHA 的特征峰。1163.29 cm^{-1}处是 C—N 的伸缩振动峰。由于 N—O 的振动分裂，在 1076.64 cm^{-1}、1042.02 cm^{-1}、1019.91 cm^{-1}三处形成分裂峰。在 689.99 cm^{-1}和 521.94 cm^{-1}处形成的峰可能是苯环上 C—H 的面外弯曲振动所致。配合物的红外光谱与 BHA 相比发生了很大变化，表明硝酸铅和 BHA 发生了化学反应生成了新的产物。随着硝酸铅与 BHA 摩尔比的增大，BHA 在 3295.33 cm^{-1}处的峰（—OH 伸缩振动峰）逐渐减弱，1645.50 cm^{-1}处峰（C═N 和 C═O 叠加振动峰）发生位移且逐渐减弱，特别是 C═O 在 1760~1770 cm^{-1}范围内的峰变化尤为显著。同时在 3500~3700 cm^{-1}范围内形成了新的峰（可能为 O—Me），这表明铅离子与苯甲羟肟酸发生反应，C═O双键被打开。1567 cm^{-1}、1488 cm^{-1}、1456.02 cm^{-1}处峰在引入铅离子后发生较大位移，说明芳香肟的苯环骨架发生了变形，1000~1200 cm^{-1}范围内的峰变宽可能是铅离子引入后 C—N 和 N—O 键相互叠加所致。

图 5-50 是白钨矿及其与 Pb-BHA 作用后的红外光谱。白钨矿的红外光谱中，808.54 cm^{-1}和 440.08 cm^{-1}处为钨酸根离子的特征峰，而 3425.01 cm^{-1}处为白钨矿表面水分子的 O—H 键不对称伸缩振动峰。白钨矿被配合物处理后，在 3424.94 cm^{-1}、1598.59 cm^{-1}、1561.73 cm^{-1}、1403.35 cm^{-1}、1150.82 cm^{-1}、806.70 cm^{-1}和 439.80 cm^{-1}等位置出现了明显的特征峰。其中，3424.94 cm^{-1}、806.70 cm^{-1}和 439.80 cm^{-1}等处的特征峰相对于白钨矿被配合物处理前的特征峰有了一定程度的位移。而 1598.59 cm^{-1}、1561.73 cm^{-1}处为苯骨架弯曲振动峰，1403.35 cm^{-1}处为 O—H 弯曲振动峰，1150.82 cm^{-1}处为 C—N 伸缩振动峰，这些配合物特征峰的出现，表明配合物的主要官能团都出现在白钨矿表面。

C X射线光电子能谱（XPS）分析

BHA 及 Pb-BHA 配合物光电子能谱分析见表 5-2。BHA 与 Pb^{2+}作用后，其 O 1*s*、N 1*s*和 Pb 4*f*原子结合能发生较大的位移，表明二者均可能与 Pb 成键。N 元素及其电子结合能位移可以作为表征 Pb-BHA 金属有机配合物在矿物表面吸附的指示因素。

Pb-BHA 在白钨矿表面作用前后的 XPS 全谱如图 5-51 所示，XPS 元素结合能见表 5-3。由图 5-52 可知，白钨矿被配合物处理后，表面出现了 Pb 4*f* 和 N 1*s* 的峰，这表明了配合物在白钨矿表面的吸附。而由表 5-3 可知，白钨矿表面被 Pb-BHA 作用前后 O 1*s*、Ca 2*p*、W 4*f*、Pb 4*f* 和 N 1*s* 的结合能变化（ΔE）分别为

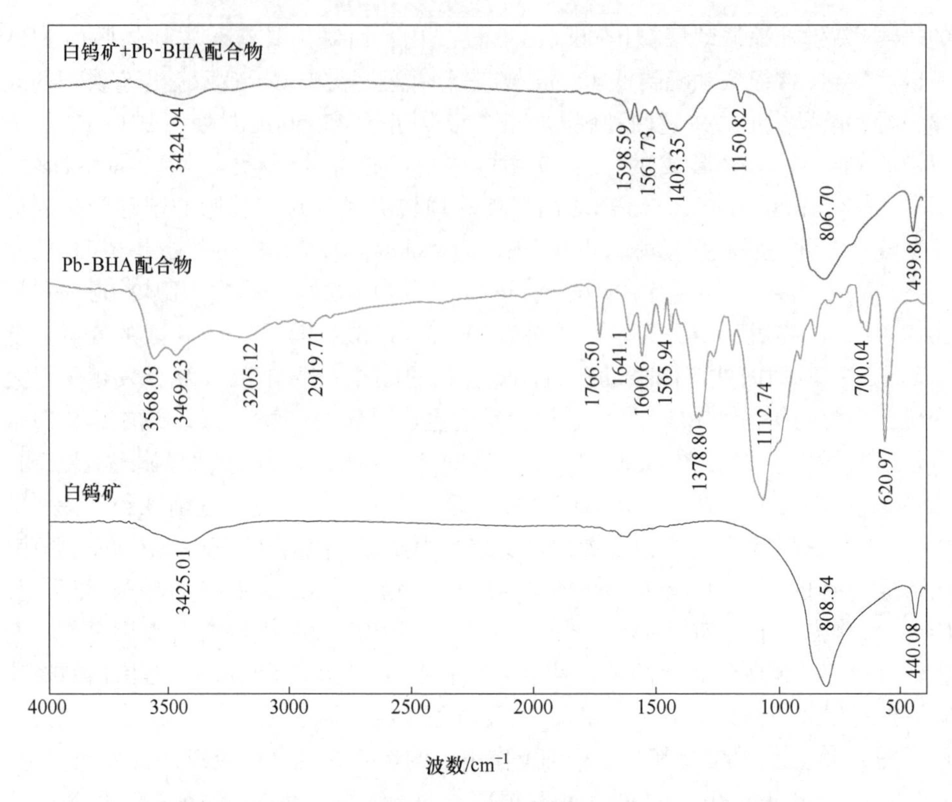

图 5-50　Pb-BHA 配合物在白钨矿表面作用前后的红外光谱图[119]

表 5-2　BHA 及 Pb-BHA 配合物表面元素结合能　(eV)

元素	结合能 E			ΔE
	BHA	$Pb(OH)_2$	Pb-BHA	
O 1s	532. 37		531. 18	−1. 19
N 1s	400. 21		399. 16	−1. 05
Pb 4f		138. 40	138. 70	+0. 30

+0. 55 eV、+0. 19 eV、+0. 12 eV、+0. 22 eV、−0. 14 eV，其中 Pb 4f 和 O 1s 的结合能位移最为显著，表明配合物在白钨矿表面的吸附是以氧原子为活性位点。而 Ca 2p 也出现了一定程度的位移，这可能是由于配合物与矿物表面的氢键作用。

对白钨矿表面吸附配合物前后的 O 1s、N 1s 和 Pb 4f 图谱进行分析，如图 5-52所示。图 5-52（a）表明，白钨矿被配合物处理前，表面出现两种氧元素的化学态，531. 79 eV 和 530. 29 eV 位置的峰分别对应白钨矿表面的 Ca—O 键和 W—O 键；图 5-52（b）表明白钨矿被配合物处理后，表面出现了五种氧元素的化学态，其中 531. 82 eV 和 530. 71 eV 位置的峰分别对应白钨矿表面的 Ca—O 键

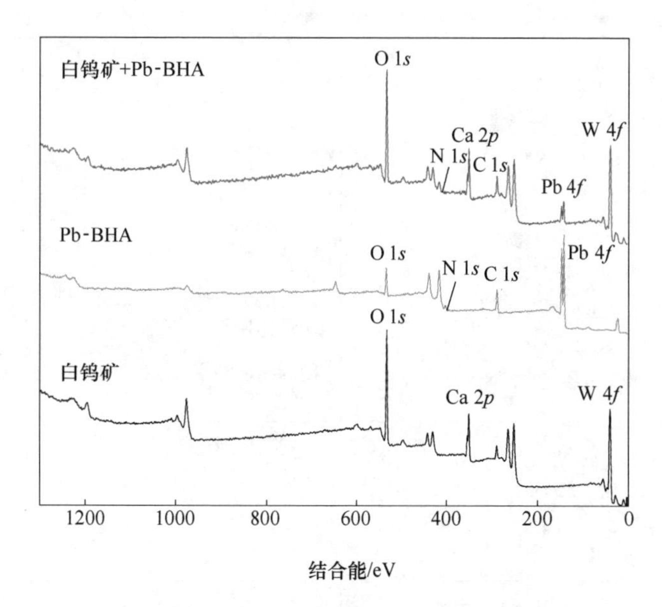

图 5-51 Pb-BHA 在白钨矿表面作用前后的 XPS 全谱[119]

表 5-3 Pb-BHA 在白钨矿表面作用前后的结合能 (eV)

元素	结合能 E			ΔE
	白钨矿	Pb-BHA	白钨矿+Pb-BHA	
C 1s	284.8	284.8	284.8	0
O 1s	530.31	531.26	530.86	+0.55
Ca 2p	346.86		347.05	+0.19
W 4f	35.31		35.43	+0.12
Pb 4f		138.50	138.72	+0.22
N 1s		398.99	398.85	-0.14

和 W—O 键，532.21 eV、531.25 eV、529.70 eV 位置的峰分别对应配合物在白钨矿表面吸附后形成的 N—O 键、C═O 键、Pb—O 键；图 5-52（c）表明，白钨矿被配合物处理后，表面出现了两种氮元素的化学态，400.47 eV 和 398.84 eV 位置的峰分别对应配合物中的 C—N 键和 N—O 键（或 C═N 键，两者的结合能十分接近，因此不予以区分）；图 5-52（d）表明白钨矿表面被配合物处理后，在 143.60 eV 和 138.72 eV 位置出现了铅元素的两个分裂峰 Pb $4f_{5/2}$ 和 Pb $4f_{7/2}$，与配合物中 Pb 4f 的两个峰相比均位移了+0.22 eV。N—O 键、C═O 键、C═N 键和 Pb—O 键的出现，表明配合物的官能团出现在白钨矿表面，而 Pb—O 键的出现表明配合物通过铅离子与矿物表面氧质点进行作用从而发生了化学吸附。

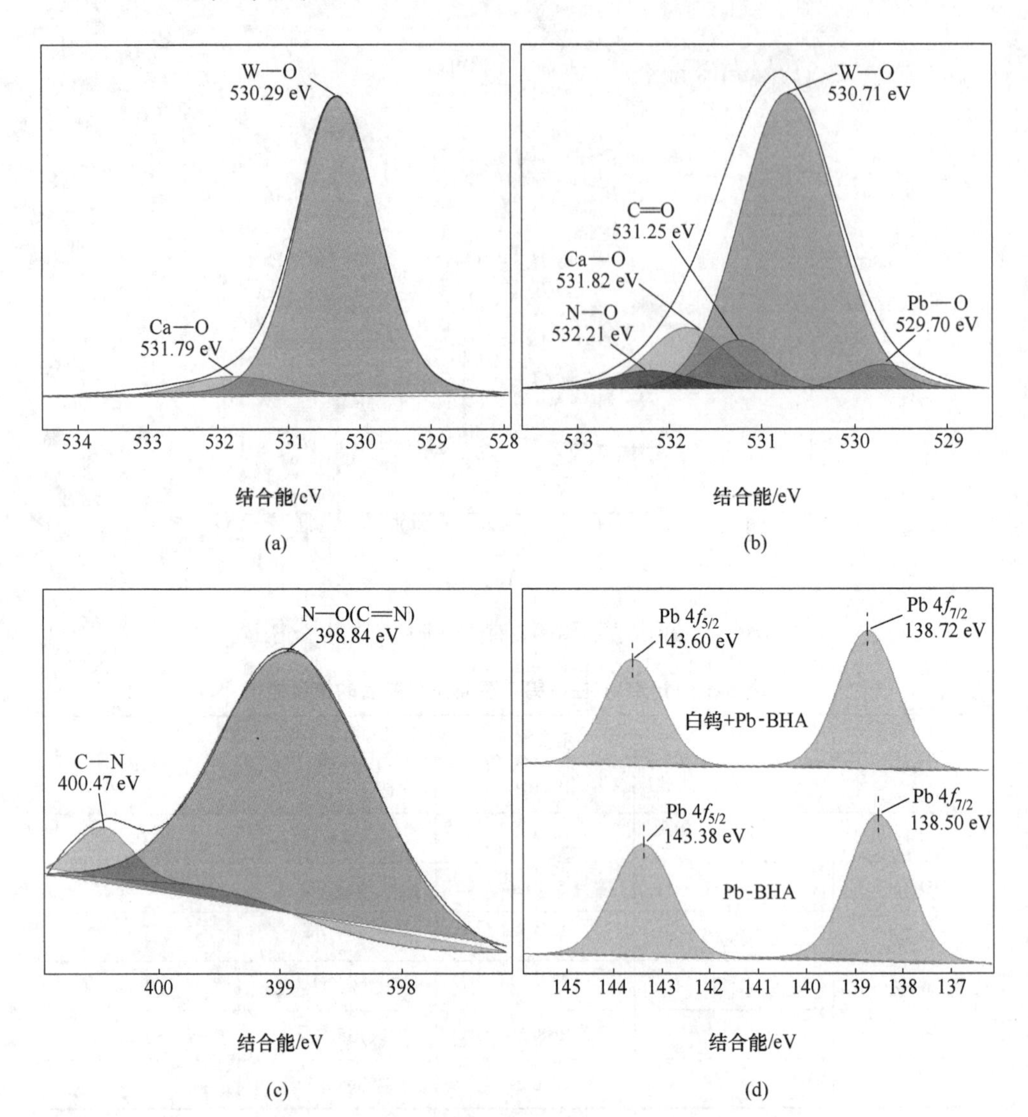

图 5-52　白钨矿表面被配合物处理前后的 XPS 元素结合能图谱分析[112]

(a)(b) O 1*s*；(c) N 1*s*；(d) Pb 4*f*

D　Pb-BHA 配合物在白钨矿表面的吸附模型

配合物在固-液界面的吸附机理与传统捕收剂也具有显著的不同。动电位及 XPS 对 Pb-BHA 配合物在白钨矿表面的吸附机理研究表明，Pb-BHA 配合物胶体在溶液中体现出铅离子的电性，在一定 pH 值区间内是带正电的，可以通过静电作用吸附在矿物表面；Pb-BHA 配合物在白钨矿表面发生了化学吸附，配合物中的铅离子与矿物表面氧质点是化学吸附的活性位点。因此，Pb-BHA 配合物在白钨矿表面的吸附模型如图 5-53 所示，表面荷强正电的 Pb-BHA 配合物胶体在静电力的吸引作用下迁移至表面荷负电的白钨矿表面，而后配合物中铅离子基团与矿物表面氧质点发生化学吸附作用从而吸附在矿物表面。

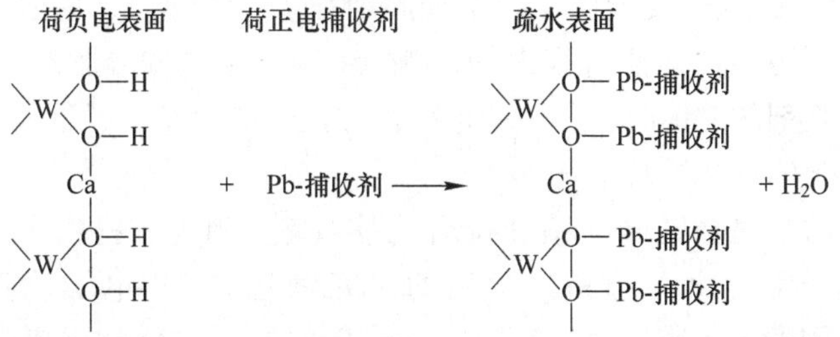

荷负电表面　荷正电捕收剂　疏水表面

W O—H O—H Ca W O—H O—H + Pb-捕收剂 ⟶ W O—Pb-捕收剂 O—Pb-捕收剂 Ca W O—Pb-捕收剂 O—Pb-捕收剂 + H_2O

图 5-53　Pb-BHA 配合物的自组装结构及在矿物表面的吸附作用机理[119]

金属-有机配合物捕收剂以金属离子为官能团，这和传统的捕收剂具有根本性的差别，金属离子基团具有良好的选择性吸附能力，使得配合物具有很高的选择性。Pb-BHA 配合物捕收剂已被证明在锡石、金红石、钛铁矿、锂辉石等氧化矿的浮选中都可以取得很好的指标[109,120-121]。由于金属离子和配体种类众多，配合物的结构具有多样性，通过不同金属基团和配体的选择和组装可以设计出对某些特定矿物具有靶向吸附能力的配合物捕收剂，例如，Fe^{3+} 和 BHA 的配合物捕收剂在锡石浮选中具有良好的捕收效果[99]。上述研究表明，金属离子与有机配体组装形成的某些配合物在浮选的选择性和捕收能力方面具有一定的优势，这一发现具有一定的普适性。从金属离子配位调控分子组装的角度而言，金属-有机捕收剂由于金属离子和配体种类众多，其结构具有多样性，因此配合物捕收剂的开发和应用潜力巨大，是新型浮选药剂的设计与开发的新的方向。

5.3.3 金属离子-羟肟酸配合物捕收剂的“构-效”关系

Pb-BHA 配合物作为一种新型金属-有机配合物捕收剂得到了广泛的应用，在白钨矿、黑钨矿、锡石、钛铁矿、金红石等氧化矿浮选中取得了良好浮选指标[76,120,122]。然而，矿物浮选中 Pb-BHA 的使用存在用量相对较大且起泡能力不足等问题。以白钨矿浮选为例，Pb-BHA 用量通常是脂肪酸用量的 2~3 倍，同时需要添加辅助起泡剂[119,123]。由于羟肟酸生产成本高，使得用 Pb-BHA 浮选白钨矿的药剂成本偏高。因此，如何构建金属离子-羟肟酸配合物捕收剂的“构-效”关系，开发更加高效、低成本的新型浮选药剂具有重要意义。

5.3.3.1 基于共轭体系取代基电子效应的羟肟酸分子“构-效”关系

影响配合物浮选捕收能力的直接因素主要有两个：（1）配合物官能团在矿物表面的吸附能力；（2）配合物非极性基团的疏水能力。配体是配合物捕收剂中重要的组成部分，BHA 苯环的疏水性和发泡性能比长链烃基差得多。因此，提高 BHA 与矿物表面活性位点的结合能力和增强非极性基团的疏水性是提高配合物浮选效率的有效途径。已有文献报道了以羟肟酸为核心框架的分子修饰方法，设计出了新型羟肟酸分子，包括环己基羟肟酸、对叔丁基苯甲羟肟酸、N-(6-(羟氨基)-6-氧己基)癸酰胺、烷基羟肟酸盐等[124-127]。这些研究表明，不同基团的引入对羟肟酸的性能有很大的影响[82,127]，当这些羟肟酸作为金属离子-有机配合物捕收剂的配体时，药剂的选择性和捕收能力发生了重大变化，但是一直以来缺乏系统的规律性总结。

以苯甲羟肟酸铅金属离子-有机配合物捕收剂为基础，提出了羟肟酸配体分子及其金属离子配合物“构-效”关系的研究思路：利用电子效应提高（或降低）羟肟酸基团的电子密度，进而考察修饰后的羟肟酸分子及其金属离子-有机配合物对白钨矿浮选性能的影响。如图 5-54 所示，在 BHA 分子苯环的对位分别引入给电子基团甲基与吸电子基团溴基，合成两种新捕收剂分子——对甲基苯甲羟肟酸（MBHA）与对溴苯甲羟肟酸（BBHA），从而分别提高或降低分子中羟肟酸基的电子密度。羰基与苯环处于共轭位置，苯环上给/吸电子取代基会引起羰基电子密度的改变；肟基 N 在羰基 α 位，羰基电子密度的改变能通过超共轭效应引起肟基 N 电子密度变化；羟基通过分子内氢键与羰基密切关联，因此羰基电子密度的改变能通过分子内氢键引起羟基氧电子密度变化。因此，共轭效应、超共轭效应和分子内氢键作用可以增强或减弱键合基团的电子密度。又由于甲基和溴基尺寸相近，MBHA 与 BBHA 捕收剂在矿物表面吸附和与气泡作用时，可排除取代基尺寸对界面反应的影响。

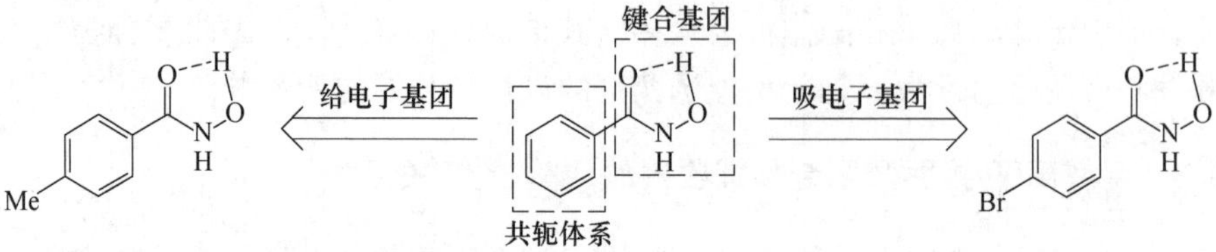

键合基团　给电子基团　吸电子基团　共轭体系　Me　Br

图 5-54　基于电子效应的苯甲羟肟酸捕收剂分子修饰[128]

A　新型羟肟酸分子的合成

按以下方法合成三种羟肟酸[128]：

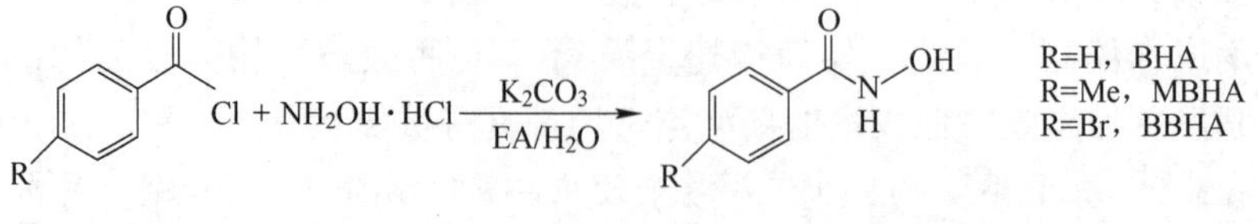

R-C₆H₄-COCl + $NH_2OH \cdot HCl$ $\xrightarrow[EA/H_2O]{K_2CO_3}$ R-C₆H₄-CONHOH　R=H，BHA；R=Me，MBHA；R=Br，BBHA

（1）苯甲羟肟酸（BHA）。产率为 91.5%。元素分析得到的元素质量分数（%）为：C 61.33，H 5.12，N 10.38。根据分子式 $C_7H_7NO_2$ 计算得到的元素质量分数（%）为：C 61.31，H 5.11，N 10.22。^{1}H-NMR（500 MHz，DMSO-d6）δ 为 11.23（s，1H）、9.05（s，1H）、7.75（d，J = 7.3 Hz，2H）、7.50（q，J =

7.1 Hz，1H）、7.44（t，J = 7.5 Hz，2H）。^{13}C-NMR（126 MHz，DMSO-d6）δ 为164.33、132.89、131.23、128.47、126.96。

（2）对甲基苯甲羟肟酸（MBHA）。产率为 90.1%。元素分析得到的元素质量分数（%）为：C 63.60，H 5.98，N 9.26。根据分子式 $C_8H_9NO_2$ 计算得到的元素质量分数（%）为：C 63.58，H 5.96，N 9.27。^{1}H-NMR（500 MHz，DMSO-d6）δ 为 11.15（s，1H）、8.97（s，1H）、7.65（d，J = 8.0 Hz，2H）、7.24（d，J = 8.0 Hz，2H）、2.33（s，3H）。^{13}C-NMR（126 MHz，DMSO-d6）δ 为：164.39、141.13、130.09、129.01、127.00、21.07。

（3）对溴苯甲羟肟酸（BBHA）。产率为 88.5%。元素分析得到的元素质量分数（%）为：C 38.92，H 2.81，N 6.47。根据分子式 $C_7H_6NO_2Br$ 计算得到的元素质量分数（%）为：C 38.89，H 2.78，N 6.48。^{1}H-NMR（500 MHz，DMSO-d6）δ 为 11.31（s，1H）、9.11（s，1H）、7.71~7.65（m，4H）。^{13}C-NMR（126 MHz，DMSO-d6）δ 为 163.81、132.53、131.29、128.81、126.89。

B BHA、MBHA 和 BBHA 对白钨矿的浮选性能

MBHA、BBHA 与 BHA 在相同用量下对白钨矿的捕收能力如图 5-55（a）所示。结果表明，白钨矿的浮选回收率随着捕收剂用量的增加而迅速提高，然后逐渐趋于平缓，直至获得最高的回收率。当捕收剂用量为 1.5×10^{-4} mol/L 时，采用 MBHA 的回收率为 79.6%，而采用 BHA 和 BBHA 的回收率分别为 63.6% 和 58.4%，这表明 MBHA 对白钨矿具有更强的捕收能力，且最佳用量为 1.5×10^{-4} mol/L。在最佳的药剂用量下，研究了不同的矿浆 pH 值对三种羟肟酸浮选白钨矿的影响，如图 5-55（b）所示。结果表明，三种药剂更适合在碱性条件下浮选，最佳矿浆 pH 值为 9。在此矿浆 pH 值下对三种捕收剂的捕收能力进行比较，MBHA、BHA 和 BBHA 的回收率分别为 80.6%、59.43% 和 57.7%，可知 MBHA 的捕收能力最强。因此，图 5-55 结果表明，三种羟肟酸的捕收能力排序为 MBHA>BHA>BBHA，这意味着给电子取代基团（甲基）增强了捕收剂的捕收能力，而吸电子基团（溴基）则相反。

C 电子效应对 BHA 分子结构与性质影响的量子化学研究

基于 DFT 的量子化学计算研究了电子效应对 BHA 分子结构与性质的影响。BHA、MBHA 和 BBHA 的分子结构、电荷分布、能量最小路径（MEP）、HOMO 和 LUMO 能量，如图 5-56 所示。Mulliken 电荷分布表明，负电荷主要分布在羰基氧和羟基氧上，是三种捕收剂分子在白钨矿表面的键合位点（供电子位点）。BHA 和 BBHA 中羰基氧和羟基氧的 Mulliken 电荷分别为 $-0.718e/-0.468e$ 和 $-0.714e/-0.470e$，而 MBHA 的 Mulliken 电荷为 $-0.756e/-0.47e$。此外，BHA、

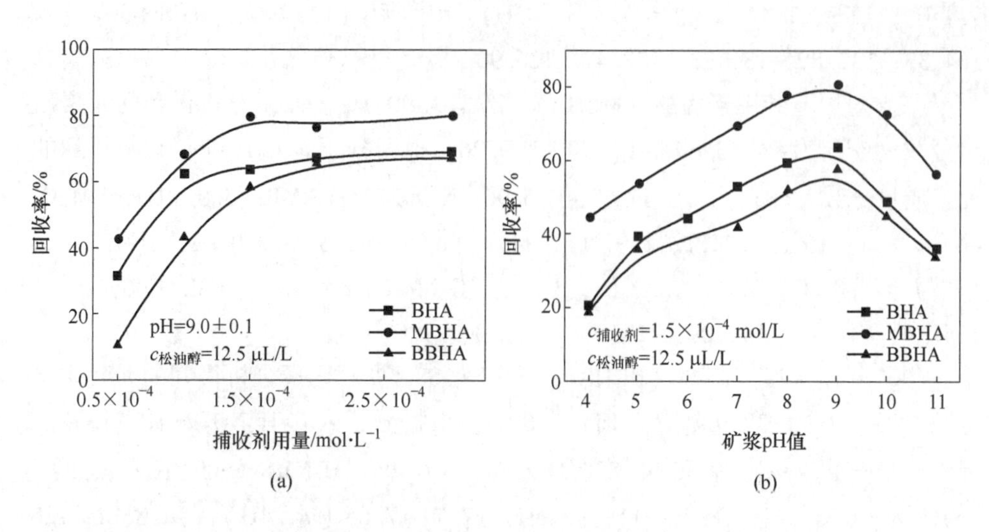

图 5-55　捕收剂用量（a）和矿浆 pH 值（b）对白钨矿浮选回收率的影响[128]

MBHA 和 BBHA 的氮原子的 Mulliken 电荷分别为 0.317e、0.277e 和 0.323e。Mulliken 电荷分布的结果表明，甲基的引入增加了羰基氧和羟基氧的电子密度，降低了氮原子的电子密度。图 5-56 显示 BHA 中最大负静电势的区域是氧原子，尤其是羰基氧。MBHA 的氧原子电势明显低于 BHA，而 BBHA 的氧原子电势明显高于 BHA。C═O 和 N—O⁻键长方面，BHA 的键长分别为 0.124/0.140 nm，BBHA 的键长分别为 0.124/0.140 nm，MBHA 的键长分别为 0.124/0.140 nm，表明甲基的引入会导致 C═O 和 N—O 这两个共价键的进一步极化，C═O 和 N—O 键长增加。E_{HOMO}被广泛认为是给电子基给电子能力的评价标准，从图 5-56 可以看出，MBHA 的 E_{HOMO}最高，而 BBHA 的 E_{HOMO}最低，这表明 MBHA 具有更强的给电子能力。对电荷分布、静电势、键长、E_{HOMO}的综合分析表明，苯环中引入一个甲基后，通过共轭效应增加了羰基氧的电子密度，然后羰基氧通过超共轭效应降低了仲胺的电子密度，通过分子内氢键作用增加了羟基氧的电子密度。因此，MBHA 分子的仲胺电子密度降低，而羰基氧和羟基氧两个键合原子的电子密度提高。MBHA 的键合位点比 BHA 和 BBHA 更活跃，使 MBHA 成为更强的电子供体，这意味着 MBHA 将在与 Ca^{2+}结合的过程中比 BHA 表现出更强的活性。

5.3.3.2　Pb-MBHA 对白钨矿的捕收性能及其作用机理

A　Pb-MBHA 对白钨矿的捕收性能

图 5-57（a）是采用铅离子为活化剂时，MBHA 和 BHA 的用量对白钨矿浮选的影响。结果表明，随着捕收剂用量的增加，白钨矿的回收率迅速提高，且

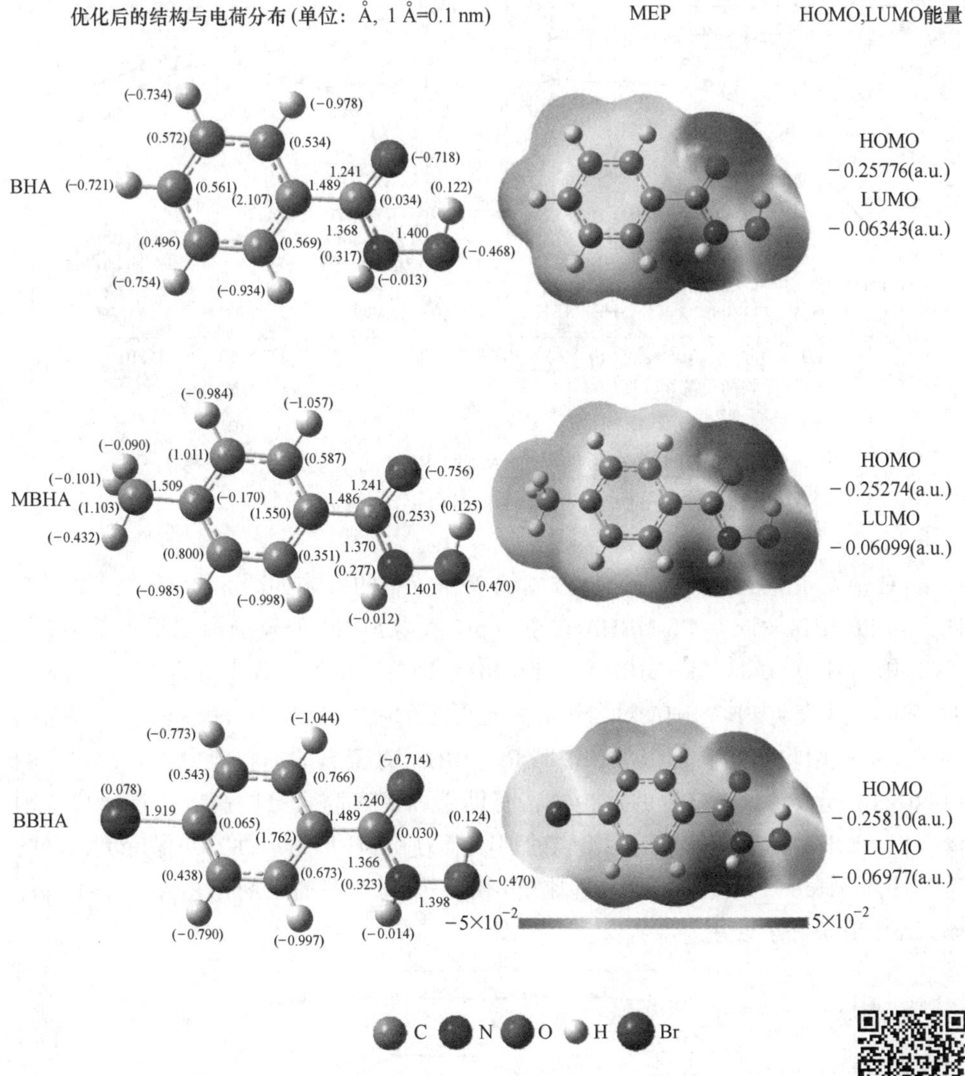

彩图

图 5-56 优化后的 BHA、MBHA 和 BBHA 的结构和电荷分布、MEP、HOMO 和 LUMO 能量[128]

MBHA 对白钨矿的回收率始终高于 BHA。因此，在铅离子存在的情况下，MBHA 对白钨矿的捕收能力仍强于 BHA。图 5-57（b）为铅离子和 MBHA 的添加顺序对白钨矿浮选的影响。结果表明，铅离子和 MBHA 混合后浮选白钨矿的回收率高于顺序添加，当铅离子用量为 1×10^{-4} mol/L 时，配合物捕收剂对白钨矿的回收率最高，达到 93.25%。因此，铅离子与 MBHA 组装形成的 Pb-MBHA 配合物捕收剂对白钨矿具有更强的捕收能力。

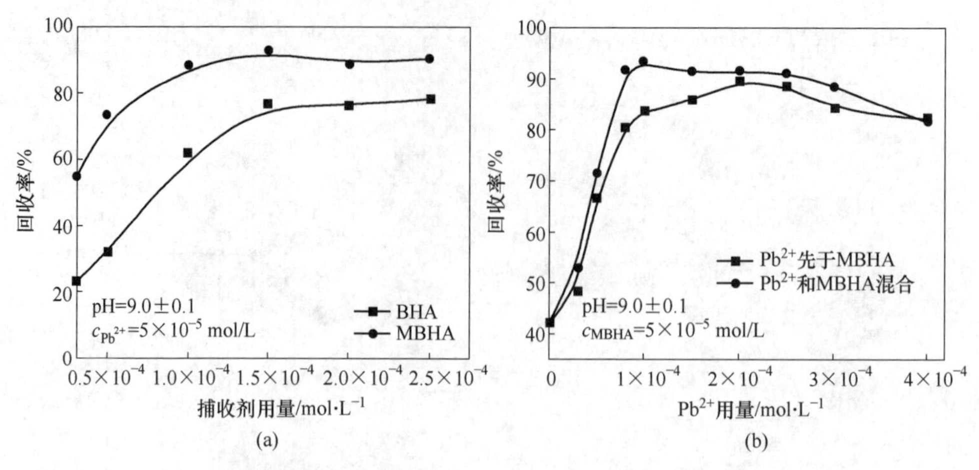

图 5-57　铅离子存在条件下 BHA 和 MBHA 的用量（a）及铅离子和 MBHA 的添加顺序（b）对白钨矿浮选的影响[98]

pH 值对 Pb-MBHA 配合物浮选白钨矿和萤石的影响如图 5-58 所示。结果表明，与 Pb-BHA 相比，Pb-MBHA 在整个 pH 值为 5～11 的范围内几乎不受 pH 值的影响。pH＝9.0 时，Pb-MBHA 和 Pb-BHA 对白钨矿的回收率分别为 94.05%和 80.60%，这表明 Pb-MBHA 对白钨矿具有更强的捕收能力和 pH 值适应性。与此同时，萤石回收率均低于 20%，说明 Pb-MBHA 对萤石的捕收能力较差，这表明 Pb-MBHA 配合物具有良好的选择性，有助于白钨矿与萤石的高效浮选分离。因此，Pb-MBHA 比 Pb-BHA 具有更强的捕收能力和 pH 值适应性，并保持了良好的选择性，这表明 Pb-MBHA 是一种比 Pb-BHA 更高效的捕收剂，并且可以在自然矿浆 pH 值条件下使用。

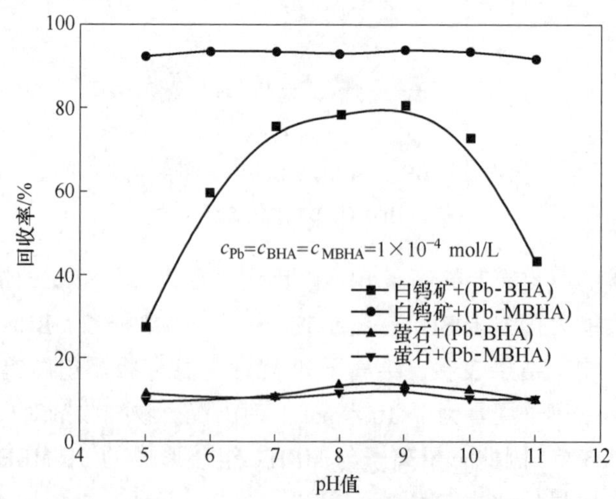

图 5-58　pH 值对 Pb-MBHA 配合物捕收剂浮选白钨矿和萤石的影响[98]

B Pb-MBHA 在白钨矿浮选中的作用机理

BHA、MBHA、Pb-MBHA 和 Pb-BHA 的动电位如图 5-59（a）所示。结果表明，BHA 和 MBHA 的动电位随 pH 值的增加而降低，且 MBHA 带更多的负电荷；然而，Pb-BHA 和 Pb-MBHA 带正电荷，且 Pb-MBHA 的电位高于 Pb-BHA，这表明 MBHA 与铅离子具有更强的结合能力。两种捕收剂处理后的白钨矿的动电位如图 5-59（b）所示。在 pH 值为 6~12 时，白钨矿表面带负电荷。经捕收剂处理后，白钨矿的电位出现正位移，表明 Pb-BHA 和 Pb-MBHA 吸附在白钨矿表面，而白钨矿表面吸附 Pb-MBHA 后电位位移更大，表明 Pb-MBHA 在白钨矿表面的吸附比 Pb-BHA 更强。

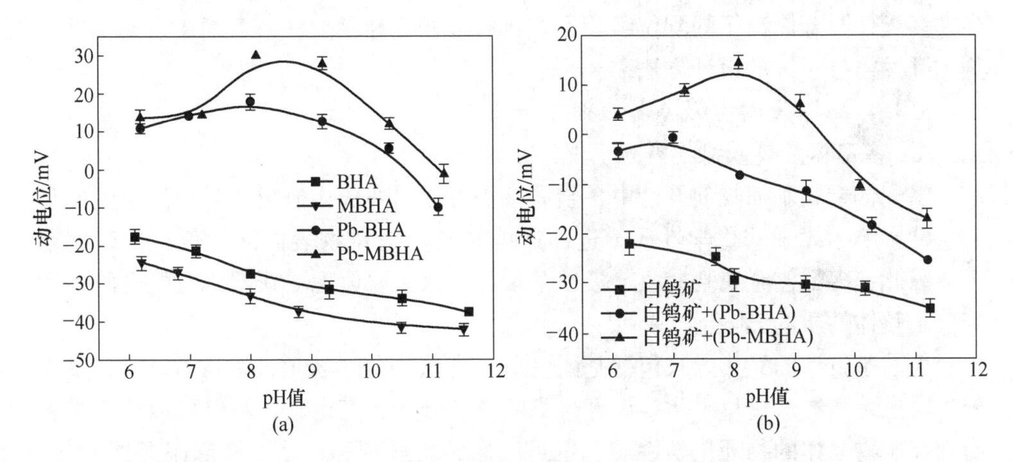

图 5-59 BHA、MBHA、Pb-MBHA 和 Pb-BHA 的动电位（a）及白钨矿被 Pb-BHA 和 Pb-MBHA 处理前后的动电位（b）[98]

白钨矿浮选 pH 值通常为弱碱性，而 Pb(OH)MBHA、$Pb(MBHA)^+$ 和 $Pb(MBHA)_2$ 等是弱碱性溶液中 Pb-MBHA 的优势组分。Pb-MBHA 配合物捕收剂具有更活跃的键合基团，在溶液中荷有较强的正电荷，更容易吸附在带负电荷的白钨矿表面。在固-液界面，$Pb(MBHA)^+$和 $Pb(MBHA)_2$ 的铅离子基团选择性地与白钨矿表面 WO_4^{2-} 基团的氧原子键合，Pb(OH)MBHA 中的羟基可以通过脱水反应与白钨矿表面的羟基结合，且 Pb-MBHA 组分的化学吸附强于 Pb-BHA。同时，甲基的引入提高了配合物非极性基团的疏水能力，Pb-MBHA 的吸附使白钨矿表面更加疏水，且在气液界面更容易形成稳定的泡沫。

因此，为了给 BHA 分子引入给电子基团取代基，可以通过共轭体系取代基电子效应增强 BHA 官能团氧原子的电子密度，从而增强 Pb-MBHA 组分在白钨矿表面的吸附作用，这为金属离子-有机配合物浮选药剂的“构-效”关系研究提供了新的方法和思路。

5.3.4 金属离子-多配体配合物捕收剂的设计及其在钨矿浮选中的作用机理

在化学和材料研究领域，多配体金属-有机配合物（多配体金属-有机框架材料）是一类由多种类配体与金属离子配位形成的配合物，与单一配体配合物相比，多配体配合物具有多变的空间结构和更加优良的物理化学性质[129-131]。Pb-BHA 配合物中铅离子具有立体化学活性和灵活的配位环境，可以和羟肟酸基、羧基、硫酸/磺酸基、膦酸基等有机官能团化合物形成配合物，因此，通过引入新的配体捕收剂与铅离子配位，形成多配体金属基捕收剂，可能是改善 Pb-BHA 配合物金属基的吸附能力和非极性基的疏水能力的重要途径。由于配体种类众多，多配体与金属离子的配位组装方式具有多样性和复杂性，多配体金属基捕收剂的开发需要系统的设计方法。

5.3.4.1 多配体金属基捕收剂分子设计

A 多配体金属基捕收剂分子设计原则

多配体金属基捕收剂设计中，金属基仍然为铅离子，但配体与铅离子的配位会直接影响铅离子的化学性质，进而影响铅离子对矿物表面活性位点的吸附能力，因此，多配体金属基捕收剂极性基设计应该主要体现在新配体对配合物基团或分子整体性质的影响上。

极性基设计的经典方法包括基团电负性方法和分子轨道计算法等[132]，其中分子轨道计算法通过量子化学计算得到的各种分子轨道指数，不仅可以用于计算药剂和矿物晶体的物理化学性质，也可以用于将药剂和矿物结合起来进行计算，具有精度高、结构准确、计算方法系统等优势。对于配合物捕收剂而言，由于配合物与氧化矿作用时为氧原子失电子而铅离子得电子，因此配合物的 LUMO 能量能够反映配合物得电子的能力。E_{LUMO}越低，配合物金属基越容易得电子，因此，降低 Pb-BHA 配合物分子的 E_{LUMO}是多配体金属基捕收剂极性基设计的重要指标。非极性基设计主要依据配体的分配系数，增大 Pb-BHA 配合物分子的辛醇水分配系数 $\lg P$ 是多配体金属基捕收剂非极性基设计的重要指标。

捕收剂与矿物的作用强弱需要能量判据进行判定和预测，常用的能量判据包括药剂活性能量方程、药剂与矿物的前线轨道计算等。固体能带理论指出，价带顶（VBM）和导带底（CBM）的能级分别相当于分子的 HOMO 和 LUMO[133-134]。在化学反应过程中，电子从分子 1 的 HOMO 转移到分子 2 的 LUMO，从分子 2 的 HOMO 转移到分子 1 的 LUMO。根据前线轨道理论，一个反应物的能量值和另一个反应物的能量值之差的绝对值越小，两个分子间的作用就越强，反之就越弱。这一理论被应用于浮选药剂与矿物表面作用的计算分析中，通过$|E_{HOMO(矿物)}-E_{LUMO(药剂)}|$和$|E_{HOMO(药剂)}-E_{LUMO(矿物)}|$的计算，可以对不同药剂与同种矿物、同种药剂与不同矿物等作用形式进行分析，差值越小，药剂与矿物的作用越

强[135-136]。所以，降低$|E_{HOMO(矿物)}-E_{LUMO(药剂)}|$是多配体金属基捕收剂与矿物作用的重要判据指标。

因此，多配体金属基捕收剂的设计原则为：通过新配体的引入，适当降低配合物分子的E_{LUMO}、增大$\lg P$、降低$|E_{HOMO(矿物)}-E_{LUMO(药剂)}|$，在提高配合物捕收能力的同时保持其良好的选择性。

B 多配体金属基捕收剂分子设计方法

依据设计原则，可以建立多配体金属基捕收剂的设计方法，如图5-60所示。设计方法包含以下4个步骤：

(1) 目的矿物与脉石矿物的晶体结构和电子结构分析。以白钨矿、黑钨矿和锡石为目的矿物，以方解石和萤石为脉石矿物，通过第一性原理计算矿物常见解里面的晶体结构、表面电荷、态密度（DOS、PDOS）、E_{HOMO}、E_{LUMO}等电子结构数据。

(2) 配体的量子化学性质计算。以常见氧化矿浮选捕收剂作为备选配体，通过量子化学计算配体分子的E_{HOMO}、E_{LUMO}、分子电负性χ_m、辛醇水分配系数$\lg P$等数据，初步筛选新配体。

(3) 多配体金属基捕收剂的构建及量子化学性质计算。通过在Pb-BHA配合物中引入新配体构建多配体金属基捕收剂分子，计算其E_{HOMO}、E_{LUMO}、χ_m、$\lg P$等数据，并对多配体捕收剂的各项数据进行排序。

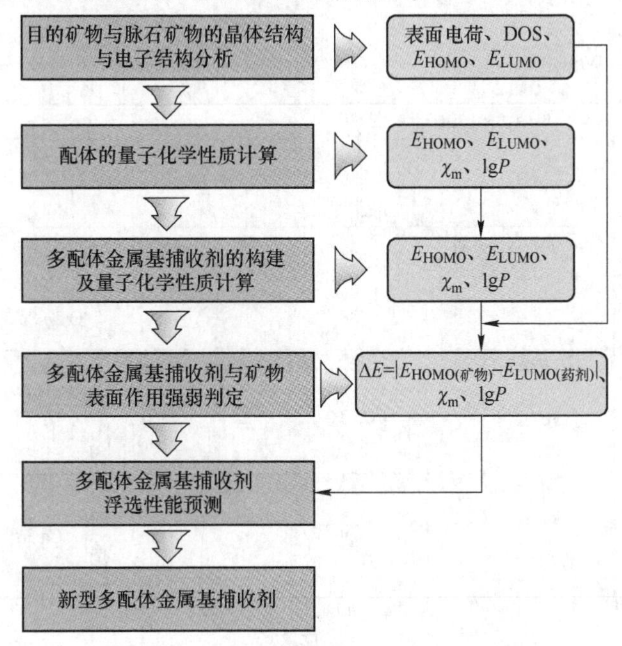

图5-60 多配体金属基捕收剂设计方法[137]

（4）多配体金属基捕收剂与矿物表面作用强弱判定及浮选性能预测。通过对 $\Delta E=|E_{\text{HOMO(矿物)}}-E_{\text{LUMO(药剂)}}|$ 的计算，结合多配体捕收剂的 χ_{m}、$\lg P$ 等数据，对多配体捕收剂与矿物表面作用强弱进行判定，并对其捕收能力、选择性等浮选性能进行预测，综合捕收能力和选择性得到新型多配体金属基捕收剂。

C　多配体金属基捕收剂的构建及浮选性能预测

白钨矿、黑钨矿、锡石、方解石和萤石的态密度如图 5-61 所示。对于白钨矿、方解石和萤石，可知白钨矿和方解石费米能级附近主要由 O 2*p* 轨道组成，而萤石主要由 F 2*p* 轨道组成；白钨矿、方解石和萤石的钙原子态密度组成较为相似，-40 eV 附近价带主要由 Ca 3*s* 轨道组成，-20 eV 附近价带主要由 Ca 3*p* 轨道组成，这使得矿物表面钙原子性质相似。然而，费米能级附近的态密度组成在化学反应中最为关键，由于白钨矿和方解石主要由 O 2*p* 轨道组成，而萤石由 F 2*p*轨道组成，这表明白钨矿和方解石的氧原子活性较强，而萤石则是氟原子活性较强，这成为三者选择性分离的重要依据。黑钨矿和锡石与白钨矿的态密度存在较大差异，黑钨矿 Mn 3*p* 轨道主要分布在-50～-40 eV 之间，Mn 3*d* 轨道主要分布在-10～-5 eV 价带和导带能级，锡石 Sn 4*d* 轨道主要分布在-20 eV 附近，Sn 5*p* 轨道主要分布在导带能级。然而，三种矿物费米能级附近的态密度都主要由 O 2*p* 轨道组成，表明三种矿物氧原子活性较高。配合物捕收剂是与三种矿物

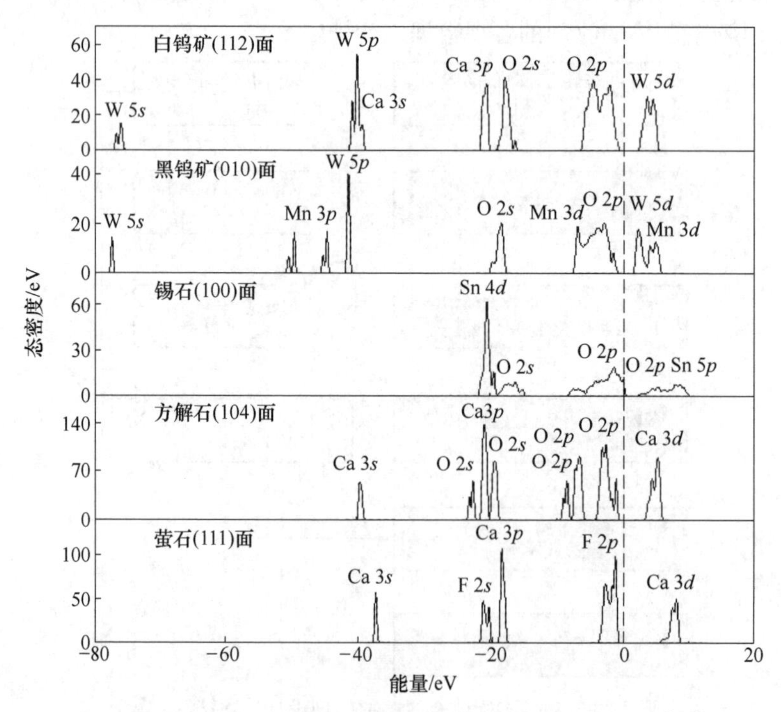

图 5-61　白钨矿、黑钨矿、锡石、方解石和萤石的态密度[137]

表面的氧原子发生化学吸附作用，这为白钨矿、黑钨矿和锡石的捕收及与方解石和萤石的浮选分离提供了重要依据。

白钨矿（112）面、黑钨矿（010）面、锡石（100）面、方解石（104）面、萤石（111）面的前线轨道能量见表5-4。

表5-4 白钨矿（112）面、黑钨矿（010）面、锡石（100）面、方解石（104）面、萤石（111）面的前线轨道能量

矿物	E_{HOMO}(a. u.)	E_{LUMO}(a. u.)
白钨矿（112）面	-0.24133	-0.12277
黑钨矿（010）面	-0.23253	-0.13254
锡石（100）面	-0.22352	-0.19229
方解石（104）面	-0.20718	-0.03560
萤石（111）面	-0.28241	-0.03850

采用 $Pb_4(L_1)_5(OH)_3$ 作为Pb-BHA配合物的分子组成和空间构型，多配体金属基捕收剂分子的构建是通过在 $Pb_4(L_1)_5(OH)_3$ 相同铅离子的位置上引入一个新配体取代羟基，构建分子式为 $Pb_4(L_1)_5(L_2)(OH)_2$（HL_1 = BHA，HL_2 或 NaL_2 为新配体）的多配体金属基捕收剂。在PBE0/def2tzvp//B3LYP/def2svp的计算水平和SMD隐式溶剂模型下，得到Pb-BHA、Pb-BHA-OHA、Pb-BHA-SDS、Pb-BHA-OL、Pb-BHA-SPA五种配合物分子的优化构型如图5-62所示。

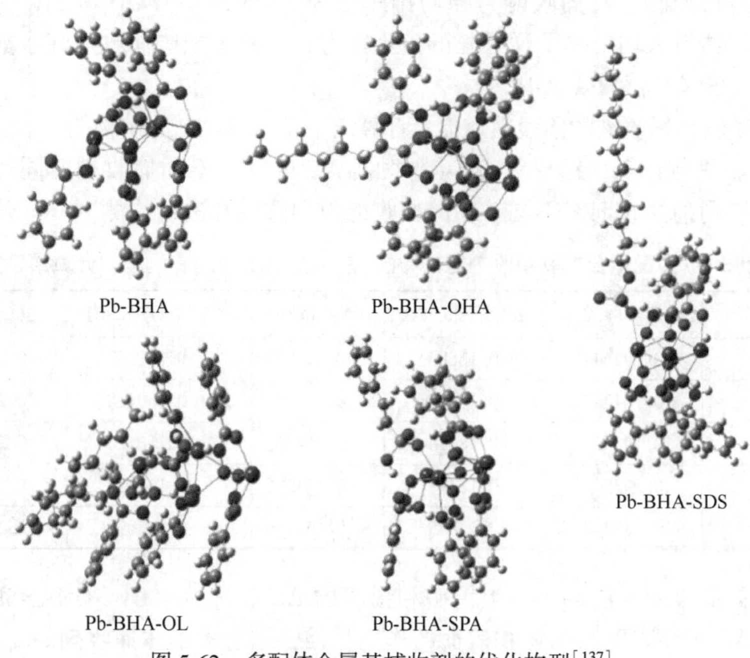

图5-62 多配体金属基捕收剂的优化构型[137]

多配体金属基捕收剂的量子化学性质见表 5-5。

表 5-5　多配体金属基捕收剂的量子化学性质

L_2	E_{HOMO}(a. u.)	E_{LUMO}(a. u.)	χ_m	lg$P$
OH	−0. 21582	−0. 04568	3. 56	4. 47
OHA	−0. 21712	−0. 04706	3. 59	6. 37
SDS	−0. 22288	−0. 04865	3. 69	7. 57
OL	−0. 22142	−0. 04882	3. 68	10. 69
SPA	−0. 21755	−0. 05408	3. 70	4. 55

根据计算得到的各项数据，可以对几种配合物的量子化学性质进行如下排序(以 L_2 代表对应的多配体配合物)：

(1) E_{HOMO}的排序：OH>OHA>SPA>OL>SDS；

(2) E_{LUMO}的排序：OH>OHA>SDS>OL>SPA；

(3) χ_m的排序：SPA>SDS>OL>OHA>OH；

(4) lg$P$ 的排序：OL>SDS>OHA>SPA>OH。

E_{LUMO}是配合物得电子能力的衡量标度，E_{LUMO}越低，配合物金属基越容易得电子，因此，几种配合物得电子能力的强弱排序为 SPA>OL>SDS>OHA>OH，表明新配体的引入均提高了 Pb-BHA 配合物的得电子能力，而χ_m排序表明新配体引入增强了配合物分子电负性，因此，结合 E_{LUMO}和χ_m可以对几种多配体捕收剂的捕收能力进行预测，其捕收能力强弱排序为 SPA>OL>SDS>OHA>OH。lg$P$ 排序表明，新配体引入均增强了配合物的疏水能力，几种多配体捕收剂疏水能力的排序为 OL>SDS>OHA>SPA>OH。

综合矿物和捕收剂的前线轨道能量计算结果，对捕收剂与矿物的$|E_{HOMO(矿物)}-E_{LUMO(药剂)}|$进行计算，结果见表 5-6。根据 ΔE 可以对不同捕收剂对同种矿物的捕收能力、同种捕收剂对不同矿物的捕收能力和选择性进行预测。

表 5-6　多配体金属基捕收剂与矿物的$|E_{HOMO(矿物)}-E_{LUMO(药剂)}|$计算结果

L_2	白钨矿(a. u.)	黑钨矿(a. u.)	锡石(a. u.)	方解石(a. u.)	萤石(a. u.)
OH	0. 195647	0. 18685	0. 177836	0. 161498	0. 236732
OHA	0. 194267	0. 18547	0. 176456	0. 160118	0. 235352
SDS	0. 192677	0. 18388	0. 174866	0. 158528	0. 233762
OL	0. 192507	0. 18371	0. 174696	0. 158358	0. 233592
SPA	0. 187247	0. 17845	0. 169436	0. 153098	0. 228332

多配体捕收剂与白钨矿、黑钨矿和锡石的 ΔE 排序为：OH>OHA>SDS>OL>SPA，而 ΔE 越小表明其与矿物表面的作用越强，结合多配体捕收剂的χ_m (SPA>

SDS>OL>OHA>OH）和 lg$P$（OL>SDS>OHA>SPA>OH），可以对多配体捕收剂对白钨矿、黑钨矿和锡石三种目的矿物的捕收能力进行预测，捕收能力强弱顺序为：OL>SPA>SDS>OHA>OH。

多配体捕收剂与方解石和萤石的 ΔE 排序同样为：OH>OHA>SDS>OL>SPA，这表明新配体的引入同时增强了对目的矿物和脉石矿物的作用。而同一种多配体捕收剂与 5 种矿物的 ΔE 排序均为：萤石>白钨矿>黑钨矿>锡石>方解石，这表明新配体的引入保持了 Pb-BHA 对 5 种矿物作用的强弱顺序，对选择性没有显著影响。因此，可以对多配体捕收剂的选择性进行预测，选择性强弱顺序为：OH>OHA>SDS>SPA>OL。

综合多配体捕收剂的捕收能力和选择性，可以预测 SDS 和 OHA 这两种新配体所形成的 Pb-BHA-SDS 和 Pb-BHA-OHA 多配体捕收剂具有比 Pb-BHA 更强的捕收能力，同时保持了良好的选择性。因此，多配体金属基捕收剂分子设计表明，Pb-BHA-SDS 和 Pb-BHA-OHA 是对于白钨矿、黑钨矿和锡石浮选具有良好捕收能力和选择性的新型捕收剂。

5.3.4.2 Pb-BHA-SDS 多配体金属基捕收剂的浮选行为及其作用机理

A Pb-BHA-SDS 配合物在白钨矿浮选中的行为

SDS 用量对 Pb-BHA 浮选白钨矿的影响如图 5-63 所示，结果表明，当 BHA 和 Pb^{2+} 浓度为 1.0×10^{-4} mol/L 时，在不添加 SDS 的情况下，白钨矿回收率仅为 63.75%；随着 SDS 用量的增加，白钨矿回收率逐渐增加而后趋于稳定，当 SDS 的用量为 1×10^{-5} mol/L 时，白钨矿回收率为 91.45%，相比不添加 SDS 的回收率提高了 27.7 个百分点。因此，少量 SDS 的加入显著提高了 Pb-BHA 配合物对白

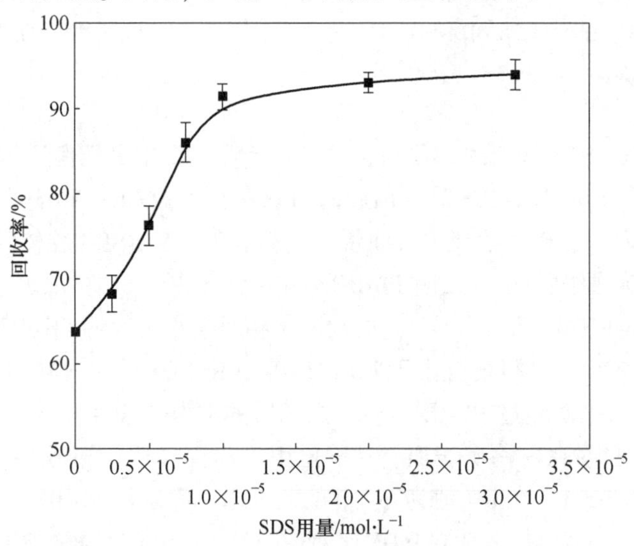

图 5-63 SDS 用量对 Pb-BHA 配合物浮选白钨矿的影响[138]
（$c_{Pb^{2+}}=c_{BHA}=1.0\times10^{-4}$ mol/L，pH=9.0±0.1，$c_{松油醇}=12.5$ μL/L）

钨矿的捕收能力，这表明同等药剂用量条件下，Pb-BHA-SDS 比 Pb-BHA 对白钨矿具有更强的捕收能力。

pH 值对 Pb-BHA-SDS 配合物浮选白钨矿、方解石和萤石的影响如图 5-64 所示，结果表明：在 pH 值为 8～11 范围内，白钨矿浮选回收率较高，说明 Pb-BHA-SDS 对白钨矿具有很强的捕收能力和 pH 值适应性；萤石浮选回收率小于 20%，说明 Pb-BHA-SDS 配合物对萤石的捕收能力很差；而方解石浮选回收率整体上低于白钨矿。在 pH=9.0 的白钨矿最佳浮选 pH 值时，白钨矿、方解石和萤石的浮选回收率分别为 91.45%、79.57% 和 12.34%，表明 Pb-BHA-SDS 配合物对含钙矿物的浮选具有较好的选择性。

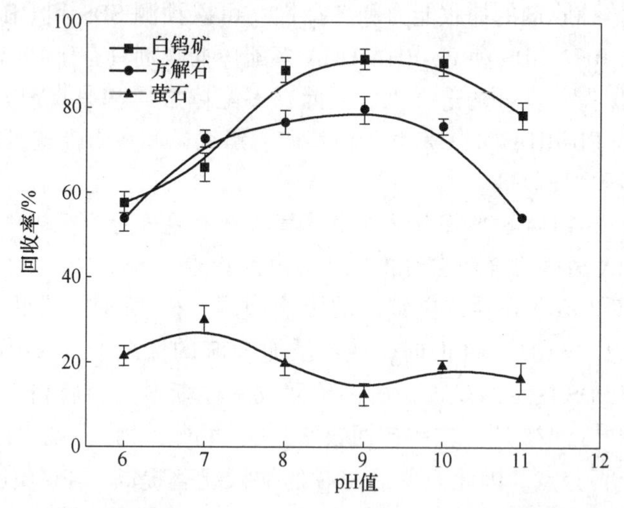

图 5-64　pH 值对 Pb-BHA-SDS 配合物浮选白钨矿、方解石和萤石的影响[138]

（$c_{Pb^{2+}}=c_{BHA}=1.0\times10^{-4}$ mol/L，$c_{SDS}=1\times10^{-5}$ mol/L，$c_{松油醇}=12.5$ μL/L，pH=9.0±0.1）

B　Pb-BHA-SDS 多配体捕收剂在白钨矿浮选中的作用机理

Pb-BHA 和 Pb-BHA-SDS 处理前后的白钨矿动电位如图 5-65 所示。在 pH 值为 2～12 范围内白钨矿在溶液中表面带负电荷。Pb-BHA-SDS 胶体的动电位在 pH 值为 6～10 的范围内为正，表明 Pb-BHA-SDS 胶体在一定的 pH 值范围内带正电荷。而对比 Pb-BHA，Pb-BHA-SDS 的动电位相对较小，表明 Pb-BHA-SDS 胶体所带正电荷相对较少，这可能是由于 Pb-BHA-SDS 中 SDS 的引入减弱了配合物整体的正电荷值。白钨矿经过 Pb-BHA-SDS 处理后的动电位发生了正位移，表明 Pb-BHA-SDS 分子吸附在白钨矿表面，且静电引力可能在吸附过程中起到了重要作用。而对比 Pb-BHA，在 pH 值为 6～10 的范围内白钨矿经 Pb-BHA-SDS 处理后的动电位位移更大，表明 Pb-BHA-SDS 比 Pb-BHA 在白钨矿表面的吸附更强。

图 5-66 为白钨矿被 Pb-BHA、SDS 和 Pb-BHA-SDS 处理前后的接触角。结果

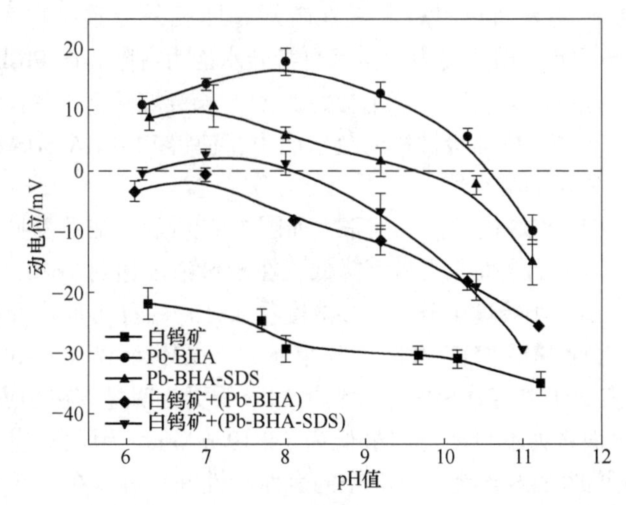

图 5-65 白钨矿被 Pb-BHA 和 Pb-BHA-SDS 处理前后的动电位[138]

($c_{Pb^{2+}}=c_{BHA}=1.0\times10^{-4}$ mol/L，$c_{SDS}=1\times10^{-5}$ mol/L)

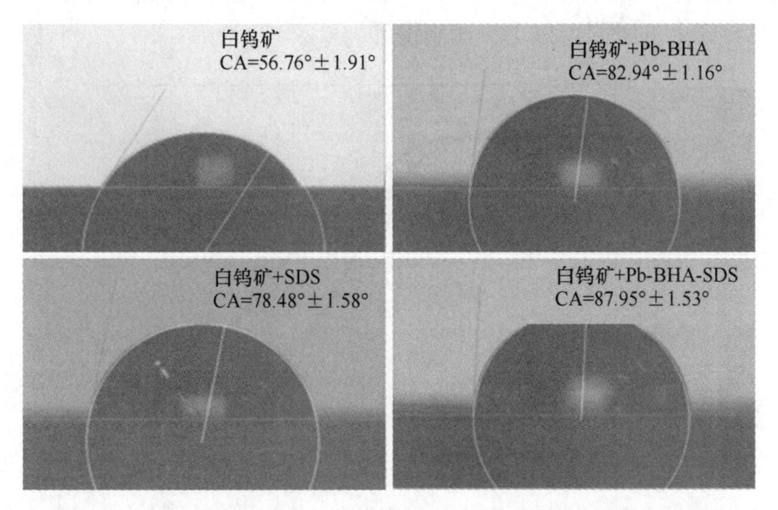

图 5-66 白钨矿被 Pb-BHA、SDS 和 Pb-BHA-SDS 处理前后的接触角

($c_{Pb^{2+}}=c_{BHA}=1.0\times10^{-4}$ mol/L，$c_{SDS}=1.0\times10^{-5}$ mol/L，pH = 9.0 ± 0.1)

表明，白钨矿没有被药剂处理前的接触角为 56.76°；白钨矿被 Pb-BHA 处理后，接触角为 82.94°，接触角增大了 26.18°，表明白钨矿被 Pb-BHA 处理后疏水性显著增强；白钨矿被 SDS 处理后，接触角为 78.48°，接触角增大了 21.72°，表明白钨矿被 SDS 处理后疏水性同样增强，但增长幅度小于 Pb-BHA 的；白钨矿被 Pb-BHA-SDS 处理后，接触角为 87.95°，接触角增大了 31.19°，其增大幅度高于 Pb-BHA 的，表明白钨矿被 Pb-BHA-SDS 处理后疏水性增强最为显著。配合物捕

收剂以极性基在矿物表面吸附后非极性疏水基团朝外导致矿物表面疏水，Pb-BHA 结构中的苯环具有疏水能力，但其自身疏水能力有限；而 Pb-BHA-SDS 结构中除了苯环外，还存在具有很强疏水能力的 SDS 长链烷基，这些长链烷基的引入显著增强了捕收剂结构中非极性基的疏水能力，使得 Pb-BHA-SDS 在白钨矿表面的吸附增强了白钨矿的疏水性。

SDS 和 Pb-BHA-SDS 的溶液表面张力如图 5-67 所示。结果表明，随着 SDS 浓度的增加，SDS 溶液的表面张力显著降低，在 SDS 浓度达到 8×10^{-3} mol/L 后表面张力不再降低，出现小幅度上升，SDS 浓度在 8×10^{-3} mol/L 时表面张力最低，为 22.89 mN/m，因此 SDS 溶液的临界胶束浓度（CMC）为 8×10^{-3} mol/L；Pb-BHA-SDS 溶液表面张力随着 SDS 浓度的增加降低更为明显，在 SDS 浓度达到 2×10^{-3} mol/L 后表面张力不再降低，最低为 14.19 mN/m，因此对应的 CMC 为 2×10^{-3} mol/L。这说明 SDS 作为一种典型的表面活性剂，可以在很低的用量条件下显著降低溶液表面张力，而 SDS 进入 Pb-BHA 结构中后，形成的 Pb-BHA-SDS 具有更大的相对分子质量和胶体粒径，其在气-液界面上的吸附对表面张力的降低比 SDS 更为显著。CMC 降低表明 Pb-BHA-SDS 更容易在溶液中形成胶束，因而其在气-液界面上的吸附可以更快达到饱和。

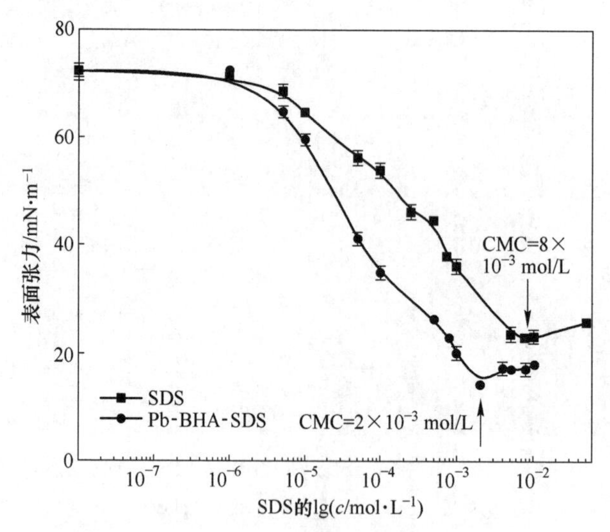

图 5-67　SDS 和 Pb-BHA-SDS 的溶液表面张力

($c_{Pb^{2+}}=c_{BHA}=1\times10^{-4}$ mol/L)

5.3.4.3　Pb-BHA-OHA 多配体捕收剂在白钨矿浮选中的作用机理

Pb-BHA-OHA（OHA 为辛基羟肟酸）配合物捕收剂在白钨矿、方解石和萤石浮选中的行为如图 5-68 所示，结果表明，在 pH 值为 8~10 范围内，白钨矿浮选回收率较高，说明 Pb-BHA-OHA 对白钨矿具有很强的捕收能力；萤石浮选回收率小于 20%，说明 Pb-BHA-OHA 配合物对萤石的捕收能力很差；而方解石浮选回收率整体上低于白钨矿；在 pH = 9.0 的白钨矿最佳浮选 pH 值时，白钨矿、方解石和萤石的浮选回收率分别为 90.10%、69.30%和 17.70%，3 种矿物的浮选回收率排序为白钨矿>方解石>萤石，表明 Pb-BHA-OHA 配合物对含钙矿物的浮选具有较好的选择性。单矿物浮选实验表明，浓度为 1×10^{-5} mol/L 的 OHA 显著提高了 Pb-BHA 对白钨矿的捕收能力，同时保持了配合物良好的选择性，表明 Pb-BHA-OHA 配合物捕收剂对白钨矿浮选具有很强的选择性捕收能力。

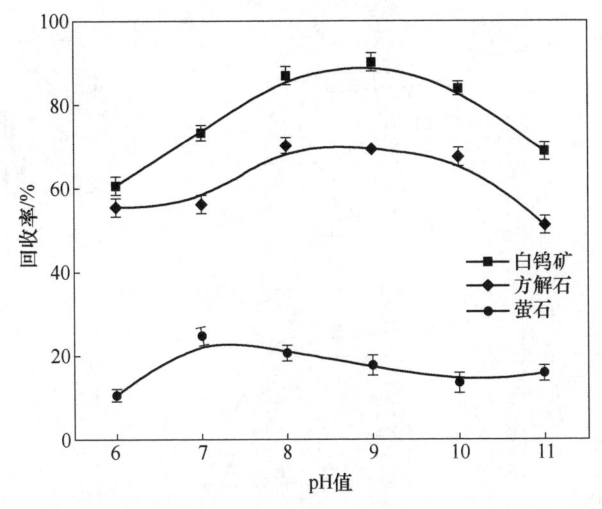

图 5-68 pH 值对 Pb-BHA-OHA 配合物浮选白钨矿、方解石和萤石的影响

（$c_{Pb^{2+}} = c_{BHA} = 1.0\times10^{-4}$ mol/L，$c_{OHA} = 1.0\times10^{-5}$ mol/L，$c_{松油醇} = 12.5$ μL/L）

Pb-BHA 和 Pb-BHA-OHA 处理前后的白钨矿动电位如图 5-69（a）所示。Pb-BHA-OHA 胶体的动电位在 pH 值为 6~10 的范围内为正，表明 Pb-BHA-OHA 胶体在一定的 pH 值范围内带正电荷。白钨矿经过 Pb-BHA-OHA 处理后的动电位发生了正位移，表明 Pb-BHA-OHA 分子吸附在白钨矿表面，且静电引力可能在吸附过程中起到了重要作用。而对比 Pb-BHA，在 pH 值为 6~10 的范围内白钨矿经 Pb-BHA-OHA 处理后的动电位位移更大，表明 Pb-BHA-OHA 比 Pb-BHA 在白钨矿表面的吸附更强。白钨矿被 Pb-BHA、OHA 和 Pb-BHA-OHA 处理前后的接触角如图 5-69（b）所示。白钨矿被 Pb-BHA 处理后，接触角为 82.94°，而白钨矿被 Pb-BHA-OHA 处理后，接触角为 87.56°，表明白钨矿被 Pb-BHA-OHA 处理后疏水性增强最为显著。OHA 和 Pb-BHA-OHA 的溶液表面张力如图 5-69（c）所示。结果表明随着 OHA 浓度的增加，OHA 溶液的表面张力显著降低，CMC 为 3×10^{-2} mol/L。Pb-BHA-OHA 溶液表面张力随着 OHA 浓度的增加降低更为明显，CMC 为 2×10^{-2} mol/L。

结果表明 OHA 进入 Pb-BHA 结构中后，形成的 Pb-BHA-OHA 在气-液界面上的吸附对表面张力的降低比 OHA 更为显著。CMC 的降低表明 Pb-BHA-OHA 更容易在溶液中形成胶束，其在气-液界面上的吸附可以更快达到饱和。

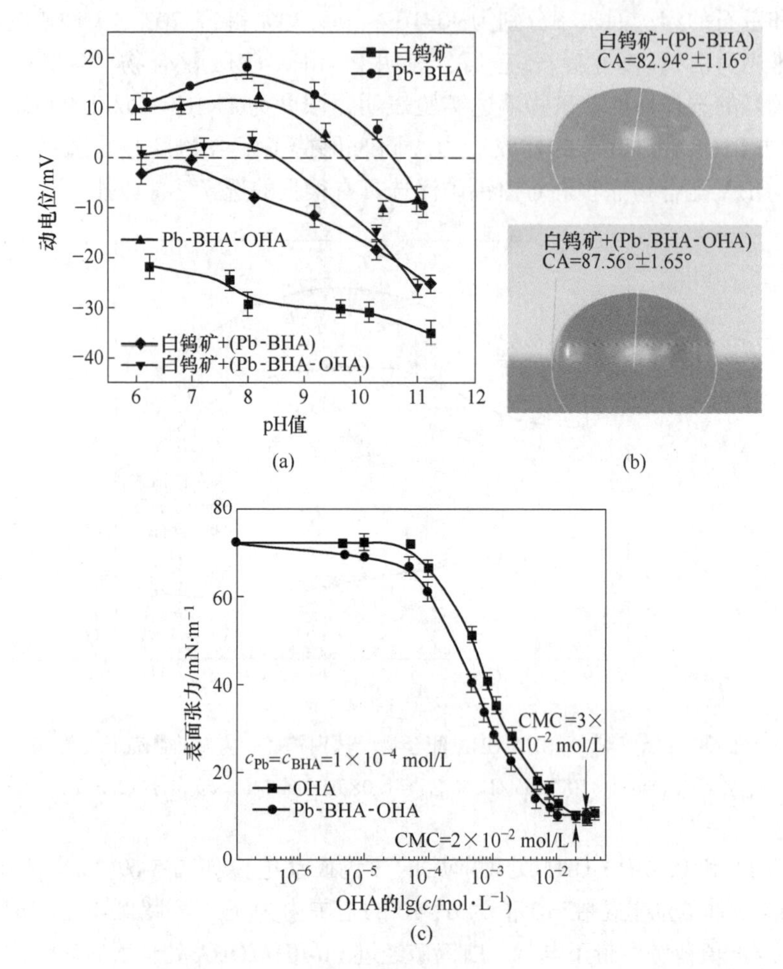

图 5-69　Pb-BHA 和 Pb-BHA-OHA 特性及其对白钨矿表面性质的影响

（a）白钨矿被 Pb-BHA 和 Pb-BHA-OHA 处理前后的动电位（$c_{Pb^{2+}}=c_{BHA}=1.0\times10^{-4}$ mol/L，$c_{OHA}=1\times10^{-5}$ mol/L）；（b）白钨矿被 Pb-BHA、OHA 和 Pb-BHA-OHA 处理前后的接触角（$c_{Pb^{2+}}=c_{BHA}=1.0\times10^{-4}$ mol/L，$c_{OHA}=1.0\times10^{-5}$ mol/L）；（c）OHA 和 Pb-BHA-OHA 的溶液表面张力

5.3.5　金属离子-无机/有机配合物抑制剂的设计与组装

5.3.5.1　金属离子-硅酸聚合物抑制剂

利用金属离子调控水玻璃中硅酸胶粒的组装行为可以强化水玻璃对不同矿物

的选择性，在实践中取得良好的应用效果。已有文献报道了 Fe^{2+}[139-140]、Pb^{2+}[141]、Al^{3+}[49,142]、Co^{2+}[143]等金属离子对硅酸胶粒自组装的调控。以金属离子-硅酸聚合物作为方解石抑制剂浮选分离白钨矿与方解石的试验结果如图 5-70 所示，表明金属离子的加入显著增强了水玻璃的选择性，改性后的水玻璃对目的矿物的抑制作用减弱，而对脉石矿物的抑制作用增强。金属离子和水玻璃的比例、添加方式、溶液 pH 值等都会显著影响金属离子-硅酸聚合物对白钨矿和方解石的选择性。

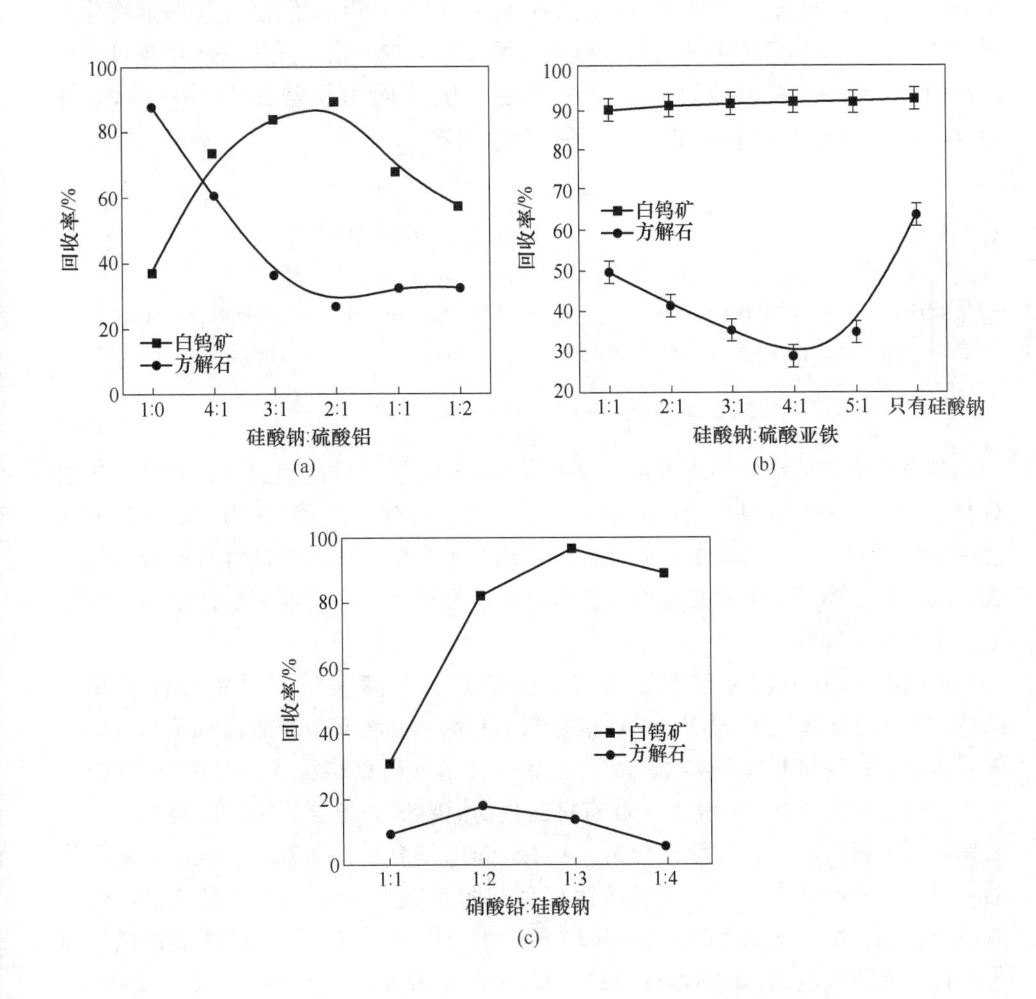

图 5-70　金属离子与水玻璃的比例对白钨矿和方解石浮选的影响
(a) Al^{3+}[47]；(b) Fe^{2+}[139-140]；(c) Pb^{2+}[141]

目前公认的金属离子调控硅酸胶粒组装的机理有两种：一种是水玻璃溶液中

的羟基会与金属离子作用，从而促进体系水解产生大量的硅酸胶体[51]，这种水解理论认为金属离子在水溶液中的水解会使溶液中 H^+浓度变高，促进了水玻璃朝着生成具有很高活性和选择性的硅酸胶粒的方向水解；另一种是水玻璃和金属离子发生化学反应生成了某种复合硅酸盐胶体，这种硅酸盐胶体胶团更大，表面羟基基团更多，活性更高，因此在矿物表面吸附的选择性抑制作用更强[144]。

针对第二种成盐理论，胡永平等人[47,142]对 Al-Na_2SiO_3 结构的红外光谱进行了研究，结果表明，盐化水玻璃的红外图谱中出现了 Si—O—Al 键，证明了 Al-Na_2SiO_3 是一种复合铝硅酸聚合物。Wei 等人[47,49]对铝-硅酸复合盐的溶液化学研究认为，铝水解产物可能会与聚硅酸表面或结构中的羟基发生脱水缩聚反应生成新的复合铝硅酸聚合物，推测在碱性环境下同为优势组分的 $H_3SiO_4^-$ 和 $Al(OH)_4^-$ 在溶液中可按照如下反应进行脱水缩聚：

$$4\left[\begin{array}{c} HO \\ | \\ HO—Si—O \\ | \\ OH \end{array}\right]^- + \left[\begin{array}{c} OH \\ | \\ HO—Al—OH \\ | \\ OH \end{array}\right]^- \longrightarrow \left[\begin{array}{c} HO \\ | \\ HO—Si—OH \\ | \\ O \\ HO \qquad | \qquad HO \\ | \qquad | \qquad | \\ HO—Si—O—Al—O—Si—OH \\ | \qquad | \qquad | \\ OH \qquad O \qquad OH \\ | \\ HO—Si—OH \\ | \\ OH \end{array}\right]^- + 4OH^-$$

金属离子在溶液中的水解组分通过脱水缩聚反应对硅酸组分进行组装，生成具有 Si—O—Al 键的复合铝硅酸聚合物。然而，孙伟等人[46]认为水解理论与成盐理论并不冲突，复合硅酸盐胶体的形成同时也会促进体系中活性硅酸胶体的生成，因此，金属离子对水玻璃的改性机理是两种机理并存，要根据溶液体系的反应平衡来综合判断。

依据金属离子调控硅酸胶粒自组装机理，中南大学胡岳华孙伟教授团队[47,49,106]设计开发了 Al-Na_2SiO_3 聚合物抑制剂，并将其应用于白钨矿和方解石的浮选分离，在柿竹园等典型钨矿山的钨矿浮选实践中取得了良好的分选效果。Al-Na_2SiO_3 聚合物和 Pb-BHA 金属有机配合物捕收剂的组合使用可以很好地实现白钨矿与方解石和萤石的浮选分离，Al-Na_2SiO_3 聚合物抑制剂和 Pb-BHA 配合物捕收剂在白钨矿和方解石表面的吸附模型如图 5-71 所示。白钨矿是荷负电的富氧原子表面，所以荷强正电的 Pb-BHA 配合物可以更容易地与白钨矿表面的氧原子结合，而荷负电的 Al-Na_2SiO_3 聚合物对白钨矿表面钙原子的吸附则较为困难。方解石是荷正电的富钙原子表面，所以 Pb-BHA 在方解石表面的吸附较为困难，而 Al-Na_2SiO_3 聚合物更容易在方解石表面吸附。因此，当采用 Al-Na_2SiO_3 聚合物作为抑制剂、Pb-BHA 配合物作为捕收剂进行白钨矿浮选时，两者的选择性优势将得到相互加强，体现出协同选择性，从而实现白钨矿与方解石的高效浮选分离。

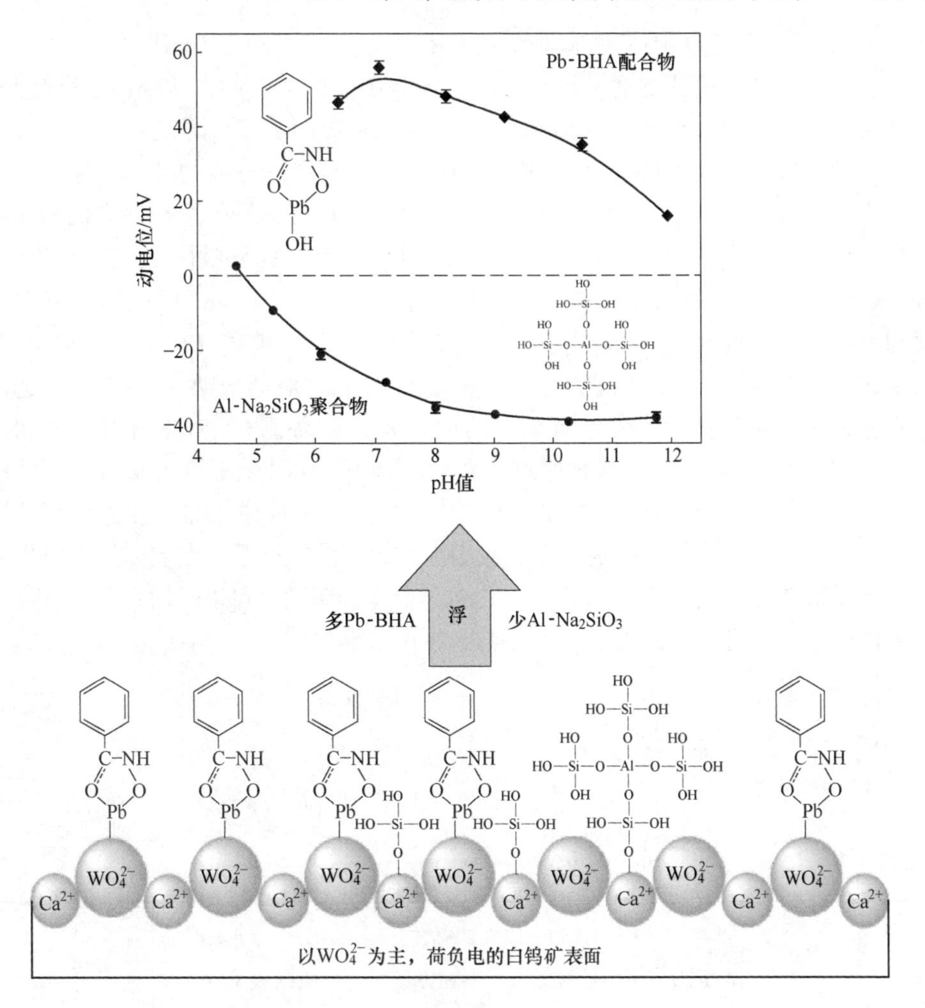

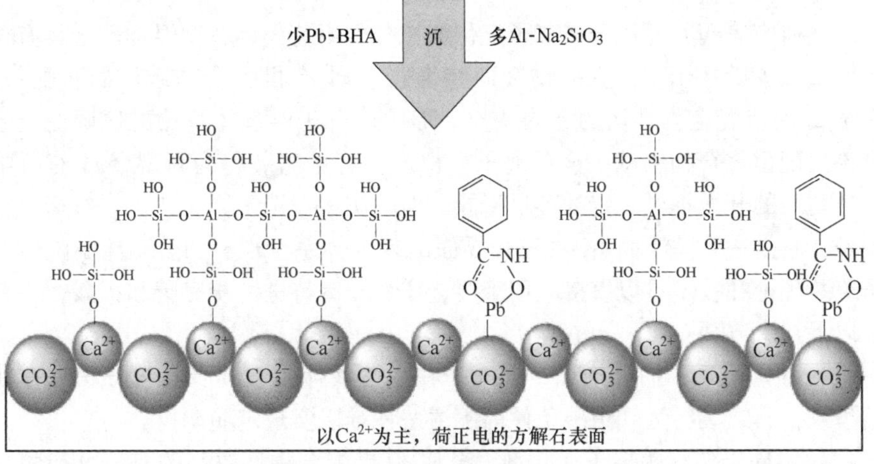

图 5-71 Al-Na_2SiO_3 聚合物和 Pb-BHA 络合物在白钨矿和方解石表面的吸附模型[47]

5.3.5.2 金属离子-有机配合物抑制剂

金属离子与有机抑制剂组装形成的配合物在选择性方面也体现出显著优势，特别是金属离子和大分子有机抑制剂的组装。Dong 等人[145]研究了 Fe^{3+} 与有机螯合剂酒石酸（TA）的混合使用对白钨矿和方解石浮选分离的抑制作用，结果表明 TA/Fe^{3+} 抑制剂对白钨矿与方解石的浮选分离具有良好的选择性。机理分析表明，混合抑制剂 TA/Fe^{3+} 主要以螯合物 FeL_2^- 的形式优先吸附于方解石表面，Fe^{3+}的预吸附为 TA 的吸附提供了大量的吸附位点，且 TA/Fe^{3+} 的吸附明显阻碍了捕收剂油酸钠的吸附。Wei 等人[146]研究了 Fe^{3+} 和柠檬酸（CA）的配位组装对方解石浮选的影响，结果表明，单一柠檬酸或 Fe^{3+} 对油酸钠（NaOL）浮选体系中方解石的抑制作用有限，而 Fe^{3+} 的加入大大提高了 CA 对方解石的抑制效果，当 pH＝8.5、Fe^{3+}/CA 混合抑制剂浓度为 1×10^{-4} mol/L 时，方解石的回收率仅为 3.9%。机理分析表明，矿浆中的 Fe^{3+} 首先与 CA 反应，然后在方解石的钙原子位点上吸附，此外 Fe^{3+} 还可以先吸附在方解石的氧原子位点上，然后柠檬酸进一步吸附在 Fe^{3+} 位点上，因此 Fe^{3+}/CA 配合物抑制剂既可以吸附在方解石的钙原子位点上，也可以吸附在氧原子位点上（见图 5-72）。

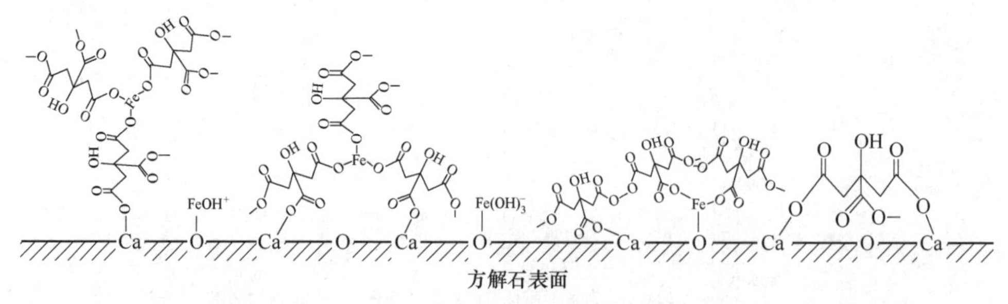

图 5-72 Fe^{3+}-柠檬酸抑制剂在方解石表面吸附模型[146]

上述研究表明，通过金属离子配位调控分子组装设计新型浮选药剂具有极大可行性，其关键在于：建立矿物表面特性与金属-有机配合物结构的匹配关系，实现金属-有机配合物结构的定向调控，形成适合于浮选体系的配位调控分子组装理论。配位聚合物领域中金属离子配位调控分子组装将为新型金属-有机配合物浮选药剂的开发提供一定的理论指导，但是矿物浮选不同于化工、医药、材料等领域，它是一个关于固-液-气三相界面的复杂体系，现有的金属离子配位调控分子组装理论和技术难以直接应用于浮选体系，有待进一步完善和扩展，主要体现在以下几个方面：

（1）浮选体系中捕收剂和金属离子在水溶液体系中的真实组分状态存在一定的争议，其组装行为和组装条件尚不清楚，难以实现定向调控。

（2）不同于传统阴离子捕收剂，金属-有机配合物捕收剂的有效官能团为金属基，其在固-液界面的微观吸附结构和吸附机理尚不完善。

（3）矿物的晶体化学和捕收剂的结构是决定矿物可浮性差异的关键因素，二者之间的匹配关系有待进一步研究。

高性能计算和现代分析检测技术的飞速发展为上述问题的解决奠定了良好的基础。计算机模拟、透射电镜（TEM）和原子力显微镜（AFM）技术可直观地观察到界面聚集体的三维结构，提供分子层次上聚集体的微观行为和物化性质，有利于揭示配合物体系的自组装过程及各组分之间的相互作用机理及规律。金属离子-有机配合物浮选药剂作为一种新型的浮选药剂展现出了独特的性能，但是相关的理论尚不完善，有待进一步的丰富和发展。

参 考 文 献

[1] 胡岳华. 矿物浮选 [M]. 长沙：中南大学出版社，2014.

[2] RUDOLPH M，HARTMANN R. Specific surface free energy component distributions and flotabilities of mineral microparticles in flotation—An inverse gas chromatography study [J]. Colloids & Surfaces A. Physicochemical & Engineering Aspects，2017，513：380-388.

[3] KUPKA N，RUDOLPH M. Froth flotation of scheelite—A review [J]. International Journal of Mining Science and Technology，2018，28（3）：373-384.

[4] 杨耀辉. 白钨矿浮选过程中脂肪酸类捕收剂的混合效应 [D]. 长沙：中南大学，2010.

[5] 李天光，邱显扬，周晓彤. 白钨矿浮选药剂研究现状 [J]. 材料研究与应用，2018，12（1）：8-12.

[6] 孙海涛. 新型钨矿捕收剂的捕收性能及作用机理研究 [D]. 沈阳：东北大学，2015.

[7] 高玉德，邱显扬，钟传刚，等. 羟肟酸类捕收剂性质及浮选钨矿物特性 [J]. 中国钨业，2012，27（2）：10-14.

[8] 高玉德，邱显扬，韩兆元. 羟肟酸浮选白钨矿的机理 [J]. 中国有色金属学报，2015，25（5）：1339-1344.

[9] 高玉德，邱显扬，冯其明. 苯甲羟肟酸捕收白钨矿浮选溶液化学研究 [J]. 有色金属（选矿部分），2003（4）：28-31.

[10] 高玉德，邱显扬，夏启斌，等. 苯甲羟肟酸与黑钨矿作用机理的研究 [J]. 广东有色金属学报，2001（2）：92-95.

[11] 叶志平. 苯甲羟肟酸对黑钨矿的捕收机理探讨 [J]. 有色金属（选矿部分），2000（5）：35-39.

[12] YANG X S. Beneficiation studies of tungsten ores—A review [J]. Minerals Engineering，2018，125：111-119.

[13] 王礼平. 新型羟肟酸类捕收剂制备及对黑白钨浮选特性 [D]. 赣州：江西理工大学，2019.

[14] DENG L Q，ZHAO G，ZHONG H，et al. Investigation on the selectivity of N-((hydroxyamino)-alkyl) alkylamide surfactants for scheelite/calcite flotation separation [J].

Journal of Industrial and Engineering Chemistry, 2016, 33: 131-141.

[15] 周源，吴燕玲．白钨浮选的研究现状［J］．中国钨业，2013，28（1）：19-24.

[16] 王其宏，章晓林，李康康，等．白钨矿浮选药剂的研究进展［J］．中国钨业，2015，30（6）：21-27.

[17] 刘龙利，范志鸿，何伟．膦酸类药剂的研究［J］．有色金属（选矿部分），2012（2）：67-70.

[18] 胡文英，余新阳．微细粒黑钨矿浮选研究现状［J］．有色金属科学与工程，2013，4（5）：102-107.

[19] 江西有色冶金研究所钨细泥选矿组．苯乙烯膦酸浮选钨细泥黑钨矿的研究［J］．有色金属（冶炼部分），1976（2）：45-55.

[20] 陆英英，林强，王淀佐．萤石白钨石榴石浮选分离的新型药剂——LP 系列捕收剂［J］．有色矿冶，1993（1）：20-25.

[21] 肖有明，朱玉霜．FXL-14 捕收黑钨矿的作用机理［J］．矿冶工程，1987（2）：37-40.

[22] BOGDANOV O S, YEROPKIN Y L, KOLTUNOVA T E, et al. Hydroxamic acids as collectors in the flotation of wolframite, cassiterite and pyrochlore [J]. American Chemical Society, 1974: 553-564.

[23] SRINIVAS K, SREENIVAS T, PADMANABHAN N P H, et al. Studies on the application of alkyl phosphoric acid ester in the flotation of wolframite [J]. Mineral Processing & Extractive Metallurgy Review, 2004, 25 (4): 253-267.

[24] BHAGAT R P, PATHAK P N. The effect of polymeric dispersant on magnetic separation of tungsten ore slimes [J]. International Journal of Mineral Processing, 1996, 47 (3/4): 213-217.

[25] OZCAN O, BULUTCU A N. Electrokinetic, infrared and flotation studies of scheelite and calcite with oxine, alkyl oxine, oleoyl sarcosine and quebracho [J]. International Journal of Mineral Processing, 1993, 39 (3/4): 275-290.

[26] GAO Z Y, SUN W, HU Y H, et al. Surface energies and appearances of commonly exposed surfaces of scheelite crystal [J]. Transactions of Nonferrous Metals Society of China, 2013, 23 (7): 2147-2152.

[27] MARINAKIS K I, KELSALL G H. The surface chemical properties of scheelite ($CaWO_4$) Ⅱ. Collector adsorption and recovery of fine scheelite particles at the iso-octane/water interface [J]. Colloids and Surfaces, 1987, 26: 243-255.

[28] ATADEMIR M R, KITCHENER J A, SHERGOLD H L. The surface chemistry and flotation of scheelite. Ⅰ. Solubility and surface characteristics of precipitated calcium tungstate [J]. Journal of Colloid and Interface Science, 1979, 71 (3): 466-476.

[29] ARNOLD R, WARREN L J. Electrokinetic properties of scheelite [J]. Journal of Colloid & Interface Science, 1974, 47 (1): 134-144.

[30] HYUNG S C, KOOK N H. Electrokinetic property and flotation characteristics of scheelite [J]. Journal of the Korean Chemical Society, 1963, 7 (1): 17-24.

[31] GAO Z Y, SUN W, HU Y H. New insights into the dodecylamine adsorption on scheelite and calcite: An adsorption model [J]. Minerals Engineering, 2015, 79: 54-61.

[32] HICYÌLMAZ C, ATALAY Ü, ÖZBAYO GLU G. Selective flotation of scheelite using amines [J]. Minerals Engineering, 1993, 6 (3): 313-320.

[33] 杨帆. 季铵捕收剂在白钨矿浮选中的应用及其作用机理研究 [D]. 长沙: 中南大学, 2013.

[34] YANG F, SUN W, HU Y H, et al. Cationic flotation of scheelite from calcite using quaternary ammonium salts as collector: Adsorption behavior and mechanism [J]. Minerals Engineering, 2015, 81: 18-28.

[35] HU Y H, YANG F, SUN W. The flotation separation of scheelite from calcite using a quaternary ammonium salt as collector [J]. Minerals Engineering, 2011, 24 (1): 82-84.

[36] 王淀佐. 矿物浮选和浮选剂——理论与实践 [M]. 长沙: 中南工业大学出版社, 1986.

[37] 方浩, 艾光华, 刘艳飞. 白钨矿选矿工艺研究现状及发展趋势 [J]. 中国钨业, 2016, 31 (3): 27-31.

[38] 胡岳华, 王淀佐. 新型两性捕收剂浮选萤石、重晶石、白钨矿的研究 [J]. 有色金属(选矿部分), 1989 (4): 10-13.

[39] HU Y H, XU Z H. Interactions of amphoteric amino phosphoric acids with calcium-containing minerals and selective flotation [J]. International Journal of Mineral Processing, 2003, 72 (1): 87-94.

[40] 许海峰, 李文风, 陈雯. 钨矿浮选捕收剂研究现状及新药剂的制备与工业应用 [J]. 中国钨业, 2019, 34 (1): 37-44.

[41] 许时, 孟书青, 郭德曼. 两性捕收剂浮选白钨矿 [J]. 有色金属 (选矿部分), 1986 (4): 24-28.

[42] 李淑菲, 李强. 白钨矿浮选研究现状 [J]. 矿产综合利用, 2019 (3): 17-21.

[43] 李文恒. 白钨矿浮选药剂研究进展 [J]. 世界有色金属, 2019 (14): 245-247.

[44] 朱超英, 孟庆丰, 朱家骥. pH 值调整剂对白钨矿与方解石和萤石分离的影响 [J]. 矿冶工程, 1990 (1): 19-23.

[45] KUPKA N, RUDOLPH M. Role of sodium carbonate in scheelite flotation—A multi-faceted reagent [J]. Minerals Engineering, 2018, 129: 120-128.

[46] 孙伟, 胡岳华, 覃文庆, 等. 钨矿浮选药剂研究进展 [J]. 矿产保护与利用, 2000 (3): 42-46.

[47] WEI Z, HU Y H, HAN H S, et al. Selective separation of scheelite from calcite by self-assembly of H_2SiO_3 polymer using Al^{3+} in Pb-BHA flotation [J]. Minerals, 2019, 9 (1): 43.

[48] HAN H S, LIU W L, HU Y H, et al. A novel flotation scheme: Selective flotation of tungsten minerals from calcium minerals using Pb-BHA complexes in Shizhuyuan [J]. Rare Metals, 2017, 36 (6): 533-540.

[49] WEI Z, HU Y H, HAN H S, et al. Selective flotation of scheelite from calcite using Al-

Na_2SiO_3 polymer as depressant and Pb-BHA complexes as collector [J]. Minerals Engineering, 2018, 120: 29-34.

[50] 陈华强 . 几种无机、有机抑制剂对方解石浮选抑制行为的研究 [J]. 四川有色金属, 1998 (2): 42-45.

[51] 朱玉霜, 朱建光 . 浮选药剂的化学原理（修订版）[M]. 长沙: 中南工业大学出版社, 1996.

[52] LI C G, LÜ Y X. Selective flotation of scheelite from calcium minerals with sodium oleate as a collector and phosphates as modifiers. Ⅱ. The mechanism of the interaction between phosphate modifiers and minerals [J]. International Journal of Mineral Processing, 1983, 10 (3): 219-235.

[53] 于洋, 孙传尧, 卢烁十 . 白钨矿与含钙矿物可浮性研究及晶体化学分析 [J]. 中国矿业大学学报, 2013 (2): 7.

[54] CHEN C, HU Y H, ZHU H L, et al. Inhibition performance and adsorption of polycarboxylic acids in calcite flotation [J]. Minerals Engineering, 2019, 133: 60-68.

[55] AI G H, LIU C, ZHANG W C. Utilization of sodium humate as selective depressants for calcite on the flotation of scheelite [J]. Separation Science and Technology, 2018, 53 (13): 2136-2143.

[56] CHEN W, FENG Q, ZHANG G, et al. The effect of sodium alginate on the flotation separation of scheelite from calcite and fluorite [J]. Minerals Engineering, 2017, 113: 1-7.

[57] DONG L Y, JIAO F, QIN W Q, et al. Selective flotation of scheelite from calcite using xanthan gum as depressant [J]. Minerals Engineering, 2019, 138: 14-23.

[58] WANG J, BAI J Z, YIN W Z, et al. Flotation separation of scheelite from calcite using carboxyl methyl cellulose as depressant [J]. Minerals Engineering, 2018, 127: 329-333.

[59] CHEN W, FENG Q M, ZHANG G F, et al. Selective flotation of scheelite from calcite using calcium lignosulphonate as depressant [J]. Minerals Engineering, 2018, 119: 73-75.

[60] CHEN W, FENG Q M, ZHANG G F, et al. The flotation separation of scheelite from calcite and fluorite using dextran sulfate sodium as depressant [J]. International Journal of Mineral Processing, 2017, 169: 53-59.

[61] ZHANG C H, WEI S, HU Y H, et al. Selective adsorption of tannic acid on calcite and implications for separation of fluorite minerals [J]. Journal of Colloid and Interface Science, 2018, 512: 55-63.

[62] CHEN W, FENG Q M, ZHANG G F, et al. Investigations on flotation separation of scheelite from calcite by using a novel depressant: Sodium phytate [J]. Minerals Engineering, 2018, 126: 116-122.

[63] 胡岳华, 孙伟, 蒋玉仁, 等 . 柠檬酸在白钨矿萤石浮选分离中的抑制作用及机理研究 [J]. 国外金属矿选矿, 1998, 35 (5): 27-29.

[64] GAO Z Y, DENG J, SUN W, et al. Selective flotation of scheelite from calcite using a novel reagent scheme [J]. Mineral Processing and Extractive Metallurgy Review, 2022, 43 (2):

137-149.

[65] 宋韶博．天然胶对三种典型含钙矿物的浮选抑制及机理研究 [D]．长沙：中南大学，2014.

[66] ZHENG X，SMITH R W. Dolomite depressants in the flotation of apatite and collophane from dolomite [J]. Minerals Engineering，1997，10 (5)：537-545.

[67] 安齐费洛娃 C A，李长根，崔洪山．在浮选条件下腐植酸类药剂与萤石、方解石和石英的作用特点 [J]．国外金属矿选矿，2007，44 (8)：38-41.

[68] 熊立．白钨矿浮选中含钙脉石抑制剂的试验研究 [D]．赣州：江西理工大学，2013.

[69] 郭蔚．高分子抑制剂在白钨矿与方解石分离的作用及机理 [D]．赣州：江西理工大学，2018.

[70] ZHU H L，QIN W Q，CHEN C，et al. Flotation separation of fluorite from calcite using polyaspartate as depressant [J]. Minerals Engineering，2018，120：80-86.

[71] FOUCAUD Y，FILIPPOVA I V，FILIPPOV L O. Investigation of the depressants involved in the selective flotation of scheelite from apatite，fluorite，and calcium silicates：Focus on the sodium silicate/sodium carbonate system [J]. Powder Technology，2019，352：501-512.

[72] 胡文英．组合捕收剂浮选微细粒黑钨矿作用机理与应用研究 [D]．赣州：江西理工大学，2013.

[73] MILLER J D，WADSWORTH M E，MISTRA M，et al. Flotation chemistry of the fluorite/oleate system [J]. Principles of Mineral Flotation：the Wark Symposium，1984：31-42.

[74] FUERSTENAU M C，MILLER J D，PRAY R E，et al. Metal ion activation in xanthate flotation of quartz [J]. Trans. AIME，1965，232：359-364.

[75] KANG J H，HU Y H，SUN W，et al. Utilization of sodium hexametaphosphate for separating scheelite from calcite and fluorite using an anionic-nonionic collector [J]. Minerals，2019，9 (11)：705.

[76] XU L H，TIAN J，WU H Q，et al. Effect of Pb^{2+} ions on ilmenite flotation and adsorption of benzohydroxamic acid as a collector [J]. Applied Surface Science，2017，425：796-802.

[77] 江庆梅，戴子林．混合脂肪酸在白钨矿与萤石、方解石分离中的作用 [J]．矿冶工程，2012，32 (2)：42-44，48.

[78] 黄建平．羟肟酸类捕收剂在白钨矿、黑钨矿浮选中的作用 [D]．长沙：中南大学，2013.

[79] GAO Z Y，BAI D，SUN W，et al. Selective flotation of scheelite from calcite and fluorite using a collector mixture [J]. Minerals Engineering，2015，72：23-26.

[80] 董留洋，覃文庆，焦芬，等．阳离子-阴离子组合捕收剂浮选分离白钨矿和方解石 [J]．矿冶工程，2018，38 (4)：61-64.

[81] SREENIVAS T，PADMANABHAN N P H. Surface chemistry and flotation of cassiterite with alkyl hydroxamates [J]. Colloids and Surfaces A. Physicochemical and Engineering Aspects，2002，205 (1)：47-59.

[82] WANG P，QIN W Q，REN L Y，et al. Solution chemistry and utilization of alkyl hydroxamic

acid in flotation of fine cassiterite [J]. Transactions of Nonferrous Metals Society of China, 2013, 23 (6): 1789-1796.

[83] 朱海玲，覃文庆，陈臣，等．阴-非离子复配表面活性剂对白钨矿的低温捕收性能及其应用 [J]. 中国有色金属学报，2016，26（10）：2188-2196.

[84] 王立成，曹绪龙，宋新旺，等．磺酸盐与非离子表面活性剂协同作用的研究 [J]. 油田化学，2012，29（3）：312-316.

[85] XU L H, TIAN J, WU H Q, et al. The flotation and adsorption of mixed collectors on oxide and silicate minerals [J]. Advances in Colloid and Interface Science, 2017, 250: 1-14.

[86] JIANG H, GAO Y, KHOSO S A, et al. A new approach for characterization of hydrophobization mechanisms of surfactants on muscovite surface [J]. Separation and Purification Technology, 2019, 209: 936-945.

[87] 王丽．云母类矿物和石英的浮选分离及吸附机理研究 [D]. 长沙：中南大学，2012.

[88] WANG L, SUN W, HU Y H, et al. Adsorption mechanism of mixed anionic/cationic collectors in muscovite-quartz flotation system [J]. Minerals Engineering, 2014, 64: 44-50.

[89] WANG L, HU Y H, LIU J P, et al. Flotation and adsorption of muscovite using mixed cationic-nonionic surfactants as collector [J]. Powder Technology, 2015, 276: 26-33.

[90] WANG L, HU Y H, LIU R Q, et al. Synergistic adsorption of DDA/alcohol mixtures at the air/water interface: A molecular dynamics simulation [J]. Journal of Molecular Liquids, 2017, 243: 1-8.

[91] 王业飞，白羽，侯宝峰，等．阳离子/非离子复合表面活性剂改变油湿性砂岩表面润湿性机制 [J]. 中国石油大学学报（自然科学版），2018，42（2）：165-171.

[92] 杨沁红，蒋昊，纪婉颖，等．季铵盐与辛醇组合捕收剂浮选云母的机理 [J]. 中国有色金属学报，2018，28（9）：1900-1907.

[93] NGUYEN K T, NGUYEN T D, NGUYEN A V. Strong cooperative effect of oppositely charged surfactant mixtures on their adsorption and packing at the air-water interface and interfacial water structure [J]. Langmuir, 2014, 30 (24): 7047-7051.

[94] FUERSTENAU M C, RICE D A, SOMASUNDARAN P, et al. Metal ion hydrolysis and surface charge in beryl flotation [J]. Institution of Mining and Metallurgy, Transactions, 1965, 74: 381-391.

[95] LIU B, WANG X M, DU H, et al. The surface features of lead activation in amyl xanthate flotation of quartz [J]. International Journal of Mineral Processing, 2016, 151: 33-39.

[96] JAMES R O, HEALY T W. Adsorption of hydrolyzable metal ions at the oxide-water interface. Ⅰ. Co(Ⅱ) adsorption on SiO_2 and TiO_2 as model systems [J]. Journal of Colloid and Interface Science, 1972, 40 (1): 42-52.

[97] 胡岳华，王淀佐．金属离子在氧化物矿物/水界面的吸附及浮选活化机理 [J]. 中南矿冶学院学报，1987（5）：501-508.

[98] ZHAO W, WEI S, SHENG H H, et al. Improving the flotation efficiency of Pb-BHA complexes using an electron-donating group [J]. Chemical Engineering Science, 2021: 234.

[99] TIAN M J, ZHANG C Y, HAN H S, et al. Effects of the Preassembly of benzohydroxamic acid with Fe(Ⅲ) ions on its adsorption on cassiterite surface [J]. Minerals Engineering, 2018, 127: 32-41.

[100] FREE M L, MILLER J D. The significance of collector colloid adsorption phenomena in the fluorite/oleate flotation system as revealed by FTIR/IRS and solution chemistry analysis [J]. International Journal of Mineral Processing, 1996, 48 (3/4): 197-216.

[101] FA K Q, TAO J A, NALASKOWSKI J, et al. Interaction forces between a calcium dioleate sphere and calcite/fluorite surfaces and their significance in flotation [J]. Langmuir, 2003, 19 (25): 10523-10530.

[102] FA K Q, NGUYEN A V, MILLER J D. Hydrophobic attraction as revealed by AFM force measurements and molecular dynamics simulation [J]. Journal of Physical Chemistry B, 2005, 109 (27): 13112-13118.

[103] FA K Q, NGUYEN A V, MILLER J D. Interaction of calcium dioleate collector colloids with calcite and fluorite surfaces as revealed by AFM force measurements and molecular dynamics simulation [J]. International Journal of Mineral Processing, 2006, 81 (3): 166-177.

[104] SUN W J, HAN H S, SUN W, et al. Novel insights into the role of colloidal calcium dioleate in the flotation of calcium minerals [J]. Minerals Engineering, 2022, 175: 107274-107282.

[105] 卫召，韩海生，胡岳华，等 . Pb-BHA 配位捕收剂的黑白钨混合常温浮选研究 [J]. 有色金属工程，2017，7 (6)：70-75.

[106] HAN H S, HU Y H, SUN W, et al. Fatty acid flotation versus BHA flotation of tungsten minerals and their performance in flotation practice [J]. International Journal of Mineral Processing, 2017, 159: 22-29.

[107] HE J Y, HAN H S, ZHANG C Y, et al. New insights into the configurations of lead(Ⅱ)-benzohydroxamic acid coordination compounds in aqueous solution: A combined experimental and computational study [J]. Minerals, 2018, 8 (9): 368.

[108] TIAN M J, GAO Z Y, SUN W, et al. Activation role of lead ions in benzohydroxamic acid flotation of oxide minerals: New perspective and new practice [J]. Journal of Colloid and Interface Science, 2018, 529: 150-160.

[109] TIAN M J, ZHANG C Y, HAN H S, et al. Novel insights into adsorption mechanism of benzohydroxamic acid on lead(Ⅱ)-activated cassiterite surface: An integrated experimental and computational study [J]. Minerals Engineering, 2018, 122: 327-338.

[110] HU W J H, TIAN M J, CAO J, et al. Probing the interaction mechanism between benzohydroxamic acid and mineral surface in the presence of Pb^{2+} ions by AFM force measurements and first-principles calculations [J]. Langmuir, 2020, 36 (28): 8199-8208.

[111] 胡岳华，韩海生，田孟杰，等 . 苯甲羟肟酸铅金属有机配合物在氧化矿浮选中的作用机理及其应用 [J]. 矿产保护与利用，2018 (1)：42-47.

[112] WEI Z, SUN W, WANG P S, et al. A novel metal-organic complex surfactant for high-efficiency mineral flotation [J]. Chemical Engineering Journal, 2021, 426: 130853.

[113] HE J Y, HAN H S, ZHANG C Y, et al. Novel insights into the surface microstructures of lead(Ⅱ) benzohydroxamic on oxide mineral [J]. Applied Surface Science, 2018, 458: 405-412.

[114] 仲雪莲，俞胜龙，孙艳兵，等．金属有机框架化合物的研究进展 [J]. 能源化工，2018，39 (5)：53-58.

[115] 陈小明，蔡继文．单晶结构分析原理与实践 [M]. 2 版．北京：科学出版社，2011.

[116] WEI Z, SUN W, WANG P S, et al. The structure analysis of metal-organic complex collector: From single crystal, liquid phase, to solid/liquid interface [J]. Journal of Molecular Liquids, 2023, 382.

[117] TIAN M J, GAO Z Y, KHOSO S A, et al. Understanding the activation mechanism of Pb^{2+} ion in benzohydroxamic acid flotation of spodumene: Experimental findings and DFT simulations [J]. Minerals Engineering, 2019, 143.

[118] HAN H S, HU Y H, SUN W, et al. Novel catalysis catalysis mechanisms of benzohydroxamic acid adsorption by lead ions and changes in the-surface of scheelite particles [J]. Minerals Engineering, 2018, 119: 11-22.

[119] HAN H S, XIAO Y, HU Y H, et al. Replacing Petrov's process with atmospheric flotation using Pb-BHA complexes for separating scheelite from fluorite [J]. Minerals Engineering, 2020, 145: 1-10.

[120] CAO M, GAO Y D, BU H, et al. Study on the mechanism and application of rutile flotation with benzohydroxamic acid [J]. Minerals Engineering, 2019, 134: 275-280.

[121] FANG S, XU L H, WU H Q, et al. Comparative studies of flotation and adsorption of Pb(Ⅱ)/benzohydroxamic acid collector complexes on ilmenite and titanaugite [J]. Powder Technology, 2019, 345: 35-42.

[122] TIAN M J, HU Y H, SUN W, et al. Study on the mechanism and application of a novel collector-complexes in cassiterite flotation [J]. Colloids and Surfaces A: Physicochemical and Engineering Aspects, 2017, 522: 635-641.

[123] YUE T, HAN H S, HU Y H, et al. Beneficiation and purification of tungsten and cassiterite minerals using Pb-BHA complexes flotation and centrifugal separation [J]. Minerals, 2018, 8 (12): 566.

[124] ZHAO G, ZHONG H, QIU X Y, et al. The DFT study of cyclohexyl hydroxamic acid as a collector in scheelite flotation [J]. Minerals Engineering, 2013, 49: 54-60.

[125] JIANG Y R, YIN Z G, YI Y L, et al. Synthesis and collecting properties of novel carboxyl hydroxamic acids for diaspore and aluminosilicate minerals [J]. Minerals Engineering, 2010, 23 (10): 830-832.

[126] JIANG Y R, ZHAO B N, ZHOU X H, et al. Flotation of diaspore and aluminosilicate minerals applying novel carboxyl hydroxamic acids as collector [J]. Hydrometallurgy, 2010, 104 (1): 112-118.

[127] JIANG Y, HU Y, CAO X. Synthesis and structure-activity relationships of carboxyl

Hydroxidoxime in Bauxite Flotation [J]. 2001, 11 (4): 706-709.

[128] WEI Z, SUN W, HAN H S, et al. Enhanced electronic effect improves the collecting efficiency of benzohydroxamic acid for scheelite flotation [J]. Minerals Engineering, 2020, 152.

[129] JI Z, LI T, YAGHI O M. Sequencing of metals in multivariate metal-organic frameworks [J]. Science, 2020, 369 (6504): 674-680.

[130] GONG X Y, GNANASEKARAN K, CHEN Z J, et al. Insights into the structure and dynamics of metal-organic frameworks via transmission electron microscopy [J]. Journal of the American Chemical Society, 2020, 142 (41): 17224-17235.

[131] DENG H X, DOONAN C J, FURUKAWA H, et al. Multiple functional groups of varying ratios in metal-organic frameworks [J]. Science, 2010, 327 (5967): 846-850.

[132] 王淀佐，林强，蒋玉仁．选矿与冶金药剂分子设计 [M]. 长沙：中南工业大学出版社，1996：271.

[133] 曾锦明．硫化铜钼矿浮选分离及其过程的第一性原理研究 [D]. 长沙：中南大学，2012.

[134] 谭鑫．钨锡矿物螯合捕收剂靶向性分子设计及其作用机理研究 [D]. 沈阳：东北大学，2017.

[135] 刘崇峻，朱阳戈，吴桂叶，等．锡石表面电子结构及铅活化机理第一性原理研究 [J]. 矿产保护与利用，2018 (3)：17-21.

[136] 戴建豪，黄鹏，黄高亮，等．双酯 Gemini 季铵盐在氟磷灰石与石英界面吸附行为的研究 [J]. 矿产综合利用，2023 (2)：87-93.

[137] WEI Z, SUN W, HAN H S, et al. Molecular design of multiple ligand metal-organic framework (ML-MOF) collectors for efficient flotation separation of minerals [J]. Separation and Purification Technology, 2024, 328: 125048.

[138] WEI Z, SUN W, HAN H S, et al. Probing a colloidal lead-group multiple ligand collector and its adsorption on a mineral surface [J]. Minerals Engineering, 2021, 160: 106696.

[139] OLIVEIRA J F, SAMPAIO J A. Development studies for the recovery of Brazilian scheelite fines by froth flotation [M] // PLUMPTON A J. Production and Processing of Fine Particles, Amsterdam: Pergamon, 1988: 209-217.

[140] DENG R D, YANG X F, HU Y, et al. Effect of Fe(Ⅱ) as assistant depressant on flotation separation of scheelite from calcite [J]. Minerals Engineering, 2018, 118: 133-140.

[141] FENG B, GUO W, XU H, et al. The combined effect of lead ion and water glass in the flotation separation of scheelite from calcite [J]. Separation Science and Technology, 2016, 52 (3): 567-573.

[142] 胡永平，蔡殿忱．盐化水玻璃在微细粒菱锰矿与伊利石等脉石矿物分离中的作用 [J]. 中国锰业，1991 (5)：30-35.

[143] 王淀佐，胡岳华．浮选溶液化学 [M]. 长沙：湖南科学技术出版社，1988：343.

[144] 陈臣．无机阴离子对三种典型含钙盐类矿物浮选行为影响及作用机制 [D]. 长沙：中

南大学，2011.

[145] DONG L Y，JIAO F，QIN W Q，et al. Utilization of iron ions to improve the depressive efficiency of tartaric acid on the flotation separation of scheelite from calcite [J]. Minerals Engineering，2021，168：106925.

[146] WEI Q，DONG L Y，JIAO F，et al. Use of citric acid and Fe(Ⅲ) mixture as depressant in calcite flotation [J]. Colloids and Surfaces A：Physicochemical and Engineering Aspects，2019，578：123579.

6 钨矿浮选技术与实践

钨矿浮选技术的发展往往建立在浮选药剂的发展之上，大致经历了脂肪酸浮选技术、螯合剂浮选技术和金属-有机配合物浮选技术等几个典型阶段。本章总结了钨矿浮选工艺进展与应用实践，重点阐述了脂肪酸浮选工艺、螯合捕收剂浮选工艺和金属-有机配合物浮选工艺等三类主体浮选技术。其中脂肪酸法包括常温浮选和“彼德洛夫”加温浮选，对白钨矿具有较强的捕收能力，对矿石性质具有良好的适应性，在白钨矿浮选中应用最为广泛。螯合剂浮选工艺是以羟肟酸、铜铁灵试剂等螯合剂为主要捕收剂的浮选工艺流程，在黑钨矿和黑白钨混合矿浮选中有较为广泛的应用。近年来兴起的配合物法是以金属-有机配合物为高选择性捕收剂的工艺流程，具有良好的选择性，可实现复杂钨资源的常温浮选分离，已在单一白钨矿、黑钨矿及黑白钨混合矿的浮选中逐步得到工业化应用，为复杂钨矿高效浮选分离提供了新的解决方案，成为钨矿浮选技术的重要发展方向之一。

6.1 钨矿浮选技术及其发展趋势

目前，我国发现的大部分白钨矿床为矽卡岩型钨矿床，而浮选是处理此类白钨矿的经典选矿方法。该类矿床的特点是：WO_3 品位偏低，嵌布粒度细，呈细网脉状或浸染状构造，白钨矿与多种有用金属共生，脉石矿物是可浮性与白钨矿相似的含钙盐类矿物（如萤石、方解石）。根据钨的矿物组成，白钨矿可分为两类：白钨-石英型（或硅酸盐矿物）及白钨-方解石、萤石（重晶石）型。由于白钨矿与硅酸盐矿物可浮性差异相对较大，对于组成简单的白钨-石英型矿石，通常采用脂肪酸作捕收剂、水玻璃作抑制剂能实现白钨矿和脉石矿物的浮选分离[1]。但是后者，由于白钨矿、方解石和萤石等相似的表面活性质点及表面相互转化，常规的工艺难以将白钨矿与含钙脉石矿物浮选分离，因此，白钨矿与含钙脉石矿物的高效浮选分离是世界性难题，该类资源的高效综合利用面临巨大的挑战。对于黑白钨混合矿来说，由于黑钨矿可浮性相对较差，能够较好浮选白钨矿的脂肪酸类捕收剂对黑钨矿的捕收能力较弱，而能够较好浮选黑钨矿的螯合物捕收剂对白钨矿的捕收能力又较弱，这使得黑白钨矿的混合浮选也面临较大的技术难题[2-3]。钨矿资源的高效浮选依赖于浮选新理论、新药剂和新技术的不断进步。近年来，钨矿浮选化学得到了深入发展，晶体化学和溶液化学等研究推动了钨矿浮选药剂和新工艺朝着高选择性和清洁高效的方向发展，新技术在实践中的应用显著提高了钨矿选矿水平。

钨矿浮选技术发展的核心是浮选药剂的不断进步。最早应用于白钨矿浮选的捕收剂是阴离子捕收剂（如脂肪酸），具有很强的捕收能力和适应性，但其选择性相对较差。螯合物捕收剂具有较好的选择性，但其捕收能力相对较弱，常常需要使用金属离子活化剂来提高其浮选效率。阳离子捕收剂虽然对于白钨矿和含钙脉石矿物具有较好的选择性，但在实践中对硅酸盐等脉石矿物同样表现出很强的捕收能力，这使得阳离子捕收剂并没有在生产实践中得到广泛应用。两性捕收剂对白钨矿具有很强的捕收能力和 pH 值适应性，然而两性捕收剂的研究目前依然停留在实验室阶段。金属-有机配合物捕收剂捕收能力强、选择性较好，在实践中得到了应用，是未来钨矿浮选捕收剂重要的发展方向之一。基于浮选药剂的发展，钨矿浮选工艺大致经历了脂肪酸浮选工艺、螯合剂浮选工艺和金属-有机配合物浮选工艺等阶段（见图 6-1）。

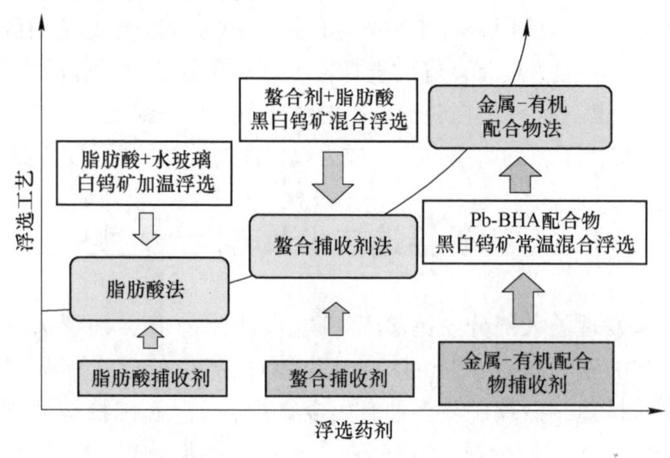

图 6-1　钨矿浮选技术发展历程

6.2　以脂肪酸为捕收剂的钨矿浮选技术

脂肪酸法是以脂肪酸捕收剂为核心的浮选方法，是最常见、最普遍的白钨矿浮选方法。脂肪酸法常见的捕收剂为脂肪酸及其衍生物或混合物，如油酸、塔尔油、环烷酸、氧化石蜡皂等，其中油酸（油酸钠）和氧化石蜡皂在浮选中应用广泛。脂肪酸类捕收剂对白钨矿的捕收能力强，但选择性较差，因此，脂肪酸浮选工艺中往往需要添加大量的水玻璃或改性水玻璃作为脉石矿物抑制剂。脂肪酸浮选工艺通常分为粗选作业和精选作业两段，依据精选阶段浮选温度的差异，精选工艺分为两类：加温浮选和常温浮选。

6.2.1 脂肪酸粗选—加温精选工艺

6.2.1.1 “彼德洛夫”加温浮选工艺基本原理

加温浮选工艺，即“彼德洛夫”（Petrov）浓浆高温法[4]，由苏联专家彼德洛夫于20世纪40年代末发明，广泛应用于白钨矿浮选生产实践。“彼德洛夫”法的基本特点是浓浆、高温、高浓度水玻璃[5]。经典的“彼德洛夫”加温浮选工艺包括粗精矿的浓缩、高温条件下的调浆、稀释脱药后的常温浮选。首先将粗精矿的矿浆浓缩到50%~70%的高质量分数，而后加入大量的水玻璃（通常为20~150 kg/t粗精矿），并在高温（通常为85~95 ℃）下进行长时间（通常为60 min）的强烈搅拌，以使脉石矿物表面的脂肪酸捕收剂脱附，然后对脱药后的矿浆进行稀释和常温浮选，得到WO_3品位在65%以上的高品质钨精矿。该工艺过程稳定，分选指标良好，对于白钨-石英型（或硅酸盐矿物）和白钨-方解石、萤石（重晶石）型白钨矿的浮选都具有良好的适应性。

加温浮选法的基本原理是依据白钨矿与脉石矿物在特殊条件下表面捕收剂膜解析差异来实现分离。水玻璃对含钙矿物抑制机理普遍被认为是水玻璃水解组分$HSiO_3^-$和SiO_3^{2-}与矿物表面Ca^{2+}发生化学反应生成硅酸钙沉淀，使矿物表面亲水受到抑制。矿物表面生成硅酸钙条件的溶液化学计算如图6-2所示。在pH值为11.0左右时，三种含钙矿物溶液中钙离子与硅酸根离子总浓度乘积的大小顺序为：萤石>方解石>白钨矿。这表明萤石表面最容易形成硅酸钙沉淀，而白钨矿最难。因此，在“彼德洛夫”法条件下，水玻璃从白钨矿和含钙脉石矿物（方解石、萤石等）表面解吸捕收剂的能力不同，萤石、方解石由于表面捕收剂的大

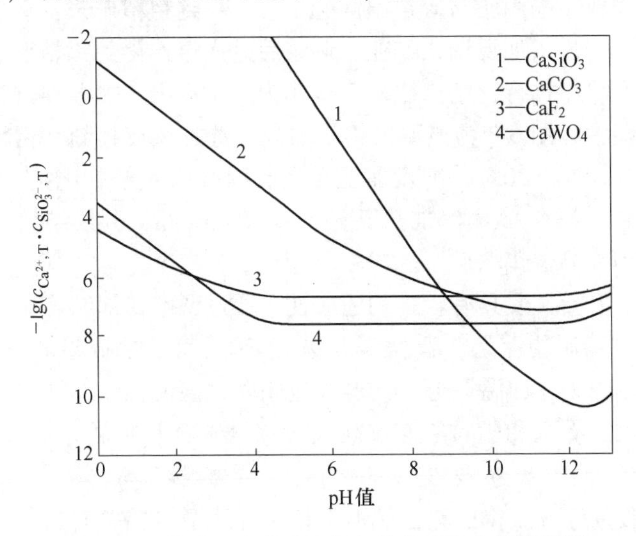

图6-2 矿物表面生成硅酸钙条件的溶液化学计算[6]

量解吸而被抑制，而白钨矿仍然保持良好的可浮性，从而实现了白钨矿与含钙脉石矿物的高效分离。“彼德洛夫”法的高温条件强化了这一过程，使得脉石矿物受到强烈抑制，而白钨矿受影响很小。此外，在黑白钨矿加温浮选分离中，由于黑钨矿受到大量水玻璃抑制，因此可以实现黑钨矿和白钨矿的浮选分离。

随后，国内外科研工作者对加温浮选工艺进行了不断的改进，主要体现在药剂制度优化方面，包括：以组合抑制剂代替单一的水玻璃抑制剂，强化对脉石矿物的选择性抑制作用及对白钨矿的选择性活化作用；在脱药前预先添加捕收剂强化对白钨矿的选择性捕收作用等。调浆过程中会添加氢氧化钠和硫化钠等有利于水玻璃对方解石和萤石表面捕收剂的解吸[5-6]，氢氧化钠与水玻璃的组合使用可以形成高 pH 值强碱性矿浆环境；硫化钠在矿浆中起主要作用的组分是 HS^- 和 S^{2-}，在加温分离中，硫化钠水解组分能对原先吸附在黄铁矿、磁黄铁矿等硫化矿表面的捕收剂产生排斥作用，从而降低矿物的疏水性抑制其上浮；硫化钠还能起到消除矿浆活化离子的作用，硫化钠在水解时产生的 OH^- 能与 Ca^{2+} 形成氢氧化钙沉淀，降低难免离子的影响，从而提高分离效率。因此，氢氧化钠、硫化钠等药剂与水玻璃组合使用比单独使用水玻璃的效果更好。此外，高亚龙等人[7-8]的研究表明，石灰、氟硅酸钠等可以强化对脉石矿物的抑制。在工艺流程方面，选矿工程师尝试矿浆加温处理后直接进行浮选，矿浆不稀释、不脱药，极大简化了加温精选作业，也避免了多次稀释过程中的钨损失，从而使钨回收率进一步提高[9]，但是该工艺的适应能力不强，仅有部分矿山应用。

6.2.1.2　脂肪酸粗选—加温精选工艺流程

在白钨矿加温浮选工艺流程中，白钨矿的浮选通常包括粗选作业和加温精选作业。在粗选作业中采用脂肪酸常温浮选工艺，得到粗精矿浆；在加温精选作业中，粗精矿浆首先进入加温调浆作业，调浆后进入浮选得到钨精矿。加温浮选作业一般在独立回路中进行，精选尾矿直接作为尾矿排出。加温浮选被广泛应用于白钨矿浮选实践中，图 6-3 为典型白钨矿加温浮选工艺流程图。粗精矿浆在被浓缩到质量分数为 50%~70%后进入加温浮选流程，加入氢氧化钠、大量水玻璃、脂肪酸，并在 85~95 ℃的蒸汽加热条件下调浆 60 min，调浆结束后进入精选阶段进行精选得到高品位钨精矿。

加温浮选对矿石性质具有较强的适应性，通过调整药剂制度可以使加温工艺适应不同类型白钨矿的浮选。晋秋等人[10]针对云南某含石墨的高钙型白钨矿，采用“预先脱硫脱碳—加温浮选”的全浮选闭路试验流程，加温浮选作业采用氢氧化钠、水玻璃、石灰和脂肪酸捕收剂 XP，在 60 ℃下加温 1 h，最终得到 WO_3 品位为 57.45%、回收率为 72.85%的钨精矿。李颇辉等人[6]对柿竹园钨矿石采用 Pb-BHA 捕收剂浮选获得的黑白钨混合精矿开展了白钨矿与黑钨矿的加温浮选分离试验，在 GYR、水玻璃、硫化钠、烧碱等的最佳用量条件下，通过闭路试

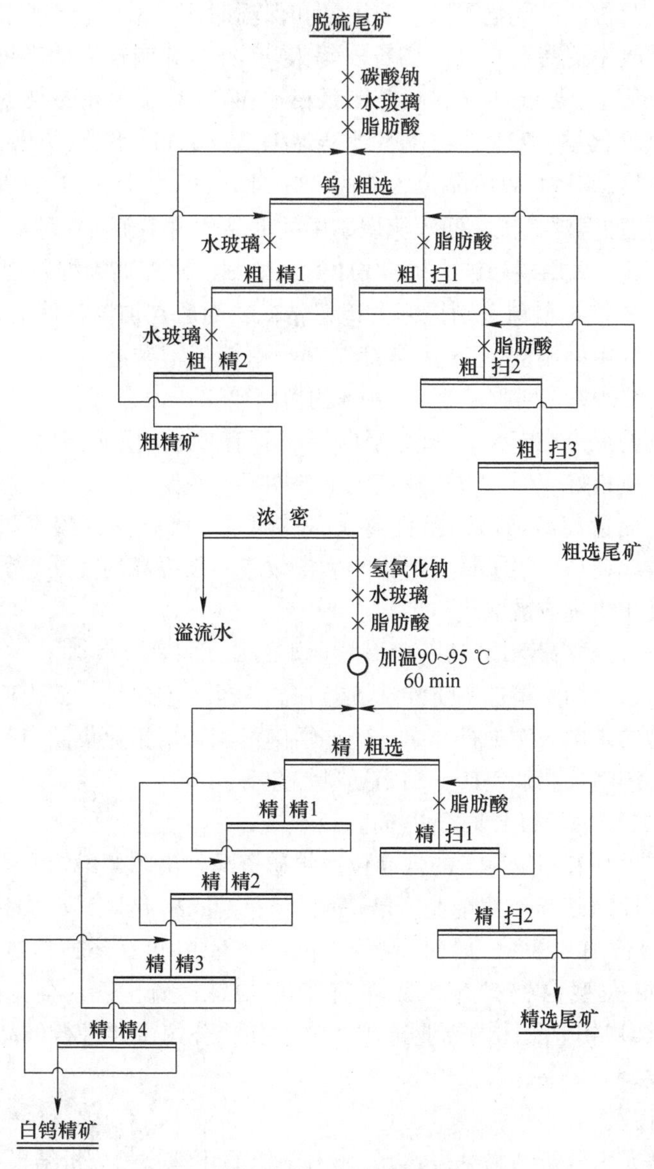

图 6-3　典型白钨矿加温浮选工艺流程

验获得了 WO_3 品位为65.99 %的白钨精矿和 WO_3 品位为30.71%的黑钨精矿。温胜来等人[11]针对江西某低品位白钨矿石，采用 731 作捕收剂进行粗选，粗精矿在 90 ℃下加水玻璃强化调浆后经 1 粗 5 精 1 扫的加温浮选流程，最终获得了 WO_3 品位为 50.23%、回收率为 70.32%的白钨精矿。徐国印等人[8]针对某矽卡岩型白钨矿加温浮选精矿品位及回收率不理想的问题，在加温脱药过程中添加石灰以提高精矿品位，并优化了水玻璃用量和保温时间，最终钨精矿品位提高了5个百分点，回收率提高至97%。杨长安等人[12]针对湖南瑶岗仙高钙白钨矿采用731作为捕收剂进行加温浮选试验，在粗精矿 WO_3 品位为4.56%的条件下，采用硫化钠、氢氧化钠、731捕收剂和水玻璃保温40 min调浆，而后经过1粗3精1扫闭路试验，得到 WO_3 品位为65.48%、回收率为95.68%的钨精矿。杨剑波等人[13]采用加温浮选工艺回收钼尾矿中的低品位白钨矿，在原矿 WO_3 品位为0.21%的条件下，采用碳酸钠为矿浆pH值调整剂、水玻璃为抑制剂、ZL为捕收剂，进行1粗3扫2粗精选别得到白钨粗精矿，而后在加温条件下采用ZL为捕收剂、水玻璃为主抑制剂、NS为辅抑制剂，白钨粗精矿进行精选，最终得到了 WO_3 品位为69.09%、回收率为84.19%的钨精矿。

加温浮选的优点在于对不同类型白钨矿具有较强的适应性，且浮选指标稳定，白钨精矿质量好。但该方法缺点也十分明显：浓浆、高温，能耗较高、成本高，较大的药剂量和高强度的条件对设备的腐蚀较为严重，流程过于冗长、复杂，操作困难。在环保要求日益严格和生产效率不断提高的发展趋势下，加温浮选工艺亟须优化改进或被取代。

6.2.1.3 钨矿脂肪酸粗选—加温精选工艺应用实践

脂肪酸粗选—加温精选钨矿浮选工艺在国内外大型白钨矿矿山广泛应用，以下以国内典型的矿山为例进行介绍，例如河南洛阳栾川钼业集团白钨矿、甘肃小柳沟白钨矿、湖南瑶岗仙钨矿、湖南远景钨业等。

A 河南洛阳栾川钼业集团白钨矿

河南省栾川县有储量巨大的低品位白钨矿资源，洛阳栾川钼业集团是栾川最大、最具代表性的矿产开发企业，已探明矿石储量21亿吨，其中钼金属量206万吨，平均品位0.123%，居世界第一位；伴生白钨矿62万吨，平均品位0.124%，属特大型白钨矿床，并伴有丰富的铼、硫、铁、金、银等有价矿物[14]。洛阳栾川钼业集团的钨业选矿一公司和二公司主要进行低品位白钨矿资源的综合回收。

a 矿石性质

矿石化学元素分析结果见表6-1，矿石中钨的化学物相分析结果见表6-2。矿石 WO_3 品位为0.114%，钨矿物的物相分析结果表明白钨矿占比为94.53%，还含有少量的黑钨矿和钨华。矿石中主要有用组分为钼和钨，钼的主要矿物为辉钼矿，还有少量氧化物钼钙矿、铁钼华，或以类质同象存在于白钨矿中。钨在各类型矿石中矿化程度不一，在矽卡岩型中含量高，角岩型中含量低。矿石中主要金属矿物有黄铁矿、磁黄铁矿、辉钼矿、白钨矿、磁铁矿、黄铜矿等，主要有用矿物为辉钼矿、白钨矿。脉石矿物主要有钙铁榴石、钙铝榴石、钙铁辉石、透辉石、硅灰石等。矿石结构有片状、束状、放射状结构，自形-半自形粒状结构，镶嵌结构等，以前三种结构为主。矿石构造有稀疏浸染状构造、细脉状构造、角砾状构造。

表 6-1 矿石化学元素分析结果

元素	WO_3	S	Mo	Fe	SiO_2	Al_2O_3
质量分数/%	0.114	0.85	0.128	9.95	41.62	4.27
元素	CaO	MgO	CaF_2	Na_2O	Au	Ag
质量分数/%	23.39	1.82	6.85	0.19	0.5 g/t	2.2 g/t

表 6-2 矿石钨物相分析结果

钨物相	WO_3（质量分数）/%	占比/%
白钨矿中钨	0.107	94.53
黑钨矿中钨	0.001	0.24
钨华中钨	0.006	5.23
总钨	0.114	100.00

白钨矿粒径以细粒为主，其中 0.1~0.2 mm 粒级占 8.37%，0.074~0.1 mm 粒级占 17.25%，0.019~0.074 mm 粒级占 43.09%，小于 0.019 mm 粒级占 31.29%。在小于 0.074 mm 粒级占 75%的条件下，白钨矿的单体解离度为 31.29%。连生体中白钨矿-石榴石连生体占 4.85%，白钨矿-金属矿连生体占 8.21%。白钨矿与其他脉石矿物连生体占 4.55%，上述连生体多为毗连型，少数为白钨矿包裹辉钼矿、方解石等矿物，被包裹矿粒的粒径一般小于 0.03 mm。白钨矿中辉钼矿呈均匀分布，以类质同象形态存在，其质量分数为 5.3%~0.36%，平均为 2.9%，用机械破磨的方法很难使这部分钨钼解离。

b 选矿工艺流程及技术指标

白钨矿回收车间的工艺流程采用全浮流程，浮钼尾矿进行白钨矿粗选、粗精矿加温脱药后精选得到白钨精矿，工艺流程如图 6-4 所示。设计生产流程为浮钼尾矿自流到白钨矿选厂分级再磨后脱硫，再进入白钨粗选；白钨经粗选后得到粗精矿浆，浓缩到质量分数为 70%左右进入加温脱药流程进行精选；白钨精选作业为 1 粗 2 精 2 扫，得到浮选白钨精矿；精矿经压滤烘干后，即为最终白钨精矿。粗选作业及精选作业大部分都采用浮选柱。

捕收剂采用新型白钨浮选药剂 FX-6，具有制备容易、价格相对较低、用量少的特点，各项性能均优于皂化浮选剂。在加温精选段，原来采用石灰作为脱药剂，量大而且污染环境，经过不断地试验探索，放弃使用石灰，仅以氢氧化钠和水玻璃作为脱药剂，精矿品位显著提高。

选矿技术指标：2017 年，该工艺流程在原矿 WO_3 品位为 0.11%的情况下，

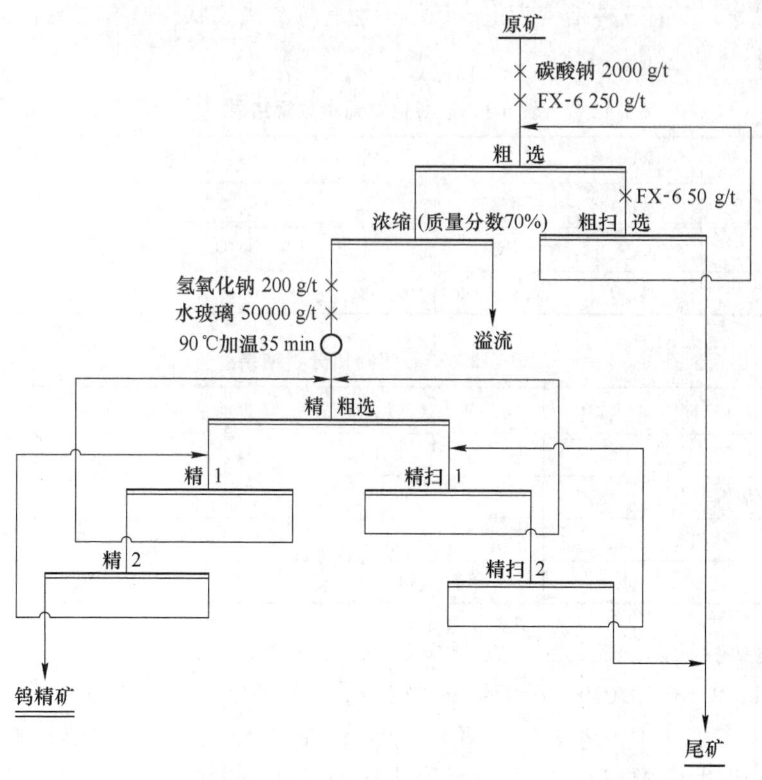

图 6-4 洛阳栾川钼业集团白钨矿加温浮选工艺流程[15]

钨精矿 WO_3 品位为 25%~30%，综合回收率达到 80%，其中精选回收率在 97% 以上。

为进一步优化洛阳栾川钼业集团白钨加温浮选工艺，科研工作者研究了常温浮选段药剂制度的优化。亢建华等人[15]考察了单独使用水玻璃、酸化水玻璃、ATM 的抑制效果，以及酸化水玻璃与 ATM 的协同作用。结果表明，3 种抑制剂单独使用时的抑制效果顺序是 ATM>酸化水玻璃>普通水玻璃，ATM 与酸化水玻璃同时使用可以发挥协同效果；当 ATM+酸化水玻璃用量为（20+300）g/t 时，与不使用抑制剂相比，白钨粗精矿 WO_3 品位从 0. 62%显著提高至 1. 42%，回收率从 84. 74%提高至 87. 28%。王延锋等人[16]研究了新型抑制剂 CC 和水玻璃及其改性化合物的选择性抑制效果，并且通过增加精选作业来提高白钨矿粗选品位，结果表明，新型抑制剂 CC 的抑制效果好，且用量小，通过 1 粗 1 精 1 扫的闭路试验可得到 WO_3 品位为 3. 12%、回收率为 82. 87%的白钨粗精矿。工业试验结果表明，通过使用新型抑制剂 CC 并增加精选作业，白钨矿粗选品位从 1. 03% 提高到 1. 96%，回收率基本保持不变。

B 甘肃小柳沟白钨矿

小柳沟钨矿位于甘肃省肃南县，隶属甘肃新洲矿业有限公司，2006 年选矿厂建成投产，设计生产能力为 2000 t/d，主要用于处理小柳沟矿区 1 号和 4 号矿体白钨矿石。

a 矿石性质

矿石化学元素分析结果见表 6-3，矿石中钨的化学物相分析结果见表 6-4。矿石属矽卡岩型块状白钨矿，矿石中有价元素主要是钨，还有硫、钼、铋等。钨矿物主要是白钨矿，占比 96.571%，还有少量的钨华及黑钨矿。有用矿物组成主要是白钨矿、黄铁矿、磁黄铁矿，其次是辉铋矿、辉钼矿和闪锌矿等。脉石矿物主要有透闪石、绿泥石、石英、透辉石、绢云母和长石等。矿石构造有浸染状构造、斑杂状构造、细脉状构造等，矿石结构有自形-他形粒状结构、自形-半自形粒状结构、包含结构、交代溶蚀结构和交代残余结构。矿石中白钨矿呈粗细不均匀嵌布，多以细粒为主浸染状嵌布，部分白钨矿含类质同象的钼。矿石磨碎后 0.053~0.1 mm 粒级白钨矿单体解离可达 95.32%，矿石中部分白钨矿含类质同象的钼，最高的钼含量达 0.44%，这部分钼难以用选矿方法分离。

表 6-3 矿石化学元素分析结果

元素	WO_3	S	Zn	Bi	CaF_2	MgO	SiO_2	Al_2O_3
质量分数/%	0.73	0.82	0.039	0.016	3.94	4.6	45.32	8.39
元素	TiO_2	Mn	Fe	F	P	Mo	Au	Ag
质量分数/%	0.48	0.19	2.89	0.54	0.067	<0.01	0.029 g/t	3.26 g/t

表 6-4 矿石钨物相分析结果

钨物相	白钨矿	黑钨矿	钨华	总钨
WO_3 品位/%	0.704	0.002	0.023	0.729
占比/%	96.571	0.274	3.155	100.000

b 选矿工艺流程及技术指标

小柳沟钨矿选矿厂工艺流程如图 6-5 所示，脱硫尾矿经 1 粗 2 精 3 扫的粗选流程得到粗精矿浆，粗精矿浆浓缩后进入加温精选段，经 1 粗 4 精 3 扫得到白钨精矿。该选矿工艺主要有以下几个特点：

（1）白钨矿粗选采用 GYW 新型捕收剂，取代选择性较差、用量较大的 731 氧化石蜡皂捕收剂，与碳酸钠-水玻璃组合调整剂并用，实现白钨矿与萤石、方解石、透辉石等含钙脉石矿物的高效选择性浮选分离。在白钨粗精矿精选分离中，同时添加 SN 和 GYW 捕收剂，既强化大量水玻璃对含钙脉石矿物的选择性抑制作用，又强化对白钨矿的选择性捕收作用，实现在独立回路中常温下的直接精选。

(2) 精选作业中取消了一次或多次稀释脱药后再进行浮选作业的工艺，而是直接进行浮选，不仅简化了工艺、减少了有价金属的损失，还使加温浮选工艺过程更加稳定，指标显著提高。针对加温浮选尾矿，可以采用摇床进一步回收尾矿中损失的钨。采用浮选和重选（摇床）联合工艺流程，可以使白钨精选段作业回收率超过97%。

选矿技术指标：在原矿 WO_3 品位为0.65%的条件下，常温粗选段粗精矿 WO_3 品位为5.74%、回收率为86.13%，加温精选段精矿 WO_3 品位为65.42%、回收率为94.90%，这两段的浮选回收率为80.10%；加温浮选尾矿重选精矿 WO_3 品位为43.10%、回收率为3.12%；钨选矿全流程总回收率为83.32%。

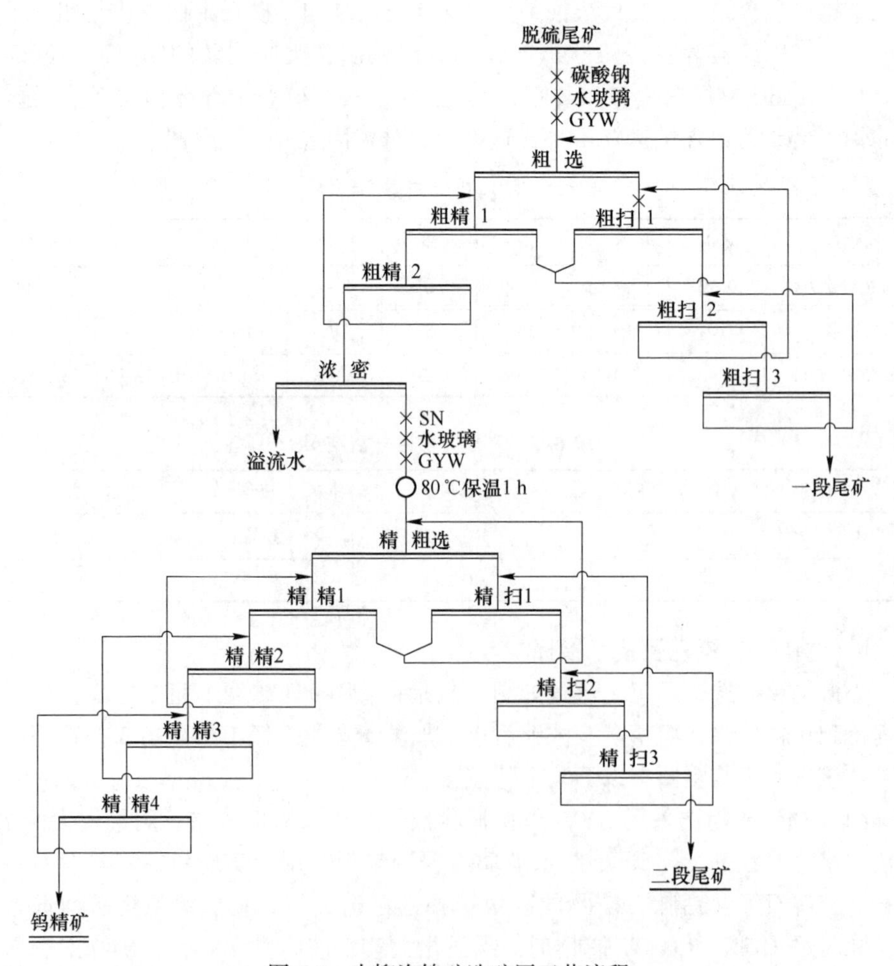

图6-5　小柳沟钨矿选矿厂工艺流程

6.2.2 脂肪酸粗选—常温精选工艺

6.2.2.1 常温浮选工艺原理及流程

常温浮选始于20世纪70年代初，由我国赣南地区首创。与加温精选工艺不同，常温精选工艺不需要加温调浆，而是直接在常温条件下进行粗精矿的精选作业。典型白钨矿常温浮选工艺流程如图6-6所示。常温浮选工艺主要运用选择性相对较好的731氧化石蜡皂等捕收剂来对钨矿进行常温条件下的浮选，并强调碳酸钠与水玻璃的协同效应，通过控制pH值使矿浆中的$HSiO_3^-$浓度保持在最佳抑制浓度范围内，提高粗选富集比。精选过程中添加大量水玻璃进行长时间(30 min以上)强烈搅拌，利用矿物间表面吸附的捕收剂膜解吸速度的不同，提高抑制剂的选择性，然后进行常温精选，产出最终白钨精矿，其精选尾矿一般返

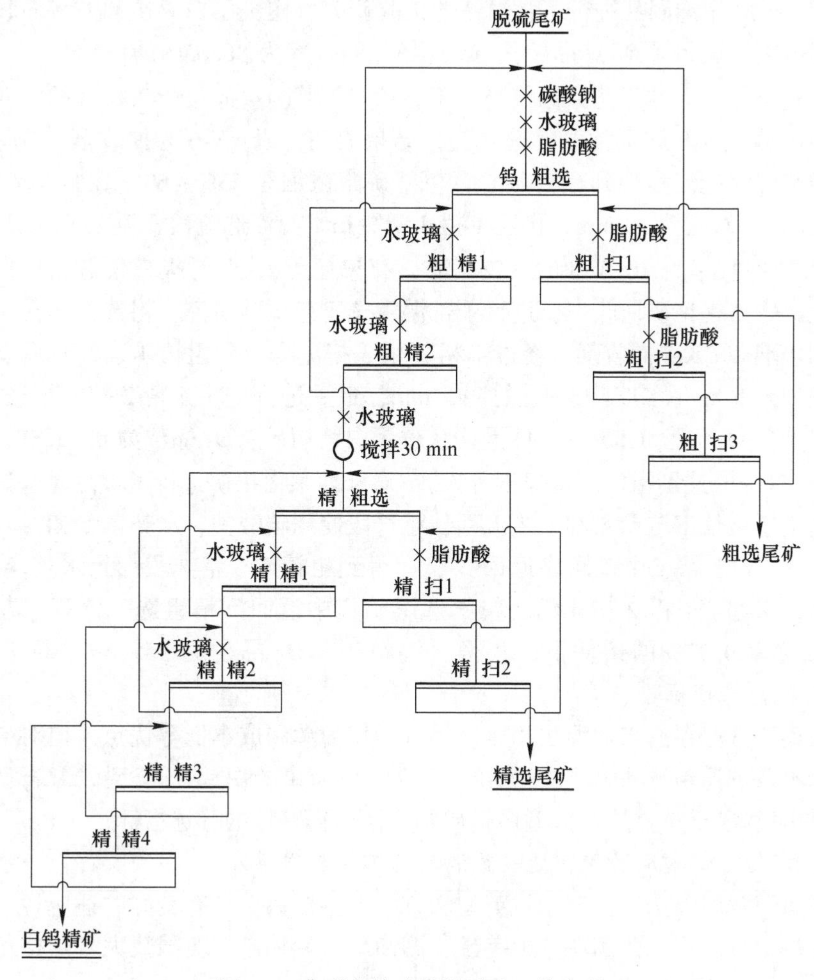

图6-6 典型白钨矿常温浮选工艺流程

回白钨粗选段，也可以在白钨精选段丢弃。根据矿石性质的不同，精选作业有时需要对粗精矿浆进行浓缩，使其达到一定浓度后加入水玻璃调浆，调完浆重新稀释后再进行精选。

常温浮选工艺已在一些白钨矿矿山得到应用，且其流程和药剂制度仍在不断优化中。叶雪均[17]针对白钨-石英型、白钨-萤石-方解石型白钨矿石进行了常温浮选试验，认为常温精选是可行的，但是精矿质量相对较差、回收率较低。邓丽红等人[18]对 WO_3 品位为 0.29%的方解石-萤石型白钨矿使用碳酸钠作为调整剂、水玻璃作为脉石矿物抑制剂、TA-3 作为白钨捕收剂进行粗选，将得到的白钨粗精矿浆集中浓缩至质量分数为 40%~60%后，添加 TC 组合抑制剂和少量 TA-3 药剂强烈搅拌 40 min，然后直接浮选，得到 WO_3 品位为 65.17 %的白钨精矿，回收率为 70.16%。王秋林等人[19]对 WO_3 品位为 5.56%的白钨粗精矿，以脂肪酸为捕收剂、Y88 作抑制剂进行了常温精选试验研究，实现了白钨矿和方解石、萤石的常温分离，获得了 WO_3 品位为 52.34%、回收率为 86.05%的白钨精矿，浮选指标与现场加温浮选工艺指标相当。丁冬[20]针对 WO_3 品位为 7.81%的江西某矽卡岩型白钨矿石开展了常温浮选试验，结果表明，以 FX-6 为捕收剂，先采用 1 粗 2 扫常温浮选流程得到粗精矿浆，粗精矿浆浓缩至 55%~60%后加入水玻璃、硫化钠和 FX-6 搅拌 90 min，再经 1 粗 4 精 2 扫常温浮选流程获得了 WO_3 品位为 64.13%、回收率为 70.02%的白钨精矿。祁忠旭等人[21]为提高某低品位白钨矿选厂生产中白钨精矿回收率，进行了常温浮选工艺试验研究，粗选作业使用碳酸钠、水玻璃和 CK-2 捕收剂，经过 1 粗 2 精 3 扫流程得到粗精矿浆，而后在粗精矿浆中加入 5 kg/t 水玻璃常温搅拌 45 min，最后进行 1 粗 4 精 2 扫的精选作业，在原矿 WO_3 品位为 0.3%的条件下，获得了白钨精矿 WO_3 品位为 63.33%、回收率为 86.30%的选别指标。曾银银等人[22]对江西某白钨矿进行了常温浮选试验研究，确定了最佳工艺参数和工艺流程，粗选段使用碳酸钠、水玻璃和 ZL 捕收剂，经“1 粗 3 扫 2 精、中矿顺序返回”流程得到粗精矿，精选段加入水玻璃和 ZL 捕收剂，采用“1 粗 2 扫 4 精、精精选尾矿集中返回到精粗选”流程，在原矿 WO_3 品位为 0.77%的条件下，获得了钨精矿 WO_3 品位为 55.76%、回收率为 82.04%的浮选指标。

白钨矿常温浮选与加温法相比，具有操作简单和成本低等优点，但对矿石的适应性不及加温浮选法，主要应用于组成相对简单的白钨-石英型矽卡岩型白钨矿，对白钨-萤石（重晶石）型白钨矿则无法取得良好的分选指标。

6.2.2.2 钨矿脂肪酸粗选—常温精选工艺应用实践

脂肪酸常温浮选工艺对于石英型和方解石型白钨矿具有良好的适应性，已在江西香炉山钨矿、江西荡坪宝山钨矿、湖南新田岭钨矿、美国蒙大拿州格伦选厂等得到应用。

A 江西香炉山钨矿

香炉山钨矿位于江西修水县，矿山设计采选能力为 2050 t/d，下设 4 个选矿厂。一选厂处理能力为 550 t/d，二选厂处理能力为 300 t/d，三选厂和四选厂处理能力均为 600 t/d。

a 矿石性质

矿石化学元素分析结果见表 6-5。矿床为矽卡岩型白钨多金属矿床，矿石类型分为三种，分别是透辉石石英角质岩白钨矿（占总矿量 95%以上）、大理岩化灰岩白钨矿和铅、锌、硫白钨矿。金属矿物主要是白钨矿，伴生矿物有磁黄铁矿、黄铁矿、闪锌矿、黄铜矿、黑钨矿等，脉石矿物有石英、钾长石、斜长石、透闪石、萤石、白云母、方解石和重晶石等。钨矿物以白钨矿为主，占比 95%左右，黑钨矿仅占 4%左右，其余为钨华。白钨矿多为不规则形状，粒径一般为 0.1~0.15 mm，少数在 1 mm 以上。黄铜矿呈不规则的粒状或蠕虫状，一般粒径为 0.023~0.046 mm，部分在 0.1 mm 左右，常被白钨矿包裹。磁黄铁矿呈不规则的他形粒状或片状，颗粒比较粗大，少数被白钨矿包裹。黄铁矿粒径通常在 0.1~1 mm 之间，与白钨矿紧密共生，且常被白钨矿包裹。

表 6-5 香炉山钨矿原矿化学元素分析结果

元素	WO_3	Cu	Zn	Bi	Sn	Pb	Mo	S	F
质量分数/%	1.35	0.13	0.17	0.06	0.004	0.044	0.006	6.62	3.00
元素	FeO	CaO	MgO	SiO_2	Al_2O_3	Fe_2O_3	TiO_2	Au	Ag
质量分数/%	6.30	12.02	5.80	40.76	7.71	9.71	0.16	0.06 g/t	21.9 g/t

b 工艺流程及技术指标

香炉山钨矿 4 个选厂矿石均出自一个矿体，因此工艺流程和药剂制度基本一致。香炉山钨矿白钨矿浮选工艺流程如图 6-7 所示。原矿经破碎、筛分、磨矿和分级后，矿石细度为小于 0.074 mm 粒级占 70%。矿浆进入铜硫等可浮作业、铜硫分离作业进行硫化矿浮选作业。脱硫尾矿进入白钨矿粗选作业，经 1 粗 3 扫 2 精得到白钨粗精矿。白钨粗精矿再经 1 粗 3 扫 5 精作业产出 WO_3 品位为 65%左右的高品位白钨精矿。白钨粗选作业的尾矿即为最终尾矿。粗选作业使用碳酸钠、水玻璃和 ZL 捕收剂，精选作业加入水玻璃调浆，在常温条件下精选得到钨精矿。

选矿技术指标：一选厂在原矿 WO_3 品位为 0.56%的条件下，得到 WO_3 品位为 58.29%、回收率为 78.25%的精矿；二选厂在原矿 WO_3 品位为 0.63%的条件下，得到 WO_3 品位为 53.45%、回收率为 78.08%的精矿；三选厂在原矿 WO_3 品位为 0.74%的条件下，得到 WO_3 品位为 65.75%、回收率为 77.29%的精矿；四选厂在原矿 WO_3 品位为 0.514%的条件下，得到 WO_3 品位为 68.45%、回收率为

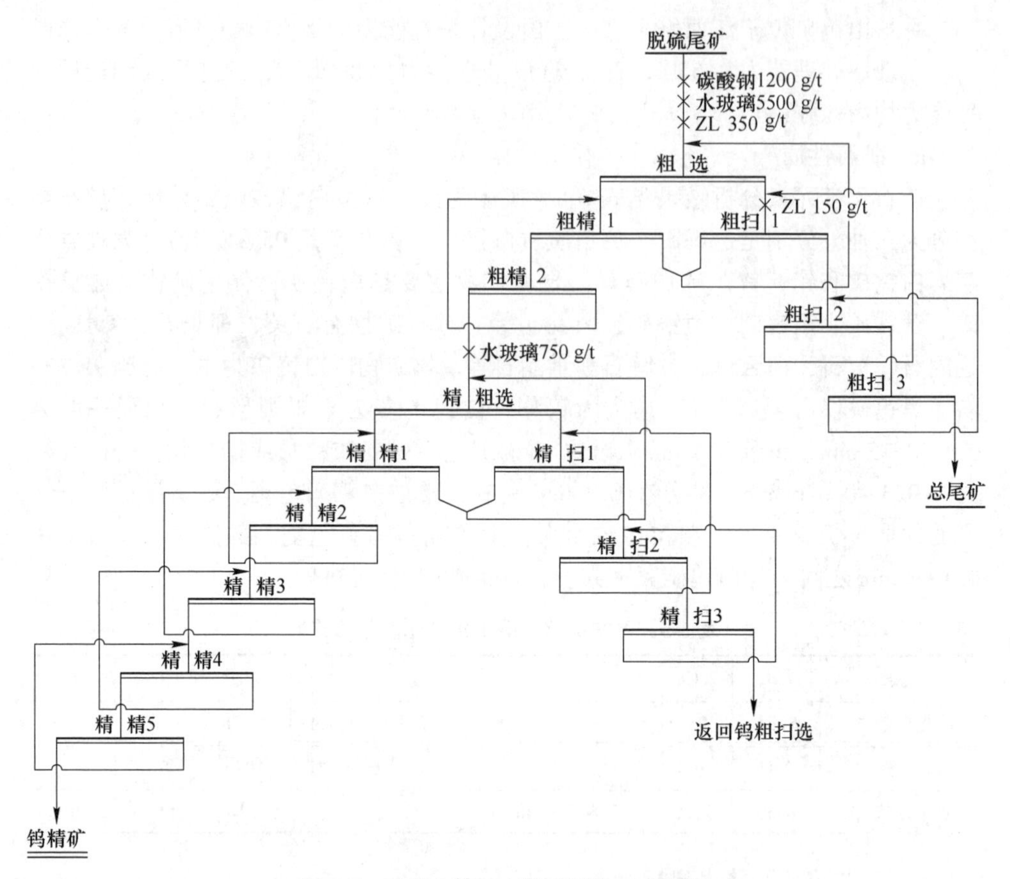

图 6-7 香炉山钨矿白钨矿浮选工艺流程

79.15%的精矿。

B 江西荡坪宝山钨矿

荡坪宝山白钨矿位于江西省境内，1966 年建成浮选厂，在原来的浮选流程中，白钨粗精矿用“彼德洛夫”法精选得最终白钨精矿。1970 年，将白钨浮选的捕收剂油酸改为 731 氧化石蜡皂，成功实现了粗精矿常温精选。

a 矿石性质

矿石化学元素分析结果见表 6-6。矿床属接触交代矽卡岩型铅、锌、白钨矿床，矿体形态比较复杂，围岩为花岗岩、灰岩或大理岩，结构致密坚硬。矿体由白钨矽卡岩矿石和硫化物矿石组成。白钨矿 WO_3 品位为 0.47%，以 0.05 ~ 0.1 mm粒径的颗粒分布于矽卡岩中，呈浸染状结构。硫化物矿石由磁黄铁矿、黄铁矿、方铅矿、闪锌矿、黄铜矿等组成，呈致密块状或粗粒块状产出，矿化均匀。脉石矿物以透辉石、石英、石榴石、方解石和萤石为主。

表 6-6 荡坪宝山钨矿原矿化学元素分析结果

元素	WO_3	Mo	Cu	Bi	Sn	Pb	Zn	S
质量分数/%	0.47	0.011	0.11	0.075	0.014	1.50	1.22	6.74
元素	Fe	CaO	MgO	SiO_2	Al_2O_3	Au	Ag	As
质量分数/%	15.21	20.22	0.47	33.34	5.85	0.15 g/t	80 g/t	0.003

b 工艺流程及技术指标

宝山选矿厂白钨常温浮选流程如图 6-8 所示。白钨矿浮选流程中，硫化矿浮选后加入碳酸钠调节矿浆 pH 值为 9，加水玻璃作抑制剂，以 731 或 733 氧化石蜡皂作捕收剂，通过 1 粗 2 扫得到 WO_3 品位在 15%~20%的粗精矿浆，在不浓缩的情况下，加水玻璃 5~6 kg/t，常温下搅拌 40 min，然后进行 5~6 次精选，得到 WO_3 品位在 65%以上的白钨精矿。

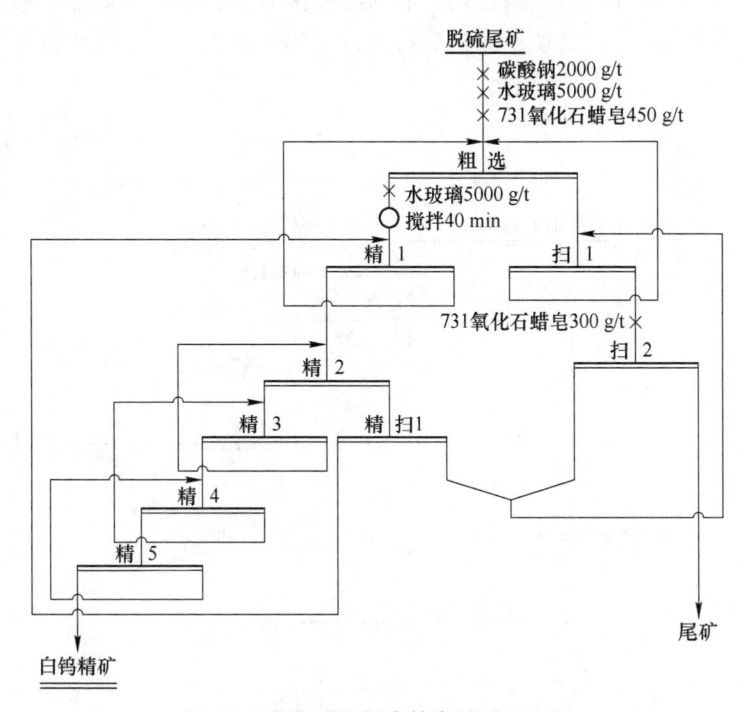

图 6-8 宝山选矿厂白钨常温浮选流程

选矿技术指标：宝山选矿厂在原矿 WO_3 品位为 0.354%的条件下，经过常温浮选工艺可以得到 WO_3 品位为 70.63%的钨精矿，回收率为 79.65%。

C 美国蒙大拿州格伦选厂

格伦选厂属于美国蒙大拿矿物工程公司，是世界上最典型的白钨矿生产厂之一，其特点是通过选矿生产中等品位的白钨精矿，回收率较高，再采用化学法处理全部白钨精矿，分离其中的钨和钼。

格伦选厂处理的原矿 WO_3 品位为1%，矿石中还有辉钼矿、黄铜矿、黄铁矿等，脉石矿物有石英、方解石、黑云母、角闪石和萤石等。格伦选厂白钨矿常温浮选流程如图6-9所示。该厂采用浮—重联合流程处理白钨矿石，以浮选粗选和扫选丢弃低品位尾矿，浮选精矿采用重选精选和浮选精选得到最终白钨精矿。采用硅酸钠、塔尔油皂（Dresinate T X）、Emersol211 和松油一起搅拌调浆。Dresinate TX 是油酸钠和亚油酸钠的混合物，Emersol211 是一种低冻点油酸，这种油酸主要用于控制起泡和回收粗粒级中的白钨矿。白钨粗选的浮选矿浆质量分数为35%，选出的精矿再用摇床分选。在摇床分选之前，往粗选精矿中添加硅酸钠，使细粒物料完全分散，同时也为了在精选作业中进一步抑制脉石矿物。获得最终浮选精矿需要5个精选段，在整个精选作业中连续添加丹宁酸抑制方解石。摇床尾矿经白钨矿浮选后，其槽内产品再经摇床分选，摇床尾矿与白钨矿浮选粗选作业的尾矿一并进行磨矿，磨矿后再进行白钨矿浮选扫选。磨矿机与水力旋流

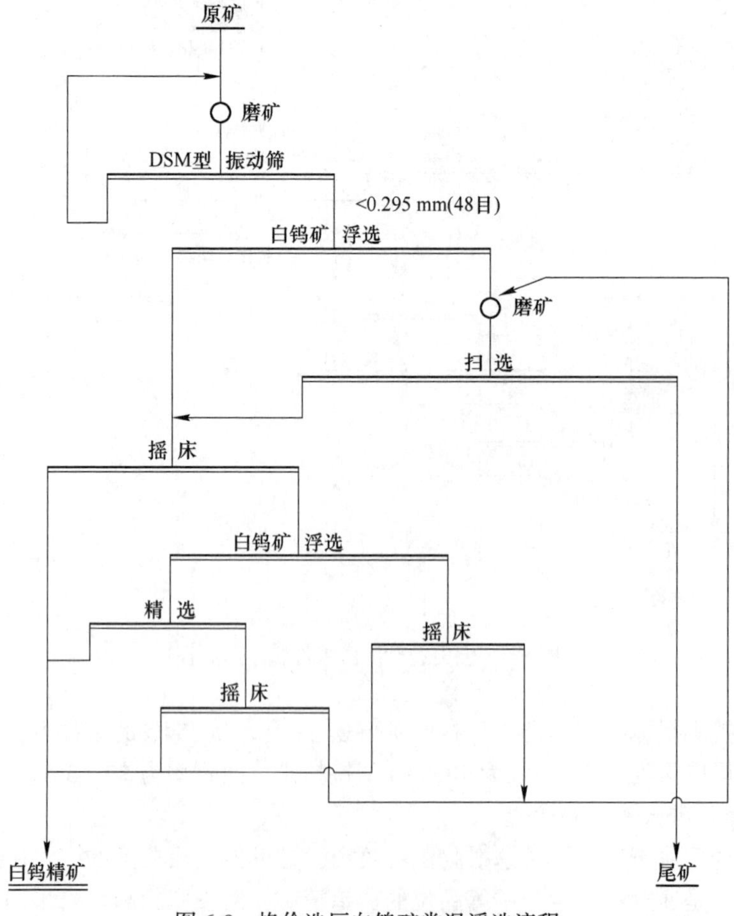

图6-9　格伦选厂白钨矿常温浮选流程

器构成闭路，对磨矿产品进行白钨矿浮选扫选，扫选尾矿即为最终尾矿，扫选精矿与粗选精矿一起进入摇床分选。

浮选药剂用量：碳酸钠 2.5 kg/t，水玻璃 2.5 kg/t，Dresinate TX 0.1 kg/t，Emersol211 0.15 kg/t，松油 0.05 kg/t，单宁酸 0.05 kg/t。

选矿技术指标：选厂处理能力为 277 t/d，经选别后获得 WO_3 品位为 45%的白钨精矿，尾矿 WO_3 品位为 0.08%，WO_3 总回收率为 90%~92%。

6.2.3 脂肪酸石灰法常温浮选工艺

6.2.3.1 石灰法常温浮选工艺原理及流程

美国联合碳化物公司瓦尔奎（L. A. Vazguez）等人研发了一种石灰法工艺，实现了白钨矿与萤石的高选择性浮选分离。加入石灰搅拌粗选给矿，随后加入碳酸钠和水玻璃调浆，可以获得较好的浮选指标。这种石灰法工艺选择性好、精矿品位高，尤其适用于矽卡岩型矿石，目前已被世界上一些钨选矿厂采用。

石灰法作用机理研究表明：在矿浆中加入石灰，钙离子吸附于萤石、方解石和石英表面，使表面电荷从负转正，而白钨矿仍然保持负电荷；继而加入碳酸钠搅拌时，在石英、萤石和方解石表面产生了碳酸钙沉淀，而白钨矿表面没有沉淀因而依然保持负电荷；加入水玻璃后，增强了对方解石的抑制，从而改善了白钨矿与脉石矿物的可浮性，实现了其浮选分离[23-24]。杨思孝[25]研究了石灰法浮选白钨矿的工艺参数，结果表明石灰用量和精选中加入水玻璃后的搅拌时间对白钨矿浮选的影响较大，要严格控制石灰用量和水玻璃搅拌时间。刘红尾等人[26]针对柿竹园 WO_3 品位为 0.39%的低品位白钨矿，采用石灰、碳酸钠、水玻璃和氧化石蜡皂 733 为浮选药剂进行石灰法常温浮选，获得了 WO_3 品位为 42.12%、回收率为 46.26%的白钨精矿。李蜜蜜等人[27]针对云南某选矿厂的难选高钙白钨矿采用石灰法进行浮选，粗选药剂用量为石灰 440 g/t、碳酸钠 3 kg/t、水玻璃 2.3 kg/t、脂肪酸捕收剂 300 g/t，经 1 粗 3 扫 1 精的常温粗选闭路流程，获得了 WO_3 品位为 6.30%、回收率为 79.76% 的钨粗精矿，比单独采用碳酸钠调浆法，钨粗精矿品位提高了 2.5 个百分点，回收率几乎不变。

然而，石灰浮选法也有一定的局限性。张爱萍等人[28]在白钨-石英型矿石浮选中，对比了石灰、烧碱和纯碱这三种 pH 值调整剂的效果，结果表明石灰的效果最差，证实了石灰浮选法不适用于白钨-石英型矿石的浮选。该方法对于白钨-方解石-萤石型矿石效果显著。此外，石灰在矿浆中产生的大量 Ca^{2+} 会增加脂肪酸类捕收剂的消耗。目前，石灰法在工业生产中应用相对较少。

6.2.3.2 石灰法常温浮选工艺应用实践

美国坦佩犹特（Tem Piute）钨选矿厂位于美国内华达州，规模为 1000 t/d，原矿 WO_3 品位为 0.4%~0.5%，已探明矿石储量 4400 万吨。坦佩犹特地区主要岩层是古生代的石灰岩堆积层，现开采的接触岩矿体分为四种主要类型：(1) 石榴石接触岩。在穆迪矿带里数量最多，由红至红褐色的石榴石组成，有辉石伴生，含少量硫化物，白钨矿的粒度较细。(2) 硫化物接触岩。主要由石榴石和辉石组成，含有大量黄铁矿和磁黄铁矿，且沿着断裂面发生氧化。(3) 绿帘石、绿泥石接触岩。主要有方解石、绿帘石和萤石，而且有较丰富的白钨矿，方解石晶体的再结晶使得这种接触岩类似花岗岩或石灰岩。(4) 辉石或闪石接触岩。主要含辉石、角闪石及少量的石榴石，颜色墨绿，局部含有微量的辉钼矿。综上所述，矿床中主要矿物有白钨矿、磁黄铁矿、黄铁矿、闪锌矿、石榴石、方解石、萤石等。

坦佩犹特钨矿选矿厂生产原则流程如图 6-10 所示。水力旋流器的溢流经过磁性絮凝，用湿式圆筒磁选机将大量的磁铁矿和磁黄铁矿先行排出，磁选尾矿进入浮选；在调浆桶中加入捕收剂 Z-6、起泡剂松油浮选黄铁矿，粗精矿经 3 次精选得到黄铁矿精矿；对黄铁矿浮选的尾矿进行白钨矿浮选，在 4 个串联的调浆桶

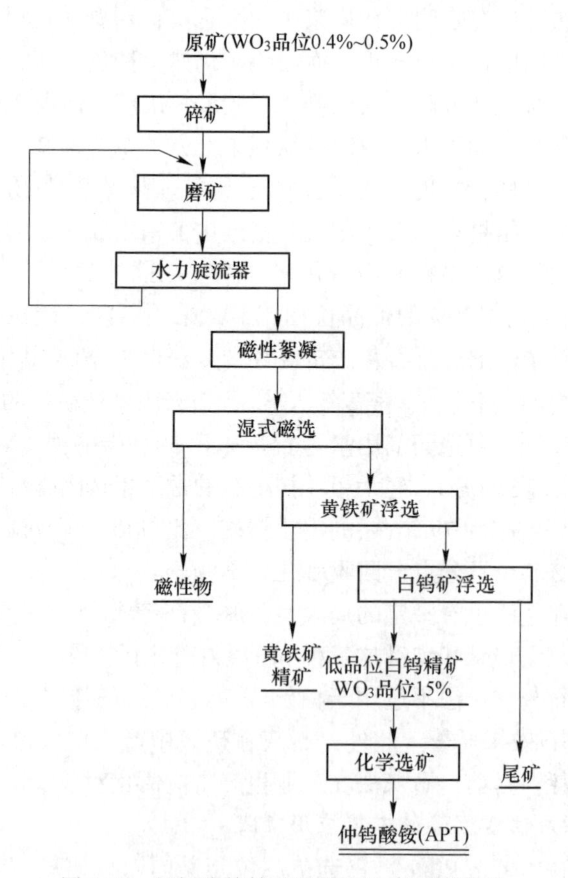

图 6-10 坦佩犹特钨矿选矿厂生产原则流程

中，加入石灰、碳酸钠、水玻璃和捕收剂（油酸和环烷酸的质量比为 1∶1），药剂用量为石灰 900 g/t、碳酸钠 1810 g/t、水玻璃 3628 g/t、油酸+环烷酸 272 g/t。白钨矿粗选是在阿基泰尔 48 号浮选机中进行的，共 14 槽，在第三槽和第七槽中补加适量捕收剂，前 3 槽刮出的泡沫产品不再精选直接送往浓缩机中浓缩，后槽中刮出的泡沫产品在阿基泰尔 24 号浮选机中精选 2 次得到钨精矿，精矿送到加利福尼亚州毕肖普（Bishop）附近的仲钨酸铵厂处理。

该流程的特点是白钨矿浮选前需要先对矿浆进行磁性絮凝，以及先用磁选将大量磁铁矿和磁黄铁矿排出，然后再采用石灰法浮选白钨矿，得到低品位白钨精矿再送化学选矿处理，以保证获得高的 WO_3 回收率。

选矿技术指标：原矿 WO_3 品位为 0.4%~0.5%，精矿 WO_3 品位大于 15%、回收率大于 85%。

总体而言，脂肪酸法对矿石的适应性相对较强，特别是加温浮选工艺对于矿石类型及矿石性质具有良好的适应性，同时具有药剂成本低、浮选指标稳定等优势，在国内外白钨矿矿山的应用占据主导地位。但其工艺流程冗长复杂，加温能耗和成本较高。最重要的是，脂肪酸较差的选择性使得体系中往往需要添加大量的水玻璃来抑制脉石矿物，而“脂肪酸-水玻璃”的循环体系制约了白钨矿回收率的提高。

6.3 以螯合剂为捕收剂的钨矿浮选工艺

为了解决脂肪酸浮选工艺的缺陷，选矿工作者开发了螯合物来作为捕收剂，并发展了以螯合类捕收剂为主的钨矿浮选工艺。螯合捕收剂主要包括羟肟酸类、砷酸类和铜铁灵等，它们可以和矿物表面的钙、铁、锰等金属质点形成稳定的配合物从而吸附在矿物表面。螯合捕收剂在钨矿浮选中具有良好的选择性，可用于白钨矿和黑白钨混合矿石的浮选。羟肟酸是应用最为普遍的螯合捕收剂，其分子结构可表示为 R—CONHOH，常见的羟肟酸有苯甲羟肟酸、水杨羟肟酸、辛基羟肟酸等。常见的胂酸有苄基砷酸、甲苯砷酸等，由于砷酸类螯合剂毒性较强，对生态环境影响较大，现阶段该类螯合剂应用比较少。铜铁灵也是一种常见的螯合捕收剂，在钨矿浮选中也有一定的应用。相较于脂肪酸捕收剂，螯合捕收剂具有良好的选择性，以羟肟酸和铜铁灵试剂为代表的螯合捕收剂在钨矿浮选技术发展中起到了重要的作用。20 世纪 90 年代，柿竹园有色金属矿、广州有色金属研究院、北京矿冶研究总院、长沙有色冶金设计研究院等单位联合攻关，研制成功了以主干全浮流程为基础，以螯合剂捕收为核心的钼铋等可浮、黑白钨矿同步浮选、白钨矿加温浮选、黑钨矿细泥浮选、萤石浮选的综合选矿新技术——柿竹园法[29]。柿竹园法解决了多年来世界上公认的两大难题，即黑钨矿和白钨矿必须用不同选矿方法分步回收，以及白钨矿与含钙矿物难以浮选分离，在世界钨矿选矿领域有重大的技术突破，有力地促进了钨锡钼铋多金属矿选矿技术的发展。以螯合捕收剂为核心的柿竹园法，使我国的钨矿浮选技术达到了世界领先水平。

6.3.1 GY 法浮选工艺

6.3.1.1 GY 法浮选工艺原理及流程

螯合捕收剂浮选工艺中最为典型的是 GY 法选钨工艺。GY 法选钨工艺是以广州有色金属研究院自主研发的 GY 系列药剂（羟肟酸和脂肪酸）为浮选捕收剂的选钨工艺流程，于 1997 年在柿竹园 380 选厂试验成功。GY 法是在中性或弱碱性介质条件下，用改性水玻璃选择性抑制萤石、方解石等含钙矿物，用铅盐为活化剂活化钨矿物，用苯甲羟肟酸 GYB 为主体捕收剂，改性脂肪酸作为辅助捕收剂，进行黑白钨矿混合浮选。GY 法黑白钨矿混合浮选工艺原则流程如图 6-11 所

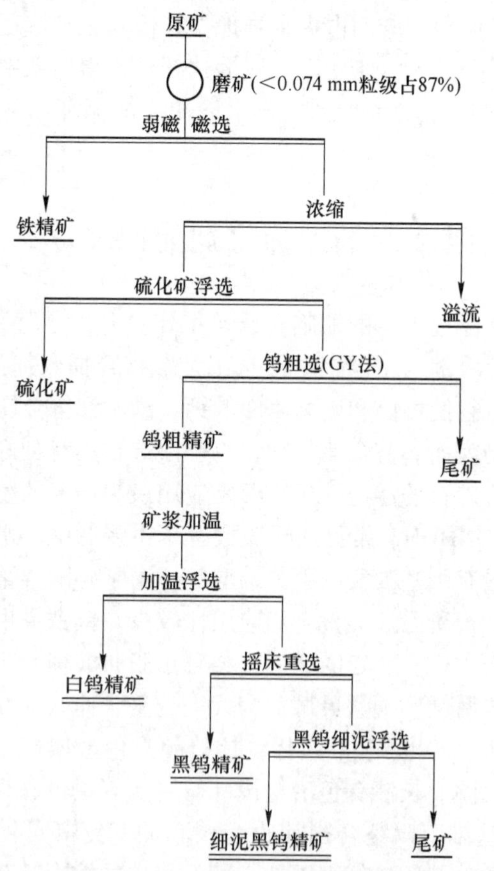

图 6-11 GY 法黑白钨矿混合浮选工艺原则流程

示。GY法浮选工艺首先通过GY法药剂制度得到粗精矿，而后采用加温浮选工艺得到白钨精矿，尾矿采用摇床等重选方法得到黑钨精矿；或对粗精矿进行强磁分离，对白钨粗精矿进行加温浮选得到白钨精矿，而对黑钨粗精矿采用重选或浮选方法得到黑钨精矿。

GY法浮选工艺可以实现黑白钨矿的混合浮选，对于白钨矿和黑白钨混合矿都可以取得良好的浮选效果。GY法浮钨所得粗精矿品位高、产率小，可大大减少加温精选段的矿量，降低能耗和生产成本，简化生产工艺。GY法钨粗选尾矿矿浆为中性，澄清性好，加少量石灰助沉可直接排放，有利于环保，与氧化石蜡皂733法相比可大大节省尾矿处理费用。此外，GY法浮钨在中性介质中进行，90%左右的萤石进入钨粗选尾矿，为后续综合回收萤石创造了良好条件。

GY法钨矿浮选工艺已被广泛应用于黑白钨矿混合浮选流程中。周晓彤等人[30]采用活化剂ZP、螯合捕收剂GY和改性水玻璃，设计了GY法浮选黑白钨矿新工艺，针对WO_3品位为0.59%的湖南某复杂钨矿，采用该新工艺取得了白钨精矿WO_3品位为73.26%、回收率为73.20%，黑钨精矿WO_3品位为66.25%、回收率为13.55%，总WO_3回收率达86.73%的良好分选指标。郭阶庆[31]对福建宁化行洛坑钨矿的钨细泥采用GY法常温浮选—离心选矿机精选的新工艺替代了原有的加温浮选工艺，钨作业回收率提高了43.91%，解决了钨细泥回收的难题。赵佳[32]采用水玻璃、硫酸铝为抑制剂，硝酸铅为活化剂，GYB、GYR为组合捕收剂，对柿竹园WO_3品位为0.46%的白钨矿进行分选试验，最终白钨砂精矿的WO_3品位为28.32%、回收率为78.04%。

6.3.1.2 GY法钨矿浮选应用实例

A 湖南柿竹园多金属矿

柿竹园超大型钨多金属矿床是我国储量最大的铋、钨、萤石矿山，矿床成因主要是多期花岗质岩浆的先后叠加和多级次大理岩热液接触交代作用，主要工业矿物为白钨矿、黑钨矿、锡石、辉钼矿、辉铋矿、萤石，白钨矿和黑钨矿比例约为2∶1，此外，还伴生大量的钼、铅、锌、锡、铜、硫和少量的金、银，是世界罕见的特大型钨钼多金属矿，被誉为“世界有色金属矿产博物馆”。

a 矿石性质

柿竹园矿石的工艺矿物学特征主要有：

（1）白钨矿和黑钨矿是主要含钨矿物，两者比例约为2∶1。

（2）矿物种类复杂，已查明的矿物有143种，具有工业价值的矿物有20多种。

（3）矿物嵌布粒度细且不均匀，小于0.074 mm（200目）约有80%解离，但也有部分粒度小于0.01 mm的矿物未完全解离。

（4）矿物赋存状态和共生关系复杂。白钨矿常溶蚀交代黑钨矿，并与辉钼矿、辉铋矿、萤石等密切共生；锡石嵌布粒度非常细，且Ⅲ矿带中仅占锡总量的32%，大部分锡以类质同象形式分散于其他矿物中，原矿化学成分分析结果见表6-7，矿物组成见表6-8。

表 6-7 柿竹园原矿化学成分分析结果

组分	WO_3	Bi	Mo	Sn	Cu	Pb	Zn	Fe	Be
质量分数/%	0.35	0.11	0.056	0.11	0.024	0.019	0.034	7.17	0.0095
组分	K_2O	Rb	$CaCO_3$	CaF_2	SiO_2	Al_2O_3	TiO_2	MgO	MnO
质量分数/%	1.82	0.087	2.79	20.82	41.65	7.31	0.15	0.89	1.74

表 6-8 柿竹园原矿矿物组成

矿物	白钨矿	黑钨矿	辉钼矿	辉铋矿	锡石	石榴石	黄铁矿/磁黄铁矿
质量分数/%	0.351	0.182	0.130	0.158	0.070	14.058	2.380
矿物	黄铜矿	磁铁矿	长石/高岭石	萤石	方解石	石英	绢云母/黑云母
质量分数/%	0.111	3.500	18.673	21.600	3.821	23.661	6.695

b 工艺流程及技术指标

柿竹园钨矿物难选的首要原因在于白钨矿与黑钨矿共生，其次为白钨矿和黑钨矿嵌布粒度细且性脆易磨，碎磨过程中极易过粉碎泥化，特别是黑钨矿。白钨矿和黑钨矿的可浮性差别较大，脂肪酸类捕收剂难以实现白钨矿和黑钨矿的同步浮选富集，因此实现柿竹园钨资源的高效综合回收是钨选矿领域的一大挑战。20世纪70年代，由湖南冶金研究所、北京矿冶研究总院、冶金部长沙矿冶研究院、中南矿冶学院等研究单位设计了5个方案，进行了7次全流程工业试验，未能实现选矿指标质的突破。国家将提高柿竹园选矿技术水平列入“八五”和“九五”国家科技攻关项目，1990—1995年全国多家科研院所和大专院校经过大量试验研究，提出了“全浮选”“重—浮”“浮—重—浮”“浮—磁—浮”等主干工艺流程，柿竹园钨、钼、铋等回收率得到巨大提高。广州有色金属研究院的张忠汉等人[33]采用苯甲羟肟酸和少量脂肪酸作捕收剂、硝酸铅作活化剂、水玻璃和硫酸铝作组合抑制剂实现了黑钨矿和白钨矿的同步混合浮选，粗精矿钨富集比得到大幅度提高。北京矿冶研究总院的孙传尧院士等人开发的CF法黑白钨矿混合浮选工艺和余军等人提出的CKY法黑白钨矿混选工艺均获得了良好的浮选指标。通过一系列试验攻关，柿竹园的钨矿选矿工艺获得长足发展，钨综合回收率逐步提高。按全浮流程设计的柿竹园1000 t/d选厂于1998年10月建成，并顺利投产运行，2002年，黑白钨矿全浮选“柿竹园法”获得国家科技进步奖二等奖。2008年，长沙有色冶金设计研究院按照全浮主干流程、浮选柱方案设计的2000 t/d选厂建成并达产达标。全浮主干流程中钨矿精选作业采用“白钨矿加温浮选—黑钨矿摇床选—脱泥—黑钨矿浮选”流程。因白钨矿加温浮选中加入了大量的水玻璃，使黑钨矿受到了强烈的抑制，黑钨矿可浮选性大大降低，黑钨矿在浮选作业的回收率非常低。同时黑钨矿浮选前必须要脱泥，但矿浆含有大量的水玻璃，使黑钨矿难以沉降，导致黑钨矿极易损失在脱泥过程中。2013 年 3 月多金属选厂进行生产改造，在钨矿粗选段利用强磁分选，黑钨矿与白钨矿分离采用单独系统浮选，钨综合回收率得到较大幅度提高，从而形成了如图 6-12 所示的浮选流程。2014 年对加温尾矿重选工段进行改造，采用悬振重选设备，回收部分损失于加温尾矿中的钨、锡，相比传统重选设备选别效果显著，但是对微细粒钨、锡的回收依然没有取得突破性进展。针对柿竹园Ⅲ矿带富矿段黑白钨混合矿石，经“八五”和“九五”国家科技攻关，成功开发了钨钼铋多金属矿综合选矿新技术——柿竹园法，使我国黑白钨混合矿石选矿技术达到国际领先水平。其后经多次科研攻关，对“柿竹园法”进行了进一步的改进优化，Ⅲ矿带富矿段钨综合回收率提高至 70%左右。

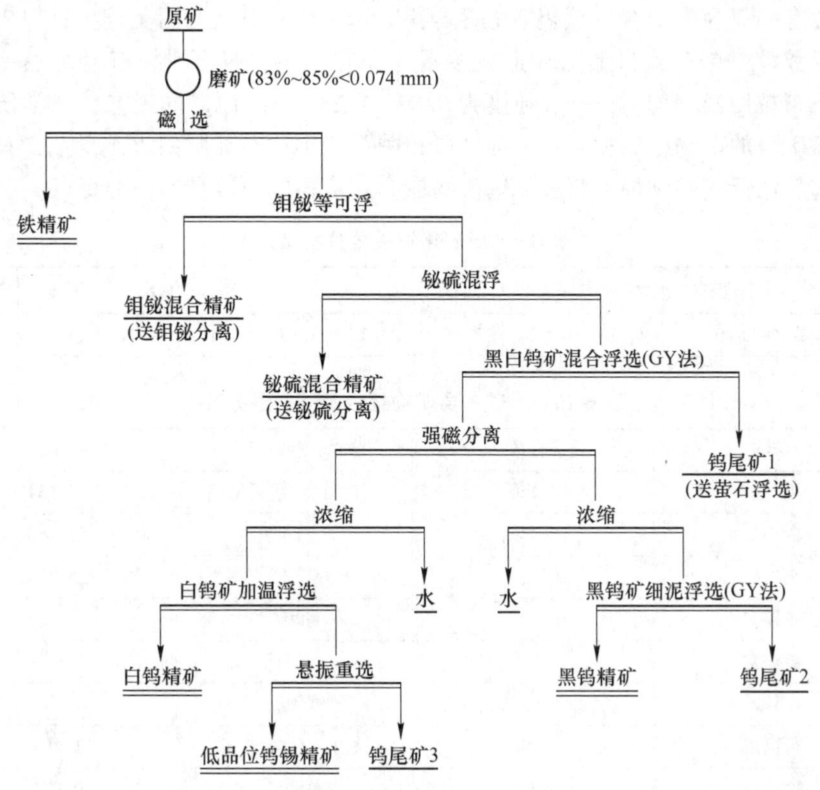

图 6-12 柿竹园多金属矿 GY 法钨矿浮选主干流程

B 福建宁化行洛坑钨矿

宁化行洛坑钨矿是我国四大钨矿之一，其钨细泥为黑白钨矿共生资源。宁化行洛坑钨矿是一个巨大型花岗岩大脉和细脉含钼的黑、白钨矿床，WO_3 总储量达 29.55 万吨，占全国储量的 5.3%。行洛坑钨矿选厂日处理量约为 5000 t，原矿经破磨分级后，粗粒级采用摇床+螺旋溜槽的重选法进行回收，细粒级采用浮选法进行回收。

a　矿石性质

行洛坑钨矿的化学成分分析结果见表 6-9。由表 6-9 可知，原矿中主要化学成分为 SiO_2、Al_2O_3、K_2O，次要化学成分为 Fe_2O_3、Na_2O、MgO、CaF_2、WO_3 等；主要有价成分为 WO_3。原矿主要矿物组成及其质量分数见表 6-10。由表 6-10 可知，钨细泥中主要金属矿物为黑钨矿、白钨矿、黄铁矿，其次为辉钼矿、黄铜矿、毒砂、褐铁矿、菱铁矿，主要的有用矿物为白钨矿和黑钨矿；主要脉石矿物为石英、长石、白云母、黑云母、绢云母，其次为绿泥石、萤石、磷灰石、白云石，少量为绿帘石、高岭石、锆石等。钨的赋存状态测定结果表明：原生矿中钨主要以黑钨矿和白钨矿形式存在，黑钨矿和白钨矿中钨的比例近似 4∶6，钨华中钨占有率仅为 1.15%；黑钨矿大多与黑云母连生，其次与石英连生；白钨矿呈粒状以数粒或单粒或自形晶粒形式零星分布在石英、长石中，有时与黑钨矿连生，嵌布粒度极不均匀，一般粒度为 0.02～1.28 mm。原矿的工艺矿物学研究表明，该矿石的矿物组成和矿物特征、嵌布关系等远比石英脉型钨矿复杂，具有有用金属品位低、矿物种类繁多、钨矿物嵌布粒度粗细不等且偏细等特点。

表 6-9　原矿化学成分分析结果

组分	WO_3	SiO_2	Al_2O_3	Fe_2O_3	CaO	MgO	Na_2O	K_2O	CaF_2	P_2O_5
质量分数/%	0.16	74.18	12.20	2.65	2.13	1.88	1.10	4.41	0.76	0.05

表 6-10　原矿主要矿物组成及其质量分数

矿物	质量分数/%	矿物	质量分数/%
黑钨矿	0.150	白云母/绢云母	10.654
白钨矿	0.146	石英	52.860
辉钼矿	0.027	长石	25.336
辉铋矿	0.009	高岭石	0.089
黄铁矿	0.351	锆石	0.006
毒砂	0.031	绿泥石	1.478
黄铜矿	0.036	铁白云石/菱铁矿	1.467
磷灰石	0.257	褐铁矿	0.073
绿帘石	0.002	黑云母	6.241
萤石	0.787	合计	100.00

b 工艺流程及技术指标

行洛坑钨矿选厂 2007 年 8 月竣工投产后，依照设计采用 3 段 1 闭路破碎—1 段棒磨—分级重选—细泥浮选原则流程。原生与次生钨细泥（<38 μm 粒级）约占主流程原矿量的 25%，细泥中 WO_3 平均品位为 0.17%。钨细泥矿物组成复杂，原生矿与风化矿比例变化较大，回收难度大。钨细泥原采用“脱硫—黑白钨矿混合浮选—加温精选—弱磁选—强磁选—摇床重选”工艺回收黑白钨矿物，存在工艺流程复杂、钨选矿指标低（WO_3 回收率不到 30%）、选矿成本高、尾矿水沉降困难等问题。针对原生产工艺存在的问题，2015 年行洛坑钨矿与国内相关研究单位合作，通过试验研究及生产实践，对工艺流程进行了优化和技术改造，采用“钨细泥两段预处理脱泥—常温浮选柱浮选—浮选机浮选—离心机分级精选”工艺，并优化选别药剂制度，实现了钨细泥的高效回收，工艺流程及药剂制度如图 6-13 所示。钨细泥粗精矿精选采用 SLon-1600 型离心选矿机，当给矿 WO_3 品位

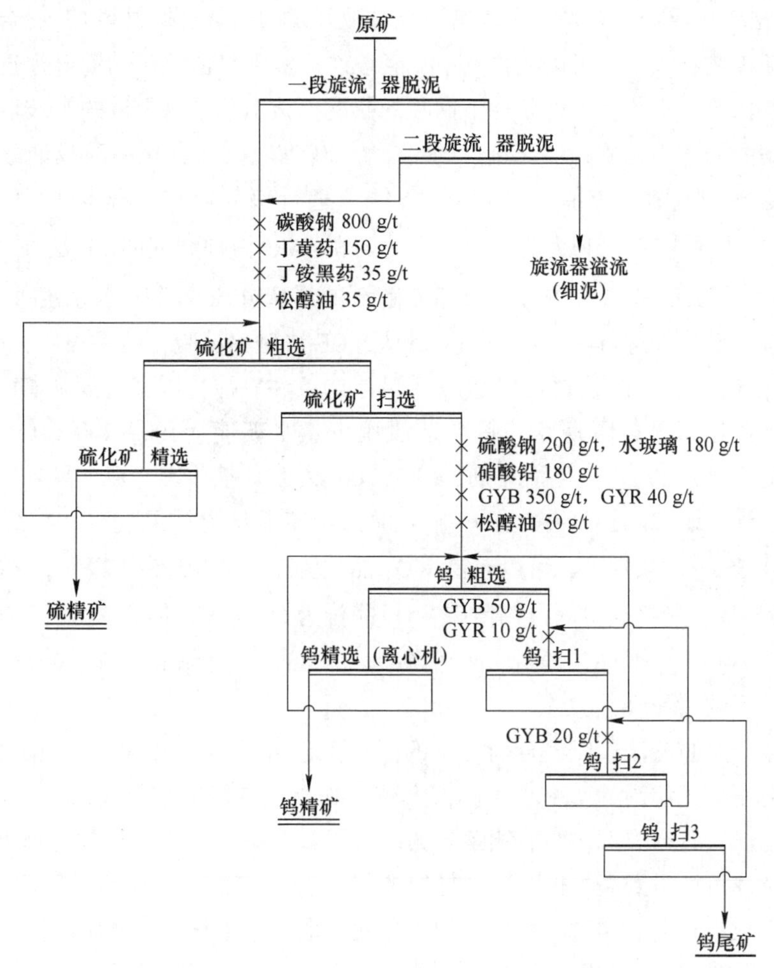

图 6-13 行洛坑细泥 GY 法浮选工艺流程及药剂制度[34]

为4%~8%时，获得了 WO_3 品位为18%~22%的离心选矿机精矿，作业回收率在85%以上；通过增设二段旋流器脱泥作业，脱泥效果显著改善，脱泥溢流的钨金属损失率降低30%，为钨细泥回收系统 WO_3 回收率的提高奠定了基础；新工艺流程满足了钨细泥选别系统生产能力的需求，优化了工艺流程，实现了近似无水玻璃浮钨。生产实践表明，钨细泥选别新工艺的 WO_3 回收率达到了76.52%，生产成本大幅降低，取得了较好的经济效益。

选矿技术指标：原矿 WO_3 品位为0.16%，粗精矿 WO_3 品位为4%~8%，离心精矿 WO_3 品位为18%~22%，WO_3 作业回收率在85%以上，细泥选别工艺全流程 WO_3 回收率达到76.52%。

6.3.2 CF 法浮选工艺

CF 法钨矿浮选工艺是北京矿冶研究总院开发的用螯合捕收剂 CF 混合浮选黑白钨矿新工艺。该工艺可以在自然 pH 值条件下实现黑白钨矿的混合浮选，改变了以往黑白钨矿必须在碱性条件下回收的状况。该工艺是以少量的水玻璃作为调整剂、硝酸铅作为钨矿的活化剂、CF 作为钨矿捕收剂、乳化油酸或油酸作为捕收剂和起泡剂，在 pH 值为 7~9 的条件下进行钨矿浮选。程新朝[35]采用以 $Pb(NO_3)_2$ 作活化剂、CF 为捕收剂、水玻璃和 CMC 为抑制剂的 CF 法在 pH 值为8.2的条件下实现了钨矿物与萤石和方解石的浮选分离。肖庆苏等人[36]针对柿竹园多金属矿分别进行了石灰法、烧碱法、CF 法对比试验，结果表明，CF 法工艺指标最佳；此外 CF 法还可以适应低温浮选条件。柿竹园多金属矿 CF 法浮选工艺主干流程如图6-14所示。钨浮选段用少量水玻璃（100~400 g/t）作调整剂、硝酸铅（1000 g/t）作活化剂、CF（700 g/t）作捕收剂、极少量乳化油酸作起泡剂，浮选矿浆 pH 值一般为7~9。CF 法半工业试验结果表明，在给矿 WO_3 品位为0.653%的条件下，可以获得 WO_3 品位为12.94%的钨粗精矿，WO_3 回收率为89.17%；最终获得的白钨精矿 WO_3 品位为68.63%、回收率为65.76%，黑钨精矿 WO_3 品位为67.79%、回收率为17.86%，钨精矿合计 WO_3 品位为68.41%、回收率为83.62%。

相较于脂肪酸法，以螯合剂为主的浮选工艺可以实现黑白钨矿的混合浮选，其所得粗精矿品位高、产率小，可大大减少加温精选段的矿量，简化生产工艺，且钨浮选段萤石损失低，为后续萤石的综合回收创造了条件。但白钨矿必须通过加温浮选才可以得到高品位精矿，导致整个工艺流程较长，螯合剂的使用也使得浮选药剂成本较高。同时，水玻璃的大量使用造成了尾水沉降回用困难、尾矿萤石浮选回收难度大等问题。

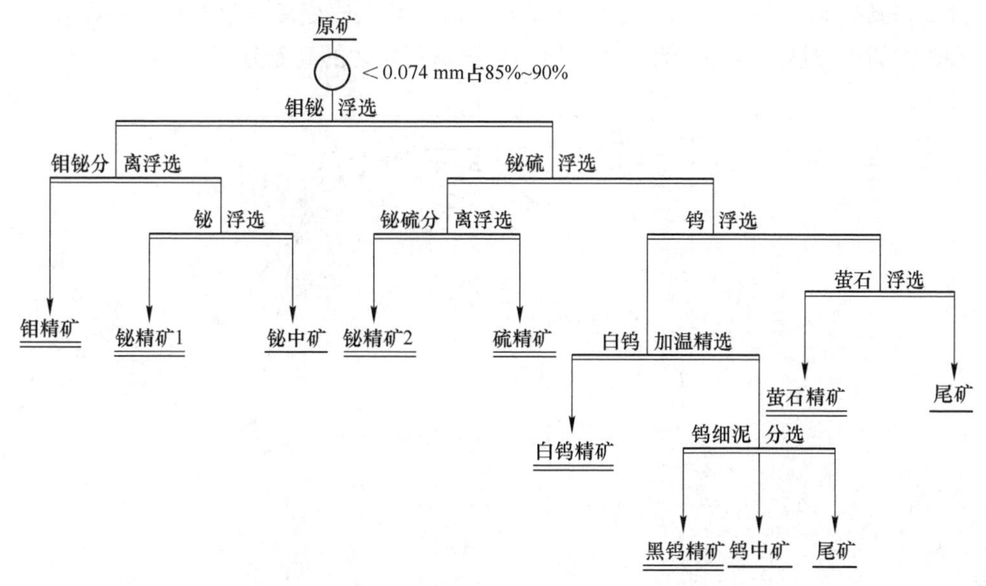

图 6-14 柿竹园多金属矿 CF 法浮选工艺主干流程[36]

6.4 以金属-有机配合物为捕收剂的钨矿浮选工艺

随着易选优质钨资源的日渐枯竭，钨矿开发的主体逐步演变为复杂难处理的低品位矿石。该类型矿石的赋存特征更加复杂，萤石和方解石等含钙脉石矿物含量越来越多，且嵌布粒度更细、共生关系更为复杂，例如柿竹园、黄沙坪等多金属矿体。以柿竹园为例，矿石选别难度随着时间推移不断加大，资源综合利用更加困难，传统的选矿工艺越来越难以适应矿石性质的变化，生产指标持续恶化，对钨的选矿工艺提出了更高的要求[37]。开发具有高选择性的新型捕收剂，成为解决复杂资源高效开发利用难题的必然选择。

6.4.1 金属-有机配合物捕收剂

中南大学矿物加工团队聚焦复杂黑白钨矿资源的高效开发利用，研发出了具有强选择性的新型金属-有机配合物捕收剂（铅离子-苯甲羟肟酸 Pb-BHA）。Pb-BHA 配合物捕收剂对白钨矿、黑钨矿具有很强的选择性捕收能力，而萤石基本不浮（见图 6-15），表明配合物捕收剂具有良好的选择性，有利于钨/萤石伴生资源的高效浮选分离。韩海生等人[38]对配合物捕收剂开展了详细的研究，结果表明配合物中 Pb^{2+}和 BHA 的比例在（1∶2）~（2∶1）的浓度范围内对白钨矿、黑钨矿的捕收能力更强，而在 pH 值为 8~10 的范围内黑白钨矿可浮性较好。通

过合理调整 Pb^{2+} 与 BHA 的配比及矿浆 pH 值，可以改变配合物对黑白钨矿及脉石矿物的可浮性，从而实现含钨矿物与含钙脉石矿物的高效分离。

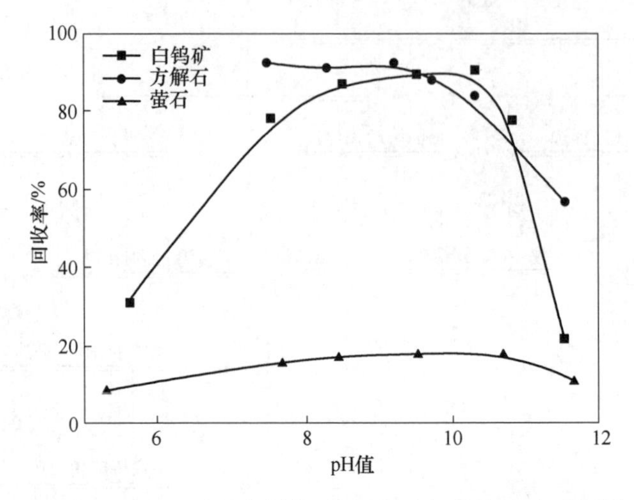

图 6-15　Pb-BHA 为捕收剂体系下三种含钙矿物的可浮性[39]

为了克服水玻璃在钨矿浮选中选择性不足、抑制钨矿的问题，卫召等人[39-40]依据金属离子调控硅酸胶粒自组装机理设计开发了 Al-Na_2SiO_3 聚合物抑制剂，并将其应用于白钨矿和方解石的浮选分离。结果表明，当以 Pb-BHA 配合物为捕收剂时，Al-Na_2SiO_3 聚合物可以很好地实现白钨矿与方解石的浮选分离（见图 6-16）。因此，当以 Pb-BHA 金属有机配合物作为捕收剂、Al-Na_2SiO_3 聚合物作为抑制剂进行白钨矿浮选时，两者的选择性优势将得到相互加强，体现出协同选择性，因此可以实现白钨矿与方解石的高效浮选分离。

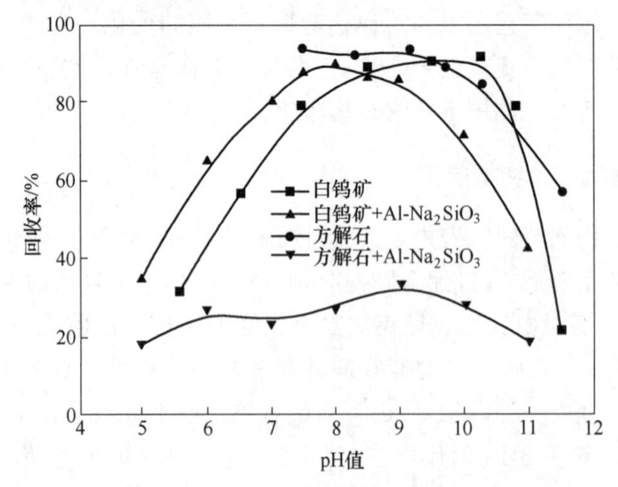

图 6-16　pH 值对 Al-Na_2SiO_3 浮选白钨矿和方解石的影响[40]

6.4.2　金属-有机配合物法浮选工艺

以高选择性的Pb-BHA金属有机配合物为捕收剂的钨矿常温浮选工艺如图6-17所示。脱硫尾矿经碳酸钠调浆后，以Pb-BHA配合物为唯一捕收剂，以少量的Al-Na_2SiO_3作为抑制剂，在常温条件下进行多次精选和扫选，得到最终的高品位钨精矿。配合物浮选工艺采用浮选柱进行粗选和精选作业，采用浮选机进行扫选作业，通过1粗2精2扫即可获得WO_3品位在40%以上的钨精矿，流程短、效率高。配合物浮选工艺目前已经在柿竹园、黄沙坪、行洛坑等大型矿山得到了工业化应用，生产指标良好。

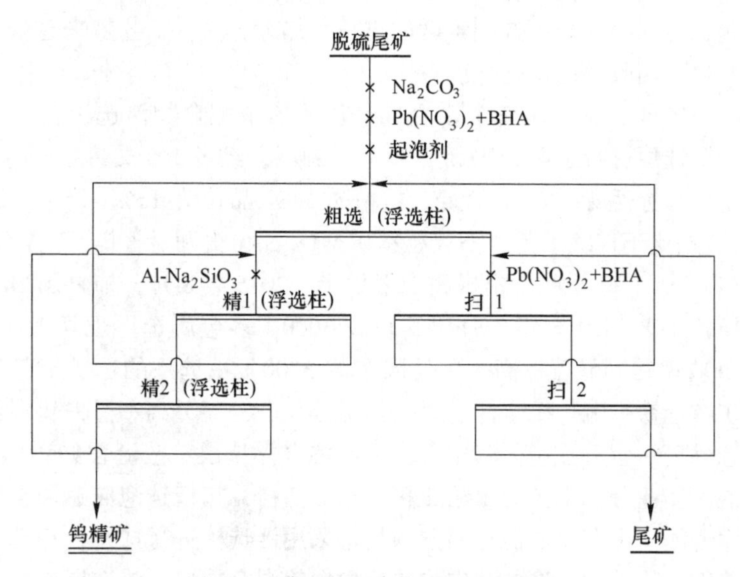

图6-17　典型的配合物浮选工艺流程

配合物浮选工艺实现了钨矿的常温短流程高效浮选，在一定程度上可以取代“彼德洛夫”加温浮选法，简化了作业流程，提高了作业效率。由于取消了传统工艺中大量水玻璃的加入，显著提高了WO_3综合回收率，同时有利于尾矿中伴生矿物的回收，例如萤石、长石等。但配合物浮选工艺也存在一定的缺陷，即药剂用量较大，成本相对较高，如何通过药剂的优化设计降本增效是未来发展的方向。

6.4.2.1　湖南柿竹园多金属矿

柿竹园矿作为多金属黑白钨矿伴生资源，是钨矿选矿领域最具代表性的矿山，其柿竹园法选矿工艺使我国黑白钨混合矿石选矿技术达到了国际领先水平。然而，经过多年开发原Ⅲ矿带富矿段资源利用已经接近尾声，占大部分资源储量的低品位、复杂难处理矿石成为以后开发的主体。该部分矿石赋存特征更加复杂，如品位逐渐降低、萤石和方解石等含钙脉石矿物含量越来越多、共生关系更加复杂、嵌布粒度更细等，导致选别难度进一步加大，资源综合利用更加困难。目前柿竹园法越来越难以适应矿石性质的变化，WO_3 综合回收率已逐渐下降为63%~65%，生产指标持续恶化。在柿竹园法黑白钨矿浮选作业段通常采用螯合捕收剂与脂肪酸作混合捕收剂、采用大量水玻璃作抑制剂，且白钨矿精选需要加温，因此采用该法的钨矿山普遍存在以下难以解决的问题：白钨矿的加温精选虽然能进一步提高精矿品位，但加温精选带来的 WO_3 损失严重制约着 WO_3 回收率的提高；大量水玻璃的使用对钨矿和萤石造成了一定程度的抑制，从根本上影响了其综合回收率；且大量水玻璃的使用还会导致尾水回用困难，由此会引发严重的环境问题；另外随着矿石选别难度的进一步加大，原有工艺越来越难以适应原矿性质的变化，回收率逐步降低。

2015—2016 年，柿竹园三个多金属选厂开展了配合物浮选工艺调试。柿竹园千吨多金属选厂进行了配合物新工艺工业调试，经过 1 个月左右的生产调试，粗选作业生产指标达标并趋于稳定，粗精矿 WO_3 品位为 15%~25%、回收率为78%~80%，相比于传统工艺，不仅粗精矿 WO_3 品位得到显著提升，WO_3 回收率也提高 8%以上，且锡回收率也提高 10%以上。2015 年 8 月，柿竹园 2000 t 多金属选厂切换新工艺，2016 年 7 月，其东波 3000 t 多金属选厂也切换了新工艺，WO_3 综合回收率得到显著提高。柿竹园东波 3000 t/d 选厂的选矿工艺流程为两段连续磨矿—选铁—硫化矿全浮、钼—铋硫分离、铋硫分离—黑白钨混浮、黑白钨常温浮选分离—萤石浮选。其中黑白钨矿混合浮选段工艺流程如图 6-18 所示。黑白钨矿混浮作业分选工艺为 1 粗 2 精 2 扫 1 扫精，扫精选泡沫返回至粗选，其余中矿顺序返回。黑白钨矿混浮粗选与精选采用浮选柱进行选别，扫选均采用浮选机进行选别，第二次浮选柱精选泡沫为黑白钨混合精矿，浮选尾矿给入萤石浮选作业系统。在该工艺中，脱硫尾矿经碳酸钠调节矿浆 pH 值为 9.8 左右，加入配合物捕收剂（硝酸铅 600 g/t，苯甲羟肟酸 400 g/t）、2 号油 10 g/t 进行调浆，而后经浮选柱 1 次粗选得到粗精矿，精选段加入少量盐化水玻璃（水玻璃 200 g/t、硫酸铝 70 g/t）进行 2 次精选得到 WO_3 品位在 40%以上的钨精矿。该工艺在钨粗选过程中无需添加水玻璃，完全通过 Pb-BHA 配合物捕收剂极高的选择性实现对黑白钨矿的同步浮选富集，精矿 WO_3 品位及回收率均得到显著提高，同时避免了萤石在钨粗精矿中的富集，且萤石没有被明显抑制，为后续萤石的浮选回收创造了有利条件。

选矿技术指标：原矿 WO_3 品位为 0.36%，Sn 品位为 0.12%；黑白钨混合精矿 WO_3 品位为 40.37%、Sn 品位为 2.11%，WO_3 回收率为 72.88%、Sn 回收率为 11.08%。

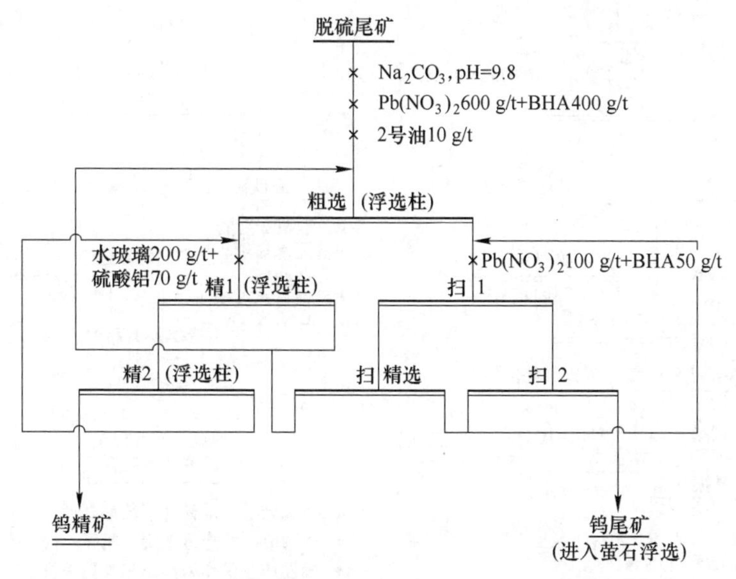

图 6-18　柿竹园 3000 t/d 选厂配合物工艺流程

传统脂肪酸浮选工艺的粗选作业需加入大量水玻璃和脂肪酸，所得粗精矿品位较低，且方解石和萤石等含钙脉石矿物含量很高，后续加温精选压力较大；另外，回收率因受到大量水玻璃的影响无法进一步提高。配合物法跳出了脂肪酸-水玻璃循环体系，取消了粗选作业中水玻璃及脂肪酸的加入，借助 Pb-BHA 配合物捕收剂对白钨矿与含钙脉石矿物的强选择性捕收能力，以及 Al-Na_2SiO_3 聚合物抑制剂对白钨矿与方解石和硅酸盐矿物的强选择性抑制能力，实现了黑白钨矿的常温混合浮选，粗精矿及最终精矿的品位大幅提高，回收率也有显著提升。萤石在钨精矿中几乎没有富集，为后续钨精选作业及萤石的回收创造了良好的条件，有利于资源的综合回收利用。柿竹园 GY 法与基于 Pb-BHA 配合物捕收剂的钨矿浮选新工艺的流程对比如图 6-19 所示。配合物捕收剂的优势显著：（1）选择性好，对黑钨矿、白钨矿具有较强的捕收能力，对于萤石、硅酸盐矿物不具有捕收能力或捕收能力较弱，特别适合含钨矿物与含钙脉石矿物的分离。（2）常温浮选取代了“彼德洛夫”加温浮选工艺，大大简化了浮选工艺、缩短了操作流程。（3）取消了传统工艺中大量水玻璃的加入，极大地提高了 WO_3 综合回收率，在柿竹园多金属选厂的应用使得 WO_3 回收率由原工艺的 63%～65%提高至 70%以上，同时有利于尾矿中萤石的高效浮选富集。（4）流程短、能耗小，选矿水易于回用。金属-有机配合物法浮选工艺相比传统脂肪酸法和螯合捕收剂法具有显著的优势，将成为钨矿浮选工艺重要的发展方向之一。

6.4.2.2　福建宁化行洛坑钨矿

行洛坑钨矿钨细泥浮选原流程为脱泥—脱硫—常温浮选—离心选矿机精选，

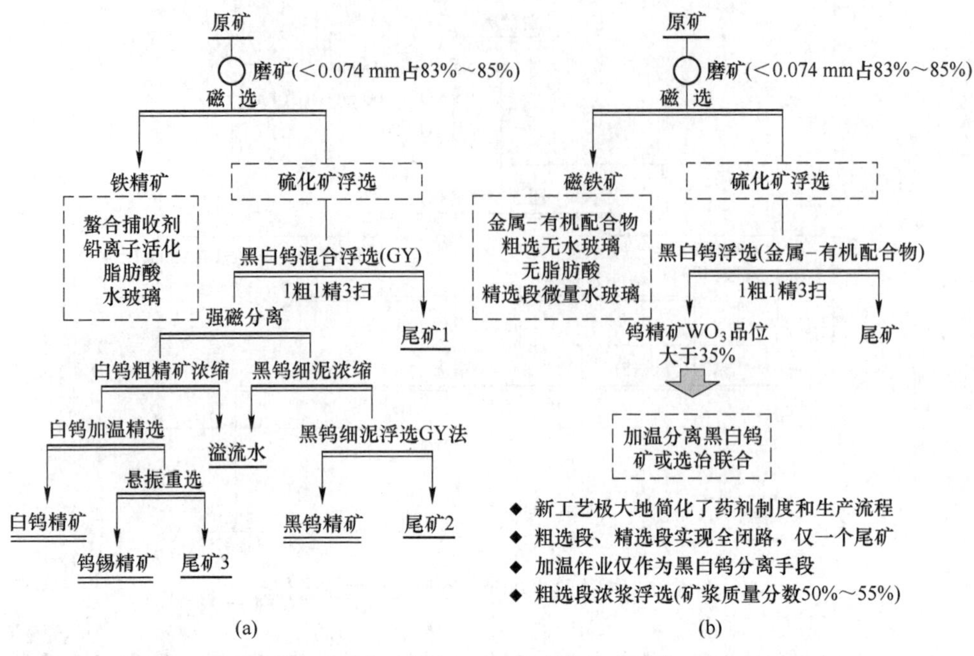

图 6-19　GY 法钨矿浮选工艺（a）和配合物钨矿浮选工艺（b）对比

面临的问题为黑钨矿、白钨矿嵌布粒度细，浮选精矿 WO_3 品位仅为 3%~5%，进一步精选精矿品位提高不明显，只能通过离心机重选进一步富集。粗精矿物相分析结果表明，WO_3 品位为 4.35% 的粗精矿中主要脉石矿物为方解石（20%左右）、萤石（30%左右），因此钨精矿品位提高的主要矛盾集中在捕收剂对方解石和萤石的选择性方面。根据原矿矿石性质特点，行洛坑钨矿钨细泥浮选新工艺采用了“GY 法粗选—离心机精选—配合物法再次精选”的工艺流程。新工艺在粗选段使用 GY 法浮选工艺，可以确保钨粗选取得较高的回收率；而后粗精矿进入离心机初步富集钨精矿，并将微细粒方解石和萤石等含钙脉石矿物脱除；离心机精矿随后进入配合物浮选工艺流程中，借助配合物捕收剂的高选择性进一步提高精矿品位，获得高品位钨精矿。在该方案中，通过调整药剂制度和流程，降低了原流程中 GY 法粗选段和离心机预精选段的精矿品位，在配合物法精选段借助 Pb-BHA 配合物捕收剂的高选择性实现了钨矿的高效富集。

2020 年 3 月，行洛坑钨矿钨细泥浮选车间开展了金属-有机配合物法钨细泥浮选新工艺工业生产调试，工艺流程如图 6-20 所示。粗选采用以铅离子为活化剂、以苯甲羟肟酸 TW705 和脂肪酸为捕收剂的 GY 法药剂制度，粗精矿首先采用 SLon-1600 型离心选矿机进行预精选，粗选尾矿经过 3 次扫选得到最终尾矿，离心机预精选尾矿及扫选精矿顺序返回。其中粗选、扫 1 和扫 2 采用浮选柱，而扫 3 使用浮选机。离心机预精选精矿（WO_3 品位约为 12%），进入精选作业段。配合物精选作业以硝酸铅和TW705的配合物为捕收剂，以CU为泡沫调整剂，经2粗2扫得到钨精矿。结果表明，新工艺对给矿具有很好的适应性，指标较好，生产稳定。

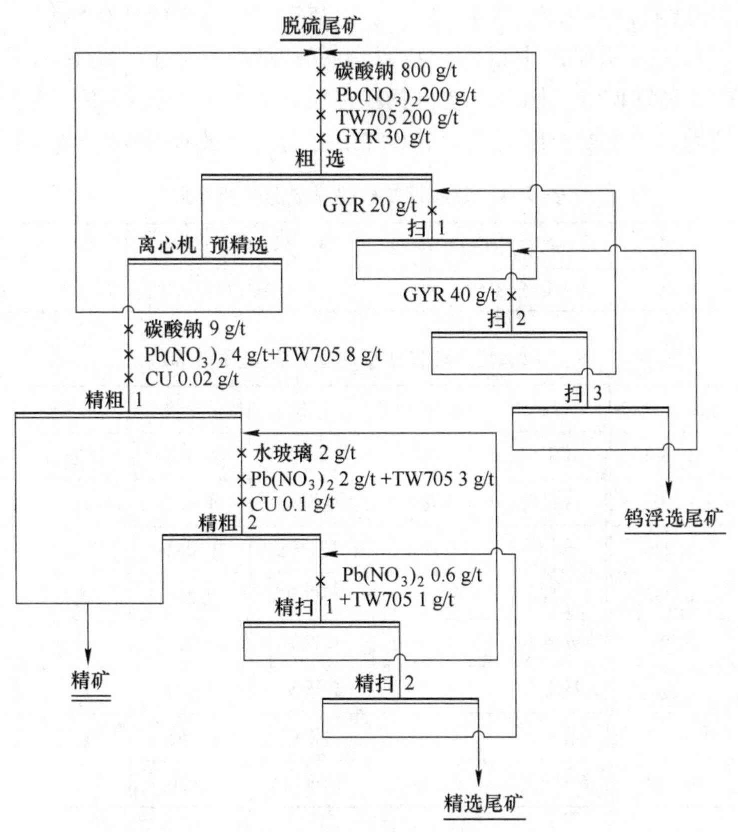

图6-20 行洛坑钨矿配合物浮选工艺流程[41]

选矿技术指标：原矿 WO_3 品位为0.16%，精矿 WO_3 品位为45.25%，精选 WO_3 回收率达到95.51%，全流程 WO_3 综合回收率达到81.30%。

6.4.2.3 湖南黄沙坪钨矿

湖南有色黄沙坪钨钼多金属矿是我国代表性矿山之一，矿区是国内重要的铅锌产地，在经历了近60年的铅锌开采后，铅锌资源几近枯竭，矿区内的矽卡岩型钨锡钼铋矿矿床伴生有大量有价元素，其中 WO_3 品位在0.18%以上，伴生萤石品位在13%以上，探明矿石资源储量约8000万吨，是重要的接续资源。

A 矿石性质

黄沙坪钨矿矿石类型以矽卡岩型钨-钼矿石为主，占总量的75%。含钨矿物主要为白钨矿，一般呈中粗粒浸染状及细脉状分布于透辉石、萤石、石榴石矽卡岩中。白钨矿普遍含钼，钼与钨呈明显的相互消长关系，钼以类质同象形式存在于白钨矿的晶格中。粒度分析表明，白钨矿平均粒度为 0.12 mm，属中细粒嵌布。黄沙坪钨矿的化学成分分析结果见表 6-11，原矿中主要元素为 O、Ca、Si、F、Fe，有用元素为 W、F，WO_3 品位为 0.25%。黄沙坪钨矿矿物组成及其质量分数见表 6-12，表明原矿中目的矿物以白钨矿和萤石为主，还有辉钼矿、闪锌矿、黄铁矿和磁铁矿等，脉石矿物以钙铁榴石、方解石、长石和石英为主。白钨矿的粒度较均匀，主要粒度范围为 0.04~0.32 mm，属细-微细粒均匀嵌布类型。

表 6-11　黄沙坪钨矿化学成分分析结果

元素	WO_3	SiO_2	CaF_2	$CaCO_3$	Fe	Zn	Mo	Bi	Al_2O_3	S
质量分数/%	0.25	35.95	18.59	3.46	8.87	0.18	0.021	0.008	7.90	0.62

表 6-12　黄沙坪钨矿矿物组成及其质量分数

矿物	质量分数/%	矿物	质量分数/%	矿物	质量分数/%	矿物	质量分数/%
白钨矿	0.224	黄铜矿	0.003	云母	0.933	磷灰石	0.037
黑钨矿	0.006	方铅矿	0.004	绿泥石	1.622	石英	3.550
辉钼矿	0.236	黄玉	0.014	榍石	0.042	长石	7.522
闪锌矿	0.032	萤石	12.91	菱铁矿	0.262	锆石	0.006
锡石	0.01	方解石	6.46	钛铁矿	0.011	钍石	0.004
毒砂	0.186	透辉石	8.869	磁铁矿	1.879	其他	0.124
黄铁矿	0.392	透闪石	1.310	褐铁矿	0.356	合计	100.000
磁黄铁矿	0.022	钙铁榴石	51.954	绿帘石	1.020		

B　工艺流程及技术指标

黄沙坪钨钼多金属矿原采用加温浮选工艺，因技术指标不理想，在 2015 年暂停生产。2020 年，黄沙坪钨钼多金属矿开展配合物浮选工艺调试，取得良好生产指标。选厂目前生产采用的工艺流程如图 6-21 所示。原矿首先进行磁选脱铁，将矿浆中的含铁矿物及磁性杂质去除，得到铁精矿。而后进入硫化矿浮选流程，钼铋混合浮选采用 1 粗 3 精 3 扫的工艺流程得到钼铋混合精矿，硫粗选用硫酸铜作为锌活化剂，黄药和煤油作为捕收剂，2 号油作为起泡剂。脱硫尾矿进入钨浮选系统。钨浮选采用 1 粗 5 精 3 扫、中矿顺序返回的工艺流程。钨粗选水玻璃用量为 1000 g/t、硫酸铝用量为 500 g/t、Pb-BHA 用量为 800 g/t，钨扫选 Pb-BHA 用量为 200 g/t；钨精选进行了 5 次（后两次不加药剂），水玻璃用量分别是 200 g/t、100 g/t、50 g/t，硫酸铝用量分别是 100 g/t、50 g/t、25 g/t。最终得到钨精矿产品，尾矿进入萤石浮选系统。

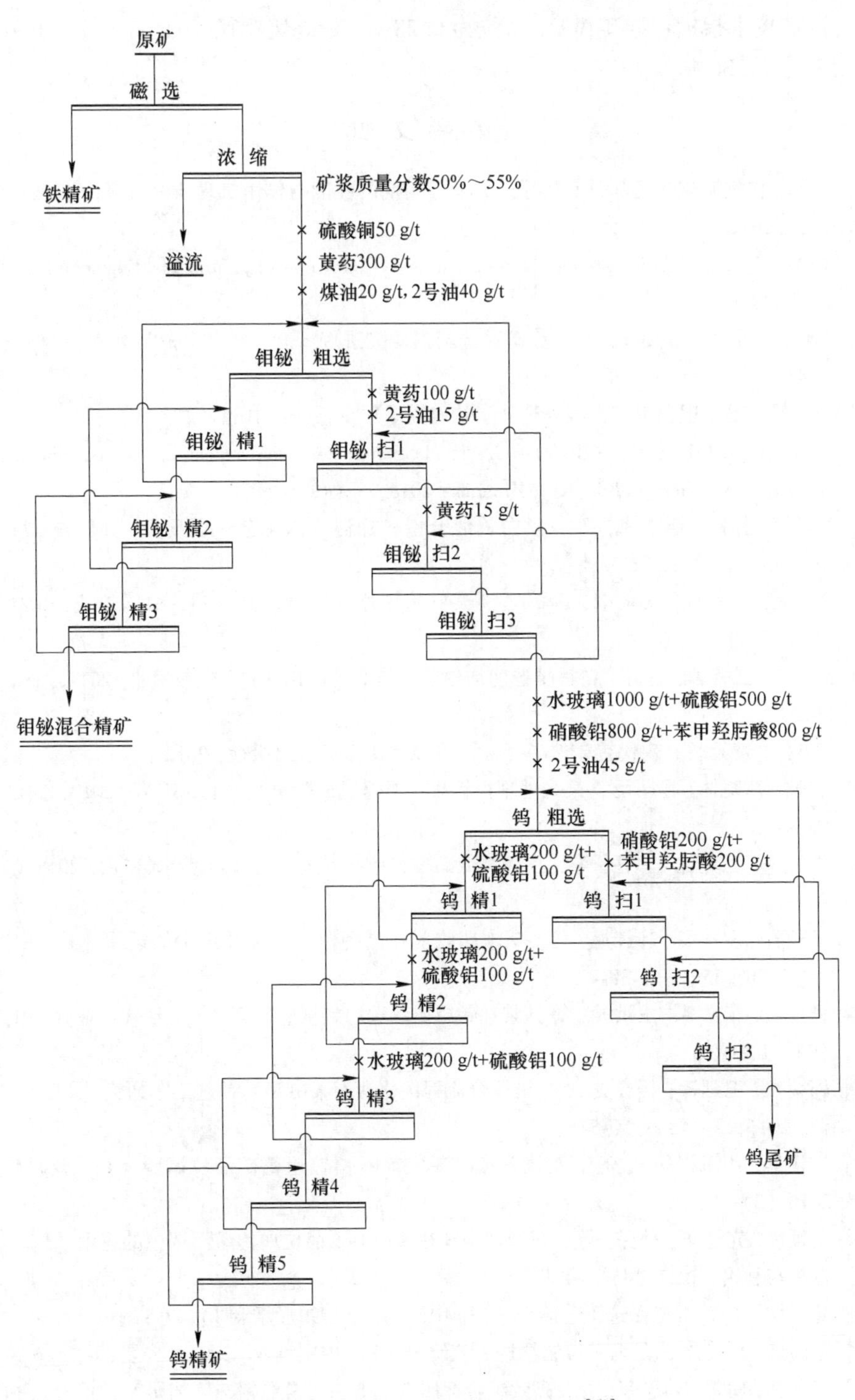

图 6-21 黄沙坪钨矿浮选工艺流程[42]

选矿技术指标：原矿 WO_3 品位为0.28%，最终钨精矿 WO_3 品位为31.76%、回收率为72.36%。

参考文献

[1] 张英. 白钨矿与含钙脉石矿物浮选分离抑制剂的性能与作用机理研究 [D]. 长沙：中南大学，2012.

[2] YANG X. Beneficiation studies of tungsten ores—a review [J]. Minerals Engineering，2018，125：111-119.

[3] 孙伟，胡岳华，覃文庆，等. 钨矿浮选药剂研究进展 [J]. 矿产保护与利用，2000（3）：42-46.

[4] 刘红尾. 难处理白钨矿常温浮选新工艺研究 [D]. 长沙：中南大学，2010.

[5] KANG J H，LIU Y C，KHOSO S A，et al. Significant improvement in the scheelite heating flotation with sodium sulfide [J]. Minerals，2018，8（12）：587.

[6] 李颇辉，孙伟，曹学锋，等. 黑白钨混合精矿加温分离工艺试验研究 [J]. 中国钨业，2016，31（4）：32-36.

[7] 高亚龙，刘全军，董敬申，等. 云南某白钨矿浮选试验研究 [J]. 中国钨业，2021，36（3）：31-35.

[8] 徐国印，王普蓉，赵涛. 白钨精选前加温脱药作业的优化 [J]. 中国钼业，2011，35（1）：23-25.

[9] 邱显扬，董天颂. 现代钨矿选矿 [M]. 北京：冶金工业出版社，2012.

[10] 晋秋，章晓林，杨明臣. 某难处理白钨矿加温浮选试验研究 [J]. 矿冶，2019，28（2）：32-36.

[11] 温胜来，王玲珑，郭亮，等. 江西某低品位钨矿石浮选试验 [J]. 金属矿山，2018（11）：91-94.

[12] 杨长安，谭孝飞，郭江旭，等. 731 捕收剂在高钙白钨加温浮选中的运用 [J]. 中国钨业，2020，35（3）：38-41.

[13] 杨剑波，车文芳，王洪岭，等. 某选钼尾矿浮选白钨试验研究 [J]. 现代矿业，2021，37（3）：105-109.

[14] 郭明杰，王延锋，程春见. 柱-机联合流程优化河南某白钨矿精选工艺研究 [J]. 中国钨业，2016，31（3）：50-54.

[15] 亢建华，孙伟，陈臣，等. 提高河南某钨钼矿石白钨粗精矿品位试验 [J]. 金属矿山，2016（3）：91-94.

[16] 王延锋，亢建华，孙伟，等. 新型抑制剂在栾川某低品位白钨矿浮选中的应用 [J]. 矿产保护与利用，2017（4）：44-47.

[17] 叶雪均. 白钨常温浮选工艺研究 [J]. 中国钨业，1999（增刊1）：3-5.

[18] 邓丽红，周晓彤. 白钨矿常温浮选工艺研究 [J]. 中国钨业，2008（5）：20-22.

[19] 王秋林，周菁，刘忠荣，等. 高效组合抑制剂 Y88 白钨常温精选工艺研究 [J]. 湖南有色金属，2003（5）：11-12.

[20] 丁冬．某白钨矿石高效浮选回收钨试验［J］．现代矿业，2021，37（6）：241-243.
[21] 祁忠旭，王龙，孙大勇，等．新型捕收剂 CK-2 浮选某低品位白钨矿的研究［J］．矿冶工程，2021，41（2）：66-69.
[22] 曾银银，曹玉川，黄光耀，等．江西某白钨矿常温浮选精选工艺试验研究［J］．矿冶工程，2020，40（3）：47-49，53.
[23] 黄万抚．“石灰法”浮选白钨矿的研究［J］．江西冶金，1989（1）：16-19.
[24] 杨子轩，谢贤，童雄，等．石灰在浮选过程中的作用［J］．矿产综合利用，2015（2）：17-21.
[25] 杨思孝．用“石灰法”浮选白钨矿［J］．江西冶金，1982（2）：39-41.
[26] 刘红尾，许增光．石灰法常温浮选低品位白钨矿的工艺研究［J］．矿产综合利用，2013（2）：33-35.
[27] 李蜜蜜，高洋，杨永林．石灰法浮选白钨矿试验研究［J］．中国金属通报，2020（10）：49-50.
[28] 张爱萍，李光祥，王仁东．某白钨矿浮选工艺研究［J］．现代矿业，2009，25（4）：34-35.
[29] 孙传尧，程新朝，李长根．钨铋钼萤石复杂多金属矿综合选矿新技术——柿竹园法［J］．中国钨业，2004，19（5）：8-14.
[30] 周晓彤，林日孝．GY 法浮选黑白钨新工艺的研究［J］．矿产综合利用，2000（2）：1-4.
[31] 郭阶庆．行洛坑钨矿钨细泥选别工艺改造［J］．金属矿山，2011（6）：97-100.
[32] 赵佳．低品位白钨矿泥砂分选新工艺及机理研究［D］．长沙：中南大学，2014.
[33] 张忠汉，张先华，叶志平，等．柿竹园多金属矿 GY 法浮钨新工艺研究［J］．矿冶工程，1999（4）：22-25.
[34] 李爱民，杨美情．复杂难选钨细泥选别工艺优化与生产实践［J］．有色金属（选矿部分），2017（2）：46-51.
[35] 程新朝．钨矿物和含钙矿物分离新方法及药剂作用机理研究 I．钨矿物与含钙脉石矿物浮选分离新方法——CF 法研究［J］．国外金属矿选矿，2000（6）：21-25.
[36] 肖庆苏，李长根，康桂英．柿竹园多金属矿 CF 法浮选钨主干全浮选矿工艺研究［J］．矿冶，1996（3）：26-32.
[37] 邓海波．低品位复杂难处理钨矿选—冶联合新工艺和技术经济评价模型的研究［D］．长沙：中南大学，2011.
[38] HAN H S, HU Y H, SUN W, et al. Fatty acid flotation versus BHA flotation of tungsten minerals and their performance in flotation practice [J]. International Journal of Mineral Processing, 2017, 159: 22-29.
[39] WEI Z, HU Y H, HAN H S, et al. Selective flotation of scheelite from calcite using Al-Na_2SiO_3 polymer as depressant and Pb-BHA complexes as collector [J]. Minerals Engineering, 2018, 120: 29-34.
[40] WEI Z, HU Y H, HAN H S, et al. Selective separation of scheelite from calcite by self-assembly of H_2SiO_3 polymer using Al^{3+} in Pb-BHA flotation [J]. Minerals, 2019, 9 (1): 43.

［41］李爱民，卫召，韩海生，等．行洛坑钨矿配合物捕收剂黑白钨混合浮选新工艺生产实践［J］．金属矿山，2021（6）：73-79.
［42］胡振，黄神龙，周贺鹏．提高某钨多金属矿选矿回收率试验研究［J］．矿冶工程，2021，41（5）：75-78.

7 钨尾矿伴生萤石资源的开发利用

氟元素有“工业味精”之称，常作为添加剂广泛应用于航天、半导体、通信、环保、氢能源等战略性新兴产业中，也是传统的化工、冶金、建材、光学等行业的重要原材料，具有不可替代的战略地位[1]。氟元素在地壳中的质量分数为0.046%，地球上仅萤石（氟质量分数为48.9%）、冰晶石（氟质量分数为54.3%）、氟镁石（氟质量分数为61%）等少数矿物内的氟元素具有工业开采价值[2]。萤石的化学式为CaF_2，在岩浆、沉积、热液等多种地质条件下均可形成，具有分布范围广、规模大的特点[3-4]。截至2020年底，全球萤石储量已达3.2亿吨，萤石已成为全球氟资源最主要的矿物原材料来源[5]。以氟化工引领的战略性新兴产业已受到各国高度重视，作为其主要原材料的萤石被称为“第二稀土”，已被中国、美国、欧盟、日本等国家或经济体纳入战略性矿产资源名录[6-9]。

7.1 萤石资源及其战略意义

7.1.1 萤石的用途及其战略意义

萤石通常称为氟石，是非金属矿物的典型代表之一，等轴晶系，由两种元素组成，钙与氟构成氟化钙，相对分子质量为78.07。纯净的萤石是无色的，其颜色的变化由不同杂质所引起。其中钙元素容易被钇、铈所取代，另外铁、钠、钡元素也是常见的杂质。故萤石外表常呈现绿、紫、白、蓝、黄等色，部分可发出荧光，也因此而得名。表7-1为萤石的基本理化性质。

表7-1 萤石的基本理化性质

化学式	CaF_2	中文名	氟化钙
常含杂质	钇、铈、铀、钍等	溶解度	微溶于水
晶系	等轴晶系	空间群	$Fm\bar{3}m$
晶胞原子数	4	相对照度	1.433~1.448
韧性	较脆、易碎	透明度	完全透明
解理	完全解理，{111} 面为常见解理面	裂理	在 {011} 晶面族下裂理粗糙模糊

续表 7-1

化学式	CaF_2	中文名	氟化钙
莫氏硬度	4	熔点/℃	1360
颜色	无色、紫色、绿色、蓝色、黄色等	密度/$g \cdot cm^{-3}$	3.00~3.25

萤石是氟化工的重要原料，已广泛应用于冶金、化工、医药、农业、航空航天、陶瓷及精密仪器等行业。随着材料深加工技术的发展，萤石的用途正在向精细化方向延伸，包括在原子能、火箭、飞行器等尖端科学领域的应用。

7.1.1.1 氟化工产业

萤石消耗量最多的领域是氟化工行业，其消耗比例为52%[8]。氟化工领域中萤石最重要的用途是生产基础原料氢氟酸，其消耗的萤石占世界萤石总产量的50%~60%。在生产氢氟酸的过程中，对原料的质量要求比较高，必须严格控制杂质含量，国内一般要求 CaF_2 纯度在 93%~98%，这类萤石称为化工级萤石或酸级萤石。

氢氟酸最成熟的生产方法是萤石-硫酸法，该法通过酸级萤石（萤石精矿）与硫酸在加热炉或反应罐中反应生成氢氟酸，其过程分两步进行，目前国外以瑞士的 Buss 工艺最为普遍。氢氟酸作为一种无色液体，易挥发，有强烈的刺激气味和强烈的腐蚀性。由于它是氟化物中最重要的产品，国内技术发展速度非常快[10]。

如图 7-1 所示，氟化工行业以生产氢氟酸为基础，根据其终端产品应用领域，可划分为无机氟化工和有机氟化工两个方向。无机氟化工主要包括含氟电子化学品、含氟特种气体、其他无机氟化物等的生产，产品在半导体制造业、电池材料、光学材料、绝缘气体等领域有着广泛的应用[11-12]；有机氟化工主要包括氟碳类制品、含氟高分子聚合物、有机含氟化学品等的生产，产品主要应用于制冷剂、发泡剂、氟油、医药、农药、液晶、离子交换膜、半导体制造等领域[13]。伴随着氟化工行业的蓬勃发展，未来氟化工行业对萤石的需求量将持续增大。

7.1.1.2 冶金工业

冶金行业对块状萤石有巨大的需求。炼钢（粗炼）通常需根据炉渣熔化的情况加入助熔剂，萤石可帮助其他造渣原料熔化并降低黏度，以解决炼钢过程中因炉渣熔化性能差而产生液态金属和炉渣喷溅的问题，对确保冶炼安全运行、冶金质量及节能降耗具有不可替代的作用[14]。在转炉、电炉炼钢中，萤石具有其他矿物原料无法匹敌的助熔成渣效果。在中国，萤石作为助熔剂应用于转炉、电炉炼钢非常普遍，一般使用量为 1.5~8 kg/t，特种钢、高品质钢材对萤石需求量则更大。因而，随着钢铁行业未来产品结构的调整，对萤石的需求将呈现稳中有升的格局。

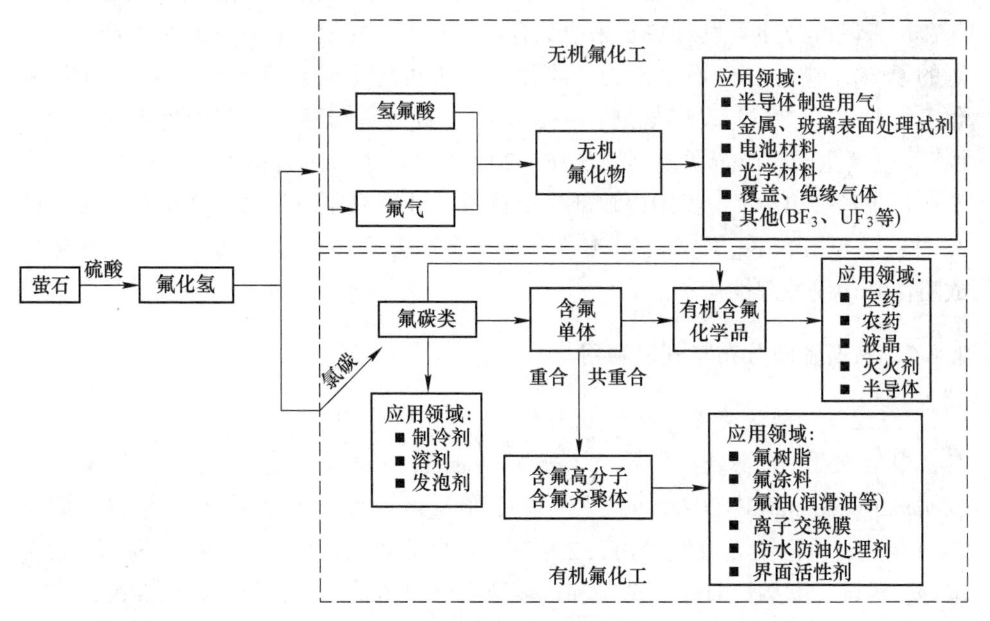

图 7-1 氟化学工业流程图[8]

7.1.1.3 新材料工业

作为“工业味精”，含氟材料在新能源材料、新能源汽车、新兴信息、新医药、节能环保、航空航天等战略性新兴产业中的重要性日益凸显。如在新能源材料、新能源汽车产业中，含氟材料因其耐化学腐蚀、耐热、耐老化、绝缘、折射率低等特性被应用于光伏发电、二次锂离子电池、质子交换膜电池、风电设备防腐涂料等[15]。在新兴信息产业中，氟化工产品被广泛应用在电子产品光刻、蚀刻、精细配膜、清洗、去杂质等工艺流程中[12]。在新医药产业中，含氟化合物因具有易溶于脂质、安全、健康、副作用小等特性，在抗癌剂、麻醉剂、杀菌剂、动物用药等新医药产品制备中被大量使用。在航空航天领域，聚四氟乙烯作为航空航天工业不可缺少的密封材料，具有良好的耐腐蚀性、耐候性、无毒、无污染和抗高低温等特性[16]，还有随着含氟材料橡胶制品的制造技术不断发展，目前低能耗、高性能、长寿命的多功能性氟橡胶也在航空航天领域得到了广泛的应用。此外，无水氟化氢是制备用于导弹计划中氟化物的主要化学品，含氟推进剂能够控制固体推进剂颗粒的燃烧速度，因此，氟化氢作为生产喷气机液体推进剂的必要原料、导弹喷气燃料推进剂，直接决定了火箭的总成本，也控制整个推进剂系统的蕴藏能量[14]。

萤石资源关系到各个行业尤其是新能源、新材料行业的稳定发展，是重要的战略性矿种。为保证萤石资源的合理开发和高效利用，21 世纪以来，我国陆续出台了一系列有关萤石资源开发利用及其进出口贸易的政策措施和规定。2010年，国务院办公厅下发《关于采取综合措施对耐火黏土萤石的开采和生产进行控制的通知》，其中将萤石定义为“可用尽且不可再生的宝贵资源”。在《中国氟化工行业“十二五”发展规划》中，指明萤石“是与稀土类似的世界级稀缺资源”。在《全国矿产资源规划（2016—2020年）》中，萤石被列入中国“战略性矿产目录”。2018年，美国内政部将萤石列入对美国经济和国家安全至关重要的35种关键矿物清单，欧盟、日本等其他众多国家和地区也将其列为重点保障的战略性矿产或关键性矿种。

7.1.2 萤石资源分布与开发利用

7.1.2.1 世界萤石资源

根据美国国家地质局（U.S. Geological Survey）最新发布的 *Mineral Commodity Summaries 2021*[5]，世界萤石资源储量继续呈缓慢上升趋势，截至2020年底，世界萤石总储量为3.2亿吨，主要分布在墨西哥、中国、南非、蒙古国等，美国、欧盟、日本、韩国和印度萤石资源储量极少，形成结构性稀缺。

由表7-2可知，截至2020年底，墨西哥萤石储量6800万吨占全球21.25%，居世界第一，主要集中在科阿韦拉、圣路易斯托西和瓜纳华托，萤石平均品位60%左右；中国萤石储量4200万吨，占全球13.13%，居世界第二；南非萤石储量4100万吨，占全球12.81%，居世界第三，主要集中在德兰图瓦省和西北省，萤石矿床埋藏较浅；蒙古国萤石储量2200万吨，占全球6.88%，居世界第四，主要集中在中东部的肯特省、中戈壁省和东戈壁省。其余已知储量主要分布在西班牙、越南、美国、英国、伊朗、泰国、哈萨克斯坦、法国、纳米比亚等国。从成矿地质条件评价看，环太平洋成矿带的萤石储量占全球萤石储量的1/2以上，是全球萤石资源的主要分布区。

表7-2 2019—2020年世界萤石产量和储量统计[5] （万吨）

国家	萤石产量		储量
	2019年	2020年	
中国	430	430	4200
美国	—	—	400
德国	5	5	—
伊朗	5.5	5.5	340
墨西哥	123	120	6800
蒙古国	71.8	72	2200

续表 7-2

国家	萤石产量		储量
	2019 年	2020 年	
摩洛哥	8.8	8.8	21
巴基斯坦	10	10	—
南非	21	32	4100
西班牙	13.9	14	1000
越南	23.8	24	500
加拿大	8	10	—
缅甸	5.3	5.3	—
其他	10.7	11	12000
总计	746	760	32000

7.1.2.2 中国萤石资源

萤石矿是中国的优势矿种，中国的萤石矿床分布广泛[3]。根据《中国矿产资源报告 2021》，截至 2020 年底，我国的萤石资源分布于全国 19 个省（区），浙江、江西、湖南、福建、内蒙古、安徽等省（区）均有较高的萤石储量[17]。与全球萤石资源比较，中国萤石资源由于杂质含量较低，尤其是砷、硫、磷等含量较低，且开采条件较好，因而开发价值较高，在全球萤石资源中占有举足轻重地位[18]。南岭成矿带是我国最重要的萤石矿聚集区之一，探明的萤石矿物储量 2793 万吨，占据全国储量一半以上[17,19]。

根据陈毓川院士的成矿系列理论，综合考虑萤石矿床的成因类型和工业类型，将中国萤石矿床划分为沉积改造型、热液充填型和伴生型 3 种矿床类型[4,20]。根据相同或相似的二级成矿要素组合，进一步划分出 11 个矿床亚类型——矿床式，见表 7-3。

表 7-3 中国萤石矿主要类型

矿床类型	矿床式	成矿必要要素	典型矿床
沉积改造型	苏莫查干敖包式沉积改造型萤石矿	裂陷盆地+灰岩+海底火山喷发+褶皱（断裂）+岩浆活动	内蒙古苏莫查干敖包
			内蒙古北敖包图
	晴隆式沉积改造型萤石矿	沉积盆地+灰岩+海底火山喷发+褶皱（断裂）	贵州晴隆大厂
			云南富源老厂

续表 7-3

矿床类型	矿床式	成矿必要要素	典型矿床
热液充填型	七坝泉式热液充填型萤石矿	侵入岩+断裂	甘肃七坝泉、内蒙古七一山、湖北红安华河、福建将乐常口、河南嵩县陈楼、广州河源到吉
	武义式热液充填型萤石矿	火山岩+断裂	浙江武义杨家、河北平泉郝家楼、安徽宁国庄村、辽宁义县三宝屯
	八面山式热液充填型萤石矿	灰岩+断裂+侵入岩	浙江常山八面山、江西德安洪溪板
	湖山式热液充填型萤石矿	火山岩+侵入岩（次火山岩）+断裂	浙江遂昌湖山
	双江口式热液充填型萤石矿	侵入岩+断裂+灰岩（捕虏体）	湖南衡南双江口
伴生型	白云鄂博式铁铌稀土伴生萤石矿		内蒙古白云鄂博式铁铌稀土伴生萤石矿
	柿竹园式钨锡钼铋伴生萤石矿		湖南柿竹园式钨锡钼铋伴生萤石矿
	桃林式铅锌伴生萤石矿		湖南桃林式铅锌伴生萤石矿
	苦草坪式重晶石伴生萤石矿		重庆苦草坪式重晶石伴生萤石矿

中国主要萤石矿床共有约 230 处，大中型萤石矿床主要集中在东部沿海地区、华中地区和内蒙古白云鄂博—二连浩特一带，83%的萤石资源分布在湖南、浙江、江西、内蒙古、福建和云南六省（区）[21]。单一萤石矿是中国目前正在开发利用的萤石矿，占中国总矿床数的 83%，占总储量的 57%，主要分布于内蒙古、浙江、江西、福建等省（区）[22]。伴生萤石矿床约有 40 处，占总矿床数不足 20%，占总储量 43%，主要分布于湖南、内蒙古、云南和江西等省（区）。中国伴生萤石资源储量大，但受选冶和加工技术条件及选矿成本等制约，综合回收利用难度较大[23]。

中国萤石矿具有贫矿多、富矿少、难选矿多、易选矿少的特点。可直接作为冶金级富矿（CaF_2 品位大于 65%）的保有资源储量仅占全部保有资源储量的 11.6%，这些富矿的 70%分布在浙江、湖北、内蒙古、江西等省（区）；CaF_2品位介于 30%~65%的保有查明资源储量占 45.3%[3]。

综合而言，中国萤石资源特点可以概括如下：

(1) 尽管中国萤石资源潜力巨大，但由于资源分布广泛，目前地质工作程度不高。

(2) 已探明的萤石矿床大部分分布在浙江、江西、湖南、内蒙古和福建五省（区），而且这五省（区）的萤石总储量约占我国总储量的90%，因此开发较早且规模较大的萤石企业普遍集中在国内东部地区。

(3) 国内单一型萤石矿床数量多，但是分布极为分散，储量小，导致产品生产难以形成规模。伴生（或共生）萤石矿床分布集中，储量极为丰富，在萤石储量中占有较大比例，但回收利用困难。

(4) 随着萤石资源的不断开发，品位高的富矿逐渐消失，勘查找到的贫矿越来越多，萤石资源保障程度严重不足。

虽然我国是世界上最大的萤石生产国和出口国，但是萤石的长期开采使得国内萤石资源储量逐渐下降。伴生萤石资源的综合利用已经成为缓解我国萤石资源供应紧张局面的必由之路。我国自20世纪70年代就陆续开展了伴生萤石的回收技术攻关，但是由于伴生萤石矿床矿物组成复杂，萤石常呈细脉浸染状嵌布，品位较低，分选难度极大，很难实现伴生萤石的综合回收[19,24]。21世纪后，随着选矿药剂、工艺和设备研发技术的突破与发展，储量巨大的伴生萤石资源逐步开始得到综合开发利用。根据中国矿业联合会萤石产业发展委员会2018年统计数据，我国查明的萤石资源量为2.21亿吨，基础储量为4979万吨，可开采利用的单一萤石资源储量约为2200万吨，资源保障程度严重不足；湖南省萤石资源储量超1亿吨，但是绝大部分为目前经济技术条件下“很难利用的伴共生矿”，典型的代表矿山是郴州柿竹园矿，其萤石保有资源储量超7500万吨。

7.1.3 伴生萤石资源开发利用瓶颈

与单一萤石矿不同，伴生萤石资源往往含有多种有价金属，选别工艺流程复杂，且碳酸钙含量较高，浮选分离难度较大，长期以来难以生产高品质萤石精矿（CaF_2品位大于95%），难以满足传统氟化工需求，极大地限制了伴生萤石资源的综合利用和氟化工产业的发展。例如南岭成矿带伴生萤石资源开发利用存在的主要难点如下：(1) 传统氟化工行业对萤石精矿要求CaF_2品位至少达到95%，较低品位萤石精矿生产氟化工产品是巨大挑战。(2) 萤石精矿中含硫、硅超标，严重影响下游氟化工产业，且超细萤石精粉扬尘严重、氢氟酸转化率低。(3) 南岭成矿带萤石资源中含有大量萤石矿选矿中最难分离的杂质碳酸钙和云母等。(4) 前端主金属选矿工艺对后端萤石浮选影响巨大，限制了萤石资源的回收。(5) 选矿、氟化工过程产生的含氟废水处理难度大，环境污染严重。总体而言，目前我国伴生萤石资源选矿技术与萤石精粉制氢氟酸技术相对脱节，伴生萤石资源综合利用率不高。因此，亟待开发复杂低品位伴生萤石资源高效综合利用新技术，提高萤石资源综合利用率，为我国氟化工产业提供强有力保障。

7.2　萤石浮选药剂及其作用机理

萤石是典型的含钙盐类矿物，浮选技术是此类资源开发利用的主体技术。如何解决萤石与杂质矿物的浮选分离难题，满足后端氟化工的需求，成为盘活伴生萤石资源的关键，浮选药剂（特别是捕收剂和抑制剂）的开发与应用是这一技术的核心。

7.2.1　萤石浮选捕收剂及其作用机制

7.2.1.1　阴离子捕收剂

萤石浮选常用的阴离子捕收剂主要有脂肪酸类、烷基硫酸或磺酸类、膦酸类及螯合捕收剂等。

A　脂肪酸类

脂肪酸类捕收剂在萤石矿物浮选过程中应用最为广泛，主要包括各种脂肪酸及其皂类，如油酸、亚油酸、塔尔油、氧化石蜡皂等。油酸学名十八烯酸，是天然不饱和酸，在动植物油脂中广泛存在，含量丰富，由于捕收能力强且价格低廉，是萤石浮选最典型的捕收剂。

Li 等人[25]以油酸为捕收剂、碳酸钠为调整剂、酸性水玻璃为抑制剂，对江西香炉山钨尾矿中萤石进行浮选分离，得到了 CaF_2 品位为 91.88%、回收率为 50.26%的萤石精矿，不仅创造了良好的综合经济效益，也提高了资源的综合利用率，有利于减少尾矿的堆存量，延长尾矿库的使用寿命。李纪[26]对柿竹园钨尾矿进行了浮选回收萤石试验，针对该尾矿中萤石受高碱选钨的抑制，使用硫酸中和高碱矿浆活化萤石，以氧化石蜡皂 733 为捕收剂、水玻璃为抑制剂，经 1 粗 2 扫 5 精的工艺流程成功实现了萤石的回收。周菁等人[27]对黄沙坪低品位钨钼铋浮选尾矿进行了回收萤石试验，采用氧化石蜡皂 733 为捕收剂、硫酸+水玻璃+SF-1 为粗选抑制剂、SF-2 和 LP 为精选抑制剂，经 1 粗 2 扫、粗精矿再磨、精 1 和精 2 中矿再选、其余中矿顺序返回、精矿磁选的工艺流程，获得了 CaF_2 品位为 97.36%、回收率为 57.23%的萤石精矿。

油酸类捕收剂的不足之处在于低温条件下溶解度低、活性差、分散慢等，因此许多专家学者对其进行了很多积极的改进，包括矿浆加温、强搅拌、皂化、磺化、乳化等。张行荣等人[28]对脂肪酸类捕收剂进行了改性，通过对混合脂肪酸进行皂化，再与表面活性剂 SP 及少量助剂进行复配混合，得到了一种含有羧基、羟基等活性基团的新型捕收剂，用于浮选印度某难选萤石矿，经过 1 粗 10 精 2 扫的浮选流程，得到了 CaF_2 品位为 91.12%、回收率为 77.26%的萤石精矿。周维志[29]在浮选湖南桃林铅锌矿伴生萤石时，用橡油酸钠成功取代油酸，不仅使浮选精矿 CaF_2 品位高达 98.06%，而且让精矿中 SiO_2 质量分数同比降低 30%左右。安顺辰[30]利用天然油科类植物山苍子的核仁油中的高馏分脂肪酸与菜油下脚和糠油下脚中的油酸混合，制成以二元羧酸为主的萤石混合捕收剂，萤石回收率从原先的 48.46%提高到 84.88%~90.97%，萤石产品能够达到特级或一级，选别效果显著。

脂肪酸属于羧酸化合物，其结构中的烃基是一种亲油基，可以促进矿物表面疏水[31]。研究认为油酸等脂肪酸类捕收剂浮选盐类矿物的机理在于通过羧基与矿物表面的金属活性位点配位，形成药剂吸附层或脂肪酸-金属离子沉淀[32-33]。Kellar 等人[34]分析研究了油酸根与萤石的相互作用机理，结果表明油酸在低浓度下与萤石之间存在化学吸附，在萤石表面形成单层膜，随着油酸浓度的增加，油酸根与萤石表面 Ca 原子反应形成二油酸钙覆盖在萤石表面形成多层膜。当溶液 pH 值高于萤石的等电点时，萤石表面带负电，此时油酸根离子等阴离子能够浮选萤石，这也证明阴离子捕收剂与萤石表面之间存在化学吸附[35]。

如图 7-2 所示，以油酸钠为捕收剂时，石英在没有金属离子活化的情况下基

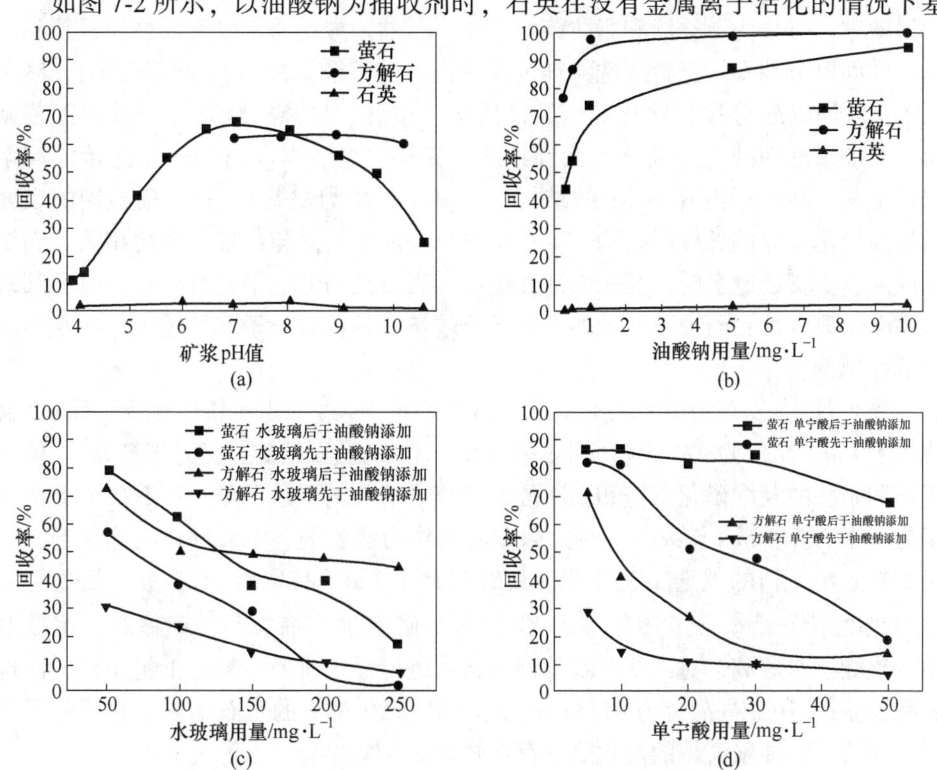

图 7-2 油酸钠和抑制剂作用下萤石及主要脉石矿物的浮选行为[36]

（a）矿浆 pH 值对萤石及脉石矿物浮选行为的影响（NaOL 用量为 0.25 mg/L）；

（b）油酸钠用量对萤石及脉石矿物浮选行为的影响（pH=9）；

（c）水玻璃用量对萤石及脉石矿物浮选行为的影响（pH=7，NaOL 用量为 15 mg/L）；

（d）丹宁酸用量对萤石及脉石矿物浮选行为的影响（pH=7，NaOL 用量为 15 mg/L）

本不具有可浮性。然而，由于萤石与方解石的表面具有相似性，在无抑制剂作用的情况下方解石与萤石的浮选行为基本一致，这也是萤石与方解石浮选分离的难点所在。

此外，如图 7-2（c）和（d）所示，在抑制剂介入的情况下，捕收剂与抑制剂添加顺序对萤石和方解石浮选行为有明显的影响，即当捕收剂先与矿物作用后，抑制剂对脉石矿物的抑制效果显著下降，也就是说捕收剂先与矿物作用后，方解石的抑制将更加困难。由图 7-3 所示的红外光谱分析结果可知，油酸钠是以化学吸附的方式吸附于萤石和方解石表面的，这种吸附作用相当牢固；水玻璃与油酸钠在萤石和方解石表面存在竞争吸附，在一定程度上阻碍了脂肪酸的吸附。

B 磺酸类

磺酸类捕收剂是指具有磺酸基团的一类阴离子表面活性剂，工业应用较少。与脂肪酸类捕收剂相比，磺酸类捕收剂具有选择性较好、泡沫丰富、水溶性好、耐低温、抗硬水等性能，但捕收能力弱于脂肪酸。磺酸类捕收剂最为常见的是石油磺酸钠，可分为芳香族和脂肪族两大类。石油磺酸钠通常以石油原油、顶部原油、中间馏分油和生产合成洗涤剂过程中产生的残渣为原料，以气态 SO_3、液态 SO_3 及发烟硫酸等作为磺化剂，经过磺化、中和、分离、纯化等一系列工艺制得。石油磺酸钠的主要成分（活性物质）是磺酸盐，其具有与烷基连接的高亲水性硫基，从而产生 RSO_3Na 的结构式（其中，R 为烷基）。石油磺酸钠的表面活性与烃基部分的长度、结构、磺酸根离子基团的数量与位置等密切相关。当烷基或烷基上支链越多时，其表面活性越低；当石油磺酸钠中含有双磺基时，其疏水性会明显降低；石油磺酸钠的烃链部分越长，其相对分子质量越大，在水中的溶解度越低。

朱兴月[38]以石油磺酸钠 PSK-27 为捕收剂，经过 1 粗 4 精全流程开路试验，获得了 CaF_2 品位为 97.45%、回收率为 89.54%的萤石精矿。艾光华等人[39]使用不饱和脂肪酸复配磺化不饱和脂肪酸的阴离子捕收剂浮选某单一萤石矿，磨矿细度为小于 0.074 mm 粒级占 70%，以碳酸钠作为调整剂、水玻璃作为抑制剂，采用 1 粗 6 精 2 扫的浮选工艺流程，最终获得了 CaF_2 品位为 95.37%、回收率为 85.82%的萤石精矿。王增仔等人[40]以石油磺酸钠为捕收剂，调整剂采用碳酸钠、硫酸、水玻璃，对江西某石英型萤石矿进行浮选研究，经过 1 粗 4 精的浮选流程，获得了 CaF_2 品位为 97.45%、回收率为 89.54%的萤石精矿，并证明了不同工序所得石油磺酸钠的捕收效果存在较为显著的差异。

朱兴月[38]研究发现石油磺酸钠提纯过程中残留的乙醇会影响药剂性质及活性物含量。石油磺酸钠的活性物含量越高，萤石纯矿物的浮选回收率越高，药剂的浮选捕收性能越好。随着石油磺酸钠磺化程度的增加，石油磺酸钠分子中非极性端的空间位阻效应逐步减弱，浮选体系中的水分子可以有更大的概率穿过捕收

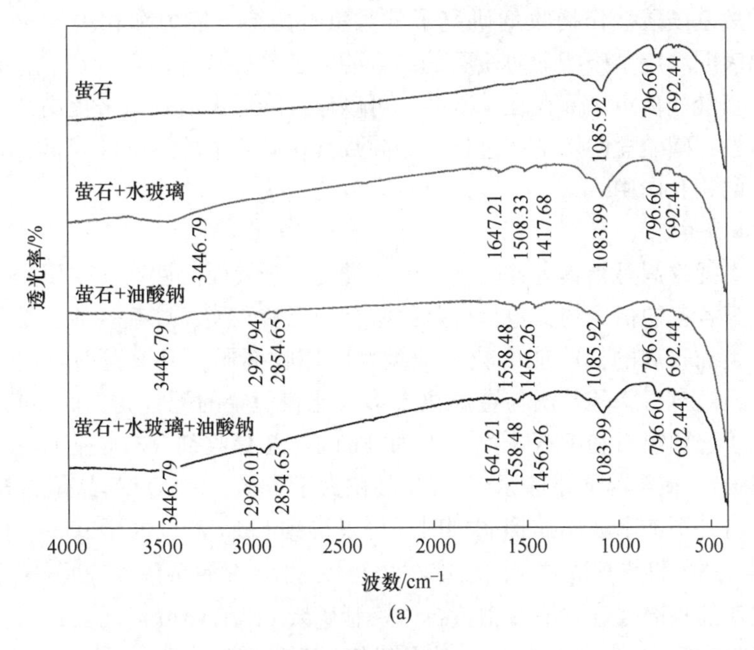

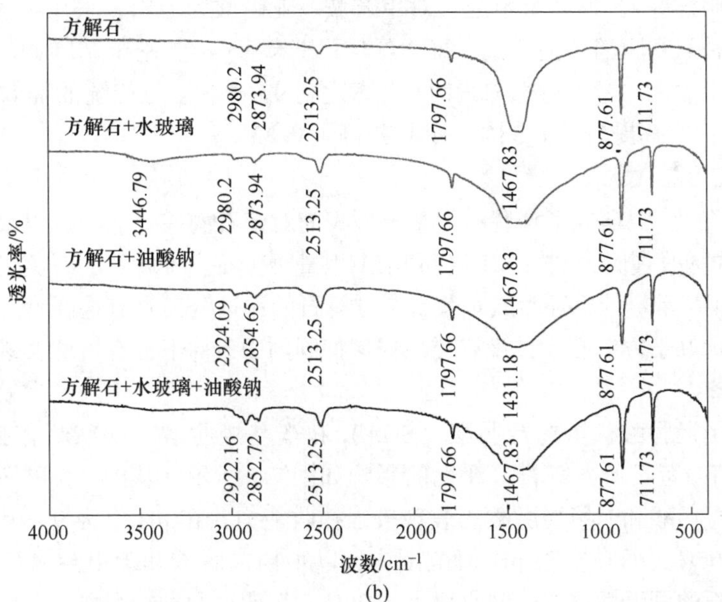

图 7-3　萤石（a）、方解石（b）与药剂作用的红外光谱[37]

剂分子间的空隙与萤石表面作用，降低矿物颗粒表面的疏水性，导致矿物的浮选回收率降低。当石油磺酸钠的活性物含量和磺化程度同时发生变化时，活性物含量的变化对捕收剂浮选效果的影响占主导地位。Zheng 等人[41]通过采用不同疏水尾端的烷基磺酸盐作捕收剂研究了其对萤石的结合能力和相关浮选反应的影响，结果表明，烷基磺酸盐对萤石的结合能力随着烷基链长度从 C_{10} 增加到 C_{16} 而增强；当磺酸盐疏水尾部存在苯基时，可以通过降低表面张力来提高药剂对萤石的反应活性；磺酸盐的烷基链过长，会导致其在矿浆中的溶解度降低，限制了其与萤石矿的相互作用。

C　膦酸类

膦酸类捕收剂是指具有膦酸基团的一类阴离子表面活性剂，主要是单膦酸和双膦酸及其各自的衍生物，包括烷基膦酸酯、亚膦酸酯、烷基膦酸、烷芳基膦酸等。膦酸类捕收剂的捕收能力较其他类型的捕收剂弱，但该类捕收剂选择性更强，可以通过自身膦酸基团与金属离子形成比较稳定的配合物，产生螯合作用，已成功用于选别锡石和萤石[42-43]。例如 Flotol-7,9 捕收剂（1-羟基 $C_{7\sim9}$ 烷基-1,1 羟基双膦酸），在常温下浮选原矿 CaF_2 品位大于 34%、$CaCO_3$ 的品位为 8%~14% 的萤石矿时，不加水玻璃作抑制剂时，可以得到 CaF_2 品位大于 93%、$CaCO_3$ 的品位 1%~1.5%的萤石精矿，回收率在 78%以上[44]。胡岳华等人[45]采用苯氨基苄基膦酸作捕收剂浮选方解石型萤石，控制矿浆 pH 值即可实现萤石与方解石的分离。邓晓洋等人[46]以苯甲醛、对甲苯胺、亚磷酸为原料，采用类 Mannich 法合成了一种氨基膦酸类捕收剂，即 N-(4-甲基苯基)-α-氨基苄基膦酸。单矿物浮选试验结果表明，1 次粗选 CaF_2 回收率达到 97.66%，与传统的捕收剂油酸对比，CaF_2 回收率提高了 1.38%、品位提高了 0.83%。

D　螯合捕收剂

Jiang 等人[48]研究了羟肟酸类螯合捕收剂对萤石的捕收能力。以苯甲羟肟酸（BHA）作捕收剂时，矿浆 pH 值和 BHA 用量对萤石、方解石、石英可浮性的影响如图 7-4 所示。苯甲羟肟酸对萤石和方解石的浮选分离具有选择性，对萤石的捕收能力远好于方解石。在没有使用任何抑制剂的条件下，有可能实现萤石和方解石的分离。

以苯甲羟肟酸、水杨羟肟酸（SHA）和辛基羟肟酸（OHA）作捕收剂时，矿浆 pH 值对萤石、方解石可浮性的影响如图 7-5 所示。从图 7-5 可知，对于萤石，水杨羟肟酸和苯甲羟肟酸均表现较强捕收能力，在 pH 值为 9~10 时，CaF_2 回收率达 95%，而在实验 pH 值范围内，以水杨羟肟酸和苯甲羟肟酸作捕收剂时，方解石的可浮性很差，回收率小于 20%，表明这两种羟肟酸可以作为萤石和方解石浮选分离的选择性捕收剂。虽然辛基羟肟酸对萤石也表现出较强的捕收能力，但对方解石的捕收能力也较好，在 pH 值为 9~11 时，方解石回收率可达 70%左右，说明辛基羟肟酸不适合作为萤石和方解石浮选分离的选择性捕收剂。

Jiang 等人[48]通过晶体结构化学研究了以苯甲羟肟酸为捕收剂浮选分离萤石和方解石的机理，结果表明，在单位晶胞内，萤石中 Ca^{2+} 的密度和质量分数比方

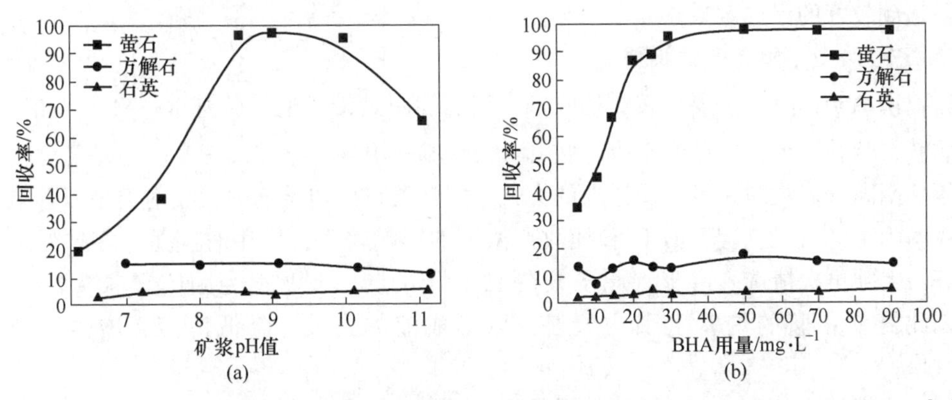

图 7-4 苯甲羟肟酸作捕收剂时，矿浆 pH 值和 BHA 用量对萤石、方解石、石英可浮性的影响[47]

（a）矿浆 pH 值的影响（BHA 用量为 50 mg/L）；（b）BHA 用量的影响（pH=9）

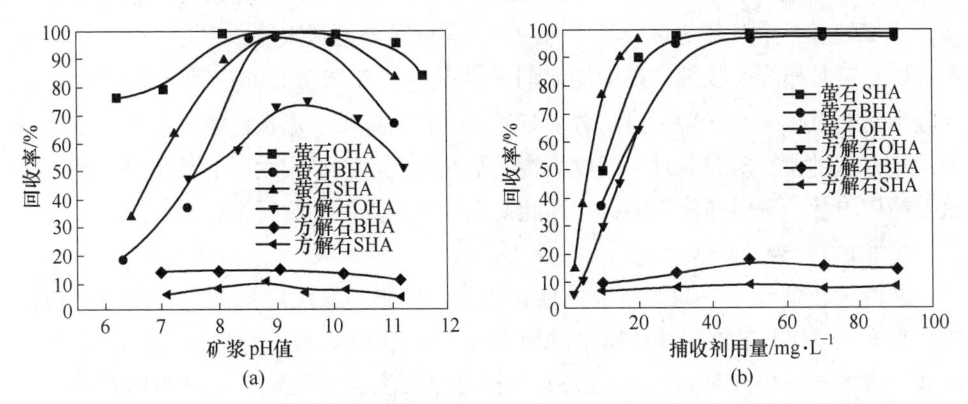

图 7-5 三种羟肟酸（水杨羟肟酸、苯甲羟肟酸、辛基羟肟酸）作捕收剂时矿浆 pH 值和药剂用量对萤石和方解石浮选效果的影响[48]

（a）矿浆 pH 值的影响（SHA 用量为 50 mg/L，BHA 用量为 50 mg/L，OHA 用量为 20 mg/L）；（b）捕收剂用量的影响（pH=9）

解石中 Ca^{2+}的密度和质量分数大，说明相对于方解石表面，萤石有更多吸附苯甲羟肟酸捕收剂的位点。由于单位晶胞内萤石和方解石都具有一个悬键（不饱和的断裂键)，且萤石的悬键能大于方解石的悬键能，因此苯甲羟肟酸与萤石的作用强度相比于与方解石的作用强度更强。Filippova 等人[49]研究表明，螯合剂的吸附取决于含钙矿物表面阳离子位点的排列情况，含钙矿物表面的阳离子位点排列越整齐有序，阴离子试剂在含钙矿物表面的吸附就越多，通过浮选回收的含钙矿物就越多。萤石是立方晶格晶体，其中 Ca^{2+}位于面心立方晶格的中心，并且 F^-位于四面体位点上，萤石表面 Ca^{2+}排列得非常好，与阴离子捕收剂作用后可能在表面形成排列整齐的阴离子试剂单层。因此，萤石可以在较少的捕收剂用量条件下达到较好的浮选效果。

7.2.1.2 阳离子捕收剂

阳离子捕收剂主要指胺类捕收剂，其官能团是带正电的胺基 $R—NH_3^+$，如脂肪胺、芳香胺等，常见的有十二胺、十二烷基三甲基氯化铵及三辛基甲基氯化铵等。阳离子捕收剂一般以反浮选的方式应用到萤石矿物浮选中，吸附类型以静电吸附为主[50]，受矿浆 pH 值和捕收剂浓度的影响较大，作用时间短，浮选效果好，无须再次精选。由于碳原子数在 12 以上的脂肪胺常温为固体，难溶于水，因此需要在胺的烷基上引入醚基，以形成液体醚胺，降低溶点，增强浮选效果[51-52]。

捕收剂十二胺、十二烷基二甲基苄基氯化铵和十二烷基三甲基氯化铵的基团电负性大，对含钙矿物具有较强的捕收能力。在 pH 值为 6~10 时，三种捕收剂浮选分离萤石与白钨矿的效果由强到弱依次为十二胺、十二烷基二甲基苄基氯化铵、十二烷基三甲基氯化铵，其中采用十二胺时萤石的最大回收率达 90%。试验表明，以十二胺作为捕收剂，在中性或弱碱性条件下浮选萤石与白钨矿的最大 CaF_2 回收率相差 50% [53]，为白钨矿与萤石的浮选分离提供了潜在的方案。但该类捕收剂用量不宜过大，矿泥多时，捕收剂将吸附在矿泥上，形成大量黏性泡沫，既降低萤石精矿质量，又增加药剂消耗，因此使用前要预先做好脱泥工作[54]。

7.2.1.3 两性捕收剂

两性捕收剂分子中同时具有两性亲水基团，它与碱反应形成皂，与酸反应形成胺盐[55]，因此在酸、碱介质中的溶解度较好且耐低温，此外这类捕收剂对硬水和海水的敏感度较低，在矿物表面不仅可以发生静电吸附、化学吸附，还可与部分金属离子发生螯合作用[56]。水溶性大、选择性好、适用 pH 值范围广是两性捕收剂的特点。N-辛烷基-β-氨基丙酸甲酯（$CH_3(CH_2)_7NHCH_2CH_2COOCH_3$，$SF_8$）与 N-癸烷基-β-基丙酸甲酯（$CH_3(CH_2)_9NHCH_2CH_2COOCH_3$，$SF_{10}$）应用于石英型萤石矿和石榴子石型萤石矿（含 Al、Mg 和 Fe）浮选效果显著，浮选时药剂在矿浆中不发生解离，易与矿物表面形成络合配价键，选择性好[52]。试验表明：以水玻璃作抑制剂时，使用这两种药剂作捕收剂均可得到 CaF_2 品位在 97%以上和 SiO_2 质量分数小于 1%的制酸级萤石精矿；两者对比，SF_8 适用于石英型萤石矿，SF_{10} 则更适用于石榴子石型萤石矿[57]。两性捕收剂的研发主要存在成本高、合成过程复杂等问题，目前在萤石浮选工业中应用较少[58]。

7.2.1.4 组合捕收剂

利用多种药剂间的协同效应，采用捕收剂组合用药提高浮选指标，近年来取得了良好的效果[59]。油酸钠与正辛酸钠、月桂酸钠、硬脂酸钠组合使用，可以提高捕收剂的选择性，萤石与白钨矿、方解石的可浮性差异显著增强[60]。试验表明，组合用药分离效率更高，且药剂用量低[61]。

由改性脂肪酸钠和增溶分散助剂混合而得到的捕收剂 DW-1，通过复配体系强化了螯合捕收基团，浮选效果大幅改善。某石英型萤石矿（CaF_2 品位 17.32%）浮选试验表明，在 6 ℃的浮选温度下，采用 1 粗 1 扫 6 精浮选工艺流程，最终获得了 CaF_2 品位为 98.37%、回收率为 80.12%的萤石精矿，浮选指标优于单一油酸钠，且药剂用量大幅降低[62]。

毛钜凡[63]将氧化石蜡皂与十二胺按一定的比例混合，在自然 pH 值下，对萤石、石英和重晶石的人工混合矿进行浮选分离，试验结果表明，混合捕收剂在萤石和重晶石表面的吸附存在明显差异，这些差异是造成萤石与重晶石、石英分离的原因所在。曹学锋等人[64]将油酸钠与十二烷基硫酸钠混合用作捕收剂（二者的质量比为 1∶10），浮选某碳酸盐型萤石矿，并将腐植酸钠与柠檬酸混合用作抑制剂，获得了 CaF_2 品位为 93.89%、回收率为 75.79% 的萤石精矿。

将油酸与羟肟酸组合制备的 KY-108 捕收剂用于浮选某中低品位单一硅酸盐型萤石矿具有较高选择性，试验表明，采用粗精矿再磨再选闭路工艺流程能够得到 CaF_2 品位为 97.59%、回收率为 97.03%的萤石精矿[65]。

大量实践表明，混合用药利于改善选矿指标、节约浮选药剂，同时也有助于提高药剂对各种选矿条件的适应性，是未来萤石浮选的重要研究方向之一。

7.2.1.5 阴离子捕收剂在萤石表面的吸附机制

虽然萤石浮选捕收剂的种类繁多，但在实际生产中使用最广泛的仍是脂肪酸类捕收剂或以脂肪酸为主的组合捕收剂。孙文娟等人[66]研究了油酸浮选萤石的溶液化学行为，发现萤石溶出的钙离子可以与油酸根离子反应，形成油酸钙胶体，对浮选行为产生重大影响。如图 7-6 所示，油酸钙的存在条件由油酸浓度、pH 值和钙离子浓度三个条件共同决定。在碱性条件下，钙离子浓度高于 10^{-6} mol/L 时，油酸钙作为浮选溶液体系中的优势组分存在。Ca-OL 胶体尺寸为 0.1~1 μm，与油酸钠相比具有表面张力较低、动电位较正、起泡性差等特点。

如图 7-7 所示，将油酸钙胶体捕收剂用于萤石浮选，发现油酸钙胶体捕收剂对萤石有较强的捕收能力。在 pH = 10.0、捕收剂浓度为 3×10^{-4} mol/L 时，油酸钙浮选萤石的回收率比油酸钠高 16 个百分点，而浮选方解石的回收率较油酸钠低 11 个百分点，说明油酸钙胶体捕收剂的选择性明显优于油酸钠。

Antti 等人[68]研究发现，在低浓度下，油酸钙主要是通过化学吸附形成单层吸附；随着离子浓度和药剂浓度增大，油酸钙沉淀在萤石表面逐渐形成多层吸附层。Free 等人[69-70]进一步研究了油酸钙的形成条件和吸附机制，发现油酸钙的存在条件由溶液中钙离子浓度和 pH 值决定，当油酸浓度为 4×10^{-6} ~ 4×10^{-5} mol/L 时，油酸钙在溶液中生成然后转运至矿物表面，而不是直接在表面形成并团聚，油酸钙的形成和吸附作用对浮选效果有重要的影响。Fa 等人[71-73]利用 AFM 胶体

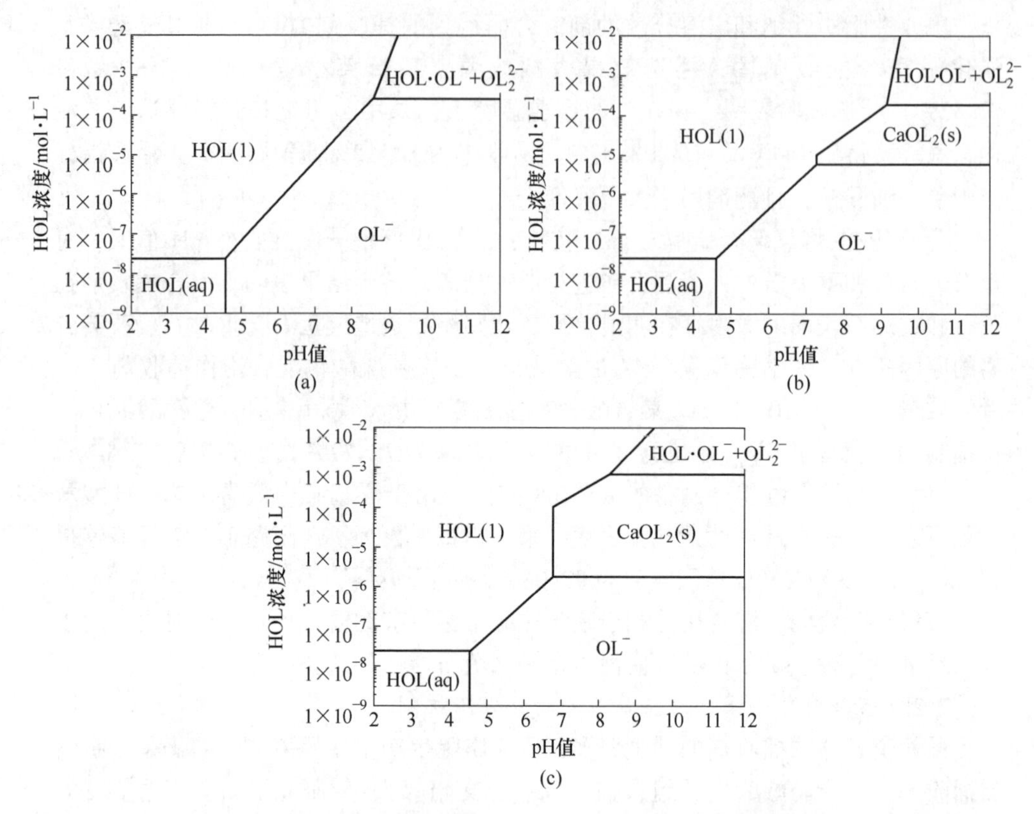

图 7-6　不同浓度钙离子存在下油酸溶液的优势组分图[66]

（a）钙离子浓度为 1×10^{-6} mol/L；（b）钙离子浓度为 1×10^{-5} mol/L；（c）钙离子浓度为 1×10^{-4} mol/L

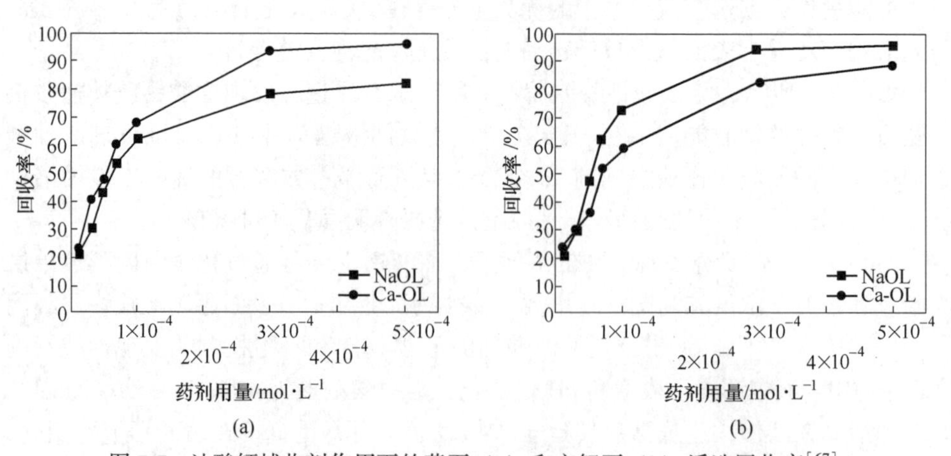

图 7-7　油酸钙捕收剂作用下的萤石（a）和方解石（b）浮选回收率[67]

探针研究了油酸钙与方解石、萤石表面的相互作用力，并与经典的 DLVO 力进行了比较，结合分子动力学模拟揭示了萤石表面的界面水结构，发现油酸钙胶体捕收剂在萤石表面吸附效果更强（见图 7-8）。

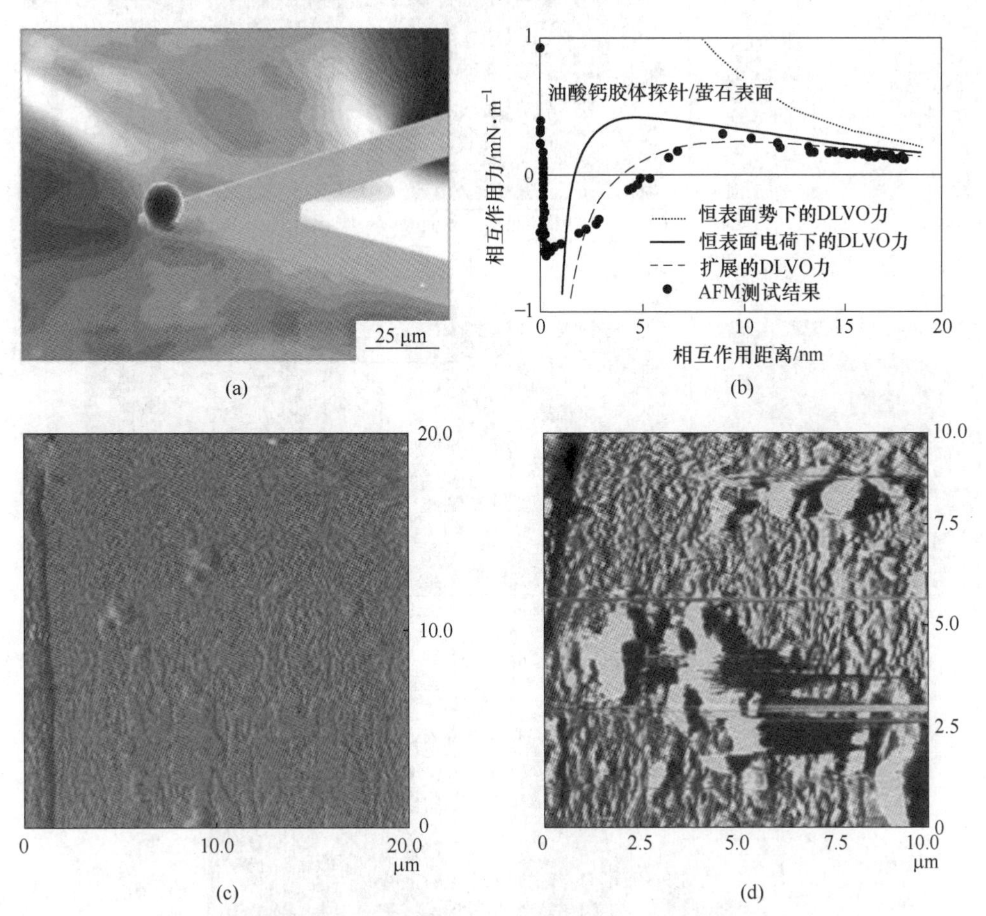

图 7-8　油酸钙胶体颗粒（a）及其与萤石（111）面的作用力（b）和 Ca-OL 在萤石表面的 AFM 微观吸附形貌（c）（d）[70-73]

Sun 等人[74]研究发现油酸钙胶体的吸附对矿物表面微纳结构影响显著。如图 7-9 所示，油酸钙胶体作用后的矿物表面吸附层高度增高，油酸钙胶体作用后的白钨矿和萤石矿物表面吸附高度明显高于方解石表面，表面粗糙度明显增大，疏水性增强，有利于白钨矿和萤石的浮选。

7.2.2　萤石浮选抑制剂及其作用机制

萤石常与方解石、白云石、重晶石等脉石矿物共生，可浮性相近，必须选用合适的抑制剂来实现高效分离。萤石浮选中常用的抑制剂包含无机抑制剂（水玻

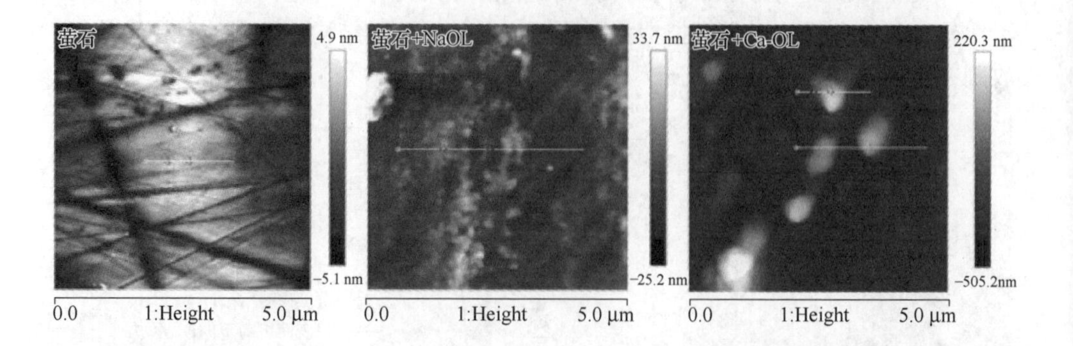

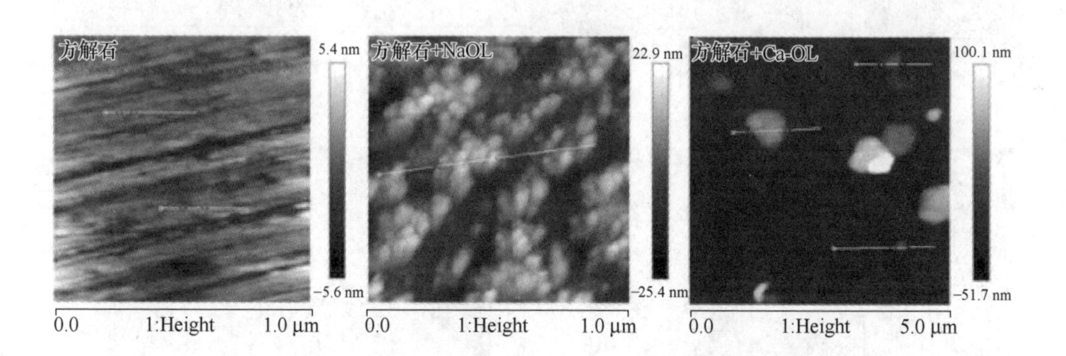

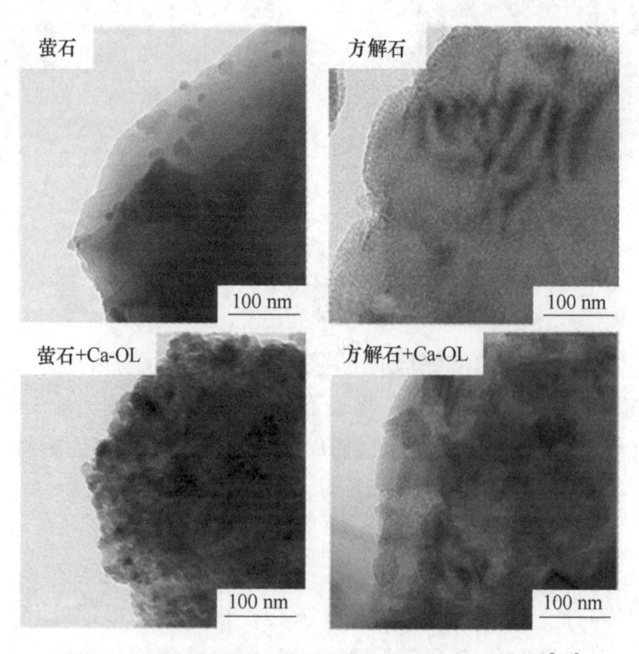

图 7-9　油酸钙胶体对矿物表面微纳结构的影响[74]

璃及改性水玻璃、六偏磷酸钠等）和有机抑制剂（栲胶、单宁、木质素磺酸盐、有机膦酸、淀粉等），此外组合抑制剂的使用可以使萤石与方解石等脉石矿物的分离效率大幅提高。

7.2.2.1 无机抑制剂

目前，生产中最常见的无机抑制剂是水玻璃。水玻璃为硅酸钠的水溶液，化学式为 $Na_2O \cdot nSiO_2$（其中，n 为二氧化硅与氧化钠的摩尔比，称为硅钠比或模数，水玻璃模数不同，其性质会有较大的差异，一般 n 为 1.5～3.5）。在萤石的浮选分离中，水玻璃是使用最广泛的抑制剂，它既能有效地对大多数硅酸盐矿物起抑制作用，又能对某些含钙脉石矿物起抑制作用，已有大量的科研工作者研究了水玻璃在硅酸盐类矿物表面的吸附方式、吸附强度等[75-76]。如今，被广泛提及的水玻璃吸附硅酸盐的作用机理为：

（1）水玻璃在溶解过程中产生大量以 SiO_2 形式存在的胶体，此类胶体极易吸附在脉石矿物表面且亲水性较强，会在矿物表面形成亲水膜，从而达到抑制脉石矿物的目的。

（2）根据浮选溶液化学的分析结果，水玻璃在溶解过程中不仅以硅酸胶体形式存在，同时还有 $HSiO_3^-$，$HSiO_3^-$ 或 SiO_3^{2-} 解离，通过与方解石等脉石矿物溶解的 Mg^{2+}、Ca^{2+} 反应生成亲水的 $MgSiO_3$、$CaSiO_3$ 沉积物吸附在矿物表面。

水玻璃在选矿中应用非常广泛，萤石浮选领域中，也有大量的文献报道。张光平等人[77]对内蒙古某萤石矿进行试验研究，发现采用 NMG 为捕收剂，水玻璃为抑制剂，2 号油为起泡剂时，通过 1 粗 1 扫 2 精工艺，将原矿 CaF_2 品位为 43.36%的萤石矿富集到 CaF_2 品位为 97.35%的精矿，CaF_2 回收率高达 98.13%。葛英勇[78]研究了水玻璃对萤石与赤铁矿浮选分离的机理，结果表明，水玻璃在溶液中的溶解度和离子组成与溶液浓度、pH 值及硅钠比有关，在 pH 值为 6～9 时，可以根据赤铁矿、萤石对水玻璃各种离子的吸附活性差异实现矿物的分离。

在水玻璃大范围应用的基础上，许多改性水玻璃也得到了成功应用。周文波等人[79]通过采用酸化水玻璃作为抑制剂，以墨西哥某高钙萤石矿为对象，证明了酸化水玻璃比羧甲基纤维素钠的抑制效果更好，不仅可以提高萤石精矿的品位和回收率，而且能够解决尾矿沉降慢、选矿回水浑浊的问题。同时探讨了酸化水玻璃对石英的抑制机理，酸性水玻璃对石英起抑制作用主要是因为酸性水溶液中形成的 H_2SiO_3 胶粒能选择性地在石英表面发生特性吸附，从而对石英产生抑制作用。此外，胶态状硅酸类离子的选择性显著高于单一水玻璃，能与方解石表面的 Ca^{2+} 发生强烈的作用。Zhou 等人[80]用水玻璃与草酸按 3 : 1 的比例配制成酸性水玻璃成功地实现了对方解石的抑制。

纯矿物实验研究显示，单一的水玻璃对包括萤石在内的含钙矿物都有一定的抑制作用，为了增强水玻璃的抑制选择性，可以将水玻璃与多价金属盐以一定比例互配成盐化水玻璃。各种盐化水玻璃对萤石和方解石的浮选效果见表 7-4，其中 $CuSO_4 \cdot 5H_2O$ 和 $FeSO_4 \cdot 7H_2O$ 的盐化水玻璃的选择性抑制效果大幅度提高[81]。

表 7-4　盐化水玻璃对萤石和方解石的浮选效果

多价金属盐	萤石回收率/%	方解石回收率/%
$Al_2(SO_4)_3 \cdot 18H_2O$	65.4	47.4
$MgSO_4 \cdot 7H_2O$	23.7	66.3
$CuSO_4 \cdot 5H_2O$	86.4	20.9
$FeSO_4 \cdot 7H_2O$	87.9	18.3
$ZnSO_4 \cdot 7H_2O$	20.8	85.4

7.2.2.2　有机抑制剂

萤石浮选中常用的有机抑制剂有淀粉、糊精、羧甲基纤维素钠、栲胶、木质素磺酸钠、单宁酸等大分子抑制剂及具有—OH、—NH_2、—COOH、—CSS 等亲水基团的小分子抑制剂。大分子有机抑制剂一般具有大量能固着于脉石矿物的极性亲固基团和亲水基团，其依靠亲固基吸附在矿物表面，再利用其长链的强亲水性而使矿物受到抑制，以达到选择性分离的效果。小分子抑制剂与脉石之间可发生较强的化学作用，可以选择性地吸附在矿物表面，使捕收剂发生解吸或阻止捕收剂在矿物表面吸附而使矿物受到抑制。

A　单宁酸

单宁酸又被称为鞣酸，是方解石有效的抑制剂，它是高分子酚类化合物，能够从植物的种子、果实、树叶和树皮中提取得到，栲胶也是单宁类抑制剂。由于这种天然生物质含有多个相邻的羟基，并且对金属离子具有特殊的亲和力，因此它可以用作金属离子的高效吸附剂和金属矿物抑制剂。单宁对方解石的抑制机理主要有两种观点：一种是单宁的羧基作用于方解石的表面，而羟基却朝外排列与水分子形成水膜造成方解石的亲水；另一种是单宁酸分子中的酚基通过物理或者化学作用与方解石作用，阻碍了捕收剂分子与方解石的作用，从而抑制了方解石。

张谌虎等人[82]系统研究了单宁酸对方解石的抑制效果和作用机理。如图 7-10 所示，当单宁酸用量在 0～10 mg/L 时，萤石回收率从 93.09%下降至 77.83%，而方解石回收率从 96.04%迅速下降到 9.18%，回收率下降幅度非常大；当单宁酸用量在 10～50 mg/L 时，方解石几乎没有上浮；在 pH 值为 6～8 时，萤石回收率均高于 75%，当 pH=6 左右时，萤石回收率在 78%左右，然后随着 pH 值增加，萤石回收率缓慢下降，在 pH 值大于 10 后，萤石回收率会出现明显下降趋势，说明在弱酸性与中性条件下，单宁酸对萤石的抑制效果较小；单宁酸对方解石选择性抑制作用极强，并不会受到矿浆 pH 值的影响。

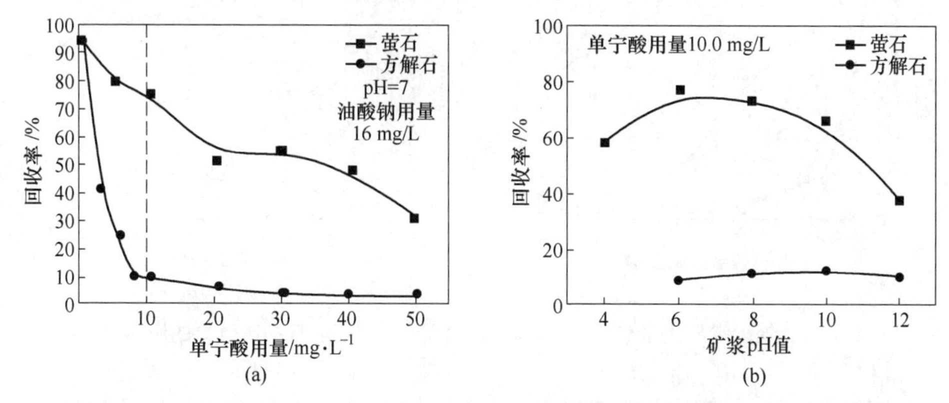

图 7-10 单宁酸用量（a）和矿浆 pH 值（b）对萤石和方解石回收率的影响[82]

张谌虎等人[82]通过表面吸附实验、动电位测量、紫外可见光谱分析和 X 射线光电子能谱（XPS）研究了方解石表面单宁酸的选择性吸附。吸附量测试显示单宁酸可以阻碍捕收剂与方解石的作用，动电位测试显示方解石与单宁酸的作用电荷负移程度大于与油酸钠作用的电荷负移程度。紫外可见光谱、XPS 和溶液化学分析表明矿物表面的 Ca^{2+} 和 $Ca(OH)^{+}$ 是单宁酸选择性吸附的关键因素，单宁酸多羟基酚络合物通过与方解石表面的 $Ca(OH)^{+}$ 的化学相互作用选择性地吸附在方解石表面。

B 淀粉

早在 20 世纪 30 年代，人们就发现了淀粉的选择抑制作用，主要用于铁矿的反浮选方面。吴永云[83]验证了在碱性介质中利用油酸进行浮选时，淀粉对萤石、方解石及重晶石的抑制作用，其抑制强弱顺序为方解石>重晶石>萤石。Liu 等人[84]的研究表明，萤石表面 Ca 原子的内层电子结合能比方解石表面 Ca 原子的内层电子结合能大，因此淀粉类多糖在萤石表面形成化学键比在方解石表面更困难。

糊精是淀粉水解的产物，普通淀粉在水中煮沸发生水解反应会生成相对分子质量较小、中性、水溶性较好的糊精。李晔等人[85]研究了糊精在非金属矿物表面的吸附机理，结果表明糊精并不是与矿物表面的金属活性位点直接发生作用，而是通过与矿物表面金属离子在水溶液中形成羟基化合物，进而化学吸附在矿物表面。

C 聚丙烯酸

张谌虎等人[86]系统研究了聚丙烯酸对方解石的抑制效果和作用机理，结果如图 7-11 所示。

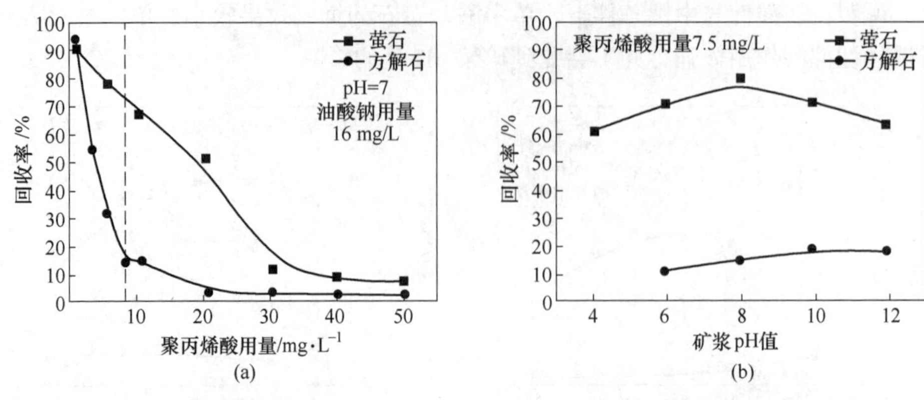

图 7-11　聚丙烯酸用量（a）和矿浆 pH 值（b）对方解石抑制效果的影响[86]

由图 7-11（a）可知，聚丙烯酸对萤石与方解石矿物的可浮性影响显著，聚丙烯酸用量在 0~10 mg/L 时，萤石回收率从 92. 91%下降到 72. 71%，回收率下降幅度较小，而方解石回收率从 95. 87%急剧下降到 12. 34%，回收率下降幅度非常大，表明在该用量下，聚丙烯酸对方解石的抑制能力比萤石强；而当聚丙烯酸用量在 10~40 mg/L 时，萤石的回收率下降也非常明显，从 72. 71%下降至 10%左右，在此范围方解石的回收率基本低于 10%，方解石完全被聚丙烯酸抑制。由此可知，只有在适宜的聚丙烯酸用量（7. 5 mg/L）下，才能实现萤石与方解石的分离。

由图 7-11（b）可知，固定聚丙烯酸用量为 7. 5 mg/L，当 pH 值从 4 增加至 8 时，萤石回收率从 61. 32%增加至 79. 98%，当 pH=8 时，萤石回收率仍在 80%左右，然后随着 pH 值增加，萤石回收率缓慢下降，说明聚丙烯酸对萤石的抑制作用较小，萤石回收率下降主要是矿浆 pH 值的影响；另外，在 pH 值为 6~12 时，方解石的回收率变化较小，聚丙烯酸对方解石的抑制效果较强，没有受到矿浆 pH 值的影响。由此可知，在适宜的聚丙烯酸用量（7. 5 mg/L）与矿浆 pH 值下，可以实现萤石与方解石的分离。

润湿角测试结果与吸附量分析表明，虽然聚丙烯酸能够在萤石表面均匀吸附，使其亲水性增加，但是对油酸钠在萤石表面吸附的影响有限；而聚丙烯酸能够在方解石表面大量不均匀吸附，使其表面强烈亲水，并且有可能阻碍后续油酸钠的单层均匀吸附。动电位、红外光谱、XPS 分析表明，聚丙烯酸在萤石表面能够被油酸钠取代，而在方解石表面则不会，甚至不影响油酸钠的吸附。聚丙烯酸在萤石与方解石表面都有物理吸附与化学吸附，但是化学吸附的强度不同，导致在两种矿物表面存在对油酸钠的竞争吸附[86]。

7. 2. 2. 3　组合抑制剂

有机抑制剂和无机抑制剂的组合使用往往能发挥协同作用，增强对方解石等脉石的抑制效果，提高萤石品位与回收率。喻福涛等人[87]以油酸钠为捕收剂，以水玻璃、硫酸铝和栲胶为重晶石抑制剂，实现了铅锌尾矿中萤石和重晶石的有效分离，最终得到 CaF_2 品位为95.06%、回收率达96.58%的萤石精矿。张谌虎等人[82]将聚丙烯酸和单宁酸组合使用，选择性抑制湖南界牌岭多金属矿萤石浮选中的方解石，其抑制效果优于酸化水玻璃。周涛等人[88]采用常规的油酸钠作为捕收剂，将T29与酸化水玻璃按一定比例混合后作为抑制剂，浮选甘肃金塔县某高钙萤石矿，萤石精矿 CaF_2 品位达到98.02%，碳酸盐和硅酸盐杂质含量极低，达到萤石精矿1级品要求。牛云飞等人[89]通过盐化水玻璃和六偏磷酸钠两种抑制剂的联合作用，浮选贵州晴隆碳酸盐型萤石矿，组合抑制剂的抑制效果显著，最终获得了 CaF_2 品位高达98.1%、回收率为83.68%的萤石精矿。

7.3 钨矿伴生萤石浮选技术

传统钨矿/萤石共伴生资源的浮选中，往往采用硫化矿浮选—钨矿浮选—萤石浮选的主干工艺流程。因此，钨矿的浮选不可避免地会影响后续萤石的浮选。当前的钨矿浮选工艺主要包括脂肪酸法和金属配合物法两大体系。对于脂肪酸法钨矿浮选工艺，一方面部分可浮性好的萤石会在钨选段浮钨时损失在钨精矿中，另一方面钨矿浮选中需要加入大量抑制剂（如水玻璃）来抑制脉石矿物，萤石同样也会受到强烈抑制，从而导致后端萤石浮选流程难以获得理想的指标[90]。对于金属配合物法钨矿浮选工艺，尽管金属配合物捕收剂具有良好的选择性，对萤石不具备捕收能力，钨矿浮选过程中萤石未受到抑制，但是残余金属配合物浮选药剂对后续萤石浮选也存在一定影响，例如捕收剂的吸附、泡沫结构与黏度等。因此，如何解决钨矿浮选对萤石浮选的负面影响是实现伴生萤石高效利用的关键。

7.3.1 脂肪酸法钨浮选尾矿萤石活化浮选技术

湖南柿竹园多金属矿自20世纪70年代开始尝试萤石的浮选回收，截至2014年钨矿浮选新工艺投入使用前，萤石回收率不足40%，黄沙坪、瑶岗仙、新田岭、香炉山等钨矿山采用脂肪酸选钨工艺，萤石一直无法回收。其本质原因在于钨矿浮选与萤石浮选之间的矛盾。本小节以湖南柿竹园柴山高钙钨/萤石矿为例，详述钨、萤石资源的开发利用。柴山矿原矿 WO_3 品位在0.3%左右、CaF_2 品位为18%~22%、$CaCO_3$ 质量分数为20%~30%，属于高钙难选钨、萤石资源。

7.3.1.1 钨矿浮选对萤石浮选的影响

如图7-12所示，该钨矿采用经典的高碱脂肪酸法浮选工艺，通过高碱度和使用大量水玻璃来抑制脉石矿物（包括萤石），粗精矿 WO_3 品位为6.43%、CaF_2

品位为58.96%，有7.02%的萤石损失在了钨粗精矿中，最终进入加温精选，难以回收（见表7-5）。事实上，这部分萤石往往单体解离度高、可浮性好，属于易回收萤石，但由于钨矿浮选工艺的限制，后续回收难度大。

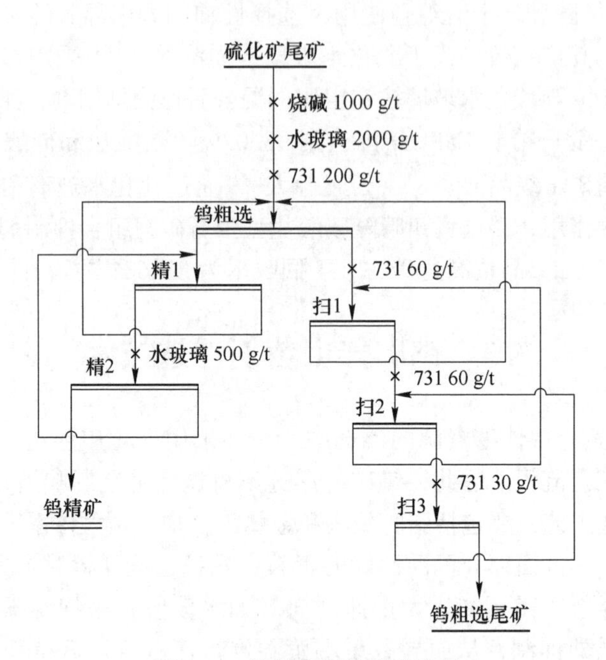

图7-12 钨粗选闭路试验流程

表7-5 钨粗选闭路试验结果

产品名称	产率/%	品位/%		回收率/%	
		WO_3	CaF_2	WO_3	CaF_2
钨粗精矿	2.51	6.43	58.96	80.54	7.02
钨粗选尾矿	97.49	0.04	20.10	19.46	92.98
给矿	100	0.20	21.08	100	100.00

为考查钨矿浮选作业对萤石浮选的影响，分别针对钨尾矿和钨入选原矿开展了萤石浮选试验，结果见表7-6。按照如图7-13所示的闭路流程，对钨原矿进行选萤石试验，可获得CaF_2品位为91.04%、回收率为65.3%的良好指标；相比之下，对钨尾矿进行选萤石试验，仅可获得CaF_2品位为86.64%、回收率为45%左右的指标。上述试验结果说明，前端钨浮选工艺“脂肪酸+水玻璃”的添加对后端萤石浮选有巨大影响，即在钨浮选段被大量水玻璃抑制的萤石矿物的可浮性大幅降低，后端萤石浮选效果差。

表 7-6 萤石闭路试验结果（分别以钨尾矿和钨原矿为给料）

入选原矿	产品	产率/%	CaF_2 品位/%	CaF_2 回收率/%
钨尾矿	精矿	9.45	86.34	45.30
	尾矿	90.55	10.88	54.70
	给矿	100.00	18.01	100.00
钨原矿	精矿	13.93	91.04	65.30
	尾矿	86.07	7.83	34.70
	给矿	100.00	19.42	100.00

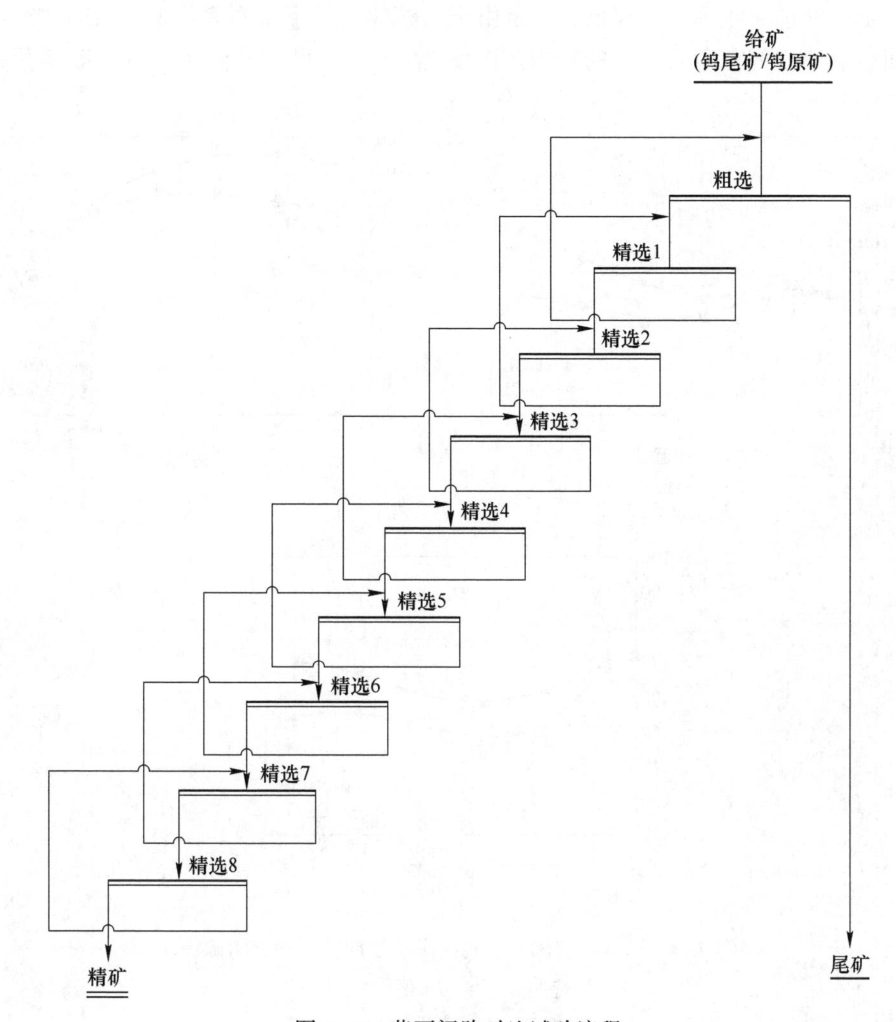

图 7-13 萤石闭路对比试验流程

7.3.1.2　盐酸剥离活化与脂肪酸钙的强化吸附

溶解行为是含钙盐类矿物的典型特点，溶液化学计算表明，含钙矿物的饱和溶液体系中必然存在大量的 Ca-OL 胶体，这些胶体组分在浮选过程中具有重要的作用。分别使用油酸钠和 Ca-OL 胶体作为捕收剂浮选白钨矿、萤石和方解石三种含钙矿物，在不同 pH 值条件下的浮选回收率如图 7-14 所示。由图 7-14（a）可知，随着 pH 值增大，使用 Ca-OL 胶体浮选时白钨矿回收率不断升高，在 pH = 11 时，白钨矿回收率达到 73.38%，与使用油酸钠相比增高了 18.69 个百分点。由图 7-14（b）可知，当 pH < 10 时，Ca-OL 胶体浮选萤石的回收率始终高于油酸钠；当 pH = 8 时，Ca-OL 胶体浮选萤石的回收率最高，为 95.45%；当 pH > 10 时，萤石浮选回收率明显降低，这是由于强碱性条件下萤石表面 F^- 被 OH^- 替代，从而影响捕收剂在萤石表面的吸附。由图 7-14（c）可知，使用 Ca-OL 胶体浮选

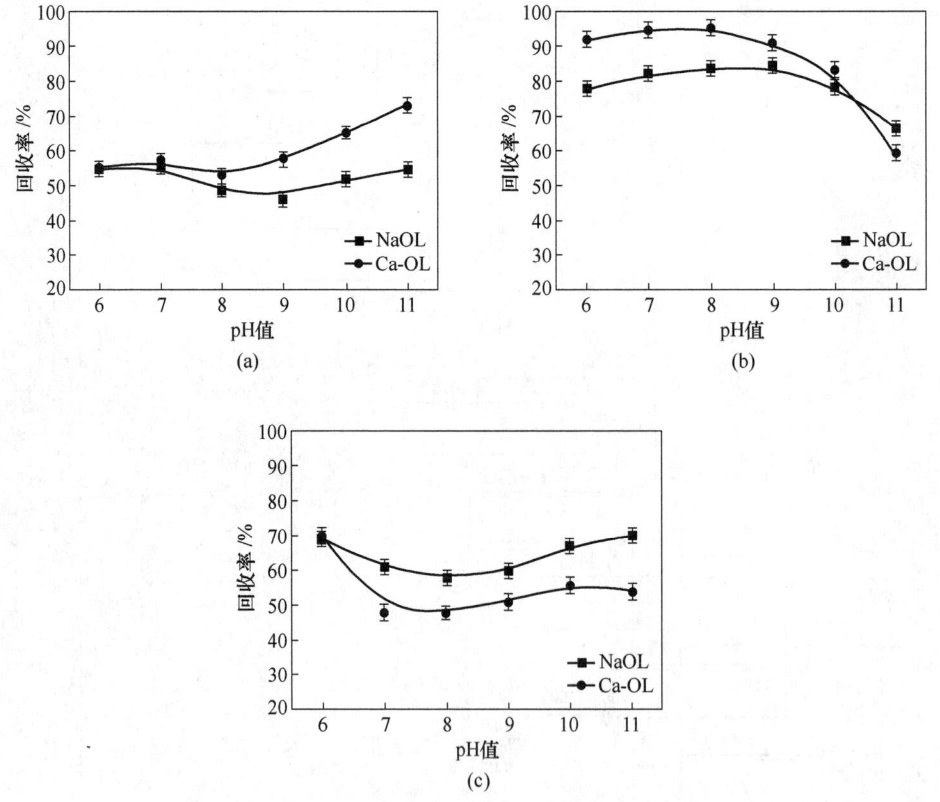

图 7-14　Ca-OL 胶体与油酸钠作捕收剂时三种含钙矿物浮选回收率与 pH 值的关系

（a）白钨矿；（b）萤石；（c）方解石

（$c_{Ca\text{-}OL} = c_{NaOL} = 1 \times 10^{-3}$ mol/L）

方解石的回收率始终低于使用油酸钠的，当 pH = 11 时，Ca-OL 胶体浮选方解石的回收率为 54.17%，与使用油酸钠相比，回收率降低了 15.99 个百分点。综上所述，Ca-OL 胶体作用下白钨矿、萤石和方解石的浮选回收率随 pH 值的变化规律与油酸钠相似，但 Ca-OL 胶体的浮选选择性较油酸钠更强；Ca-OL 胶体对白钨矿和萤石的浮选效果优于油酸钠。

研究表明，水玻璃在萤石表面的吸附产物在酸性条件下容易发生脱附，而在碱性条件下难以脱附[91]。因此，萤石浮选前在钨尾矿中加入大量酸（盐酸或者硫酸），一方面可以释放钙离子从而促进大量 Ca-OL 胶体的生成，另一方面可以剥离含钙矿物表面吸附的药剂（如钨捕收剂、抑制剂等），有利于萤石的浮选，如图 7-15 所示。此外，在酸性条件下，方解石表面会发生轻微溶解释放新表面，可以为水玻璃、单宁酸等抑制剂提供新的吸附位点，从而强化方解石的抑制。

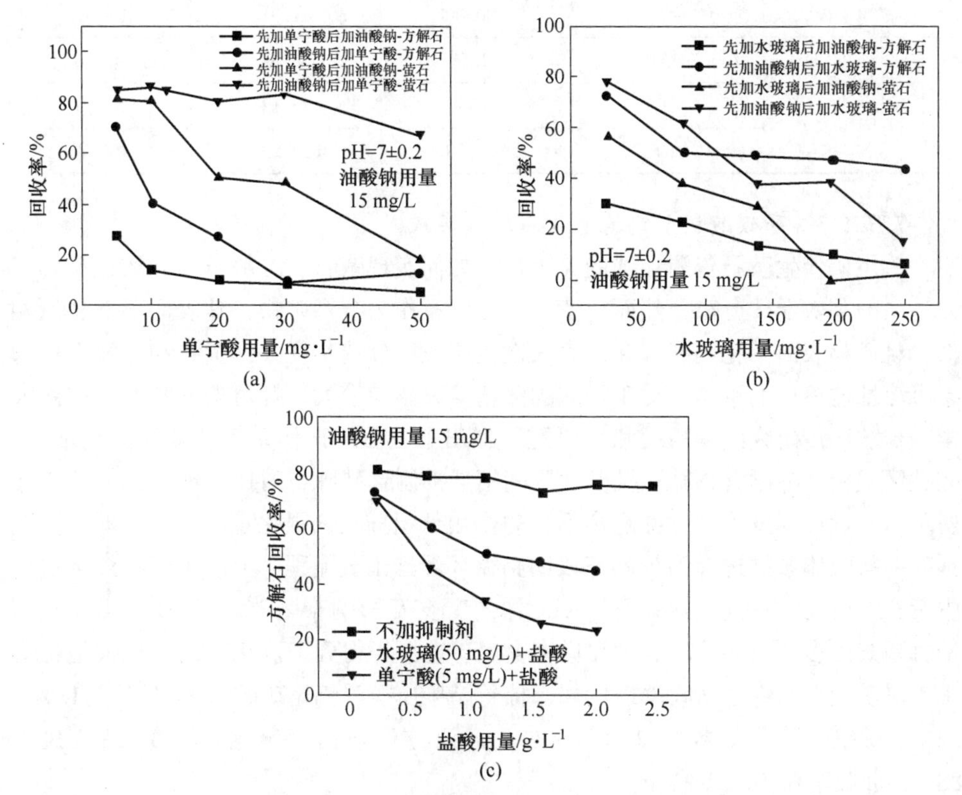

图 7-15 药剂添加顺序和酸用量对萤石和方解石浮选行为的影响[37]
（a）单宁酸和油酸钠；（b）水玻璃和油酸钠；（c）盐酸用量

基于上述研究，采用盐酸或硫酸作为萤石浮选预处理药剂，酸用量约为 10 kg/t，结果见表 7-7。结果表明，未经预处理直接浮选萤石的回收率仅为 47%

左右，且富集比不高；加入硫酸或盐酸预处理后，萤石可浮性增强，回收率大幅提高，其中盐酸效果最为显著。因此，对于传统的脂肪酸选钨尾矿，采用盐酸对萤石进行表面活化，有助于提高萤石浮选效率。

表 7-7 酸活化处理对钨尾矿萤石浮选的影响

活化剂	产品	产率/%	CaF_2 品位/%	CaF_2 回收率/%
盐酸	粗精矿	43.27	40.54	77.71
	尾矿	56.73	8.87	22.29
	给矿	100.00	22.57	100.00
硫酸	粗精矿	32.57	43.38	64.49
	尾矿	67.43	11.54	35.51
	给矿	100.00	21.91	100.00
未加酸	粗精矿	22.56	46.54	47.26
	尾矿	77.44	15.13	52.74
	给矿	100.00	22.22	100.00

7.3.1.3 高碳酸钙型钨尾矿萤石浮选实践

钨尾矿伴生萤石资源浮选的关键在于如何实现萤石、方解石、硅酸盐矿物三元体系的高效浮选分离。然而，萤石、方解石作为含钙矿物，其表面活性位点相似，且矿物表面转化趋同，导致表面性质相似，分选难度大；萤石和方解石作为半可溶性盐溶出的钙离子对矿物碱的浮选分离影响较大。针对这一难题，中南大学、长沙矿冶研究院等高校和科研院所提出了萤石浮选体系粗选盐酸剥离活化、酸性区间精选抑制含钙脉石及碱性区间精选抑制含硅脉石的技术理念，如图 7-16 所示，并设计开发了“盐酸剥离活化协同耐低温捕收剂强化萤石粗选—碱性精选抑硅—盐酸体系精选抑钙”的三段闭路循环浮选工艺流程，解决了萤石浮选过程中萤石/含钙脉石/硅酸盐脉石“多元体系”交互影响难题[92]。该技术已在湖南柿竹园柴山多金属矿选厂、黄泥坳多金属矿选厂等得到工业化应用，极大地提高了钨尾矿萤石的综合回收率。例如，柿竹园柴山矿浮钨尾矿的 CaF_2 品位为18%～22%、$CaCO_3$ 质量分数为 20%～30%，经浮选作业后萤石精矿 CaF_2 品位大于88%、回收率在 50%左右。

7.3.2 白钨矿与萤石混合浮选—精选分离技术

2014 年之前，柿竹园多金属矿选厂采用钼、铋、硫化矿浮选—钨浮选—萤石浮选的主干工艺流程（GY 法），由于钨浮选过程中加入了脂肪酸，部分可浮性好的萤石上浮而最终损失在钨精矿中；同时加入的大量水玻璃强烈抑制萤石，

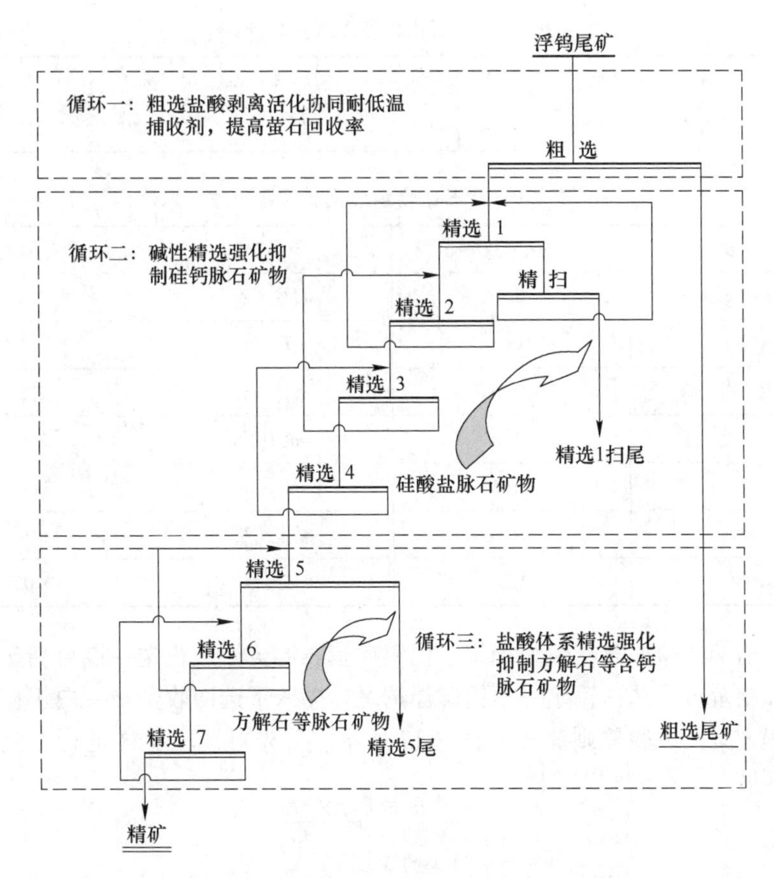

图 7-16 三段闭路循环萤石浮选新工艺流程

使得萤石在后续浮选时可浮性变差，难以获得理想的选矿指标，存在脂肪酸-水玻璃的恶性循环。白钨矿与萤石都是典型的含钙矿物，表面性质相似，浮选分离难度大，因此科研人员提出了利用含钙矿物表面性质的相似性实现混合浮选的技术思路。在“十二五”国家科技支撑计划项目的支持下，柿竹园公司联合国内高校科研院所开展了钨萤石混合浮选工艺的探索。

7.3.2.1 白钨矿与萤石混合浮选

试验矿样为湖南柿竹园有色金属有限责任公司 380 选矿厂硫化矿浮选尾矿经强磁选后的非磁性产品。试验矿样含 WO_3 0.54%、CaF_2 25.24%、$CaCO_3$ 11.76%，主要有用矿物为白钨矿和萤石，主要脉石矿物为石英和方解石等，矿石化学成分分析结果见表 7-8，矿石主要矿物及其质量分数见表 7-9。经筛分水析，测得试验矿样细度为小于 0.074 mm 粒级占 72%（小于 0.037 mm 占 58%），小于 0.037 mm 粒级中 WO_3 和 CaF_2 含量明显高于大于 0.037 mm 粒级，大部分白钨矿和萤石分布在小于 0.037 mm 粒级。方解石在粗、细粒级中的分布差异不明显。

表 7-8　矿石化学多元素分析结果

元素	WO_3	CaF_2	$CaCO_3$	SiO_2	Al_2O_3	MgO	Na_2O	K_2O	S
质量分数/%	0.54	25.24	11.76	43.12	6.83	0.96	0.91	2.21	0.084

表 7-9　矿石矿物组成及其质量分数

矿　物	质量分数/%	矿　物	质量分数/%
硫化矿	0.2	石榴子石	4.4
白钨矿	0.65	云　母	2.5
萤　石	25.5	长　石	2.5
石　英	35.6	角闪石	2.6
方解石	11.5	符山石	0.8
白云石	3.5	黏土矿物	6.0
绿泥石	1.2	其　他	3.05

经过前期试验探索，最终确定了白钨矿萤石混合浮选粗选—混合精矿反浮选除杂—抑制萤石浮选白钨矿—白钨矿浮选尾矿摇床重选回收萤石—白钨矿加温精选的流程方案，试验原则流程如图 7-17 所示。首先对试验矿样进行白钨矿、萤

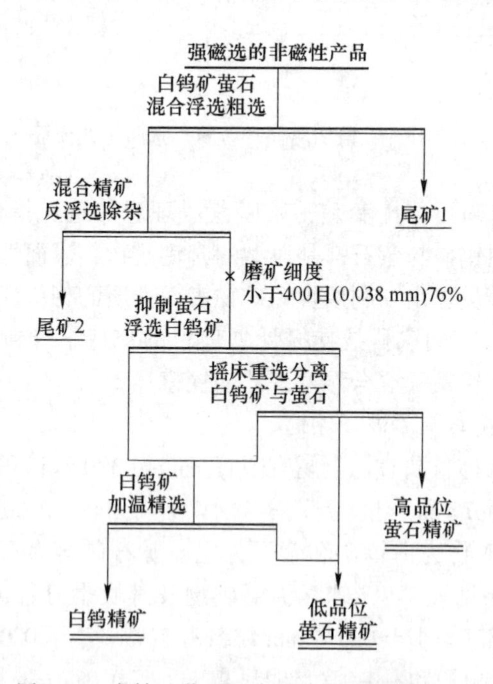

图 7-17　白钨矿萤石混合浮选再分离原则流程

石混合浮选，得到白钨矿、萤石混合精矿，抛弃大量石英、方解石、石榴子石等脉石矿物；随后混合精矿经过反浮选除杂，进一步脱除方解石等杂质，并进行再磨，磨矿细度选择小于 400 目（0.038 mm）占 76%，使白钨矿、萤石能更加充分地单体解离；然后进行白钨矿浮选，浮选尾矿采用摇床重选，浮选精矿与摇床尾矿合并进行白钨矿加温精选，摇床精矿为高品位萤石精矿，摇床中矿与加温精选的尾矿合并后浮选萤石，得到一个低品位萤石精矿产品。

经试验验证，确定了白钨矿萤石混合浮选的条件：浮选矿浆 pH = 7.5；采用水玻璃作抑制剂，用量为 600 g/t；采用 K3 作捕收剂，用量为 200 g/t。随后对混合浮选流程进行了闭路试验。闭路试验流程如图 7-18 所示，试验结果见表 7-10。

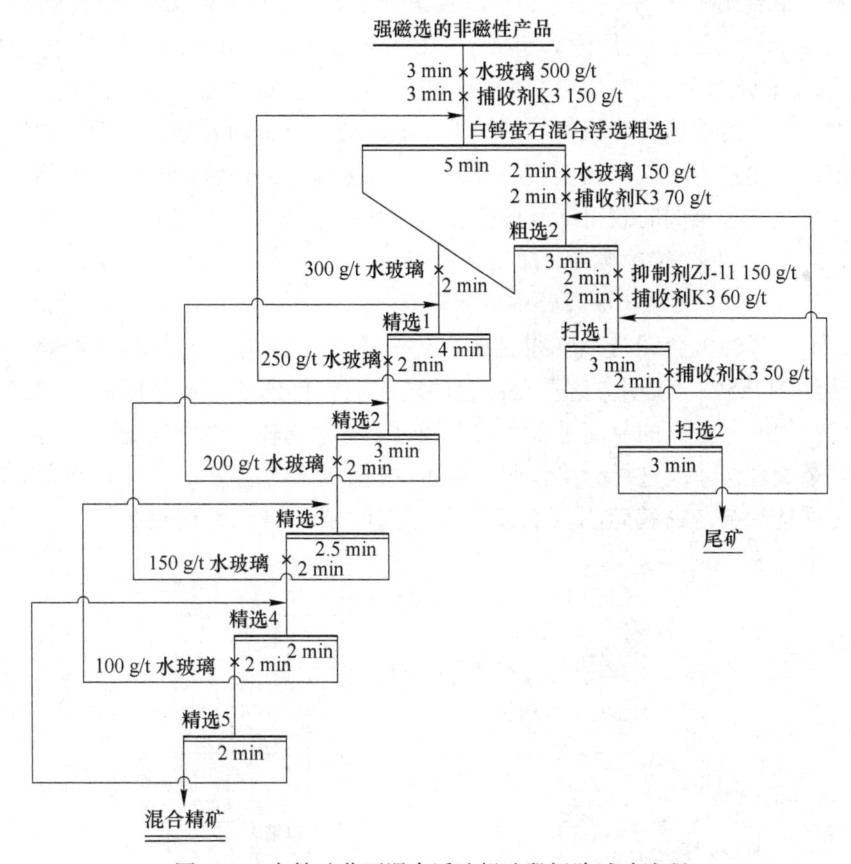

图 7-18 白钨矿萤石混合浮选粗选段闭路试验流程

表 7-10 混合粗选段浮选闭路试验结果 （%）

产品名称	产率	品位			回收率		
		WO_3	CaF_2	$CaCO_3$	WO_3	CaF_2	$CaCO_3$
混合精矿	34.54	1.37	68.38	21.85	86.79	93.40	63.74

续表 7-10

产品名称	产率	品位			回收率		
		WO_3	CaF_2	$CaCO_3$	WO_3	CaF_2	$CaCO_3$
尾　矿	65.46	0.11	2.55	6.56	13.21	6.60	36.26
合　计	100.00	0.54	25.29	11.84	100.00	100.00	100.00

由表 7-10 可以看出，对 WO_3 品位为 0.54%、CaF_2 品位为 25.24%、$CaCO_3$ 质量分数为 11.76%的试验矿样，经过 2 粗 2 扫 5 精的闭路流程，可以获得 WO_3 品位为 1.37%、CaF_2 品位为 68.38%、$CaCO_3$ 质量分数为 21.85%的白钨萤石混合精矿，混合精矿中 WO_3 和 CaF_2 回收率分别为 86.79%和 93.40%；尾矿 WO_3 品位为 0.11%、CaF_2 品位为 2.55%、$CaCO_3$ 质量分数为 6.56%，尾矿中 WO_3 和 CaF_2 损失率分别为 13.21%和 6.60%。采用钨矿、萤石混合浮选—钨矿、萤石分离工艺流程，可以显著降低萤石的损失，提高萤石浮选回收率。然而，白钨萤石混合精矿需要进行白钨矿和萤石的分离浮选，才能得到白钨矿和萤石产品，后续分离难度大，很难同时获得高品位萤石精矿和白钨精矿。

7.3.2.2　混合精矿反浮选除杂试验研究

A　混合精矿反浮选除杂开路试验研究

试验矿样经混合粗选后，得到的白钨矿萤石混合精矿中方解石质量分数较高，达到 21.85%，说明方解石在混合浮选作业中得到了一定程度的富集，这对后续的白钨矿、萤石的分离是不利的。经过多方案比较，最终确定混合精矿要先经过除杂处理，才能进行分离作业。对比试验研究结果显示，反浮选除杂效果要优于正浮选除杂。白钨萤石混合精矿反浮选除杂开路试验流程如图 7-19 所示，试验结果见表 7-11。

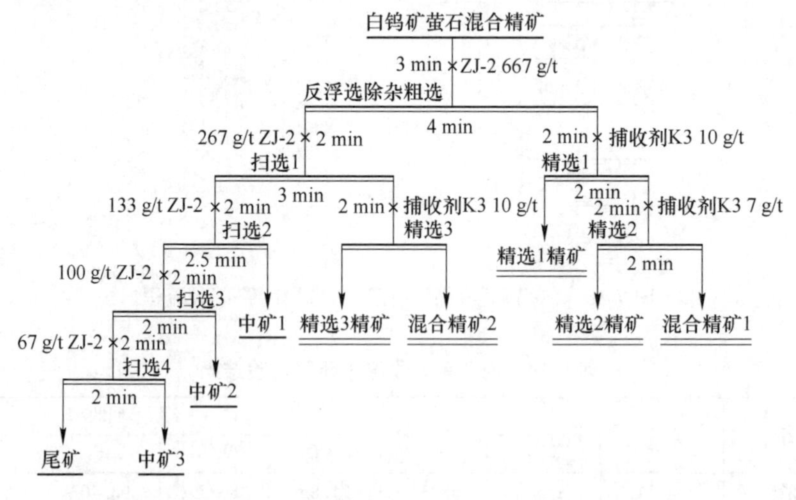

图 7-19　白钨矿萤石混合精矿反浮选除杂开路试验流程

表 7-11 白钨矿萤石混合精矿反浮选除杂开路试验结果 (%)

产品名称	产 率	品 位			作业回收率		
		WO_3	CaF_2	$CaCO_3$	WO_3	CaF_2	$CaCO_3$
混合精矿 1	37.81	2.20	81.76	6.64	61.62	45.57	11.60
混合精矿 2	14.96	2.35	90.15	4.24	26.04	19.88	2.93
精选 3 精矿	2.27	1.24	67.54	18.59	2.09	2.26	1.95
精选 2 精矿	3.04	0.75	62.48	27.83	1.69	2.80	3.91
精选 1 精矿	2.11	0.57	64.30	23.18	0.89	2.00	2.26
中矿 1	6.20	0.68	81.41	6.39	3.12	7.44	1.83
中矿 2	4.34	0.47	78.47	9.67	1.51	5.02	1.94
中矿 3	3.74	0.36	76.00	13.66	1.00	4.19	2.36
尾 矿	25.53	0.11	28.80	60.37	2.04	10.84	71.22
合 计	100.00	1.35	67.84	21.64	100.00	100.00	100.00

由表 7-11 可以看出，混合精矿经过白钨矿萤石反浮选除杂开路试验，可以得到 WO_3 品位为 2.20%、CaF_2 品位为 81.76%、$CaCO_3$ 质量分数为 6.64%的白钨矿萤石混合精矿 1 和 WO_3 品位为 2.35%、CaF_2 品位为 90.15%、$CaCO_3$ 质量分数为 4.24%的白钨矿萤石混合精矿 2，以及产率为 25.53%的尾矿，尾矿 WO_3 品位为 0.11%、CaF_2 品位为 28.80%、$CaCO_3$ 质量分数为 60.37%，损失于尾矿中 WO_3 和 CaF_2 的作业回收率分别为 2.04%和 10.84%。白钨矿萤石混合精矿反浮选除杂开路试验结果表明：白钨矿萤石反浮选除杂可以作为提高白钨矿萤石混合精矿品位的一种流程方案，其精矿产品需要进行白钨矿与萤石的分离。

B 混合精矿反浮选除杂闭路试验

在开路试验基础上，进行了混合精矿反浮选除杂闭路试验，闭路试验流程如图 7-20 所示，试验结果见表 7-12。可以看出，混合精矿经过白钨矿萤石反浮选除杂闭路试验可以得到含 WO_3 2.05%、CaF_2 80.96%、$CaCO_3$ 7.71%的白钨矿萤石混合精矿 1，以及含 WO_3 1.51%、CaF_2 87.79%、$CaCO_3$ 4.77%的白钨矿萤石混合精矿 2，混合精矿 1+2 平均含 WO_3 1.84%、CaF_2 83.58%、$CaCO_3$ 6.58%的 WO_3 和 CaF_2 作业回收率分别为 87.78%和 87.52%。混合精矿中脉石矿物，尤其是方解石得到了有效脱除，为后续白钨矿与萤石分离提供了良好的条件。

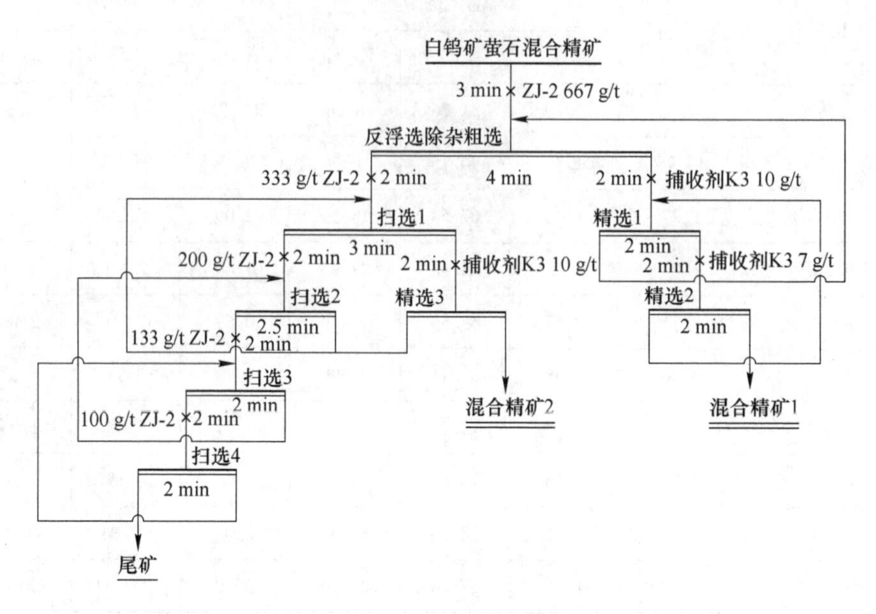

图 7-20　白钨矿萤石混合精矿反浮选除杂闭路试验流程

表 7-12　白钨矿萤石混合精矿反浮选除杂闭路试验结果　(%)

产品名称	产　率	品　位			作业回收率		
		WO_3	CaF_2	$CaCO_3$	WO_3	CaF_2	$CaCO_3$
混合精矿 1	43. 78	2. 05	80. 96	7. 71	67. 00	52. 19	15. 73
混合精矿 2	27. 33	1. 51	87. 79	4. 77	30. 78	35. 33	6. 07
尾　矿	28. 89	0. 10	29. 34	58. 09	2. 22	12. 48	78. 20
合　计	100. 00	1. 34	67. 91	21. 46	100. 00	100. 00	100. 00

7. 3. 2. 3　混合精矿白钨矿、萤石分离试验

试验探索了“抑制白钨矿浮选萤石”与“抑制萤石浮选白钨矿”两种方案，经过闭路试验结果对比，最终选择了抑制萤石浮选白钨矿的方案。该方案开路试验流程如图 7-21 所示，试验结果见表 7-13；闭路试验流程如图 7-22 所示，试验结果见表 7-14。

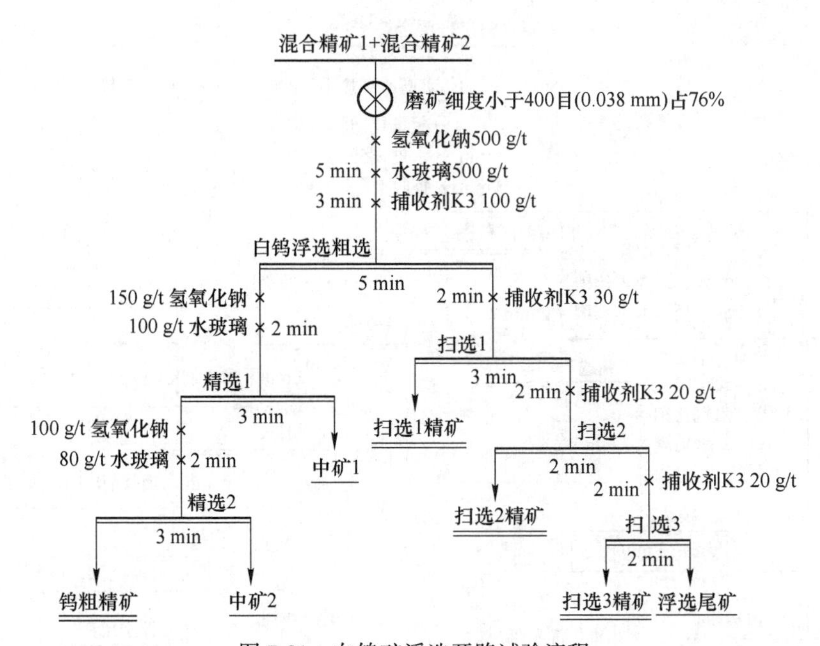

图 7-21 白钨矿浮选开路试验流程

表 7-13 白钨矿浮选开路试验结果 (%)

产品名称	产 率	品 位			作业回收率		
		WO_3	CaF_2	$CaCO_3$	WO_3	CaF_2	$CaCO_3$
钨粗精矿	8.32	12.88	54.47	31.97	58.25	5.42	41.24
中矿 2	2.76	7.62	67.55	19.47	11.43	2.23	8.33
中矿 1	4.36	3.14	81.69	12.10	7.43	4.26	8.18
扫选 1 精矿	5.59	2.33	78.23	11.40	7.07	5.23	9.88
扫选 2 精矿	3.50	1.26	80.50	8.59	2.39	3.37	4.66
扫选 3 精矿	2.33	0.58	83.25	6.37	0.73	2.32	2.30
尾 矿	73.14	0.32	88.22	2.24	12.70	77.17	25.41
合 计	100.00	1.84	83.61	6.45	100.00	100.00	100.00

由表 7-13 可以看出，混合精矿 1+混合精矿 2 经过抑制萤石浮选白钨矿开路试验可以得到 WO_3品位为 12.88%、CaF_2 品位为 54.47%、$CaCO_3$ 质量分数为 31.97%的钨粗精矿，和 WO_3 品位为 0.32%、CaF_2 品位为 88.22%、$CaCO_3$ 质量分数为 2.24%的尾矿。

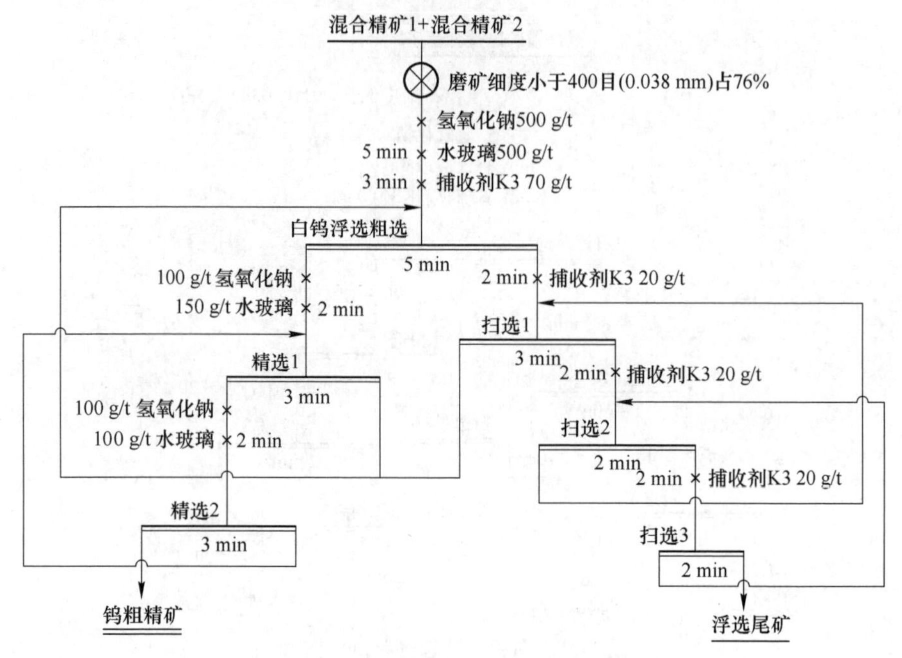

图 7-22　白钨矿浮选闭路试验流程

表 7-14　白钨矿浮选闭路试验结果　(%)

产品名称	产　率	品　位			作业回收率		
		WO_3	CaF_2	$CaCO_3$	WO_3	CaF_2	$CaCO_3$
钨粗精矿	14. 12	10. 86	57. 46	30. 21	83. 79	9. 73	66. 13
浮选尾矿	85. 88	0. 35	87. 65	2. 54	16. 21	90. 27	33. 87
合　计	100. 00	1. 83	83. 39	6. 45	100. 00	100. 00	100. 00

由表 7-14 可以看出，混合精矿 1+混合精矿 2 经过抑制萤石浮选白钨矿闭路试验可以得到 WO_3 品位为 10. 86%、CaF_2 品位为 57. 46%、$CaCO_3$ 质量分数为 30. 21% 的钨粗精矿，钨粗精矿的 WO_3 作业回收率为 83. 79%；浮选尾矿为萤石粗精矿，萤石粗精矿的 WO_3 品位为 0. 35%、CaF_2 品位为 87. 65%、$CaCO_3$ 质量分数为 2. 54%，萤石粗精矿的 WO_3 和 CaF_2 作业回收率分别为 16. 21%和 90. 27%。

尽管白钨矿和萤石具有相似的浮选行为，同步粗选富集容易，但是两者在富集效率方面差异较大，因此后续分离难度大，难以获得高品质精矿产品，且“白钨矿与萤石混合浮选—精选分离技术”的流程过于复杂，难以实现工程化应用。

7. 3. 3　金属配合物法钨矿浮选尾矿萤石强化浮选技术

基于高选择性 Pb-BHA 配合物捕收剂的黑白钨常温短流程混合浮选新工艺已

在湖南柿竹园有色金属有限责任公司取得重大突破，并已在南岭地区推广应用，钨矿石、萤石回收率大幅提高。新技术通过新型金属-有机配合物捕收剂实现了对黑钨矿、白钨矿和锡石的同步浮选富集，避免了萤石在钨粗精矿中的富集，钨、锡回收率得到极大提高；浮选尾矿中的萤石在选钨过程中未受到水玻璃的抑制，具有较高的表面活性，因而易于浮选富集。新技术突破传统选矿路线，着眼于钨矿、萤石的综合回收，在兼顾高效选别钨矿的同时，大幅度地提高了萤石的综合利用率。

在硫化矿浮选—钨矿浮选—萤石浮选的主干工艺流程中，通过使用对钨矿选择性较强的捕收剂，提高选钨阶段的回收率，减小萤石在钨矿产品中的损失；同时可以减少抑制剂用量或取消使用抑制剂，降低对后续萤石浮选的影响。相较于传统的脂肪酸和水玻璃加温体系，使用苯甲羟肟酸铅（Pb-BHA）为捕收剂的柿竹园黑白钨矿混合浮选新工艺中粗选段取消了使用水玻璃，混浮尾矿中萤石表面未受抑制，萤石保持了良好的可浮性。以 HS 为捕收剂，以水玻璃（SBL）及酸化水玻璃（SSBL）为抑制剂，进行了选钨尾矿浮选试验，试验流程如图 7-23 所示，结果见表 7-15。开路条件下，萤石精矿品位 93.83%，回收率 56.54%。相较于脂肪酸选钨工艺（46%左右回收率），萤石回收率大幅提升。

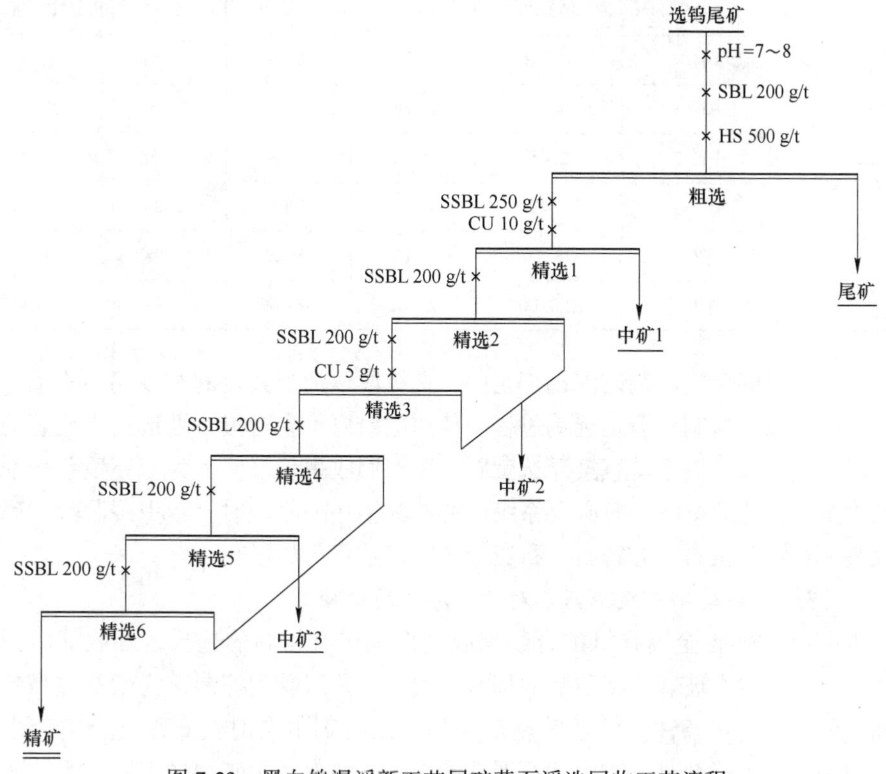

图 7-23 黑白钨混浮新工艺尾矿萤石浮选回收工艺流程

表 7-15　黑白钨混浮新工艺尾矿萤石浮选回收试验结果及与其他工艺对比　(%)

选钨工艺	产品	产率	CaF_2		$CaCO_3$	
			品位	回收率	品位	回收率
配合物法选钨工艺	精矿	12.38	93.83	56.54	0.9	1.90
	中矿 1	8.42	31.35	12.85	15.02	21.51
	中矿 2	2.98	40.98	5.94	21.78	11.04
	中矿 3	1.78	41.42	3.59	2.35	0.71
	尾矿	74.44	5.82	21.09	5.12	64.84
	给矿	100.00	20.55	100.00	5.88	100.00
脂肪酸法选钨工艺	精矿	9.96	90.22	46.75	1.55	2.77
	中矿 1	9.88	32.35	16.63	14.33	25.41
	中矿 2	3.21	41.33	6.90	18.97	10.93
	中矿 3	1.85	45.42	4.37	1.57	0.52
	尾矿	75.1	6.49	25.35	4.48	60.37
	给矿	100.00	19.22	100.00	5.57	100.00
直接浮选萤石	精矿	13.33	94.32	60.98	0.76	1.69
	中矿 1	9.44	28.99	13.27	17.42	27.51
	中矿 2	2.45	38.98	4.63	22.58	9.26
	中矿 3	1.49	40.33	2.91	1.89	0.47
	尾矿	73.29	5.12	18.20	4.98	61.07
	给矿	100.00	20.62	100.00	5.98	100.00

尽管金属配合物法钨矿浮选工艺中，选钨段取消了大量的水玻璃的添加，避免了萤石被强烈抑制，但是选钨过程中使用的铅离子会对萤石浮选造成显著的影响。因此，相较于钨原矿直接浮选萤石，萤石回收率仍偏低。为探究残余药剂对尾矿中萤石浮选的影响，有必要系统研究油酸钠作捕收剂时，苯甲羟肟酸、硝酸铅及其配合物对萤石、方解石、石英等矿物浮选行为的影响。

7.3.3.1　钨尾矿中残余药剂对萤石浮选的影响

苯甲羟肟酸-铅金属有机配合物捕收剂对钨矿有较高的选择性捕收能力，取消了选钨过程中水玻璃和脂肪酸的加入，避免了萤石受到抑制，为萤石的高效回收利用创造了良好条件。但选钨尾矿中的残余药剂也会对萤石浮选分离产生影响，为探究残余药剂对尾矿中萤石浮选的影响，中南大学矿物加工团队系统研究了油酸钠作捕收剂时，苯甲羟肟酸、硝酸铅及其配合物对萤石、方解石、石英等矿物浮选行为的影响。

A 硝酸铅对萤石、方解石、石英浮选行为的影响

以油酸钠作捕收剂，在其用量为 0.25 mg/L 和硝酸铅用量为 50 mg/L 的条件下，矿浆 pH 值对萤石、方解石、石英可浮性的影响如图 7-24 所示。由图 7-24 可以看出，加入 Pb^{2+}后石英可浮性大幅提高，说明当用油酸钠作捕收剂时，Pb^{2+}能够活化石英；在矿浆 pH 值为 7~10 时，方解石可浮性好于萤石；Pb^{2+}存在时，萤石的最佳浮选 pH 值从 7 变为 5.5 左右。

图 7-25 为以油酸钠作捕收剂，在其用量为 0.25 mg/L 和 pH = 9 时，

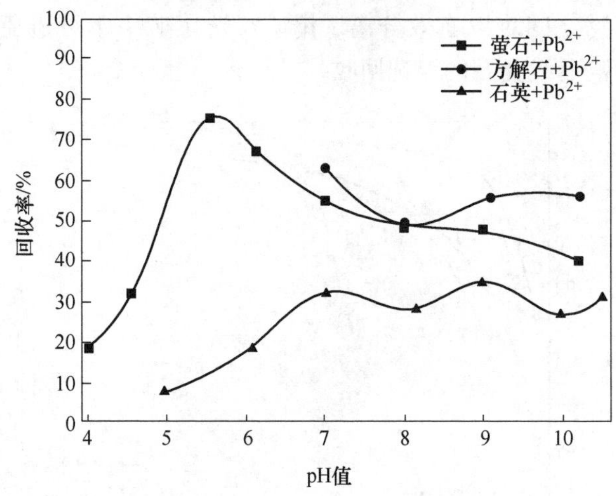

图 7-24 Pb^{2+}存在时矿浆 pH 值对萤石、方解石、石英可浮性的影响

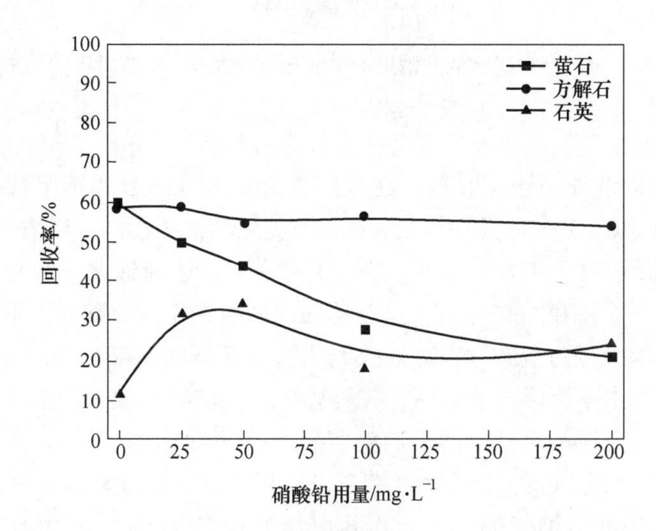

图 7-25 $Pb(NO_3)_2$ 用量对萤石、方解石、石英可浮性的影响

$Pb(NO_3)_2$ 用量对萤石、方解石、石英回收率的影响。随着硝酸铅用量的增加，萤石的回收率逐渐降低，表明铅离子的存在抑制了萤石的浮选；石英随着硝酸铅的加入由不可浮变得可浮，但过多的硝酸铅不利于石英浮选；方解石的回收率几乎没有变化，说明铅离子对方解石的浮选影响不大。当硝酸铅用量为 200 mg/L 时，方解石的回收率为 55%左右，萤石和石英的回收率在 20%左右。

图 7-26 为硝酸铅用量为 200 mg/L 和 pH 值为 9 时，油酸钠用量对萤石、方解石、石英可浮性的影响。三种矿物的回收率随油酸钠用量的增加而增加，且方解石的可浮性比萤石和石英的好。当油酸钠用量为 8 mg/L 时，三种矿物的回收率都超过了 90%。这表明，以油酸钠作捕收剂，在铅离子存在时，萤石、方解石、石英三种矿物之间难以有效分离。钨矿浮选尾矿中不可避免地会残留铅离子，因而将会影响后续萤石的浮选回收。

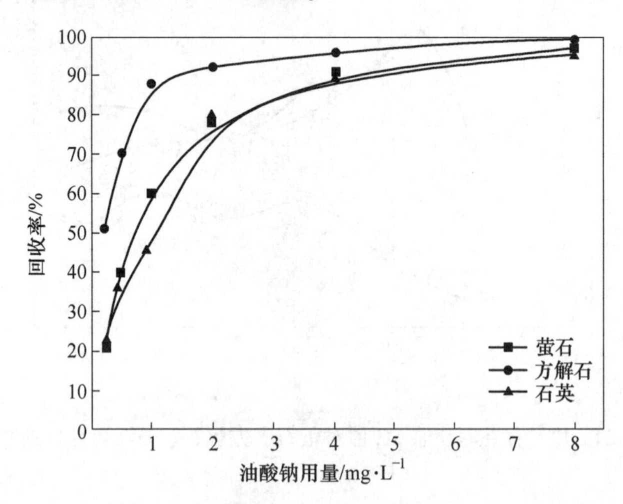

图 7-26　Pb^{2+} 存在时，油酸钠用量对萤石、方解石、石英可浮性的影响

B　BHA 对萤石、方解石、石英浮选行为的影响

图 7-27 为以油酸钠作捕收剂，在其用量为 0.25 mg/L 和苯甲羟肟酸用量为 50 mg/L 时，矿浆 pH 值对萤石、方解石、石英可浮性的影响。随着矿浆 pH 值的增加，萤石的回收率先增加后减小，在 pH 值为 9 时达到最大，为 95%左右；而方解石的回收率保持在 60%左右，这与单独用油酸钠作捕收剂时方解石的回收率差不多，说明苯甲羟肟酸的存在对油酸钠浮选方解石的影响较小；在整个 pH 值范围内，石英基本不可浮。这表明，在钨矿浮选尾矿中，残余药剂苯甲羟肟酸对萤石、方解石、石英的浮选分离影响较小。

C　BHA 和 $Pb(NO_3)_2$ 配合物对萤石、方解石、石英浮选行为的影响

图 7-28 为以油酸钠作捕收剂，在其用量为 0.25 mg/L、苯甲羟肟酸用量为

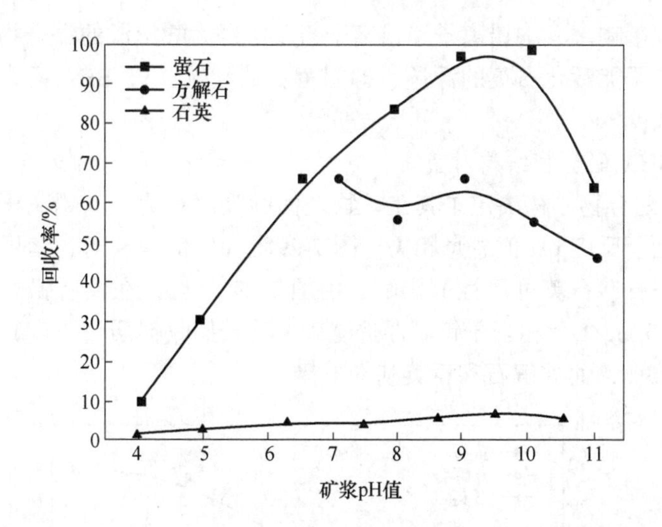

图 7-27 BHA 存在时矿浆 pH 值对萤石、方解石、石英可浮性的影响

50 mg/L、硝酸铅用量为 50 mg/L 时（苯甲羟肟酸和硝酸铅混合之后再添加），矿浆 pH 值对萤石、方解石、石英可浮性的影响。在苯甲羟肟酸和硝酸铅共同存在时，石英的回收率随 pH 值的增加逐渐增加，在 pH 值超过 9 时，回收率超过了 98%；方解石在 pH 值为 7~9 时回收率超过了 95%，pH 值大于 9 后迅速下降；萤石在 pH 值为 4~9 的区间内回收率逐渐增加，当 pH 值超过 10 后迅速下降。此时，萤石和方解石及石英的浮选分离难以实现。

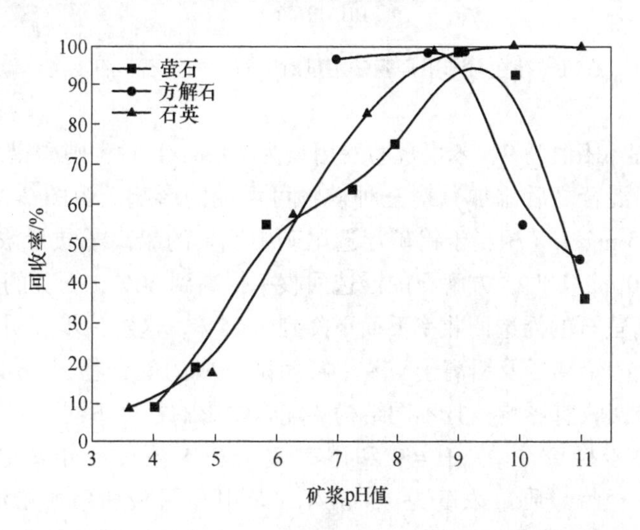

图 7-28 Pb-BHA 存在时矿浆 pH 值对萤石、方解石、石英可浮性的影响

上述研究表明，钨矿浮选尾矿中残余的铅离子和苯甲羟肟酸对后续萤石的浮

选回收有较大影响。其中铅离子和铅离子与苯甲羟肟酸形成的配合物是主要的干扰因素，铅离子能活化石英的浮选、抑制萤石的浮选，Pb-BHA 配合物可以活化方解石的浮选。

D　Pb-BHA 配合物结构对萤石、方解石、石英浮选行为的影响

Pb-BHA 配合物结构决定了其在矿物表面的吸附行为，与铅离子、苯甲羟肟酸的反应配比、反应 pH 值息息相关。图 7-29 是 pH 值为 9 时，苯甲羟肟酸用量对萤石、方解石、石英可浮性的影响。由图 7-29 可见，在没有铅离子、苯甲羟肟酸用量为 10 mg/L（相当于钨矿浮选尾矿中残余捕收剂质量浓度）时，萤石浮选回收率为 45%，而方解石和石英基本不浮。

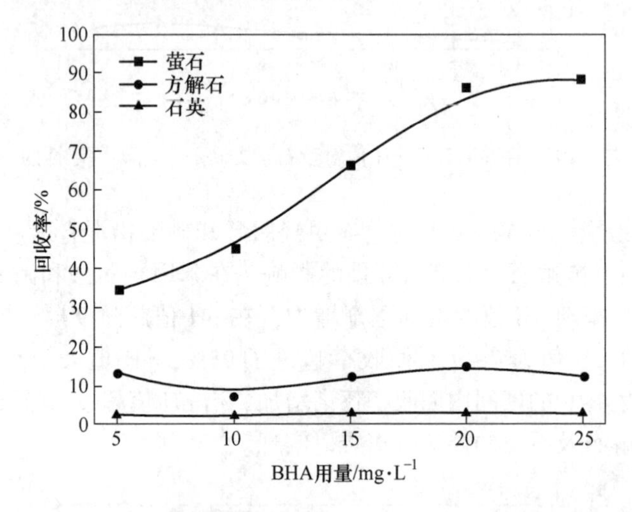

图 7-29　无 Pb^{2+} 存在时苯甲羟肟酸用量对萤石、方解石、石英可浮性的影响

图 7-30 是 pH 值为 9、苯甲羟肟酸用量为 10 mg/L 时，硝酸铅用量（苯甲羟肟酸和硝酸铅混合之后添加）对三种矿物可浮性的影响。由图 7-30 可见，当硝酸铅用量为 15 mg/L（相当于钨矿浮选尾矿中残余的铅离子质量浓度）、苯甲羟肟酸用量为 10 mg/L 时，方解石的浮选回收率提高到 60%，石英的浮选回收率提高到 20%，而萤石的浮选回收率反而下降到了 25%。这进一步表明，在钨尾矿浮选过程中残余的铅离子及铅离子与苯甲羟肟酸形成的配合物（Pb-BHA）会对后续萤石的浮选回收有影响，且不同结构的配合物影响程度不同。

实验进一步探究了在 pH = 9 和尾矿残余药剂浓度（铅离子质量浓度为 15 mg/L、苯甲羟肟酸质量浓度为 10 mg/L，苯甲羟肟酸和硝酸铅混合之后再添加）下，油酸钠浓度对萤石、方解石、石英浮选行为的影响，结果如图 7-31 所示。从图 7-31 可以看出：在尾矿残余药剂浓度下，随着油酸钠用量的增加，三种矿物的回收率都随之增加；当油酸钠质量浓度超过 2 mg/L 时，萤石及方解石

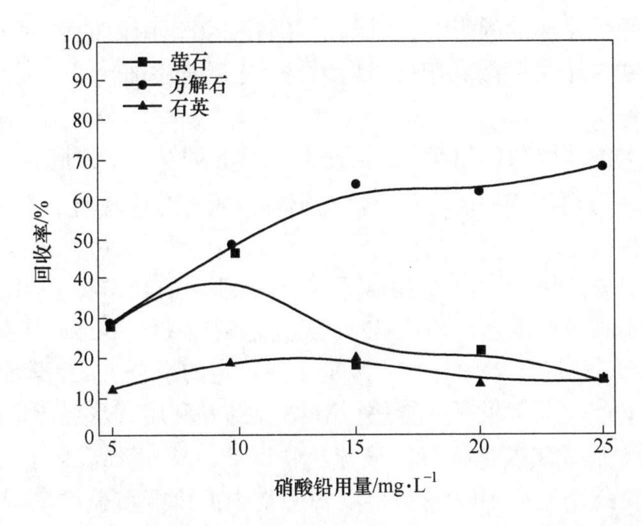

图 7-30 苯甲羟肟酸存在时硝酸铅用量对萤石、方解石、石英可浮性的影响

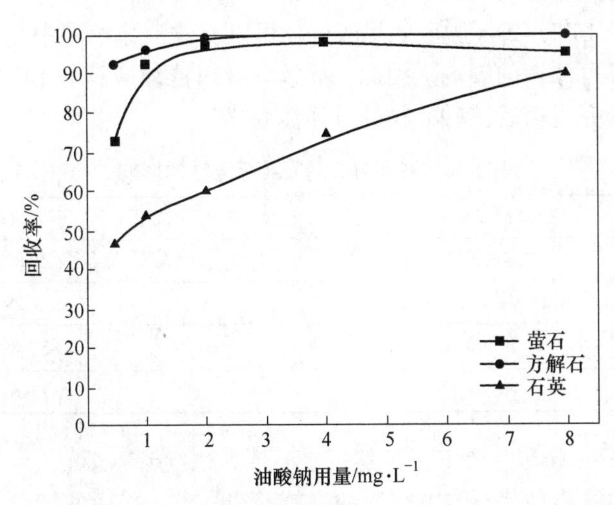

图 7-31 Pb-BHA 存在时油酸钠用量对萤石、方解石、石英可浮性的影响

的回收率均在95%以上，具有较好的可浮性；随着油酸钠用量的增加，石英的回收率从50%左右提升至90%左右。这表明钨矿浮选尾矿中残余苯甲羟肟酸和硝酸铅的存在对油酸钠浮选石英和方解石起较强的活化作用，不利于石英和方解石与萤石的浮选分离。

7.3.3.2 脱药处理对萤石、方解石、石英浮选行为的影响

上述研究表明钨矿浮选尾矿中不可避免会残留苯甲羟肟酸和铅离子，导致其中的石英和方解石被活化，难以与萤石分离，给后续萤石的回收利用带来了巨大

的困难。为消除残余药剂的影响，对苯甲羟肟酸-铅作用后的矿物进行了脱药研究（脱药实验中苯甲羟肟酸和硝酸铅均为混合之后再添加）。

A 脱药方式

通过实验对浓缩脱药、EDTA-2Na 脱药、Na_2S 脱药、HCl 脱药等方式进行了对比。根据残余药剂对三种矿物可浮性的影响，通过对比脱药后石英的回收率来判断脱药的效果。

浓缩脱药是先静置沉淀经过 BHA 和 Pb^{2+}处理后的纯矿物，倒掉上清液，然后再添加去离子水进行浮选。EDTA-2Na 脱药是利用 EDTA-2Na 与 Pb^{2+}的螯合作用，在矿浆中加入 EDTA-2Na 与 Pb^{2+}反应生成稳定的络合沉淀，降低溶液中 Pb^{2+}的浓度，减少 Pb^{2+}对石英的活化作用。Na_2S 脱药是利用其水解产生的 OH^-和 S^{2-}与矿浆中的 Pb^{2+}形成氢氧化物沉淀或硫化物沉淀，从而降低 Pb^{2+}对纯矿物浮选的影响。HCl 脱药是利用 HCl 的酸性溶解矿物表面可能覆盖的 Pb-BHA 配合物，达到消除药剂影响的目的。

各种脱药方式对石英可浮性的影响见表 7-16。由表 7-16 可知，四种脱药方式中浓缩脱药及 EDTA-2Na 脱药效果较好，可以有效消除溶液中残余苯甲羟肟酸和硝酸铅对石英可浮性的影响。因此，后续只针对浓缩脱药和 EDTA-2Na 脱药两种方式进一步探究脱药后三种矿物的可浮性变化。

表 7-16 脱药方式对石英可浮性的影响

脱药方式	石英回收率/%
浓缩脱药	9.87
EDTA-2Na 用量 50 mg/L	6.28
Na_2S 用量 400 mg/L	57.89
HCl	77.64

B EDTA-2Na 脱药对萤石、方解石、石英浮选行为的影响

萤石浮选的核心是萤石与方解石的高效浮选分离，采用的抑制剂主要有水玻璃、六偏磷酸钠、单宁、栲胶、淀粉、酸性水玻璃等，残余药剂必然会对抑制剂的抑制效果有较大的影响。实验中选取了最常使用的水玻璃、六偏磷酸钠、酸性水玻璃三种抑制剂，探究其对不同方式脱药处理后三种矿物浮选行为的影响。

图 7-32 为苯甲羟肟酸用量为 10 mg/L、硝酸铅用量为 15 mg/L、油酸钠用量为 5 mg/L、pH 值为 9 时，EDTA-2Na 用量对萤石、方解石、石英可浮性的影响。从图 7-32 可以看出，随着 EDTA-2Na 用量的增加，石英的回收率在不断下降，当 EDTA-2Na 用量为 30 mg/L 时，石英基本不可浮；而萤石和方解石的回收率变化不明显，其中萤石的回收率保持在 95%左右，方解石的回收率保持在 90%左右。从石英的浮选来看，EDTA-2Na 能够消除 Pb^{2+}对石英的活化作用，但活化了方解

石的浮选，因此，采用 EDTA-2Na 脱药不能实现萤石与方解石的浮选分离。

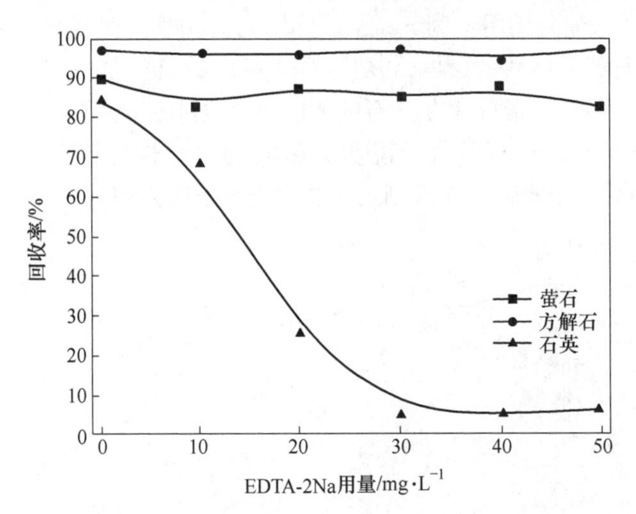

图 7-32 EDTA-2Na 用量对萤石、方解石、石英可浮性的影响

图 7-33 为苯甲羟肟酸用量为 10 mg/L，硝酸铅用量为 15 mg/L、EDTA-2Na 用量为 30 mg/L、油酸钠用量为 5 mg/L、pH 值为 9 时，抑制剂六偏磷酸钠用量对萤石、方解石、石英可浮性的影响。由图 7-33 可以看出，在整个六偏磷酸钠用量范围内，石英基本不浮，萤石和方解石的回收率都随着六偏磷酸钠用量的增加逐渐下降，且二者下降的程度相当；当六偏磷酸钠用量为 8 mg/L 时，萤石、方解石和石英都几乎不浮。因此，用 EDTA-2Na 脱药后，用六偏磷酸钠作抑制剂不能实现萤石与方解石的浮选分离。

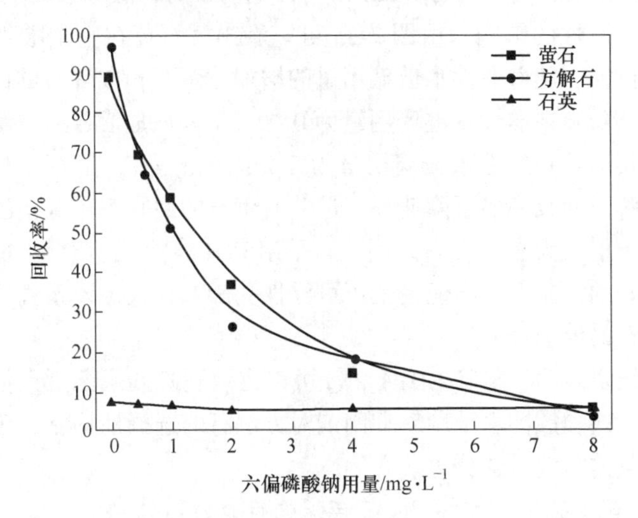

图 7-33 六偏磷酸钠用量对萤石、方解石、石英可浮性的影响

图 7-34 为苯甲羟肟酸用量为 10 mg/L、硝酸铅用量为 15 mg/L、EDTA-2Na 用量为 30 mg/L、油酸钠用量为 5 mg/L、pH 值为 9 时，抑制剂水玻璃用量对萤石、方解石、石英可浮性的影响。从图 7-34 可以看出，在整个水玻璃用量范围内，石英几乎不可浮，萤石和方解石的回收率随着水玻璃用量的增加逐渐下降，萤石的下降程度比方解石的大，说明方解石的可浮性好于萤石。因此，采用 EDTA-2Na脱药后，用水玻璃作抑制剂不能实现萤石与方解石的分离。

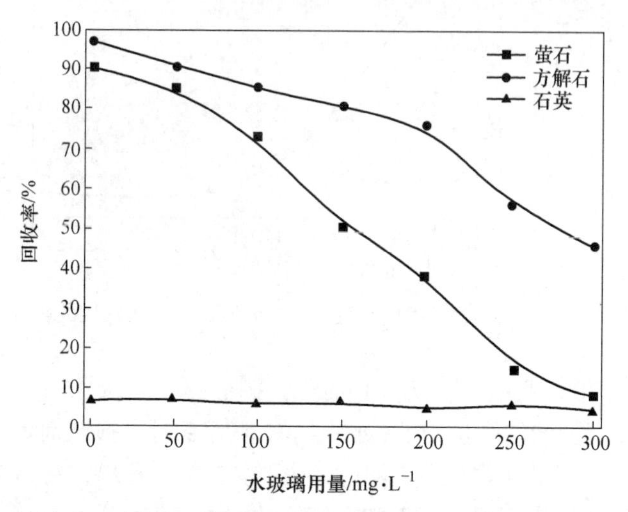

图 7-34　水玻璃用量对萤石、方解石、石英可浮性的影响

图 7-35 为苯甲羟肟酸用量为 10 mg/L、硝酸铅用量为 15 mg/L、EDTA-2Na 用量为 30 mg/L、油酸钠用量为 5 mg/L、pH 值为 7 时，酸性水玻璃用量对萤石、方解石、石英可浮性的影响。由图 7-35 可以看出，石英在整个酸性水玻璃用量范围内几乎不可浮，随着酸性水玻璃用量的增加，萤石和方解石的回收率先急剧下降，后缓慢下降；在酸性水玻璃用量为 0～0. 2 mg/L 时萤石和方解石回收率的下降程度基本相同；在酸性水玻璃用量为 0. 2 mg/L 之后，萤石回收率的下降速率明显小于方解石回收率的下降速率，但此时萤石的回收率较低，已下降至 40% 以下，且二者差值仅为 20%左右。因此，采用 EDTA-2Na 脱药后，酸性水玻璃对方解石具有良好的抑制能力，但是萤石可浮性受影响较大，该条件下不能有效实现萤石和方解石的浮选分离。

以上实验结果表明，尽管 EDTA-2Na 可以有效脱除残余药剂，但是不利于六偏磷酸钠、水玻璃和酸性水玻璃等抑制剂对方解石的选择性抑制，难以实现萤石与方解石和石英的高效浮选分离。

C　浓缩脱药对萤石、方解石、石英浮选行为的影响

图 7-36 为苯甲羟肟酸用量为 10 mg/L、硝酸铅用量为 15 mg/L、浓缩脱药后

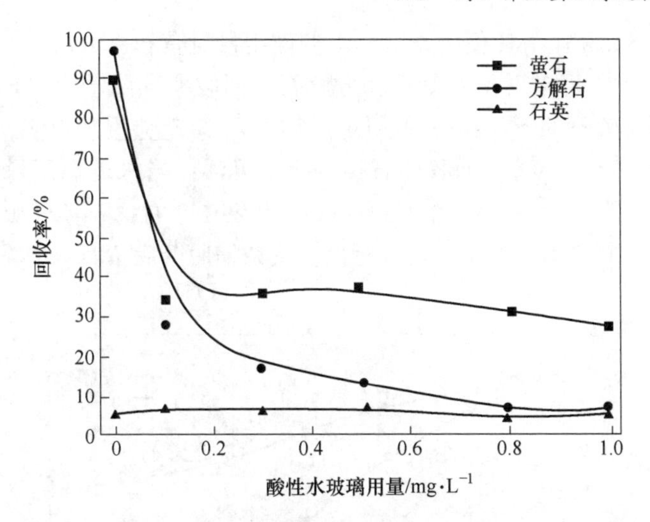

图 7-35　酸性水玻璃用量对萤石、方解石、石英可浮性的影响
（水玻璃 10 g/L，硫酸 10 g/L，m(水玻璃)：m(硫酸)= 5：1）

油酸钠用量为 5 mg/L、pH 值为 9 时，六偏磷酸钠用量对萤石、方解石、石英可浮性的影响。从图 7-36 可以看出，浓缩脱药后，石英变得不可浮，随着六偏磷酸钠用量的增加，萤石和方解石的回收率均逐渐下降，且二者的下降幅度几乎一致；当六偏磷酸钠用量为 2.0 mg/L 时，萤石回收率为 15%左右，方解石回收率为 25%左右，石英回收率为 10%左右。因此，浓缩脱药后，六偏磷酸钠作抑制剂不能实现萤石与方解石的浮选分离。

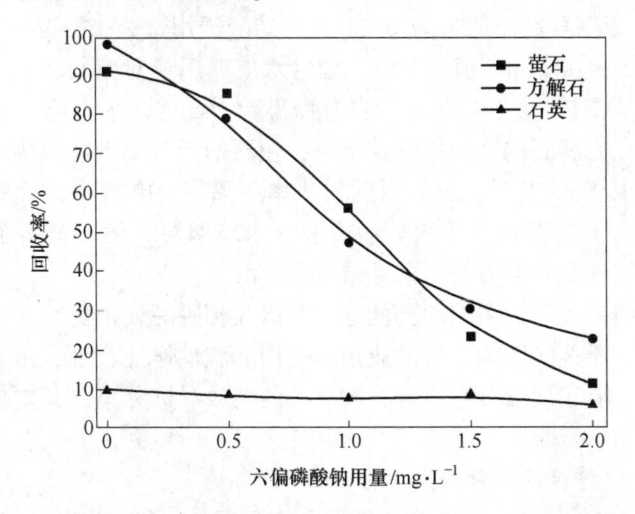

图 7-36　浓缩脱药后六偏磷酸钠用量对萤石、方解石、石英可浮性的影响

图 7-37 为苯甲羟肟酸用量为 10 mg/L、硝酸铅用量为 15 mg/L、浓缩脱药后

油酸钠用量为 5 mg/L、pH 值为 9 时，水玻璃用量对萤石、方解石、石英可浮性的影响。从图 7-37 可以看出，萤石和方解石的回收率均随着水玻璃用量增加而逐渐下降，但是萤石的下降趋势明显比方解石的下降趋势缓和很多，水玻璃对方解石的抑制效果更为显著，而且，石英变得不可浮；当水玻璃用量为 300 mg/L 时，萤石回收率为 65%左右，方解石回收率为 25%左右，石英回收率为 10%左右。表明用水玻璃作抑制剂可以一定程度实现浓缩脱药后萤石与方解石和石英的浮选分离。

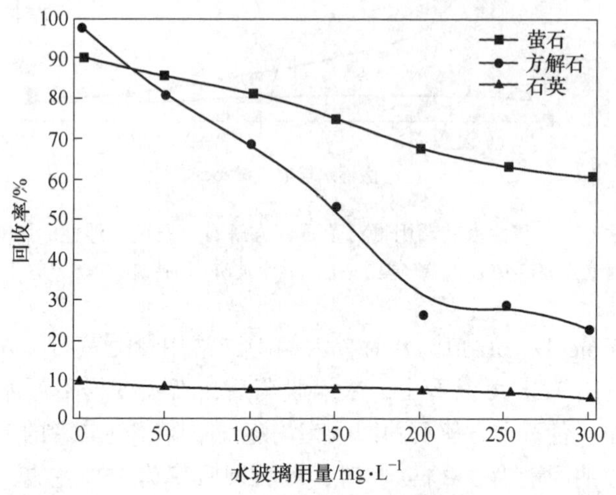

图 7-37　浓缩脱药后水玻璃用量对萤石、方解石、石英可浮性的影响

图 7-38 为苯甲羟肟酸用量为 10 mg/L、硝酸铅用量为 15 mg/L、浓缩脱药后油酸钠用量为 5 mg/L、pH 值为 7 时，酸性水玻璃用量对萤石、方解石、石英可浮性的影响。从图 7-38 可以看出，浓缩脱药后，石英几乎不浮，随着酸性水玻璃用量的增加，方解石的回收率迅速下降，萤石的回收率下降较为缓慢；在酸性水玻璃用量为 1. 0 mg/L 时，方解石的回收率下降为 10%左右，而萤石的回收率保持在 80%左右。这表明浓缩脱药后，酸性水玻璃对方解石具有强烈的抑制作用，能较好地实现萤石与方解石的浮选分离。

上述实验结果表明，浓缩脱药的方式可以大幅脱除残余药剂，减少钨矿浮选药剂对后续萤石浮选的影响。浓缩脱药后使用油酸钠作捕收剂，水玻璃和酸性水玻璃作抑制剂，能实现萤石与方解石和石英的高效浮选分离，其中分离效果最好的是酸性水玻璃。

7. 3. 3. 3　钨浮选尾矿伴生萤石浮选实践

A　湖南柿竹园钨尾矿伴生萤石高效浮选工艺及实践

湖南有色郴州氟化学有限公司萤石选厂钨尾矿中 CaF_2 品位为 20. 67%、$CaCO_3$ 质量分数为 5. 33%、SiO_2 质量分数为 43. 42%，属于高碳酸钙低品位萤石

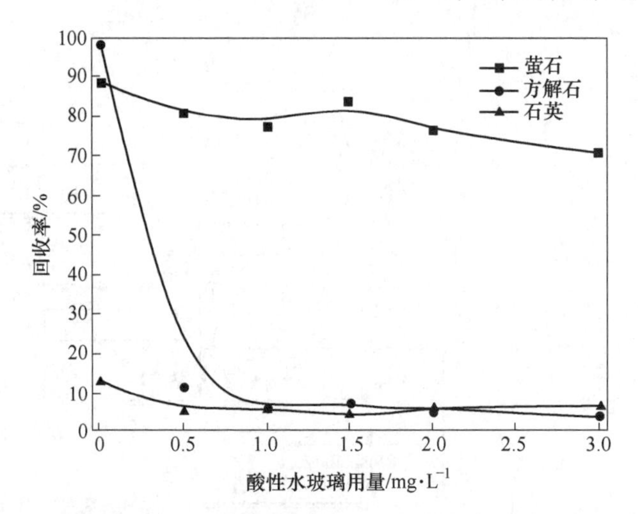

图 7-38 浓缩脱药后酸性水玻璃用量对萤石、方解石、石英可浮性的影响
（水玻璃 10 g/L，硫酸 10 g/L，m(水玻璃)：m(硫酸)= 5：1）

矿。选钨过程中残留的药剂苯甲羟肟酸与硝酸铅对石英和方解石有活化作用而对萤石有抑制作用，使得萤石的浮选回收效果不佳，萤石总回收率仅为 40%左右。在对实际流程进行考察后，对该选厂浮选工艺流程进行了优化设计，在浮选前添加了脱药作业，使用水玻璃、酸性水玻璃作为抑制剂进行了一个月的工业调试。现场工艺流程为浓缩脱药，1 粗 1 扫 8 精闭路流程。改造后的流程如图 7-39 所示。采用新技术后，可得到 CaF_2 品位为 92. 05%、回收率为 60. 04%的萤石精矿，精矿品位提高了 3 个百分点以上，回收率提高了 20 个百分点。

2015 年开始，郴州氟化学有限公司萤石选厂采用浮选脱药工艺，生产指标逐步提高，2017 年萤石精矿产能由 13 万吨/年提高到 15 万吨/年；2021 年通过进一步技术改造萤石精矿产能突破 18 万吨/年，冶金级萤石回收率在 15%左右，酸级萤石回收率在 60%以上，萤石综合回收率在 75%以上。

B 湖南黄沙坪多金属矿伴生萤石高效浮选工艺与实践

黄沙坪多金属矿区是我国重要的铅锌产地，被誉为“南岭明珠”，在经历了近六十年的铅锌开采后，铅锌资源几近枯竭。但是，黄沙坪矿区内的矽卡岩型钨锡钼铋矿矿床伴生有大量有价元素，其中 WO_3 品位在 0. 18%以上，伴生萤石品位为 10%~15%，目前勘探矿石资源储量约 8000 万吨，是该矿区重要的接续资源。从 2006 年开始黄沙坪矿试采试选钨钼矿，2011 年建成 1500 t/d 规模的多金属矿选厂。选钨采用脂肪酸及其衍生物作捕收剂，以大量水玻璃作为抑制剂，通过“彼德洛夫”法加温浮选，WO_3 综合回收率在 53%~55%，经济效益较差，且钨矿选矿尾水对生产指标及环境影响严重；同时，水玻璃的大量使用导致钨尾矿中的萤石富集困难。由于技术不过关，钨矿、萤石综合回收率低，经济效益不

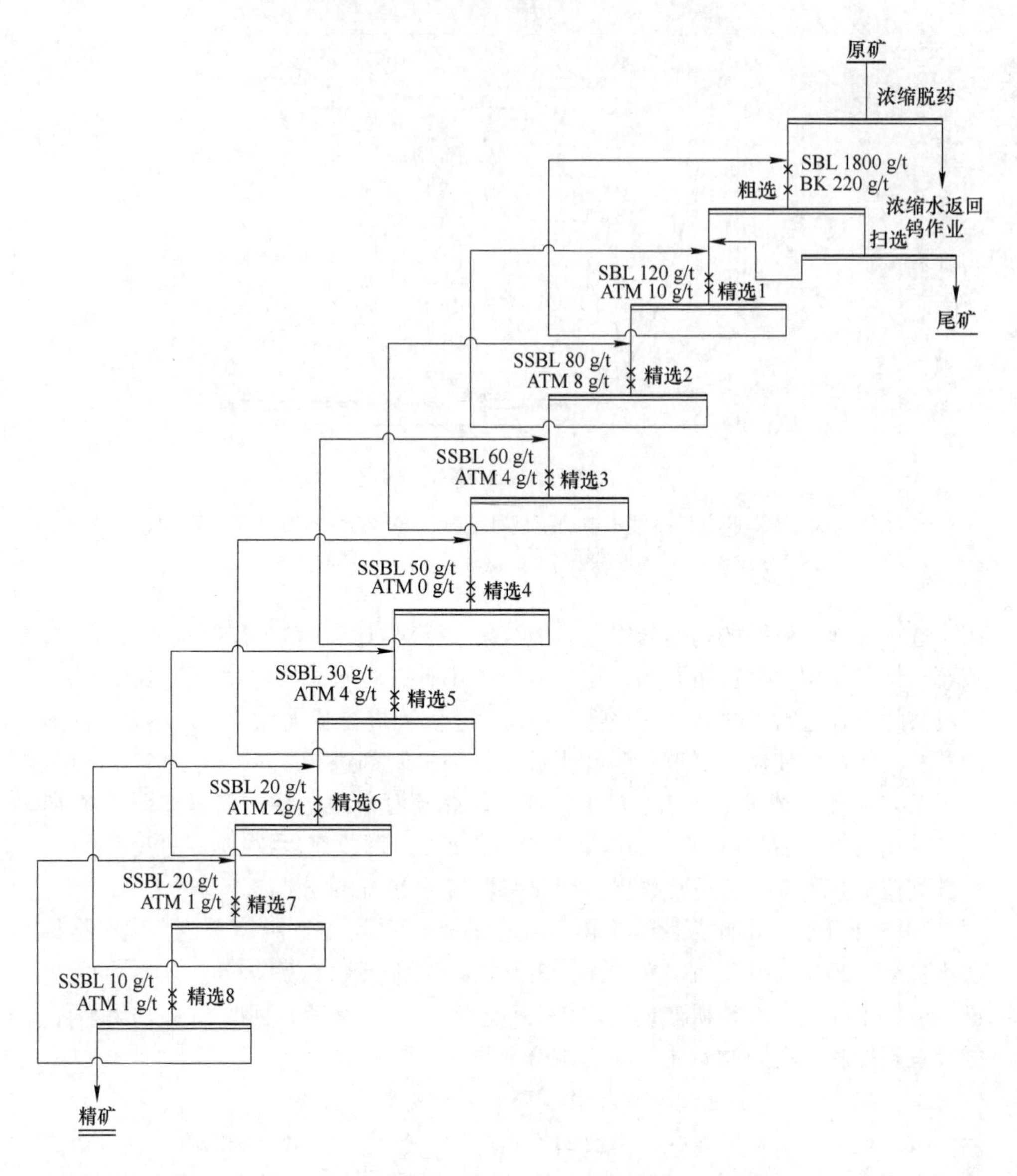

图 7-39　郴州氟化学有限公司萤石选厂改造后工艺流程

佳，2015 年停产，黄沙坪接续资源项目被迫中断。

黄沙坪多金属矿资源与柿竹园多金属矿资源同属南岭成矿带，具有相似性，新浮选技术为黄沙坪多金属矿资源的高效开发利用带来了新的希望。2020 年，湖南有色黄沙坪矿业有限公司联合中南大学，针对黄沙坪多金属矿进行了提高钨矿和萤石回收率攻关试验研究，综合回收工艺流程如图 7-40 所示，实现了钨、萤石综合回收率大幅提升。

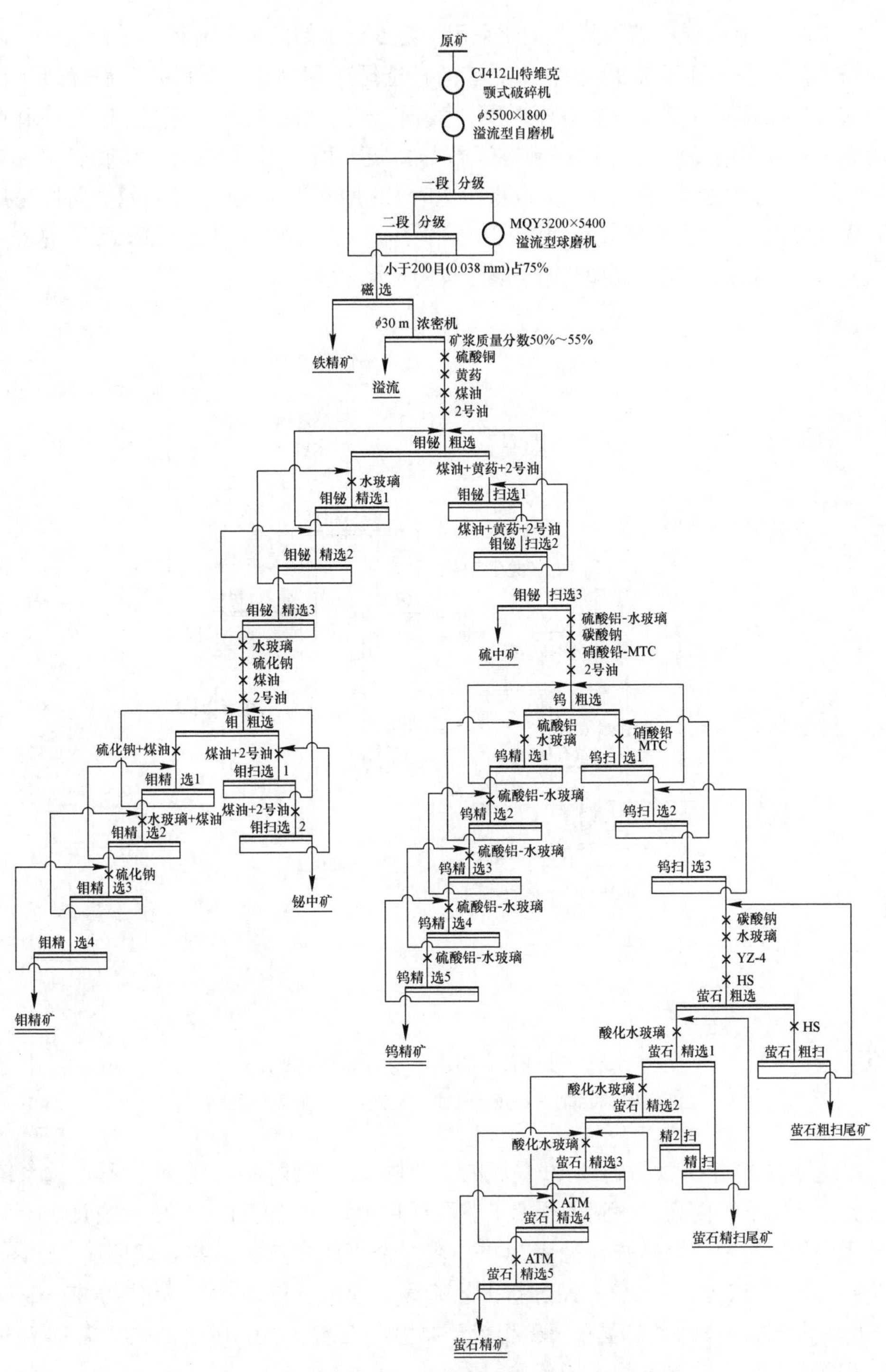

图 7-40 黄沙坪多金属矿钨钼萤石综合回收工艺流程

（萤石粗选和萤石精选 1 为浮选柱其余浮选设备为浮选机）

由图 7-40 可见，萤石浮选主体采用 1 粗 5 精 1 扫的工艺流程，其精选 2 尾矿的扫选精矿进入其精选 3，精选 2 尾矿的扫选尾矿和精选 1 尾矿合并后经过 1 次扫选后直接排尾，其余中矿顺序返回。萤石粗选采用浮选柱，浮选 pH 值控制在 10.5，YZ-4 用于萤石粗选以控制方解石的富集，用量为 100 g/t，水玻璃用量为 800 g/t，HS 用量为 250 g/t；萤石粗扫选时 HS 用量为 50 g/t。萤石精选阶段采用酸化水玻璃和 ATM 抑制硅酸盐脉石和方解石的上浮，最终得到 CaF_2 品位在 85% 以上的萤石精矿。工业试验流程如图 7-41 所示。

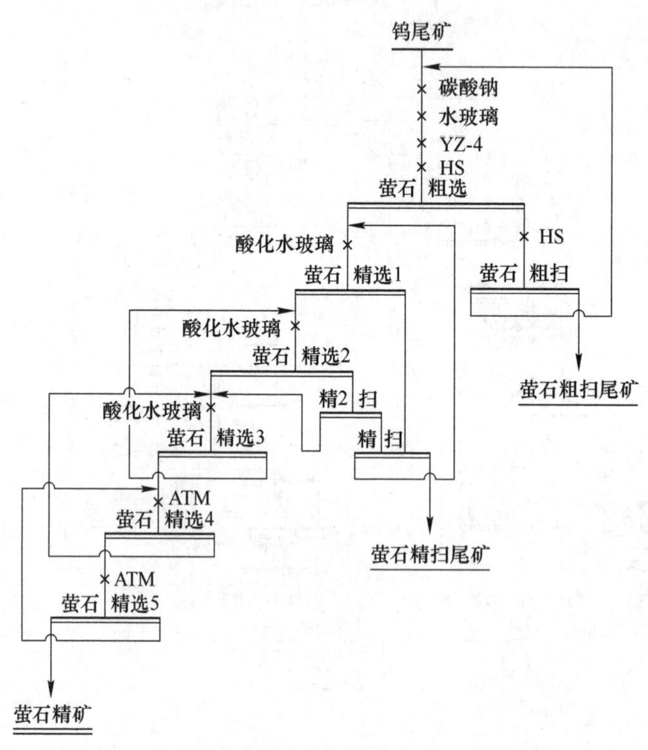

图 7-41 黄沙坪多金属矿萤石浮选工艺流程

（萤石粗选和精选 1 采用浮选柱，其余浮选作业采用浮选机）

经过 2020 年 9 月下旬到 10 月底的工业调试，黄沙坪多金属矿萤石浮选系统稳定，指标不断提高，达到了预期工业调试目标。2020 年 10 月 26—28 日 3 个工作日 6 个班的生产指标统计见表 7-17。在 6 个班的生产中，共处理原矿 3714 t，原矿 CaF_2 品位为 16.22%。经过新工艺流程处理后，得到 CaF_2 品位为 87.62%、回收率为 59.64%的最终萤石精矿相较于原生产工艺，CaF_2 综合回收率提升了 30 个百分点，经济效益显著。

表 7-17 黄沙坪多金属矿萤石的工业化调试指标（2020 年）

班次	处理量/t	原矿 CaF_2 品位/%	CaF_2 回收率/%	精矿 CaF_2 品位/%
26 日夜班	699	11.96	56.00	89.30
26 日白班	722	18.29	60.47	89.85
27 日夜班	721	19.81	60.60	88.47
27 日白班	706	15.35	61.36	89.16
28 日夜班	495	16.65	61.22	84.65
28 日白班	371	15.27	58.21	84.30
合计	3714	16.22	59.64	87.62

7.4 萤石精粉制备氟化氢过程杂质控制技术

由于伴生萤石资源的禀赋较差，方解石、硅酸盐、硫化物等杂质含量高，且萤石精粉细度远远超过国家标准精粉细度要求，这些精粉在化工应用过程中会出现严重的扬尘、团聚、转化率低等问题，制约了低阶萤石精粉的酸级利用。针对这一瓶颈问题，湖南有色郴州氟化学有限责任公司开发了低阶萤石精粉制备氟化氢过程杂质控制技术与装备（见图 7-42），突破了低品位萤石精粉直接制酸的技术瓶颈，实现了 CaF_2 品位为 90%的萤石精粉的酸级大规模利用，盘活高钙低品位伴生萤石资源近亿吨。

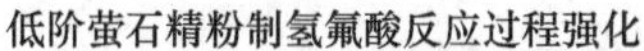

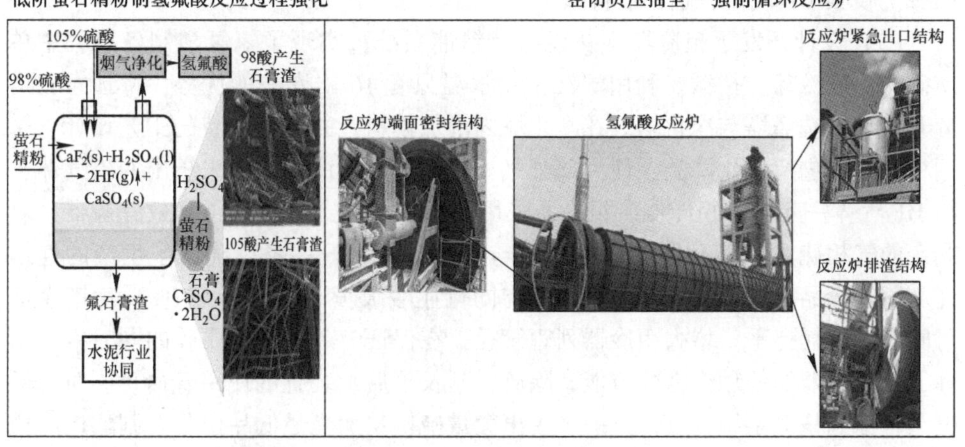

图 7-42 低阶萤石精粉制备氢氟酸技术与装备

主要核心技术如下：

(1) 通过对温度场、压力场的强化及 105 酸和 98 酸的巧妙搭配，解决了高钙萤石精粉高效分解转化难题。萤石精粉制备氢氟酸过程是典型的收缩核反应模型，受传质过程效率控制。但是，低阶萤石精粉与硫酸反应生成的硫酸钙容易覆盖在萤石颗粒表面阻碍反应的进行；同时萤石精粉中含有的大量碳酸钙与硫酸反应的速率更快，产生的大量硫酸钙进一步阻碍了制酸反应。研究发现硫酸的纯度和加酸的方式对硫酸钙晶型和孔隙率有显著影响，105 酸有助于改善硫酸钙结晶性能，大幅提高孔隙率，提高硫酸与萤石颗粒的反应效率。因此，通过 105 酸和 98 酸的巧妙搭配，辅以温度场的强化，可以实现高钙萤石精粉的高效转化，转化率在 97%以上。

(2) 设计开发了密闭负压抽尘—强制循环反应炉，解决了扬尘、排渣、废气净化难题。针对低品位萤石粒度细（80%以上粒度小于 400 目(0.038 mm))、碳酸钙含量高的难题，发明了反应炉端面密封装置。通过将反应炉密封端面上的补偿器变为导气管及在进料螺旋处安装补偿器的方式，开发了独特的反应炉端面密封技术，改变了端面密封系统，使承受压力由原来的 0.5 kPa 提高至 2.0 kPa，避免了反应炉中 HF 气体的外泄，实现了安全环保平稳生产。针对副产品石膏存在的硫酸含量高、颗粒大小不均匀、黏性大、流动性差等问题，开发并应用了低品位萤石反应炉排渣装置。根据低品位萤石石膏料特性，改变料勺结构，将双料勺变为单料勺，并将其与炉尾罩结合形成排渣机构，解决了因石膏而排渣不畅的问题，生产能力大幅提高，同时也解决了同径长反应炉使用低品位萤石不能达产的难题。针对氟化工安全生产难题，开发了独有的反应炉紧急排放及吸收系统。一旦前端生产系统出现故障，炉内压力超过 1.0 kPa，紧急排放系统就会立即自动打开，将炉内 HF 气体排放至紧急吸收系统；紧急吸收系统采用两级水洗及一级碱洗吸收 HF 气体，达标后排放。

(3) 设计开发了粗冷器强化脱硫及精馏系统，实现了氢氟酸制备过程中单质硫的快速冷却、拦截。利用翠江常年水温只有 16 ℃左右的优势，将预净化塔分开设计为洗涤塔与净化塔。在净化塔内增加填料，并通过独特的工艺设计，采用粗氢氟酸进行气化降温，使大部分气相硫在该设备中析出，未析出的硫气体与粗 HF 气体一起进入粗冷器，粗冷器采用低温水冷却，并设计了高效除硫器，对剩余的气相硫进行转化脱除，净化塔与粗冷器均一开一备，确保了生产的连续性，每吨产品电耗降至 450 kW · h，与同行业酸级萤石（CaF_2>97%）生产企业每吨产品电耗持平。增大粗冷器列管管径，在保证有效拦截单质硫的同时方便清理，使粗冷器的使用变得既节能又除硫，延长了后续装置的使用寿命。同时，开发了特殊的精馏系统，可以进一步脱出微量硫，从而满足低品位萤石制酸产品质量要求。

通过以上技术集成，形成了低阶萤石精粉制备氟化氢过程杂质控制技术。该技术相对行业 FC-97 萤石制酸工艺，对萤石品质的适用性大幅增加，可以实现 CaF_2 品位在 90%左右的萤石精粉的大规模酸级利用，开创了国内首例使用低品位萤石生产无水氟化氢的工艺技术。该技术极大地提高了萤石资源综合利用率，为我国氟化工产业及战略新兴产业的发展提供了强有力的保障。

参 考 文 献

[1] HAYES T S，MILLER M M，ORRIS G J，et al. Fluorine［M］//SCHULZ K J，DEYOUNG J H，SEAL R R. Critical Mineral Resources of the United States-Economic and Environmetal Geology and Prospects for Future Supply. USGS，2017. Reston，VA：201792.

[2] DILL H G. The "chessboard" classification scheme of mineral deposits：Mineralogy and geology from aluminum to zirconium［J］. Earth-Science Reviews，2010，100（1/2/3/4）：1-420.

[3] 王吉平，商朋强，牛桂芝. 中国萤石矿主要矿集区及其资源潜力探讨［J］. 化工矿产地质，2010，32（2）：87-94，111.

[4] 王吉平，商朋强，熊先孝，等. 中国萤石矿床分类［J］. 中国地质，2014，41（2）：315-325.

[5] USGS. Mineral commodity summaries 2021［R］. Reston：s. n.，2021.

[6] 吴巧生，薛双娇. 中美贸易变局下关键矿产资源供给安全分析［J］. 中国地质大学学报（社会科学版），2019，19（5）：69-78.

[7] 陈其慎，张艳飞，倪善芹，等. 日本矿产资源经略强国战略分析［J］. 中国矿业，2017，26（12）：8-15.

[8] 李敬，张寿庭，商朋强，等. 萤石资源现状及战略性价值分析［J］. 矿产保护与利用，2019，39（6）：62-68.

[9] 毛景文，杨宗喜，谢桂青，等. 关键矿产——国际动向与思考［J］. 矿床地质，2019，38（4）：689-698.

[10] 田红星. 中国矿业氧吧之三十四 萤石矿［J］. 资源与人居环境，2009（5）：25-27.

[11] 陈石义，张寿庭. 我国氟化工产业中萤石资源利用现状与产业发展对策［J］. 资源与产业，2013，15（2）：79-83.

[12] 侯红军. 无机氟化物行业现状与发展趋势［J］. 中国石油和化工经济分析，2013（8）：50-53.

[13] 罗亚敏. 我国含氟材料产业现状和发展趋势［J］. 化工新型材料，2010，38（11）：31-34.

[14] 王文利，白志民. 中国萤石资源及产业发展现状［J］. 金属矿山，2014（3）：1-9.

[15] 张广法，张庆华，詹晓力，等. 含氟材料在新能源领域的应用研究进展［J］. 化工生产与技术，2012，19（5）：53-58.

[16] 徐博，朱光明，祝萌. 航空航天用膨化聚四氟乙烯密封材料研究进展［J］. 中国塑料，2013（8）：8-12.

[17] 中华人民共和国国土资源部. 中国矿产资源报告 2021［R］. 北京：地质出版社，2021.

[18] 赵鹏，郑厚义，张新，等．中国萤石产业资源现状及发展建议 [J]. 化工矿产地质，2020，42（2）：178-183.

[19] 方贵聪，王登红，陈毓川，等．南岭萤石矿床成矿规律及成因 [J]. 地质学报，2020，94（1）：161-178.

[20] 王吉平，商朋强，熊先孝，等．中国萤石矿床成矿规律 [J]. 中国地质，2015，42（1）：18-32.

[21] 李敬，高永璋，张浩．中国萤石资源现状及可持续发展对策 [J]. 中国矿业，2017，26（10）：7-14.

[22] 林子华．福建省萤石矿成矿地质特征 [J]. 化工矿产地质，2018，40（3）：162-165.

[23] 中华人民共和国国土资源部．中国矿产资源报告 2018 [R]. 北京：地质出版社，2018.

[24] 李晖．我国萤石矿开发利用前景及战略选区资源潜力评价研究 [D]. 北京：中国地质大学（北京），2010.

[25] LI C W，GAO Z Y. Effect of grinding media on the surface property and flotation behavior of scheelite particles [J]. Powder Technology，2017，322：386-392.

[26] 李纪．柿竹园白钨浮选尾矿综合回收萤石试验研究 [J]. 有色金属（选矿部分），2012（1）：33-35.

[27] 周菁，朱一民．从黄沙坪低品位钼铋钨浮选尾矿中浮选回收萤石的试验研究 [J]. 矿冶工程，2012，32（1）：29-31.

[28] 张行荣，朴永超，艾晶．一种新型捕收剂在印度某难选萤石矿浮选中的应用 [J]. 有色金属（选矿部分），2016（1）：83-87.

[29] 周维志．提高桃林铅锌矿中萤石浮选指标的研究 [J]. 有色矿山，1985（12）：24-29.

[30] 安顺辰．LHO-捕收剂及浮选萤石 [J]. 有色金属（选矿部分），1987（1）：17-30.

[31] 张庆鹏，刘润清，曹学锋，等．脂肪酸类白钨矿捕收剂的结构性能关系研究 [J]. 有色金属科学与工程，2013，4（5）：85-90.

[32] 胡岳华，王淀佐．金属离子在氧化物矿物/水界面的吸附及浮选活化机理 [J]. 中南矿冶学院学报，1987（5）：501-508.

[33] 高跃升，高志勇，孙伟．金属离子对矿物浮选行为的影响及机理研究进展 [J]. 中国有色金属学报，2017，27（4）：859-868.

[34] KELLAR J J，CROSS W M，MILLER J D. In-situ internal reflection spectroscopy for the study of surfactant adsorption reactions using reactive internal reflection elements [J]. Separation Science，1990，25（13/14/15）：2133-2155.

[35] MOULIN P，ROQUES H. Zeta potential measurement of calcium carbonate [J]. Journal of Colloid and Interface Science，2003，261（1）：115-126.

[36] 路倩倩，韩海生，陈占发，等．典型有机抑制剂在萤石和方解石浮选分离中的作用机制及其应用 [J]. 金属矿山，2023，559（1）：216-222.

[37] GAO J D，HU Y H，SUN W，et al. Enhanced separation of fluorite from calcite in acidic condition [J]. Minerals Engineering，2019，133：103-105.

[38] 朱兴月．石油磺酸钠对萤石浮选影响与机理研究 [D]. 武汉：武汉理工大学，2019.

[39] 艾光华，李继福，邬海滨，等．从某黑白钨尾矿中回收萤石的试验研究［J］．非金属矿，2016，39（3）：33-39.

[40] 王增仔，任子杰，高慧民，等．石油磺酸钠在江西某石英型萤石矿中的浮选应用［J］．非金属矿，2019，42（6）：72-76.

[41] ZHENG R J，REN Z J，GAO H M，et al. Evaluation of sulfonate-Based collectors with different hydrophobic tails for flotation of fluorite［J］. Minerals，2018，8（2）：57.

[42] 胡斌．脂肪酸皂捕收剂的合成及其对萤石矿的浮选性能［D］．长沙：中南大学，2012.

[43] 林海．萤石浮选药剂研究进展［J］．矿产保护与利用，1993（1）：47-50.

[44] 韦迪，李智力，李进，等．氧化矿常温浮选脂肪酸类捕收剂的研究现状［J］．有色金属（选矿部分），2023（2）：161-172.

[45] HU Y H，XU Z H. Interactions of amphoteric amino phosphoric acids with calcium-containing minerals and selective flotation［J］. International Journal of Mineral Processing，2003，72（14）：87-94.

[46] 邓晓洋，王微宏，郭丹峰，等．N-(4-甲基苯基)-α-氨基苄基磷酸的合成及其浮选性能［J］．应用化工，2012，41（10）：1685-1688.

[47] 曾礼强，蒋巍，陈文胜，等．钨矿浮选残余药剂对伴生萤石浮选的影响研究及实践［J］．中国钨业，2021，36（6）：32-40.

[48] JIANG W，GAO Z，KHOSO S A，et al. Selective adsorption of benzhydroxamic acid on fluorite rendering selective separation of fluorite/calcite［J］. Applied Surface Science，2018，435：752-758.

[49] FILIPPOVA I V，FILIPPOV L O，DUVERGER A，et al. Synergetic effect of a mixture of anionic and nonionic reagents：Ca mineral contrast separation by flotation at neutral pH［J］. Minerals Engineering，2014，66-68：135-144.

[50] 阿布拉莫夫 A A. 矿物浮选中阳离子捕收剂作用机理的理论基础和规律性［J］．国外金属矿选矿，2007，44（8）：9-13.

[51] 张永，钟宏，谭鑫，等．阳离子捕收剂研究进展［J］．矿产保护与利用，2011（3）：44-49.

[52] 张晓晖，王中海．萤石的开发利用及分选［J］．矿业快报，2007，23（7）：50-52.

[53] 李仕亮，王毓华．胺类捕收剂对含钙矿物浮选行为的研究［J］．矿冶工程，2010，30（5）：55-58，61.

[54] 彭静，钟宏，王帅，等．非硫化矿捕收剂的研究进展［J］．现代化工，2014，41（1）：39-42.

[55] 龚明光．泡沫浮选［M］．北京：冶金工业出版社，2007.

[56] 田建利，肖国光，黄光耀，等．两性浮选捕收剂合成研究进展［J］．湖南有色金属，2012，28（1）：13-16，60.

[57] 王晖，钟宏中．酯类两性捕收剂研究［J］．有色金属（选矿部分），1999（1）：19-25.

[58] 靳恒洋，上官正明．T-69 萤石浮选剂选别性能研究与生产实践［J］．金属矿山，1997（12）：37-38，50.

[59] 卢颖，孙胜义. 组合药剂的发展及规律 [J]. 矿业工程，2007，5（6）：42-44.

[60] 钱愉红，崔天放，张菁. 萤石浮选捕收剂研究进展 [J]. 辽宁化工，2015，44（2）：148-154.

[61] 江庆梅，戴子林. 混合脂肪酸在白钨矿与萤石、方解石分离中的作用 [J]. 矿冶工程，2012，32（2）：42-48.

[62] 邓海波，任海洋，许霞，等. 石英型萤石矿的浮选工艺和低温捕收剂应用研究 [J]. 非金属矿，2012，35（5）：25-27.

[63] 毛钜凡. 萤石与重晶石浮选分离中混合捕收剂的研究 [J]. 矿冶工程，1995，15（2）：28-32.

[64] 曹学锋，朱溢洋，卢建安. 湖南某难选萤石矿选矿试验研究 [J]. 非金属矿，2014，37（3）：40-42.

[65] 曹占芳，宋英，钟宏，等. 遂昌坑口萤石矿浮选试验研究 [J]. 矿产综合利用，2012（3）：26-29.

[66] SUN W J，HAN H S，SUN W，et al. Novel insights into the role of colloidal calcium dioleate in the flotation of calcium minerals [J]. Minerals Engineering，2022，175：107274-107281.

[67] SUN W J，HAN H S，SUN W，et al. New insights into the role of calcium dioleate in selectively separating fluorite from calcite during cleaning process [J]. Colloids and Surfaces A. Physicochemical and Engineering Aspects，2022，648：1292451. 1-1292451. 7.

[68] ANTTI B M，FORSSBERG E. Pulp chemistry in industrial mineral flotation. Studies of surface complex on calcite and apatite surfaces using FTIR spectroscopy [J]. Minerals Engineering，1989，2（2）：217-227.

[69] FREE M L，MILLER J D. The significance of collector colloid adsorption phenomena in the fluorite/oleate flotation system as revealed by FTIR/IRS and solution chemistry analysis [J]. International Journal of Mineral Processing，1996，48（3）：197-216.

[70] SUN W J，HAN H S，SUN W，et al. Novel insights into the mechanism of cime method based on calcium dioleate and mineral surface transformation [J]. J. Cent. South Univ.，2023，30：2983-2992.

[71] FA K Q，NGUYEN A V，MILLER J D. Interaction of calcium dioleate collector colloids with calcite and fluorite surfaces as revealed by AFM force measurements and molecular dynamics simulation [J]. International Journal of Mineral Processing，2006，81（3）：166-177.

[72] FA K Q，TAO J A，NALASKOWSKI J，et al. Interaction forces between a calcium dioleate sphere and calcite/fluorite surfaces and their significance in flotation [J]. Langmuir：The ACS Journal of Surfaces and Colloids，2003，19（25）：10523-10530.

[73] FA K Q，NGUYEN A V，MILLER J D. Hydrophobic attraction as revealed by AFM force measurements and molecular dynamics simulation [J]. Journal of Physical Chemistry B，2005，109（27）：13112-13118.

[74] 孙文娟，韩海生，王舰，等. 含钙矿物浮选过程中 Ca 油酸胶体捕收剂的作用机理 [J]. 矿产保护与利用，2022（2）：42.

[75] 张英，胡岳华，王毓华，等. 硅酸钠对含钙矿物浮选行为的影响及作用机理［J］. 中国有色金属学报，2014，24（9）：2366-2372.

[76] 孙伟，宋韶博. 水玻璃及其在白钨矿浮选中的应用和分析［J］. 中国钨业，2013，28（4）：22-25.

[77] 张光平，陆海涛，任大鹏，等. 内蒙古某地萤石矿浮选试验方法［J］. 内蒙古科技与经济，2009（21）：84-85.

[78] 葛英勇. 水玻璃溶液化学与萤石、赤铁矿浮选分离机理研究［J］. 矿冶工程，1990（2）：24-27.

[79] 周文波，程杰，冯齐，等. 酸化水玻璃在墨西哥某高钙型萤石矿选矿试验中的作用［J］. 非金属矿，2013，36（3）：31-32.

[80] ZHOU W，MORENO J，TORRES R，et al. Flotation of fluorite from ores by using acidized water glass as depressant［J］. Minerals Engineering，2013，45：142-145.

[81] 姚伟. 基于磨矿介质及金属离子助抑剂强化含钙矿物浮选分离理论与试验研究［D］. 武汉：武汉科技大学，2020.

[82] ZHANG C H，WEI S，HU Y H，et al. Selective adsorption of tannic acid on calcite and implications for separation of fluorite minerals［J］. Journal of Colloid and Interface Science，2018，512：55-63.

[83] 吴永云. 淀粉在选矿工艺中的应用［J］. 国外金属矿选矿，1999，36（11）：26-30.

[84] LIU Q，WANG Q，XIANG L. Influence of poly acrylic acid on the dispersion of calcite nanoparticles［J］. Applied Surface Science，2008，254（21）：7104-7108.

[85] 李晔，刘奇. 矿物表面金属离子组分与糊精的相互作用（I）［J］. 化工矿山技术，1994，23（2）：28-31.

[86] ZHANG C H，GAO Z Y，HU Y H，et al. The effect of polyacrylic acid on the surface properties of calcite and fluorite aiming at their selective flotation［J］. Physicochemical Problems of Mineral Processing，2018，3（54）：868-877.

[87] 喻福涛，高惠民，史文涛，等. 湖南某铅锌尾矿中萤石的选矿回收试验［J］. 金属矿山，2011（8）：162-165.

[88] 周涛，师伟红. 金塔县某高钙萤石矿选矿试验研究［J］. 金属矿山，2011（3）：102-104.

[89] 牛云飞，黄敏. 晴隆碳酸盐型萤石矿选矿生产实践［J］. 矿产保护与利用，2010（3）：16-19.

[90] SUN R F，LIU D，LIU Y B，et al. Pb-water glass as a depressant in the flotation separation of fluorite from calcite［J］. Colloids and Surfaces A：Physicochemical and Engineering Aspects，2021，629：127447-127454.

[91] 施佳，李茂林，杨哲辉，等. 超声处理对水玻璃和油酸钠体系中方解石浮选行为的影响及其机理研究［J］. 矿冶工程，2023，43（1）：45-49.

[92] 纪道河，亢建华，孙伟，等. 黄沙坪多金属矿伴生萤石高值化利用试验研究［J］. 金属矿山，2021（6）：80-85.

8 钨矿伴生长石和石英资源的开发利用

长石和石英是地表岩石中占比最多、分布最广的矿物，是云英岩型钨矿、石英脉型钨矿中的主要脉石矿物，也是绝大多数花岗岩的主体组成矿物。我国金属矿山堆积在尾矿库的石英、长石等非金属矿产资源占其总尾矿资源的绝大部分。同时我国对长石和石英的需求在快速增长，因此对金属矿山尾矿的综合利用，不仅有利于矿产资源高效利用和环境保护，而且对于避免非金属矿山过度开采有重要意义。就地球化学成矿过程而言，石英、长石是钨矿床的主体脉石矿物。目前，我国对钨矿伴生长石、石英脉石的抛尾率在95%以上，尾矿量巨大。我国典型的钨尾矿中长石、石英含量（质量分数）见表8-1。云英岩型、石英脉型钨尾矿中长石、石英总质量分数在60%~90%，具备资源化利用的潜力，同时其开发利用有利于解决尾矿堆存问题。

表8-1 我国典型钨矿尾矿中石英和长石含量 （%）

钨尾矿来源	石英	长石	其他	参考文献
江西某钨锡尾矿	39.08	30.18	2.26	[1]
广西某钨锡尾矿	37.00	44.00	3.00	[2]
广东某云英岩钨尾矿	68.60	2.00	29.40	[3]
赣南某钨锡尾矿	38.84	24.50	4.00~7.00	[4]
某石英脉型锡钨尾矿	63.30	15.78	20.92	[5]
江西某石英脉钨尾矿	27.35	66.72	6.93	[6]
栗木金竹源矿床矿石	38.00	50.00	12.00	[7]

8.1 长石和石英的资源性质

8.1.1 长石的基本性质

长石是长石族矿物的总称，是组成地表岩石最重要的造岩矿物，约占地壳中总矿物含量的60%。它是一种含钙、钠、钾、钡等元素的架状铝硅酸盐矿物，被广泛应用于陶瓷、玻璃等行业。钨尾矿中的长石主要有以下三种[8]：第一种为钠长石，钠是斜长石固溶体系列的钠质矿物，普遍存在于各类岩石中，一般为玻璃状晶体，通常呈灰色、白色，主要用来制造玻璃、陶瓷釉料、肥皂、瓷砖等；第二种为钾长石，通常呈肉红色、黄色、白色、灰色等，广泛应用于陶瓷坯料、电瓷、玻璃、钾肥、研磨材料、陶瓷釉料等工业；第三种为钙长石，通常产生于基性火成岩中，为玻璃状晶体，较脆，主要呈无色、白色或浅灰色，通常应用于玻璃、陶瓷、化工、电焊等工业。长石类矿物化学组成与物理性质见表8-2。

表8-2 长石类矿物化学组成与物理性质[9]

名称		钠长石	钾长石	钙长石	钡长石
化学通式		$Na_2O \cdot Al_2O_3 \cdot 6SiO_2$	$K_2O \cdot Al_2O_3 \cdot 6SiO_2$	$CaO \cdot Al_2O_3 \cdot 2SiO_2$	$BaO \cdot Al_2O_3 \cdot 2SiO_2$
晶体结构式		$Na[AlSi_3O_8]$	$K[AlSi_3O_8]$	$Ca[Al_2Si_2O_8]$	$Ba[Al_2Si_2O_8]$
理论化学组成(质量分数)/%	SiO_2	68.70	64.70	43.20	32.00
	Al_2O_3	19.50	18.40	36.70	27.12
	$RO(R_2O)$	Na_2O:11.80	K_2O:16.90	CaO:20.10	BaO:40.88
晶系		三斜	单斜	三斜	单斜
密度/$g \cdot cm^{-3}$		2.61~2.64	2.54~2.57	2.74~2.76	2.72~2.79
莫氏硬度		6~6.5	6~6.5	6~6.5	6~6.5
热膨胀系数/℃$^{-1}$		7.4×10^{-8}	7.5×10^{-8}	4.8×10^{-10}	2.3×10^{-10}
熔融温度/℃		1100	1150	1550	1715
熔融间隔/℃		1120~1250 间隔窄	1130~1530 间隔宽	1250~1550 间隔窄	
溶体黏度		小	大	小	
混溶性		碱性长石：$KAlSi_3O_8$-$NaAlSi_3O_8$；斜长石：$NaAlSi_3O_8$-$CaAl_2Si_2O_8$			

由于结构相似，在钨尾矿中钾长石和钠长石彼此可混合形成共熔体，常见的钾钠长石种类有：透长石（K,Na)$[AlSi_3O_8]$，含钠长石分子可达到50%；正长石（K,Na)$[AlSi_3O_8]$，含钠长石分子可达到30%；微斜长石（K,Na)$[AlSi_3O_8]$，含钠长石分子可达到20%。长石具有较好的助熔性、易磨性、可碾性等性质，钾长石和钠长石制成的玻璃有高度的化学稳定性，除了氢氟酸和硫酸，不受其他酸、碱的腐蚀[9]。此外，由于钾长石具有熔点低、熔融间隔宽、熔融液黏度高等优点，工业利用较其他长石更广[10]。

8.1.2 石英的基本性质

石英是自然界中二氧化硅结晶矿物的统称，是地球上分布最广的矿物之一，同时也是主要的造岩矿物之一[11]。自然界中含二氧化硅的矿物很多，大部分以硅酸盐矿物形成岩石[12]，例如在岩浆岩中以矿物形式出现的脉石英（SiO_2 质量分数大于99%），在沉积岩中的石英砂岩（SiO_2 质量分数为90%~95%），地表风化后的石英砂等。石英的主要化学成分为 SiO_2，以水晶纯度最高，通常也会含有少量的 Fe_2O_3、MgO、Al_2O_3、TiO_2 等杂质。钨尾矿中的石英的颜色常为无色、乳白色、灰色，有些呈透明状，也有一些因含有杂质而呈半透明状，莫氏硬度约为7，断面具玻璃或脂肪光泽，密度因晶型而异，通常为2.22~2.65 g/cm^3，熔点为1750 ℃[12]。另外石英具有较强的耐酸性（氢氟酸除外），但不耐碱，它能与碱性物质发生反应生成可溶性的硅酸盐[13]。自然界中，石英在常压下有7个结晶态和1个玻璃态，其名称及形态见表8-3[12,14]。其中，低温石英（α-石英）是石英族矿物在自然界中分布最广且最为常见的一个矿物种，因此若不加特殊说明，通常所称的石英均指α-石英。石英不同形态之间的多晶转变如图8-1所示[15]。石英晶型转化有以下两个特点：第一个特点为高温型的缓慢转化（重建型转化），转化由表面开始逐渐向内部进行，转化后发生结构变化，因此转化进程缓慢，体积变化大，并需要较高的温度，转化过程不可逆；第二个特点为低温型的快速转化（位移型转化），转化速度快，达到转化温度后，晶体表里瞬间发生转化，转化后结构不发生特殊变化，体积变化较小，且转化可逆。

表8-3 常压下石英的结晶形态[12]

名称	α-石英	β-石英	α-鳞石英	β-鳞石英	γ-鳞石英	α-方石英	β-方石英	石英玻璃
形态	三方晶系	六方晶系	斜方晶系	六方晶系	六方晶系	四方晶系	等轴晶系	非晶态

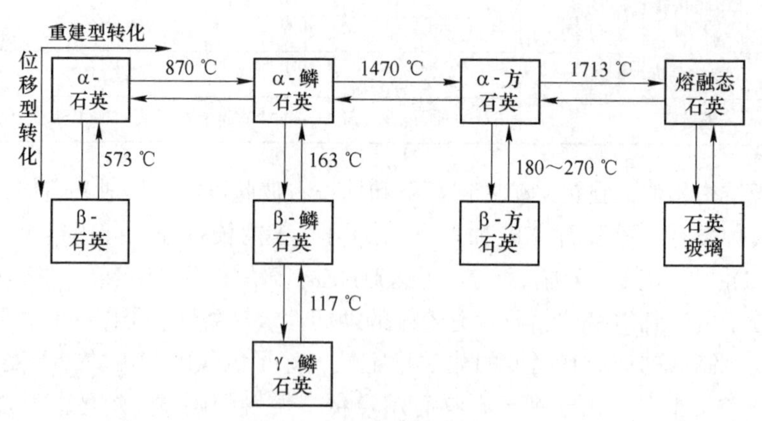

图8-1 石英的多晶转变[15]

石英晶型转化会引起一系列物理变化，如体积、相对密度等，其中体积变化是对陶瓷生产影响最大的因素。通常，石英晶型转化速度越慢，体积效应越大；

转化速度越快，体积效应越小。例如，β-石英在低温下转化速度快，所以转化过程中体积效应很小。有些石英的晶型在低温下转化迅速，虽然体积膨胀小，但是在无液相生成下进行转化，因此导致破坏性强、危害性大，很容易使陶瓷制品产生形变和开裂。石英晶型转化的温度和体积变化见表 8-4[15]。

表 8-4 石英晶型转化的温度及体积变化情况[15]

晶型转化	温度/℃	体积膨胀率/%
β-石英→α-石英	573	0.82
α-石英→α-鳞石英	870	16.0
α-鳞石英→α-方石英	1470	4.7
α-方石英→熔融石英	1713	0.1
α-鳞石英→β-鳞石英	163	0.2
β-鳞石英→γ-鳞石英	117	0.2
β-方石英→α-方石英	150	2.8

8.1.3 长石的用途及质量标准

长石主要应用于玻璃和陶瓷行业，长石在玻璃行业中的用量占 50%~60%，在陶瓷行业中的用量大约占 30%，其余用于钾肥、填料等其他行业[16-17]。

（1）玻璃熔剂。长石是玻璃混合料的主要成分之一，其中用得较多的是钾长石和钠长石，它们主要用来提高玻璃配料中氧化铝含量及碱含量以降低玻璃生产的熔融温度和外配碱量[18]。此外熔融的长石冷凝变成玻璃的速度较慢，且长石的结晶能力小，这些性质可以调节玻璃的黏度，避免在玻璃纤维形成过程中析出晶体而影响产品质量。

（2）陶瓷坯体原料。在陶瓷胚体烧成工艺中通常在烧成前掺入占原料量20%左右的钾长石，以减少坯体干燥收缩变形、改善干燥性能、缩短干燥时间[14,19]。烧成时钾长石作为熔剂可以降低陶瓷坯体的烧成温度，促使石英和高岭土熔融，加速莫来石的形成，从而减少空隙产生使坯体致密，提高坯体的机械强度、介电性能和透光性。

（3）陶瓷釉料。陶瓷釉料的原料主要由钾长石、石英和黏土等组成，其中钾长石在原料中的质量分数可占 10%~35%。由于钾长石的熔剂作用，可使釉料充分熔融，另外钾长石釉的光泽好，且釉面平滑透明[19-20]。

（4）制造钾肥的原料。钾长石的化学性质极稳定，除氢氟酸外，常压常温下几乎不被酸、碱所分解，因此钾长石中所含的氧化钾不能直接作为含钾肥料被植物吸收。国内外为使钾长石成为有用的钾资源，通过将钾长石中的氧化钾变为水溶性钾或枸溶性钾来制取钾肥[21]。

（5）其他。长石也是生产白水泥、纸、耐火材料、涂料等产品的原料之一。长石产品的质量标准主要取决于其化学成分和用途，另外根据长石用途的不同，其质量标准对产品的粒度大小及均匀性也会有要求[22]。长石的开采分布于世界各地，不同地区的商用长石的质量标准也不尽相同。目前我国对长石产品尚未制定统一的质量标准，仅对长石产品中的含铁量有较为严格的要求，我国长石产品的一般质量要求见表 8-5[23]。长石在其主要应用领域的产品质量要求见表 8-6~表 8-8[24]。

表 8-5　我国长石产品的一般质量要求

等级	Fe_2O_3 质量分数/%	主要用途
特级品	<0.3	白色釉等
Ⅰ级品	<0.5	釉药、白坯、平板玻璃等
Ⅱ级品	<0.8	坯料、电瓷等
Ⅲ级品	<1.0	搪瓷釉等

表 8-6　玻璃工业对长石块和长石粉的质量要求

等级	质量分数/%			
	K_2O+Na_2O	SiO_2	Al_2O_3	Fe_2O_3
优等品	≥12.00	≤65.00	≥18.00	≤0.10
Ⅰ级品	≥11.00	≤70.00	≥16.00	≤0.20
Ⅱ级品			≥15.00	≤0.35
合格品			≥14.00	≤0.50
备注	水分：干法加工≤1，湿法加工≤5； 粒度：<0.6 mm，优等品 0.1 mm 粒级<15%，Ⅰ级品<25%			

表 8-7　陶瓷工业对长石的质量要求

等级	质量分数/%				
	K_2O+Na_2O	Na_2O	Al_2O_3	Fe_2O_3	CaO+MgO
优等品	≥12.00	<4.00	>17.00	≤0.15	<2
Ⅰ级品	≥11.00	<4.00	>17.00	≤0.20	<2
Ⅱ级品	≥11.00		>17.00	≤0.50	<2

表 8-8　钾肥行业对长石的质量要求

成分	K_2O	Na_2O	$Fe_2O_3+TiO_2$	Al_2O_3	SiO_2
质量分数/%	≥11.00	<1~3	≤1	15 左右	≤70

8.1.4 石英的用途及质量标准

早在石器时代，人类就开始用石英制作石斧、石箭等简单的生产工具，以获取食物和抗击敌人。随着时代的进步，石英的应用范围越来越广[25-26]。例如，熔融后做成玻璃，用于制作光学仪器、眼镜、玻璃管和其他产品；石英钟、电子设备中把压电石英片用作标准频率发生器；另外，石英还可以用作生产研磨材料、精密仪器的轴承、玻璃陶瓷等的原料。总之，石英是重要的工业矿物原料，广泛应用于铸造、建筑、玻璃、陶瓷、冶金、耐火材料、化工等行业，随着科技的不断进步，石英在国民经济中将发挥更大的作用[27]。

8.1.4.1 玻璃工业原料

石英原料在玻璃制造行业用量较大，它能够提高玻璃及其制品在透明性、化学稳定性、机械强度等方面的性能。但原料中二氧化硅的含量也是决定其应用领域及产品性能的主要因素，普通硅酸盐类玻璃一般要求二氧化硅质量分数在65%~75%；现代浮法玻璃一般要求二氧化硅质量分数在96%以上；高档玻璃对石英原料有更严格的要求，即二氧化硅的质量分数要求在99%以上。由于原料产地不同、技术工艺不同等因素的存在，不同国家玻璃行业对所用石英原料的纯度要求也有所不同，具体要求见表8-9[28]。

表8-9 不同国家对玻璃行业中石英原料的质量要求[28]

国家	玻璃种类	质量分数/%				
		SiO_2	Fe_2O_3	Al_2O_3	Cr_2O_3	TiO_2
中国	特种玻璃	>99.5	>0.05	<0.5	<0.001	0.05
	平板玻璃	>98.5	<0.1	—	—	—
美国	光学玻璃	99.8	0.02	<0.1	—	—
	平板玻璃	>98.5	<0.35	<0.5	—	<0.2
英国	优质光学玻璃	99.5	0.008	—	0.0001	0.03
	平板玻璃	>98.5	<0.03	<0.5	<0.001	<0.05
日本	一级光学玻璃	99.8	0.02	0.1	—	—
	平板玻璃	>97	<0.06	>0.1	—	—

8.1.4.2 机械铸造工业原料

由于石英砂熔点高，在冶炼过程中还具有增温、脱硫、脱氧等作用，它在机械铸造行业中被广泛用作铸造模具、铸造模芯、型砂等。石英砂在机械铸造行业的用量也比较大，大约占其在全球总产量的33%，通常每生产1 t铸件就要消耗1 t黏土原料和型砂[29]。随着机械铸件精密化程度的不断提高，机械铸造行业对石英原料也有更高及更严格的质量要求。铸造业对石英砂质量的一般要求见表 8-10[30]。

表 8-10 铸造业对石英砂的质量要求

品 级	质量分数/%	
	SiO_2	Fe_2O_3
Ⅰ级品	>97.0	<0.75
Ⅱ级品	>97.5	<1.0
Ⅲ级品	>94.0	<1.5
Ⅳ级品	>90.0	

8.1.4.3 陶瓷工业原料

石英是一种瘠性原料，它能增强陶瓷坯体在烧成过程中的可塑性和结合性，从而使坯体收缩现象消失。另外石英中的硅和铝在高温下生成陶瓷的结构骨架，在很大程度上提高了产品的机械强度[30-31]。一般陶瓷制品对石英砂的质量要求见表 8-11。

表 8-11 陶瓷制品对石英砂的质量要求

陶瓷种类	质量分数/%		
	SiO_2	Fe_2O_3	Al_2O_3
建筑、卫生陶瓷	>98.5	<0.02	<0.5
无线电陶瓷	>98.5	<0.05	<2.0

8.1.4.4 耐火材料工业原料

石英是耐火材料行业中用来生产轻质硅砖、耐火砖、熔融石英制品等的主要原料之一[22]。为保证硅质耐火材料具有优异的耐火性能、力学性能及荷重软化性能，在生产耐火材料的过程中需要严格控制石英原料中二氧化硅的含量及不同粒级的比例。通常来讲，硅质耐火材料的原料都要求石英中二氧化硅的质量分数在 93%以上，若原料中石英的结晶状态较差，则要求其产品粒度应控制在 2 mm 以下。另外，原料中石英颗粒的结晶程度也会对耐火材料的耐火性能（尤其是耐火度）有着十分重要的影响，通常来讲，石英颗粒的结晶度越好，所制备的耐火材料的性能也就越好。不同耐火材料的品级对石英原料的质量要求见表 8-12。

表 8-12 不同耐火材料对石英原料的质量要求

品 级	质量分数/%		
	SiO_2	Fe_2O_3	Al_2O_3
特级品	>98	<0.5	<0.5

续表 8-12

品级	质量分数/%		
	SiO_2	Fe_2O_3	Al_2O_3
Ⅰ级品	>97.5	<1.0	<1.0
Ⅱ级品	>96	<1.5	<1.5

8.1.4.5 其他工业产品的原料

目前，无论在传统工业领域，还是在高新技术产业领域，石英都有着广泛的应用[32-33]。石英在其他工业领域的应用及对其相应的质量要求见表 8-13。

表 8-13 石英在其他工业领域的应用及对其相应的质量要求

工业名称	产品	质量要求
半导体工业	封装材料等	$w(SiO_2)$ >99.9%，$w(Fe_2O_3)$ <5×10^{-4}%，w(总杂质) <0.03%
化工工业	泡花碱等	液体：$w(SiO_2)$ >98%，$w(Fe_2O_3)$ <0.2%；粒度：0.2~2 mm 固体：$w(SiO_2)$ >99%，$w(Fe_2O_3)$ <0.03%
工业填料	塑料等	$w(SiO_2)$ >99%，$w(Fe_2O_3)$ <0.05%，提高塑料的抗压和抗拉强度

8.2 长石和石英浮选分离方法

在长石的晶体结构中，部分铝原子代替硅原子，形成由 AlO_4^{5-} 和 SiO_4^{4-} 共角的四面体长石晶格，它们连接在无限的三维结构中，因而长石被定义为结构硅酸盐或“框架硅酸盐”。长石中的钾、钠等金属离子可以补偿铝取代硅后晶体偏负的电价，但这些金属离子与氧形成的离子键较弱，容易在水中发生解离，使长石表面出现荷负电的现象[34]。石英是一种由氧原子和硅原子组成的连续四面体结构的矿物，每个氧原子由两个四面体共享，形成无限延伸的架状结构[35]。它的结构与长石极为相似，因此它们的物理性质、化学组成也都极为相似，采用常规的重选、磁选等方法都不能使之有效分离。目前，浮选是分离长石和石英最有效的方法。早在 20 世纪 40 年代，很多专家对长石和石英的浮选分离进行了研究，最初采用的是氢氟酸法[25]。虽然氢氟酸法目前是长石和石英浮选方法中最为成熟的，且能较好地分离石英和长石，但是使用氢氟酸存在很大的弊端，如对设备腐蚀严重、对人体及环境也具有较大危害等[24]。随着研究的深入，目前长石和石英浮选分离技术主要有三种：氢氟酸法、无氟有酸法和无氟无酸法。由于氢氟酸有毒，目前无氟有酸法是使用最为广泛的分离方法，但在强酸性条件下进行分选，不仅对设备腐蚀严重，含酸废水的处理也是工业生产中的一大问题。因此无氟无酸法是目前研究的重点。

8.2.1 氢氟酸法

氢氟酸法是目前最为成熟的长石和石英分离的方法[36]。该方法是在长石和石英矿浆中添加氢氟酸作为长石的活化剂，采用阳离子捕收剂（胺类），在矿浆pH值为2~3的条件下优先选出长石，从而实现石英与长石的浮选分离。

虽然氢氟酸对人体和环境有害，但对长石和石英浮选分离具有重要意义，经过氢氟酸处理的长石和石英的动电位在强酸性矿浆中差异很大，长石表面的动电位变得非常负，而石英的动电位趋于零。长石和石英表面的解离平衡会随着矿浆pH值的下降而被打破，即向负电性减小的方向移动[37]。当pH值在2~3范围时，石英的动电位趋于零，由于氢氟酸对长石的硅氧键的腐蚀，使得长石表面Al^{3+}成为活性中心。同时，溶液中氟和硅形成的$[SiF_6]^{2-}$络合离子，会与长石表面的Al^{3+}、K^+、Na^+形成络合物而附着于长石表面，使得长石表面电位更负。当阳离子捕收剂加入该体系中时，会通过静电作用吸附于长石表面而使长石优先浮出。

8.2.2 无氟有酸法

由于氢氟酸有毒，从20世纪70年代开始，长石与石英的浮选分离倾向于不再使用氟离子[38-39]。无氟有酸法是指在不添加氢氟酸的条件下，使用硫酸调节浮选矿浆的pH值，用单一胺类捕收剂或者混合捕收剂分离长石的方法。其分离原理主要是依据长石和石英的动电位不同，用强酸调节pH值至石英的零电点附近，即此时石英表面不带电，长石表面荷负电，然后使用阳离子捕收剂或者混合捕收剂使长石上浮而实现长石与石英的分离。在很多浮选工艺的研究中发现，不同类型混合捕收剂的浮选效果比单个组分的更好，近年来多使用混合阳离子、阴离子、非离子捕收剂对目的矿物进行有选择性浮选分离[40]。

Vidyadhar等人[41]在使用阴阳离子捕收剂分离长石和石英的研究中发现，只有当矿浆pH值为2左右时才能实现两者的分离，即石英和长石表面电荷的差异是混合捕收剂浮选的基础。研究表明，在pH=2时，胺类阳离子捕收剂不会吸附在表面电位约为零的石英上，而是通过静电相互作用仅一部分吸附在表面电位为负的长石上。当磺酸盐与胺类捕收剂比例为1∶1时，它们通过络合物的形式吸附在长石表面，而这种络合物对石英没有影响，即磺酸盐的存在增加了胺类捕收剂的吸附，除了其共吸附外，还降低了相邻表面胺类的静电斥力，从而增加了尾端疏水性。高文博等人[42]采用无氟有酸法浮选流程进行了长石矿的提纯研究，在矿浆pH值为2~3、十八胺与十二烷基苯磺酸钠配比为1∶4的条件下，经过闭

路试验得到了 K_2O 品位为 10.24%、K_2O 回收率为 51.79%的长石产品。与有氟有酸法的试验指标对比后发现，无氟有酸法精矿中 K_2O 品位略低，但回收率相差不大。此类方法虽然无含氟物质加入，但是由酸性废液排放造成的环境污染及工艺运行期间的设备腐蚀等问题一直是限制其推广的重要原因。

8.2.3 无氟无酸法

无氟无酸法即不添加含氟物质，在中性或碱性矿浆体系下添加单一或者混合捕收剂将长石和石英进行浮选分离的方法[43]。

长石和石英在中性条件下分离的机理为：在中性条件下，长石和石英表面均荷负电，加入阴阳离子捕收剂后，虽然阳离子捕收剂在石英和长石表面上都有吸附，但由于长石表面 Al^{3+} 的存在，对阴离子捕收剂也会形成特性吸附[44-45]；当阴阳两种离子以特定比例添加时，这两种类型的捕收剂会在长石表面形成一层疏水薄层，而在石英表面吸附的都是靠静电吸附的单一类型的捕收剂，这种吸附会随着调浆的进行而逐渐减少，从而使长石和石英得到分离。邱杨率等人[43]针对河南某地长石矿进行了长石与石英的无氟无酸浮选分离研究，通过浮选条件试验确定了阴阳离子捕收剂的最优复配组合和配比、捕收剂用量及抑制剂用量，并获得了 K_2O 品位为 14.68%、Al_2O_3 品位为 15.88%的优质长石精矿。在矿浆 pH 值为 11~12 的条件下，以阴离子表面活性剂（烷基磺酸钠等）为捕收剂、碱土金属离子（如 Ca^{2+}）等为活化剂，可以在体系中优先浮选出石英，外加的非离子表面活性剂可以增大石英和长石可浮性的差别[46]。其基本原理是：烷基磺酸钠是阴离子捕收剂，不能直接吸附在表面荷负电的长石和石英表面，它通过与外加的碱土金属离子形成络合物，共同吸附在石英表面，而使长石和石英分离。该方法能够使生产过程中的难免离子对药剂体系产生正影响，具有良好的应用前景。

8.3 长石和石英浮选药剂及其作用机理

8.3.1 氢氟酸和阳离子捕收剂

在传统浮选工艺中，需在酸性 pH 值范围内，用氢氟酸作长石的活化剂，用阳离子表面活性剂作为捕收剂，才能将长石从石英中浮选分离出来。许多选矿工作者研究过氢氟酸在长石浮选中的作用，并提出了如下几种机理：

（1）氢氟酸作用于长石表面铝质点，在长石表面形成铝氟络合物，使得胺类阳离子捕收剂更易吸附在这些质点上。

（2）氢氟酸与硅作用形成氟硅酸盐离子（六氟硅酸盐离子），这些离子吸附到长石表面的铝质点上产生负电质点，使得胺类阳离子更易吸附。

（3）氢氟酸在长石表面作用，将溶解度低的钠或钾的氟硅酸盐沉积到表面，使得胺类阳离子更易吸附。

氢氟酸的使用，除了其固有的价格昂贵和对浮选槽、管道产生化学腐蚀外，还存在污染环境和有害人体健康的问题。

8.3.2　阴阳离子混合捕收剂

将按照一定摩尔比的混合阳离子捕收剂（如胺类）和阴离子捕收剂（如石油磺酸盐）作为阴阳离子混合捕收剂，使用强酸（一般为硫酸）调节矿浆 pH 值为 2~3，或者在中性条件下通过添加六偏磷酸钠来抑制石英浮选长石。常用阳离子捕收剂有醚胺、十二胺、十八胺等，常用阴离子捕收剂有十二烷基硫酸钠（SDS）、十四烷基二羟乙烯基硫酸钠、十六烷基二羟乙烯基硫酸钠、十八烷基二羟乙烯基硫酸钠等。

众多研究者使用阴阳离子混合捕收剂时，通过溶液化学、动电电位和浮选试验对长石和石英浮选分离机理进行了研究。

（1）在阴离子捕收剂和阳离子捕收剂的混合溶液中，通过电荷中和形成络合物，并且在同等的摩尔比下出现沉淀。根据电导率和表面张力查明单胺与 SDS 的最大相互作用是在摩尔比为 1∶1 时，二胺与 SDS 的最大相互作用发生在摩尔比为 1∶2 时。通过表面张力下降效应证明，这些络合物的表面活性比形成络合物的单一药剂更高。

（2）在长石和石英荷负电的 pH 值下，络合物在两种矿物上的吸附特性是一样的。阳离子捕收剂吸附在负电表面，因而阴离子捕收剂因阴、阳离子之间的络合作用而发生共吸附。

（3）混合物的摩尔比对分子在矿物表面的定向起重要作用。当阴阳离子捕收剂的摩尔比小于 1 时，被吸附的络合物会增大矿粒的疏水性，从而其可浮性提高。在这样的摩尔比下，矿粒的电荷受胺类阳离子主宰而荷正电。在阴阳离子摩尔比相等或高于 1 时，此时阴离子捕收剂过剩，络合物的吸附使得矿粒变得亲水，从而抑制浮选。此时矿粒表面负电高，电荷受所吸附的过剩阴离子控制。

（4）浮选的选择性主要取决于浮选矿浆的 pH 值，即在此 pH 值下，长石和石英表面电荷不同，因而胺能够吸附在长石表面而不吸附在石英表面。长石由此得到的部分疏水性因阴离子捕收剂与阳离子胺形成络合物产生的共吸附而得到增强。

8.3.3　碱土金属离子和阴离子捕收剂

在碱性条件下使用碱土金属离子为活化剂，使用脂肪酸类阴离子捕收剂浮选分离尾矿中的石英和长石，活化离子种类及其浓度、阴离子捕收剂浓度及矿浆

pH 值都是影响石英浮选效率的重要因素。

图 8-2 为在 Ca^{2+}、Ba^{2+}、Sr^{2+}和 Mg^{2+}浓度均为 1×10^{-3} mol/L 的矿浆中，使用浓度为 1×10^{-4} mol/L 的十二烷基磺酸钠（SDSO）作为捕收剂时，石英和微斜长石的浮选回收率随 pH 值的变化[46]。在碱性环境中，没有任何碱土金属离子对微斜长石的浮选产生明显的活化作用。但在高 pH 值下，以碱土金属离子作为活化剂，石英可以明显上浮。

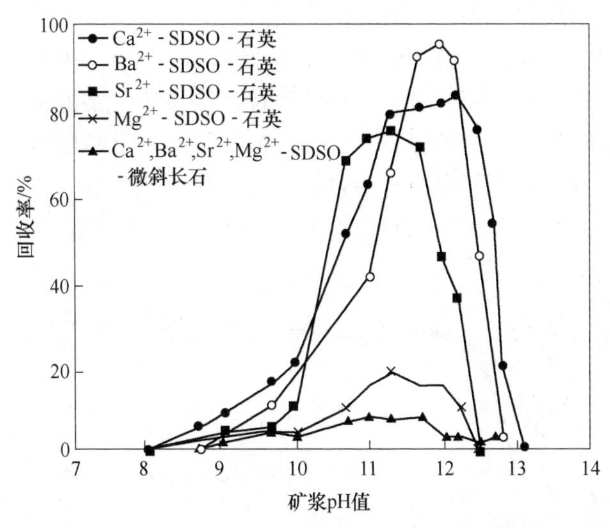

图 8-2 不同碱土金属离子作用下石英和微斜长石浮选回收率随矿浆 pH 值的变化

在碱性体系下，($MOH^+RSO_3^-$) 是活化系统的重要成分。研究认为中性络合物 $M(OH)RSO_3$ 由碱性溶液中的金属离子水解形成，并作为矿物表面半胶束化的调节剂。碱土金属离子在水溶液中的水解对矿物浮选非常重要，它们与游离的磺酸根离子缔合，并吸附在石英表面。这些分子的吸附通过水解实现，由络合物中的氢离子和吸附的氢氧化物离子结合形成，浮选有效性与体系中产生中性络合物的能力有关，这些络合物可以与磺酰阴离子在石英表面上共吸附，并充当半胶束促进剂。由于电位、水的介电常数、溶剂化能和界面黏度的不同，在石英表面形成的中性综合物会有所不同。在钙离子溶液中，溶液化学分析结果表明，在不生成亚硫酸钙沉淀时，石英的浮选将受到影响。当矿物表面的离子活性高于溶液中的离子活性，中性络合物 $Ca(OH)RSO_3$ 的沉淀出现在石英表面，表面沉淀对于实际浮选非常重要。反之，十二烷基磺酸镁的溶解度较高，氢氧化镁的溶解度较低；在 Mg^{2+}浓度为 10^{-3} mol/L 的溶液中，当 pH 值约为 10.1 时，开始形成 $Mg(OH)_2$ 沉淀，而与磺酸盐生成［$Mg(OH)RSO_3$］溶液或［$Mg(OH)RSO_3$］沉淀的 $MgOH^+$ 开始减少。缺乏中性络合物 $Mg(OH)RSO_3$，会导致缺乏半胶束或表面沉淀。存在无机盐时表面活性剂临界胶束浓度（CMC）的降低反映了这些离子（作为反离子）与胶束的结合程度。结合反离子的程度随着水合半径的增加而减小。碱土金属离子降低 CMC 的能力与水合离子的大小顺序相反（$Ba^{2+}>Sr^{2+}>Ca^{2+}>Mg^{2+}$）。

中性非离子表面活性剂类药剂作为辅助捕收剂在碱性条件下浮选石英分离长石，可以有效强化石英的可浮性，如十二醇、松油醇等。图 8-3 为在 Mg-SDS 体系中添加不同摩尔比十二醇后石英和微斜长石的浮选回收率变化图。添加十二醇后石英急剧上浮，这些中性有机分子的作用是可以促进石英表面半胶束的形成，因为它们更容易与磺酸根离子一起吸附在石英表面，十二醇和十二烷基磺酸钠之间存在协同作用，在使用长链烷基磺酸盐的情况下，这些中性分子可以起到分散剂的作用，以防止阳离子磺酸盐络合物的胶体沉淀。十二醇对亚磺酸镁具有分散作用，从而使亚磺酸镁沉淀颗粒悬浮。可能的机理是在低总浓度表面活性剂的作用下形成了混合胶束，从而使悬浮液稳定。其他研究人员通过微量热法在用于浮选白钨矿和方解石的十六烷基硫酸盐-非离子表面活性剂混合物中证实了这一现象。

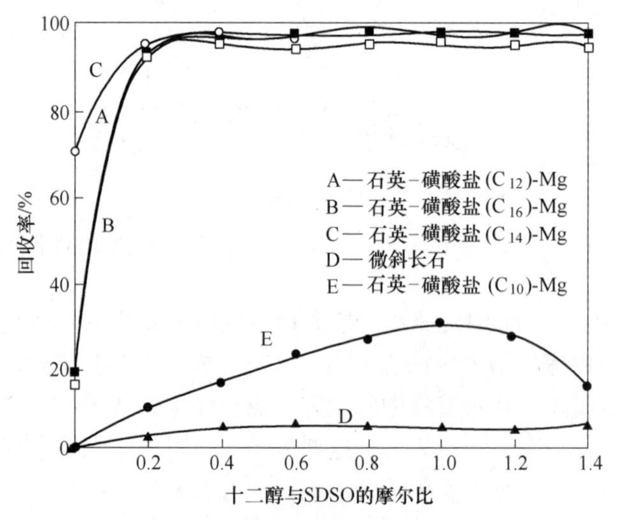

图 8-3　十二醇与不同碳链长度烷基磺酸盐（$C_{10}\sim C_{16}$）的不同摩尔比对石英和微斜长石的回收率的影响

油酸钠也常作为阴离子捕收剂在碱性条件下用于分选长石和石英，其对长石和石英浮选行为的影响如图 8-4 所示。在油酸钠用量为 1×10^{-4} mol/L，不添加金属离子的条件下，长石和石英的零电点较低，在中碱性矿浆中时，二者表面荷负电。而油酸钠为阴离子捕收剂，添加单一油酸钠难以克服静电作用吸附在矿物颗粒表面。因此长石和石英的回收率在测量 pH 值范围内几乎为零（见图 8-4（a））。由图 8-4（b）可知，矿浆 pH 值小于 10 时添加钙离子对油酸钠捕收长石和石英的浮选行为几乎没有影响，二者的回收率都很小；当矿浆 pH 值继续增大

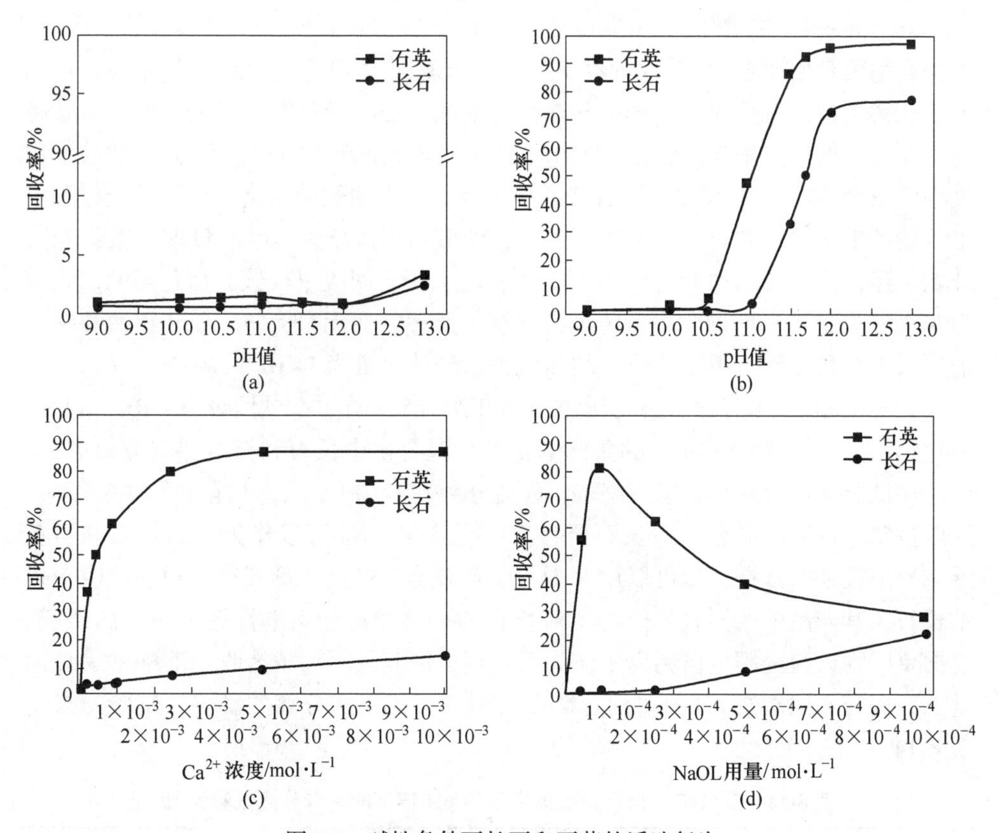

图 8-4 碱性条件下长石和石英的浮选行为

（a）未添加 Ca^{2+} 时矿浆 pH 值对长石和石英浮选行为的影响（NaOL：1×10^{-4} mol/L）；

（b）添加 Ca^{2+} 时矿浆 pH 值对长石和石英浮选行为的影响（NaOL：1×10^{-4} mol/L，Ca^{2+}：5×10^{-4} mol/L）；

（c）Ca^{2+} 浓度对长石和石英浮选行为的影响（pH=11.0，NaOL：1×10^{-4} mol/L）；

（d）NaOL 用量对长石和石英浮选行为的影响（pH=11.0，Ca^{2+}：2.5×10^{-3} mol/L）

到 10.5~12.0 时，石英的回收率迅速增大（回收率在 95%左右），然后趋于平稳；而长石在矿浆 pH 值小于 11.0 时，回收率很小，在矿浆 pH 值为 11.0~12.0 时，回收率迅速增大（回收率在 70%左右），然后趋于平稳；当矿浆 pH 值为 11.0 时，长石回收率极低，此时长石和石英的回收率相差约 40 个百分点。因此综上所述，在无氟无酸、Ca^{2+} 和油酸钠药剂体系下，长石和石英浮选分离的最佳 pH 值为 11.0。由图 8-4（c）可知，当钙离子用量逐渐增大到 2.5×10^{-3} mol/L时，石英的回收率迅速增大到 80%左右，继续增大钙离子的用量，石英的回收率变化不大；长石的回收率随着钙离子用量增大而一直在缓慢增长，当钙离子用量为 2.5×10^{-3} mol/L 时，长石回收率约为 5%，此时长石和石英浮选分离效果最佳。综上所述，Ca^{2+} 和油酸钠药剂体系下，长石和石英浮选分离的钙离子最佳用量为

2. 5×10^{-3} mol/L。由图 8-4（d）可知，在 Ca^{2+} 浓度为 2. 5×10^{-3} mol/L 的条件下，当油酸钠用量增加至 1×10^{-4}mol/L 时，石英的回收率快速增大到 80%左右，再增大油酸钠用量，石英浮选过程中开始产生虚泡，且油酸钠用量越大，虚泡量就越大，但石英的回收率却随着油酸钠用量的继续增大而开始快速下降；当油酸钠用量小于 2. 5×10^{-4} mol/L 时，长石基本不上浮，增大油酸钠用量，长石浮选过程中也开始产生虚泡，同石英浮选现象一样，油酸钠用量越大，虚泡量就越大，长石开始上浮，当油酸钠用量为 1×10^{-4} mol/L 时，长石回收率很低，而石英的回收率为 80%左右，二者的回收率差值最大。综上所述，在无氟无酸、Ca^{2+} 和油酸钠药剂体系下，长石和石英浮选分离的油酸钠的最佳用量为 1×10^{-4} mol/L。

长石和石英按质量比 1∶1 配成二元人工混合矿，在油酸钠用量为1×10^{-4} mol/L、氯化钙用量为 1×10^{-4} mol/L 的条件下，进行混合矿中长石和石英浮选分离的 pH 值条件试验。混合矿中石英的 SiO_2 质量分数在 99%以上，其他元素含量极小，可以被忽略，因此混合矿中长石所特有的元素 K、Na 可以作为判断长石和石英浮选分离效果的依据，即可以用 K_2O+Na_2O 在泡沫产品或槽底产品中的回收率表示长石在其产品中的回收率。为了对长石和石英浮选分离进行更进一步的研究，根据单矿物试验选用金属钙离子作为活化剂，在其及阴离子捕收剂油酸钠最佳用量下，探究不同矿浆 pH 值对混合矿中长石和石英浮选分离的影响，试验结果见表 8-14。

表 8-14 混合矿中长石和石英在不同 pH 值下的浮选分离试验结果 （%）

产品名称		产率	K_2O 品位	Na_2O 品位	长石回收率	石英回收率
pH = 10. 00	泡沫产品	3. 27	3. 93	2. 07	2. 37	4. 17
	槽底产品	96. 73	5. 18	3. 18	97. 63	95. 83
	原矿	100. 00	5. 14	3. 14	100. 00	100. 00
pH = 10. 50	泡沫产品	26. 94	0. 61	0. 37	3. 18	50. 70
	槽底产品	73. 06	6. 82	4. 16	96. 82	49. 30
	原矿	100. 00	5. 15	3. 14	100. 00	100. 00
pH = 10. 75	泡沫产品	36. 59	0. 66	0. 36	4. 50	68. 68
	槽底产品	63. 41	7. 76	4. 73	95. 50	31. 32
	原矿	100. 00	5. 16	3. 13	100. 00	100. 00
pH = 11. 00	泡沫产品	48. 38	1. 33	0. 71	11. 91	84. 85
	槽底产品	51. 62	8. 73	5. 42	88. 09	15. 15
	原矿	100. 00	5. 15	3. 14	100. 00	100. 00

续表 8-14

产品名称		产率	K_2O 品位	Na_2O 品位	长石回收率	石英回收率
pH=11.25	泡沫产品	57.82	3.18	1.63	33.51	82.13
	槽底产品	42.18	7.85	5.23	66.49	17.87
	原矿	100.00	5.15	3.15	100.00	100.00
pH=11.50	泡沫产品	66.20	4.12	2.12	49.83	82.57
	槽底产品	33.80	7.14	5.17	50.17	17.43
	原矿	100.00	5.14	3.15	100.00	100.00
pH=12.00	泡沫产品	74.36	5.32	2.71	72.03	76.69
	槽底产品	25.64	4.66	4.39	27.97	23.31
	原矿	100.00	5.15	3.14	100.00	100.00

图 8-5 为混合浮选精矿和尾矿中 K_2O+Na_2O 的品位和选择性分离指数 SI（selectivity index）随 pH 值的变化趋势。I_S 可以用来直观表征钙离子和油酸钠对混合矿中矿物的浮选分离选择性，I_S 越大，表示石英与长石的浮选差异越大；I_S 越接近 1，表示矿物的浮选行为差异越小。I_S 计算式如下：

$$I_S=\sqrt{\frac{\varepsilon_{Q-K}}{\varepsilon_{F-K}}\cdot\frac{\varepsilon_{F-X}}{\varepsilon_{Q-X}}} \tag{8-1}$$

式中，ε_{Q-K}、ε_{Q-X} 分别为混合浮选泡沫产品、槽底产品中石英的回收率；ε_{F-K}、ε_{F-X} 分别表示混合浮选泡沫产品、槽底产品中长石的回收率。

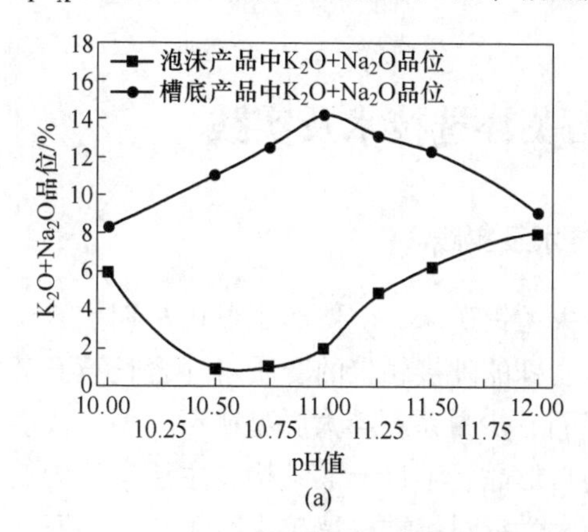

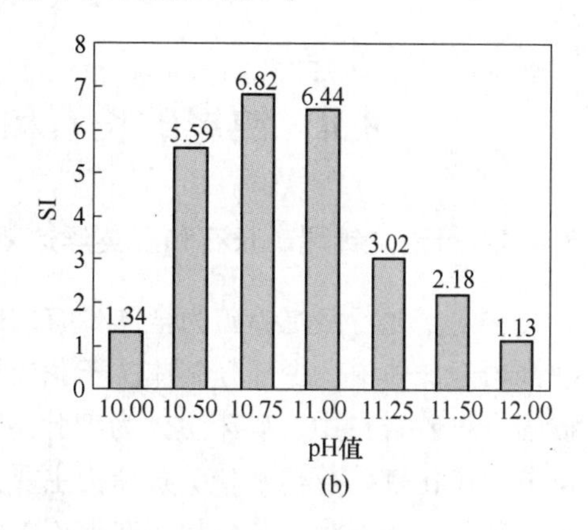

图 8-5 混合浮选精矿和尾矿中 K_2O+Na_2O 的品位（a）及选择性分离指数（b）随 pH 值的变化趋势

由表 8-14 可知，混合浮选泡沫产品的产率随着 pH 值的增大而不断升高；与石英单矿物浮选试验结果趋势相同，混合浮选泡沫产品中石英的回收率在 pH 值为 10.00~11.00 范围内快速上升，随后稍有下降但基本维持不变；与长石单矿物浮选试验结果不同，混合浮选泡沫产品中长石的回收率在 pH 值大于 11.00 时开始较快上升，长石与石英浮选分离的选择性越来越差，当矿浆 pH 值增大到 12.00 时，浮选泡沫产品中长石和石英的回收率接近，此时长石和石英的浮选几乎无选择性；在矿浆 pH 值为 10.00 时，混合浮选泡沫产品的产率极小，且泡沫产品和槽底产品中 K_2O、Na_2O 的品位相差不大，即在 pH 值为 10.00 时，油酸钠和钙离子的药剂体系对两种矿物的浮选行为基本没有影响；当矿浆 pH 值大于 10.00 时，混合浮选槽底产品中 K_2O+Na_2O 的品位随着 pH 值的提高而不断增大，其品位在 pH＝11.00 时达到最大，为 14.15%。由图 8-5 可知，在 pH 值为 10.50、10.75 及 11.00 时，钙离子和油酸钠对混合矿中长石和石英浮选分离的选择性指数较大，所以当 pH 值为 10.50 和 10.75 时，混合浮选泡沫产品的产率较低（见表 8-14）。综上所述，在矿浆 pH 值为 11.00、油酸钠用量为 1×10^{-4}mol/L 及氯化钙用量为 1×10^{-4}mol/L 的浮选条件下，混合矿中长石和石英可以实现很好的浮选分离。

在所有这些体系中观察到的长石较石英回收率显著偏低，可以从长石水合层性质解释。根据水合层假说，在酸性溶液中，长石表面的铝和碱金属离子（如 K^+）含量减少，但硅含量丰富；而在高碱性条件下，长石表面的二氧化硅含量减少，碱金属离子含量增加。与石英相比，钙离子在长石表面的吸附密度较低，在高碱性介质中，Al^{3+} 和 K^+ 等可交换阳离子可能与 Na^+ 或 NaOH 交换，NaOH 与 $CaOH^+$ 竞争。虽然石英是三维骨架，但硅酸盐不会形成水合层或任何可交换成分。

8.4　钨尾矿长石和石英浮选技术及实践

8.4.1　行洛坑钨尾矿长石和石英浮选新技术及实践

福建宁化行洛坑钨矿为全国少有的巨大型钨矿床，矿体产于燕山早期黑云母花岗岩岩株体中，少部分矿体位于花岗岩岩株的外接触带的变质岩（含长石石英砂岩、粉砂岩）中。矿床主体为细脉型矿石，少量系石英大脉型矿石类型，浅表部分为风化带矿石类型。矿石结构主要为自形晶、半自形晶结构，主要构造为块状、脉状、条带状、晶洞状构造等。中南大学针对钨重选尾矿进行了长石和石英无氟无酸分离试验研究，从钨重选尾矿中分别回收得到优质长石产品和石英产品，大大减少了尾矿排放量，提高了资源利用率，创造了企业新的利润增长点。

8.4.1.1　钨尾矿工艺矿物学研究

行洛坑钨矿重选尾矿的多元素化学分析结果见表 8-15。由表 8-15 可知，该重选尾矿中非金属矿物回收价值较高，K、Na元素含量较高，尾矿中几乎不含有可回收再利用的金属元素。矿石组成成分分析结果见表8-16，样品中主要矿物为石英和钾长石，其次是钠长石、白云母和斜长石，还有少量的黑云母、白云石和蒙脱石等，以及微量的方解石、铁白云石、菱铁矿、高岭石、绿泥石、萤石、金红石、独居石、赤褐铁矿、磷灰石、电气石、黄铁矿和毒砂等。其中石英、钾长石和钠长石这三种矿物占总矿物的80.99%。

表8-15 重选尾矿多元素分析结果

成分	K_2O	Na_2O	Al_2O_3	SiO_2	Fe_2O_3	CaO	MgO
质量分数/%	5.22	1.45	11.24	75.41	1.54	1.73	0.54
成分	P_2O_5	MnO	SO_3	TiO_2	Rb_2O	WO_3	PbO
质量分数/%	0.06	0.06	0.12	0.25	0.03	0.03	0.01

表8-16 重选尾矿矿物组成及其质量分数

矿物中文名称	质量分数/%	矿物中文名称	质量分数/%
石英	52.69	绿泥石	0.59
钠长石	7.16	萤石	0.28
钾长石	21.14	磷灰石	0.09
斜长石	3.54	赤褐铁矿	0.04
白云母	8.19	金红石	0.12
黑云母	1.81	独居石	0.10
方解石	0.26	硅灰石	0.03
白云石	1.15	电气石	0.04
铁白云石	0.06	黄铁矿	0.03
菱铁矿	0.19	毒砂	0.01
蒙脱石	1.78	其他	0.12
高岭石	0.58	合计	100.00

矿物的粒度组成是制定磨矿工艺的重要依据，为此对重选尾矿进行了系统的筛分分析，分别考察重选尾矿不同粒级中K_2O、Na_2O、Al_2O_3、Fe_2O_3的分布情况，筛分结果见表8-17。该尾矿粒度较粗，钾元素和钠元素分布较均匀；小于0.038 mm粒级的产率为6.28%，Fe_2O_3品位高达4.60%，Fe_2O_3分布率为18.19%，即元素铁主要分布在泥化的铝硅酸盐中。比较K_2O、Na_2O的品位及分布率的变化可以看出，钾、钠的变化趋势是相同的，且在各个粒级中的分布比较均匀而没有在某个粒级富集。

表 8-17 不同元素在各粒级重选尾矿中的分布情况

粒级 /mm	产率 /%	K_2O		Na_2O		Al_2O_3		Fe_2O_3	
		品位 /%	分布率 /%	品位 /%	分布率 /%	品位 /%	分布率 /%	品位 /%	分布率 /%
>0. 250	39. 63	5. 05	40. 45	1. 33	40. 27	10. 53	38. 25	1. 45	36. 18
0. 250~0. 150	29. 64	4. 81	28. 81	1. 29	29. 21	9. 99	27. 14	1. 18	22. 02
0. 150~0. 074	18. 40	4. 73	17. 59	1. 26	17. 71	10. 33	17. 42	1. 41	16. 33
0. 074~0. 038	6. 05	5. 13	6. 27	1. 34	6. 19	11. 18	6. 20	1. 91	7. 28
<0. 038	6. 28	5. 42	6. 88	1. 38	6. 62	19. 10	10. 99	4. 60	18. 19
合计	100. 00	4. 95	100. 00	1. 31	100. 00	10. 91	100. 00	1. 59	100. 00

8. 4. 1. 2 尾矿预处理

根据行洛坑钨尾矿矿样的工艺矿物学分析，为保证石英和长石的解离度、产品质量、浮选效率，制定了磨矿—磁选—脱泥的预处理流程，如图 8-6 所示。钨尾矿浮选前预处理各产物的指标见表 8-18。

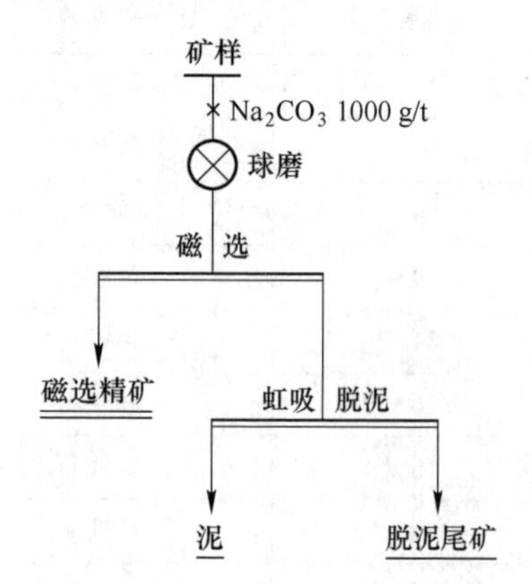

图 8-6 行洛坑钨尾矿预处理流程

表 8-18 钨尾矿预处理各产物指标 (%)

产品	产率	K_2O+Na_2O		Fe_2O_3	
		品位	分布率	品位	分布率
磁选精矿	9. 81	5. 39	8. 21	12. 93	62. 40
泥	19. 27	6. 33	18. 93	2. 31	21. 90
脱泥尾矿	70. 92	6. 62	72. 86	0. 45	15. 70
原矿	100. 00	6. 44	100. 00	2. 03	100. 00

8.4.1.3 浮选工艺设计

碱性条件下采用高效阴阳离子缔合体捕收剂，对尾矿中云母进行强选择性捕收，实现云母的高效富集，并开展石英和长石无氟无酸清洁高效浮选分离试验。经过药剂用量、矿浆浓度、药剂配比、回水利用等开路试验后，设计的最优工艺流程如图8-7所示，最终获得的长石产品的产率为25.43%，K_2O 和 Na_2O 品位分别为10.51%和3.11%，K_2O 和 Na_2O 回收率分别为48.47%和48.50%，Al_2O_3 质量分数为17.02%，Fe_2O_3 质量分数为0.14%，SiO_2 品位为68.05%，白度为

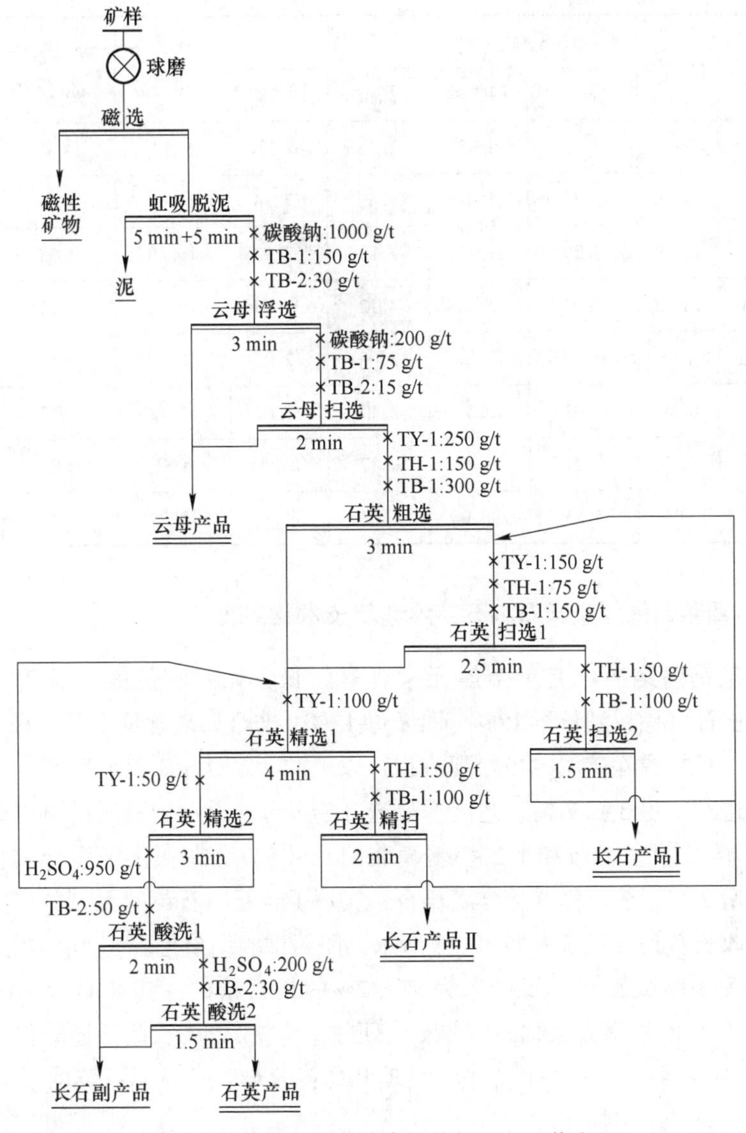

图8-7 行洛坑钨尾矿综合回收长石和石英流程

71.50%；石英产品的产率为 27.74%，SiO_2 品位为 98.51%，Fe_2O_3 质量分数为 0.09%，K_2O 和 Na_2O 品位分别为 0.37%和 0.17%，Al_2O_3 质量分数为 0.61%，白度为 93%；长石副产品的产率为 8.29%，K_2O 和 Na_2O 品位分别为 7.02%和 2.17%，K_2O 和 Na_2O 回收率分别为 10.55%和 11.02%，Al_2O_3 质量分数为 11.42%，Fe_2O_3 质量分数为 0.43%，SiO_2 品位为 77.96%。钨尾矿回收长石和石英浮选分离闭路试验结果见表 8-19。

表 8-19　长石和石英浮选分离闭路试验结果　(%)

产品	产率	K_2O		Na_2O		Al_2O_3 质量分数	Fe_2O_3 质量分数	SiO_2 品位
		品位	回收率	品位	回收率			
磁性矿物	8.97	4.27	6.95	1.15	6.32	9.13	14.23	62.67
泥	19.38	5.32	18.70	1.46	17.34	14.68	2.35	72.45
云母产品	10.19	7.29	13.47	2.23	13.93	16.40	4.93	59.62
长石产品Ⅰ	18.58	10.57	35.61	3.12	35.53	17.03	0.15	68.09
长石产品Ⅱ	6.85	10.35	12.86	3.09	12.97	16.99	0.12	67.93
长石副产品	8.29	7.02	10.55	2.17	11.02	11.42	0.43	77.96
石英	27.74	0.37	1.86	0.17	2.89	0.61	0.09	98.51
原矿	100.00	5.51	100.00	1.63	100.00	10.78	2.33	76.83

8.4.2　广西某钨锡尾矿长石和石英浮选新技术及实践

广西某钨锡尾矿中有价金属元素含量过低，无回收价值，但其含有石英 35%、钾长石 26%、钠长石 18%、白云母 15%，非金属矿含量丰富。采用磁选脱除磁性物、机械脱除矿泥的预处理流程，以硫酸为矿浆 pH 值调整剂、十二胺为捕收剂，进行 1 粗 3 扫 2 精工艺流程浮选分离云母；浮选云母尾矿再以硫酸为矿浆 pH 值调整剂、十八胺和十二烷基磺酸钠（SDS）为阴阳离子混合捕收剂，采用 1 粗 2 精 2 扫工艺流程浮选分离长石，实现了长石与石英的无氟分离。该钨尾矿综合回收长石和石英流程如图 8-8 所示，闭路试验结果见表 8-20。由表 8-20 可知，全流程闭路试验获得了产率为 44.32%的长石精矿，其 K_2O+Na_2O 品位为 12.19%、K_2O 回收率为 70.15%、Na_2O 回收率为 73.24%；此外还获得了产率为 36.04%的石英精矿，其 SiO_2 品位为 98.14%；云母、长石、石英的质量指标均达到了建材原料使用标准。

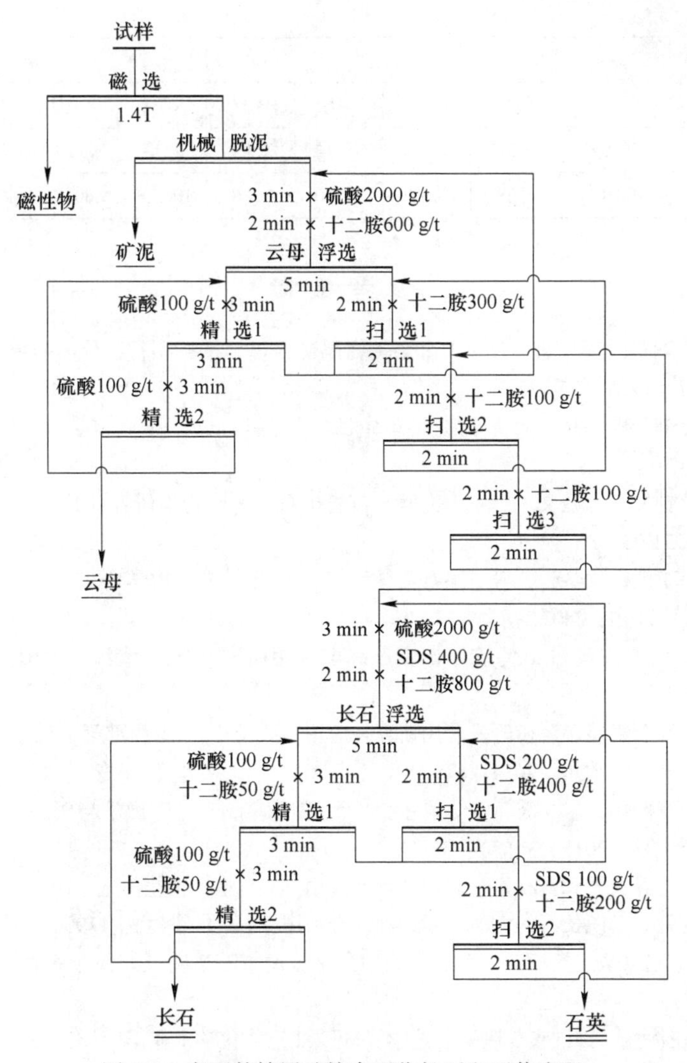

图 8-8 广西某钨尾矿综合回收长石和石英流程

表 8-20 广西某钨尾矿闭路试验结果 (%)

产品名称	产率	品位				回收率			
		K_2O	Na_2O	SiO_2	Al_2O_3	K_2O	Na_2O	SiO_2	Al_2O_3
磁性物	5.52	3.37	4.14	55.70	6.81	4.24	7.19	4.01	5.23
矿泥	8.89	5.35	5.21	65.16	11.40	10.85	14.58	7.55	14.11
云母	5.23	10.58	1.65	47.27	30.52	12.62	2.72	3.22	22.23
长石	44.32	6.94	5.25	67.66	8.58	70.15	73.24	39.10	52.95

续表 8-20

产品名称	产率	品位				回收率			
		K_2O	Na_2O	SiO_2	Al_2O_3	K_2O	Na_2O	SiO_2	Al_2O_3
石英	36.04	0.26	0.20	98.14	1.09	2.14	2.27	46.12	5.47
尾矿	100.00	4.38	3.18	76.70	7.18	100.00	100.00	100.00	100.00

参考文献

[1] 吴师金，陈军，黄六老．江西大余某钨锡尾矿云母、长石和石英分离研究［J］．现代矿业，2017（11）：135-137.

[2] 吴福初，刘子帅．从广西某钨锡尾矿中回收长石与石英［J］．矿业研究与开发，2016（7）：18-21.

[3] 龚恩民，钟文，周晓文．广东石人嶂云英岩矿石工艺矿物学研究［J］．中国矿业，2011，20（3）：71-73，85.

[4] 洪秋阳，李波，梁冬云，等．某石英脉型钨锡矿石工艺矿物学研究及可选性分析［J］．中国钨业，2019，34（2）：29-33.

[5] 吴师金．江西省盘古山钨矿尾矿资源综合利用研究［D］．武汉：中国地质大学（武汉），2005.

[6] 文儒景．江西某钨矿尾矿开发利用研究与应用实践［C］//中西部第七届有色金属工业发展论坛论文集，郑州，2014：678-681.

[7] 彭光菊，张健伟，朱小波，等．栗木金竹源矿床矿石工艺矿物学与资源综合利用［J］．有色金属工程，2013，3（5）：36-39.

[8] 李学明．世界长石和霞石正长岩的产销及应用［J］．建材工业信息，1991（9）：6.

[9] 小营，古林．漫谈长石的性质、用途和综合利用［J］．广东建材，1994（4）：36-39.

[10] 才文博，赵以辛．长石——造岩矿物中最常见的宝石矿物［J］．吉林地质，1989（2）：84-88.

[11] 张锐，王海龙，许红亮．陶瓷工艺学［M］．北京：化学工业出版社，2013.

[12] 彭寿，陈志强．我国硅质原料产业现状及发展趋势［J］．国外建材科技，2008（2）：40-46.

[13] 周张健．无机非金属材料工艺学［M］．北京：中国轻工业出版社，2010.

[14] 于思远，林滨，林彬．国内外先进陶瓷材料加工技术的进展［J］．金刚石与磨料磨具工程，2001（4）：36-39.

[15] 陆小荣．陶瓷工艺学［M］．长沙：湖南大学出版社，2005.

[16] 马铁成．陶瓷工艺学［M］．北京：中国轻工业出版社，2011.

[17] 宗培新．陶瓷工业用钾长石应用技术及产业前景［J］．中国非金属矿工业导刊，2013（6）：1-3.

[18] Lines M，陆志梁．亚洲长石生产及消费［J］．非金属矿，2005（3）：5-7.

[19] 张兄明，张英亮．长石选矿工艺研究［J］．中国非金属矿工业导刊，2012（3）：36-39.

[20] 赫占军. 超平滑陶瓷釉的研究 [D]. 长沙：湖南大学，2006.
[21] 朱文. 浅谈印度钾长石的特性及其工业应用 [J]. 佛山陶瓷，2016 (2)：32-36.
[22] 曲均峰，赵福军，傅送保. 非水溶性钾研究现状与应用前景 [J]. 现代化工，2010，30 (6)：16-19.
[23] 黄雯. 长石与石英浮选分离试验研究 [D]. 武汉：武汉理工大学，2012.
[24] 胡波，韩效钊，肖正辉，等. 我国钾长石矿产资源分布、开发利用、问题与对策 [J]. 化工矿产地质，2005 (1)：25-32.
[25] 丁亚卓. 低品位石英矿提纯制备高纯度石英的研究 [D]. 沈阳：东北大学，2010.
[26] 徐洪林. 石英砂的工业利用及加工技术 [J]. 矿产保护与利用，1992 (1)：21-26.
[27] 郑水林. 非金属矿加工与应用 [M]. 北京：化学工业出版社，2009.
[28] 张景焘. 玻璃工业的发展及其对石英原料的需求 [C] //中国玻璃行业年会暨技术研讨会论文集，广州，2006.
[29] 胡廷海. 北海高岭土伴生石英砂矿选矿试验研究 [D]. 武汉：武汉理工大学，2013.
[30] 荆海鸥. 高温焙烧对铸造用石英砂工艺性能的影响 [D]. 西安：西安理工大学，2004.
[31] 花开慧. 绿色莫来石晶须骨架多孔陶瓷的制备与性能 [D]. 广州：华南理工大学，2017.
[32] 汪灵，李彩侠，王艳，等. 我国高纯石英加工技术现状与发展建议 [J]. 矿物岩石，2011 (4)：112-116.
[33] 田金星. 高纯石英砂的提纯工艺研究 [J]. 中国矿业，1999 (3)：59-62.
[34] SKORINA T，ALLANORE A. Aqueous alteration of potassium-bearing aluminosilicate minerals：from mechanism to processing [J]. Green Chemistry，2015，17 (4)：2123-2136.
[35] ZHANG Y，HU Y H，SUN N，et al. Systematic review of feldspar beneficiation and its comprehensive application [J]. Minerals Engineering，2018，128：141-152.
[36] 贾木欣，孙传尧. 几种硅酸盐矿物零电点、可浮性及键价分析 [J]. 有色金属（选矿部分），2001 (6)：1-9.
[37] 陈琳璋. 石英与长石的浮选分离研究 [D]. 长沙：湖南工业大学，2014.
[38] 刘亚川，龚焕高，张克仁. 油酸钠和十二胺盐酸盐在长石和石英表面的吸附 [J]. 矿冶工程，1993 (2)：29-32，35.
[39] 于福顺. 石英长石无氟浮选分离工艺研究现状 [J]. 矿产保护与利用，2005 (3)：52-54.
[40] 田敏，李洪潮，张红新，等. 钾长石石英无氟分离工艺研究及工业化试验 [J]. 化工矿物与加工，2012 (11)：13-17.
[41] VIDYADHAR A. Role of mixed collector systems in selective separation of albite from Greek Stefania feldspar ore：International seminar on Mineral Processing Technology [C]. Bombay：s. n.，2007.
[42] 高文博，陆长龙，肖骏，等. 某钼尾矿浮选回收钾长石试验研究 [J]. 中国钼业，2016，40 (3)：4-8.
[43] 邱杨率，张凌燕，宋昱晗，等. 长石与石英无氟无酸浮选分离研究 [J]. 矿产保护与利

用，2014（3）：47-51.

[44] 聂铁苗，刘淑贤，王森，等．石英长石无氟浮选分离的研究现状及进展［J］. 化工矿物与加工，2015，44（7）：51-54.

[45] SUN N，SUN W，GUAN Q J，et al. Green and sustainable recovery of feldspar and quartz from granite tailings［J］. Minerals Engineering，2023，203：108351.

[46] EL-SALMAWY M S，NAKAHIRO Y，WAKAMATSU T. The role of alkaline earth cations in flotation separation of quartz from feldspar［J］. Minerals Engineering，1993，6（12）：1231-1243.

9 钨矿选矿废水的处理与循环利用

钨矿在浮选过程中会产生大量废水，废水中含有多种污染物，通常不能直接排放或回用，必须对废水进行处理。废水处理后的走向分为达标排放或循环利用，其中达标排放要求将废水中的污染物全部处理达到排放标准要求，往往需要深度处理，难度大、成本高；而循环利用则只需将废水适度处理，去除废水中特定污染物，使其返回浮选作业不影响浮选指标即可，然而在实践中往往会有很多因素影响废水循环利用率。钨矿企业通常执行《污水综合排放标准》（GB 8978—1996）一级标准，废水中部分污染物最高允许排放浓度见表9-1[1]。本章从钨矿浮选废水的产生与污染因子、废水中典型污染物去除技术、废水循环利用关键因素及典型钨矿山废水处理工艺四个方面进行了分析和讨论，旨在为我国钨矿浮选废水处理与循环利用提供借鉴与参考，助力钨矿资源的清洁高效开发与利用。

表9-1 国标规定的废水中污染物最高允许排放浓度 (mg/L)

污染物	总镉	总铬	总砷	总铅	悬浮物	化学需氧量	氨氮	氟化物	总锌
浓度	0.1	1.5	0.5	1.0	70	100	15	10	2.0

注：允许排放废水的pH值为6~9。

9.1 钨矿浮选废水的产生及污染因子

白钨矿、黑白钨混合矿选矿采用的方法以浮选为主，通常浮选1 t原矿需要消耗4~7 t水[2]。钨矿浮选废水主要来源于浮选过程中各中矿和精矿浓密机溢流水、精矿过滤和干燥脱出的水、地面冲洗水及尾矿水等，其中尾矿水占主体。由于在浮选过程中添加了多种浮选药剂，如调整剂、捕收剂、起泡剂等，尾矿水的成分特别复杂，废水处理及循环利用难度较大[3]。目前钨矿浮选主要工艺包括脂肪酸法和金属-有机配合物法，其中，脂肪酸法钨矿浮选工艺以脂肪酸为主要捕收剂、水玻璃为抑制剂，尾矿矿浆难以自然沉降，废水中的主要污染物为残余的脂肪酸、水玻璃及固体悬浮物；金属-有机配合物法钨矿浮选工艺以金属-有机配合物为主要捕收剂，在钨粗选时不加水玻璃，钨精选时加少量盐化水玻璃，尾矿矿浆较易自然沉降，废水中的主要污染物为残余的金属-有机配合物药剂。

另外，钨矿物通常与其他有用矿物共伴生，如有钼铋钨萤石矿型[4]、钼钨矿型[5]、铜钨矿型[6]、铜钼钨矿型[7]等，因此钨多金属矿的浮选流程通常为先选硫化矿，再选钨矿，最后选萤石等伴生资源。钨多金属矿每段浮选流程均会产生废水，且废水中残留的化学成分各不相同，使得最终尾矿废水中残留有整个浮选流程的全部药剂，增加了尾矿废水的处理难度。

钨多金属矿浮选工艺流程如图 9-1 所示。废水中影响循环利用或达标排放的主要污染物为水玻璃（硅酸钠）、固体悬浮物和残余的有机浮选药剂，由于废水中有机浮选药剂的种类及其含量很难定量检测，因而通常用化学需氧量（COD）来表征废水中有机药剂的浓度。由于最终尾矿废水中残留有整个浮选流程的全部药剂，若不经处理直接回用源头磨矿，通常会恶化多金属矿浮选指标。国内外研究团队针对多金属矿选矿废水提出了“分质处理分级循环利用”技术思路，即针对不同选矿流程产生的废水中的特定污染物进行适度处理后再返回相应选矿流程循环利用，为钨多金属矿浮选废水的低成本处理与循环利用提供了方向。

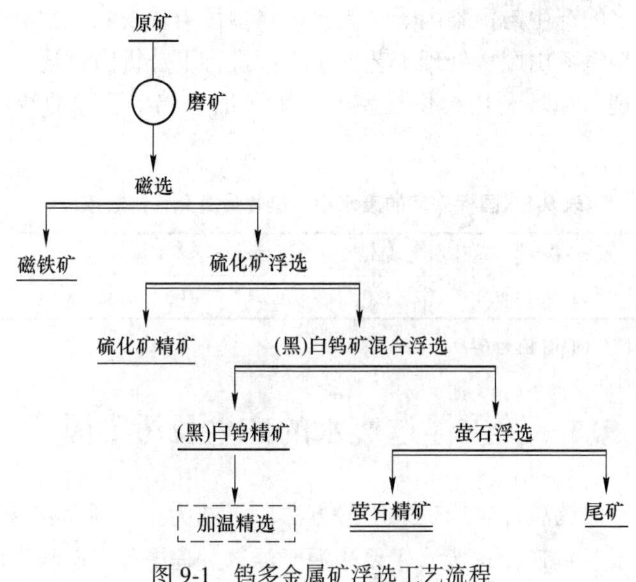

图 9-1　钨多金属矿浮选工艺流程

9.2　废水中典型污染物去除技术

9.2.1　水玻璃去除技术

水玻璃一般指硅酸钠，常用作钨浮选脉石矿物抑制剂，尤其是在采用“彼德洛夫”法加温浮选时，需要添加大量水玻璃，然而水玻璃用量过大也会影响钨矿物的上浮，这是因为水玻璃用量过大时会与捕收剂竞争钨矿物表面的吸附位点，而减少捕收剂的吸附[8]。亢建华等人[9]研究栾川白钨矿加温浮选尾矿废水时发现废水中含有较多的硅酸根离子（质量浓度高达 1200 mg/L），直接回用于白钨矿粗选会恶化浮选指标。在实践中常常利用钙离子与硅酸根离子结合生成硅酸钙沉淀去除水玻璃，然而采用石灰处理含高质量浓度水玻璃钨浮选废水时，由于石灰用量大会导致尾矿矿浆 pH 值很高，而在高 pH 值条件下游离的钙离子会水解生成氢氧化钙限制其与硅酸根离子的结合，因此单独采用石灰不能有效去除硅酸根离子。硅酸根离子和钙离子在水溶液中的组分分布如图 9-2 所示，可见 pH 值会影响硅酸根离子和钙离子在水溶液中的存在形态。

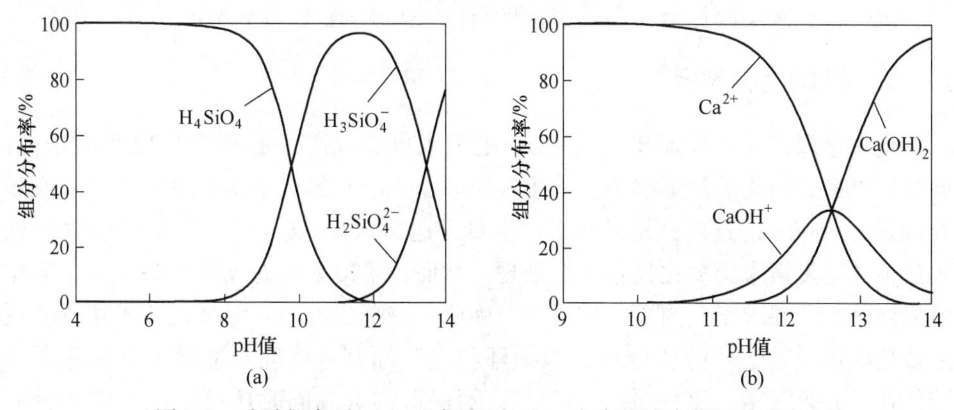

图 9-2 硅酸根离子（a）和钙离子（b）在水溶液中的组分分布

邓双丽等人[10]采用常规废水处理药剂（氯化铁、熟石灰、聚合硫酸铁、聚丙烯酰胺）和不同的酸（硫酸、盐酸、硝酸）处理白钨矿加温精选废水，发现硫酸对硅酸根离子的去除效果最好。陈谦[11]采用"酸碱联合工艺"可有效去除白钨矿选矿废水中的水玻璃，原理是向废水中加入硫酸将水玻璃逐渐水解为硅酸，之后再向废水中加入石灰乳，使硅酸转化为硅酸钙沉淀而从废水中去除。王水云[12]采用电絮凝技术处理白钨矿选矿废水，结果表明，将废水 pH 值调至 9.5，经一次电絮凝处理，硅酸根离子的去除率可达 89.2%；经二次电絮凝处理，硅酸根离子的去除率可高达 98.1%。

9.2.2 固体悬浮物去除技术

钨矿物浮选完成后，矿浆中的微细颗粒物在水玻璃的作用下难以自然沉降，导致废水中含有较高浓度的固体悬浮物。浮选完成后，废水中残留的水玻璃吸附在微细颗粒物表面，使颗粒带负电，颗粒间相互排斥形成稳定的分散体系，导致固体悬浮物难以自然沉降。一方面含高浓度固体悬浮物的废水直接回用于浮选会导致矿泥罩盖在有用矿物表面，影响有用矿物上浮，同时矿泥还会消耗大量浮选药剂，恶化浮选指标，增加药剂成本；另一方面废水中固体悬浮物含量较高难以满足排放标准要求。

钨矿浮选废水中固体悬浮物去除的常用技术为先加石灰乳使废水脱稳，再采用混凝沉淀技术进一步去除固体悬浮物。例如，陈明等人[13]取某钨矿尾矿库溢流水（固体悬浮物质量浓度为 3070 mg/L）研究了固体悬浮物的去除方法，在废水中先加入石灰乳将废水 pH 值调为 11.5，静置沉降后取上清液，加酸调 pH 值至 8.5 后再加聚丙烯酰胺（2 mg/L）沉降，可将废水固体悬浮物质量浓度降至 128 mg/L。陈后兴等人[14]取赣南某钨矿尾矿库溢流水研究了固体悬浮物的去除工艺，在废水中添加石灰乳将 pH 值调至 10 左右，再加三氯化铁（15 mg/L）搅拌后沉降，废水中固体悬浮物质量浓度可由 415.5 mg/L 降至 5.4 mg/L。

9.2.3 有机物去除技术

钨多金属矿尾矿库流出水的 COD 是废水排放标准中必须严格监测的指标，同时也是最难净化的污染因子。钨多金属矿浮选废水的典型特点是量大，一座日处理量为 3500 t 的选厂，尾矿废水产生量可达 20000 t/d，若要将其中的 COD 处理达标，通常需采用氧化技术深度处理。然而，矿山废水处理技术除了要求净化效果好外，还要求工艺简单、成本低，因此一些高成本的高级氧化技术很难实现工业化应用。基于“分质处理分级循环利用”原则，将废水适度处理后返回浮选作业，充分利用废水中的残余药剂，不仅节约资源同时还可以减小废水排放压力。

近年来，我国选矿工作者对钨多金属矿浮选废水的处理和循环利用进行了许多探索，并取得了一些进展。姜智超等人[15]采用“氧化剂 ME22+PAM 混凝+调酸”工艺研究了湖南某钨铋多金属矿尾矿库溢流水，结果表明，氧化剂 ME22 可在废水中水解产生次氯酸，当氧化剂 ME22 用量为 760 mg/L、氧化 45 min 时，废水 COD 可由 118 mg/L 降至 40.6 mg/L。沈怡等人[16]研究了某钨钼铜多金属矿选矿废水的净化和回用，结果表明，铜钼混浮、铜钼分离产生的废水经沉淀澄清后可直接返回原流程回用，而钨浮选系统废水经“石灰混凝沉淀—二氧化氯深度氧化—回调 pH 值”后可返回钨浮选系统或铜钼浮选系统回用。贾鹏飞等人[17]研究了某白钨多金属矿选矿废水的回用，结果表明，未经处理的尾矿水可直接回用于钨矿常温浮选，可减少药剂使用量；经“酸碱联用—加压溶气气浮”工艺处理后的水可回用于磨矿及硫化矿选矿作业。冯章标[18]研究了柿竹园多金属矿选矿废水净化工艺，结果表明，经“石灰沉淀+除钙剂”处理后的废水可回用于浮选钨矿或萤石流程，可以节约部分药剂，但不能回用于硫化矿选矿，否则会恶化硫化矿浮选指标，使大量钨矿和萤石损失在硫化矿精矿中；经电氧化进一步处理后，可回用于硫化矿选矿。孟祥松等人[19]采用 Fenton 氧化法、聚合硫酸铁混凝法和活性炭吸附法处理柿竹园钼铋钨萤石多金属矿尾矿库流出水，结果表明，聚合硫酸铁混凝法对溶解性有机物贡献的 COD 的降低效果有限，不能将尾矿废水的 COD 降至达标水平；而 Fenton 氧化法和颗粒活性炭吸附法都能有效降低尾矿废水的 COD，使其降至达标水平，但活性炭吸附法成本太高。Fenton 氧化工艺流程如图 9-3 所示。

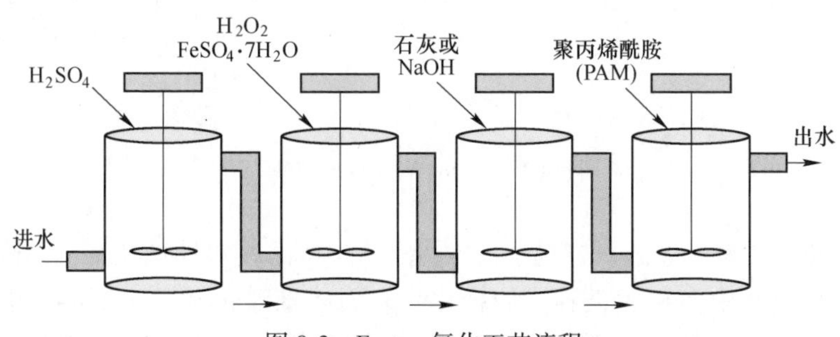

图 9-3 Fenton 氧化工艺流程

Fenton 氧化工艺涉及多个化学反应，其中被广泛认可的核心反应见式（9-1）。在酸性条件下，Fe^{2+}催化 H_2O_2 生成具有强氧化性的 · OH，· OH 能快速、无选择性地降解废水中大部分持久性有机污染物生成二氧化碳和水。Fenton 氧化反应机理如图 9-4 所示[20]。基于这一原理，Fenton 氧化工艺被广泛应用于各种有机废水的处理中。在 Fenton 氧化工艺中，有机污染物的降解效率取决于废水 pH 值、Fenton 试剂浓度、有机污染物初始浓度等操作参数，其中废水 pH 值是一个非常重要的参数。在 pH 值过低或过高时，亚铁离子催化剂都会失活而影响有机污染物的降解效率。有很多研究表明，在反应 pH 值为 2~4，特别是 pH 值为 3 时，Fenton 氧化处理效果最好。当反应完成后需要加碱将废水的 pH 值调至 6~9，使废水中铁盐混凝沉淀。因此 Fenton 氧化工艺需要先调酸后调碱，然而这会增加废水处理的成本。传统的 Fenton 试剂由 Fe^{2+}和 H_2O_2 的均相溶液组成，然而两者化学性质不稳定，易失去活性，造成试剂浪费。另外，高浓度的 H_2O_2 具有爆炸性和毒性，对人体有害。因此传统的 Fenton 氧化工艺存在三个明显的缺陷，即反应 pH 值范围窄，Fenton 试剂（H_2O_2 和 Fe^{2+}均相溶液）的运输和储存成本高、风险大，以及反应后会产生大量含铁污泥。为克服传统 Fenton 氧化工艺的缺点，对传统工艺进行了不断的优化和改进，形成了非均相 Fenton 工艺、光 Fenton 工艺和电化学 Fenton 工艺等。

$$Fe^{2+} + H_2O_2 + H^+ \longrightarrow Fe^{3+} + H_2O + \cdot OH \tag{9-1}$$

吴美荣等人[21]采用电絮凝技术对柿竹园铋脱硫作业尾矿废水进行了研究，结果表明，处理后废水 COD 降低率、硫酸根离子和钙离子去除率分别可达到 98%、93%和 94%，且废水处理后返回磨矿对钼铋的浮选指标没有负面影响。电

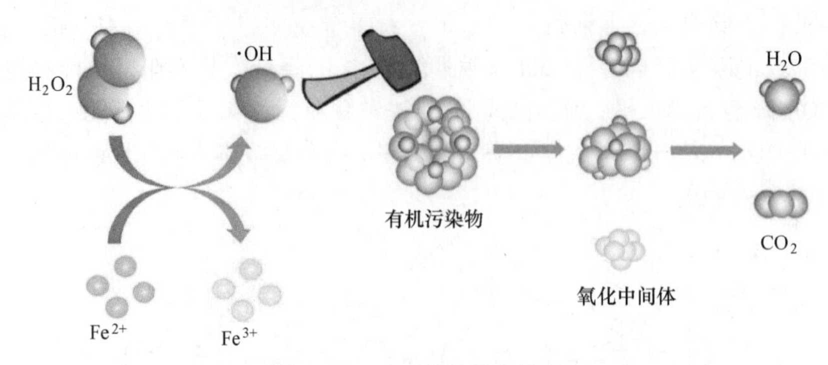

图 9-4　Fenton 氧化反应机理

絮凝是一种集凝聚、浮选、电化学技术优点于一体的废水处理技术，可降低废水 COD 和去除废水中多种污染物，如氟化物、固体悬浮物和重金属等。电絮凝装置通常由电解池组成，电解池的阳极和阴极电极板浸没在废水中，通过导线与外接直流电源相连。电絮凝基本处理单元示意图如图 9-5 所示[22]。铁板和铝板由于材料易得、无毒、性能可靠，是应用最广泛的电絮凝电极板。

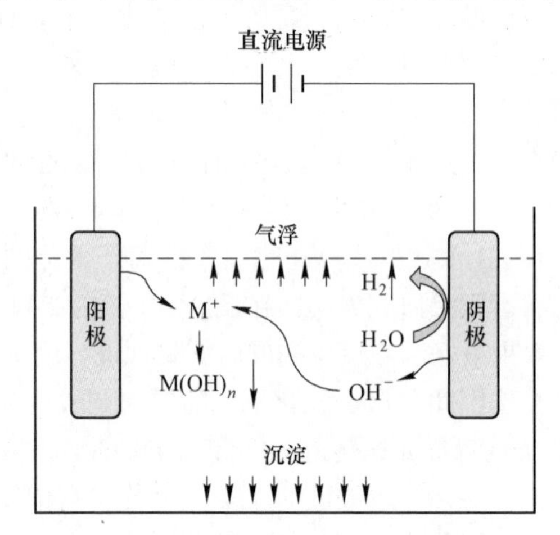

图 9-5　电絮凝基本处理单元示意图

在电絮凝过程中发生的复杂物理化学作用可概括为以下几个连续的阶段：(1)“牺牲阳极”氧化生成阳离子凝聚剂；(2) 水分子在阴极还原生成氢气泡和氢氧根离子；(3) 电解过程中生成的阴阳离子在电场作用下分别向阳极和阴极做定向迁移，迁移运动导致废水中污染物脱稳；(4) 阳离子凝聚剂和氢氧根离子结合生成具有良好吸附性能的金属氢氧化物，金属氢氧化物聚集在一起形成更大的结构并在溶液中扩散；(5) 废水中污染物被吸附到金属氢氧化物结构中形成更大的聚集体；(6) 废水中污染物可能通过氧化还原反应转换成毒性较小的物质；（7）聚集体通过气泡浮于废水表面或在重力作用下生成沉淀[23]。电絮凝过程中，阳极反应如式（9-2）~式(9-6)所示，阴极反应如式（9-7）所示。影响电絮凝处理效果的因素主要有两方面：其一是反应装置因素，如电极材料、电极间距、电极排列方式、电极形状、电源类型及反应器形式等；其二是操作因素，如电解电流、电解时间、废水 pH 值、温度、搅拌、污染物的种类及浓度等。

$$Fe(s) \longrightarrow Fe^{2+}(aq) + 2e \tag{9-2}$$

$$4Fe^{2+}(aq) + 10H_2O + O_2(aq) \longrightarrow 4Fe(OH)_3(s) + 8H^+ \tag{9-3}$$

$$Fe^{2+}(aq) + 2OH^- \longrightarrow Fe(OH)_2(s) \tag{9-4}$$

$$Al(s) \longrightarrow Al^{3+}(aq) + 3e \tag{9-5}$$

$$Al^{3+}(aq) + nH_2O \longrightarrow Al(OH)_n^{3-n} + nH^+ \tag{9-6}$$

$$2H_2O + 2e \longrightarrow H_2 + 2OH^- \tag{9-7}$$

9.3 影响废水循环利用的因素

钨多金属矿浮选废水的循环利用可分为外部循环和内部循环，外部循环是指大循环，即尾矿库流出水的循环利用；而内部循环是指小循环，即选矿厂内各浮选中矿、精矿浓密机溢流水的循环利用。钨多金属矿尾矿废水是浮选废水的主要部分，在没有内部循环的情况下尾矿废水同其他浮选流程废水一道随尾矿矿浆输送至尾矿库沉降。尾矿库通常距离选矿厂较远，将尾矿库流出水泵送至选矿厂循环利用，一方面需铺设长距离管道，消耗较多电能，运行成本较高；另一方面钨多金属矿浮选流程复杂，每段浮选均添加了不同类型及作用的浮选药剂，导致最终尾矿库流出水化学成分非常复杂，通常不能直接返回至源头磨矿。主要是因为尾矿库流出水中含有选矿厂整套浮选流程全部的残余药剂，直接返回至源头磨矿的话，废水中残留的捕收剂会使后段目的矿物损失到前段，同时会影响前段目的矿物的回收。

相比尾矿库流出水外部循环而言，选矿厂内各中矿、精矿浓密机溢流水及精矿过滤干燥脱出水的内部循环要简单些，这些废水一般经沉降澄清后可直接返回原流程利用，且由于这些废水中的残余药剂来源于原流程，循环利用时可相应减少原流程药剂用量。林上勇等人[24]研究了柿竹园钼铋浮选段选矿废水返回至原流程利用的效果，结果发现，废水循环利用后不仅对钼铋精矿品位和回收率没有负面影响，还能减少10%以上的所需浮选药剂用量，尤其是硫化钠用量可以减少18%，废水循环利用后还能减少新鲜水的补加，减轻高 COD 废水的处理压力。

9.4　典型钨矿山浮选废水处理工艺

9.4.1　脂肪酸法钨矿浮选废水处理工艺

我国典型的白钨矿山有江西香炉山钨矿、河南栾川低品位白钨矿、湖南瑶岗仙白钨矿等。目前白钨矿山应用的主要浮选工艺为脂肪酸法，产生的浮选废水中主要污染物有水玻璃、固体悬浮物和脂肪酸药剂。由于水玻璃和脂肪酸药剂均能与钙离子结合生成沉淀，因此在实践中脂肪酸浮选废水（尾矿矿浆）通常采用低成本的石灰沉淀工艺处理。在尾矿矿浆中添加石灰输送至尾矿库沉降后，尾矿库流出水通常能得到澄清，同时水玻璃和脂肪酸药剂浓度大幅降低，此时的废水经加酸调节 pH 值后可返回选厂循环利用。

应用脂肪酸工艺时，白钨矿粗选作业水玻璃用量为 5~10 kg/t，而加温精选作业水玻璃用量较大，有些作业水玻璃用量高达 100 kg/t。在采用石灰沉降尾矿矿浆时，粗选尾矿矿浆一般沉降效果较好，而加温精选尾矿矿浆沉降效果却较差，原因在于加温精选尾矿矿浆本身 pH 值较高，加入石灰后，导致其 pH 值进一步升高，可在 12.5 以上。由图 9-2 可知，当 pH 值在 12.5 以上时，钙离子水解生成氢氧化钙而限制了钙离子与硅酸根离子结合生成硅酸钙，从而使石灰去除加温精选尾矿中硅酸根离子的效果变差，所以矿浆沉降效果变差。在生产实践中，加温精选尾矿矿浆最终与粗选尾矿矿浆汇合后一起被输送至尾矿库沉降，当用石灰沉降加温精选尾矿矿浆的效果差时，会影响最终尾矿矿浆的沉降效果。尤其是在我国北方，冬天时尾矿库内废水结冰，废水在尾矿库内停留的时间变短，水玻璃去除效果进一步变差，同时废水中固体悬浮物含量升高，此时若循环利用尾矿库流出水，则将恶化白钨矿粗选指标。

针对该问题，中南大学提出了利用工业废酸处理白钨矿加温精选尾矿矿浆的技术方案[25]，工业废酸为白钨矿湿法冶炼酸浸过程中产生的废酸。加温精选尾矿中含有大量方解石和萤石，方解石品位约 45%，萤石品位约 25%。加温精选尾矿废水和工业废酸的电感耦合等离子体发射光谱仪（ICP-OES）分析结果见表 9-2。由表 9-2 可知，废水 pH 值较高（11.64），同时硅质量浓度很高，表明残留有很高质量浓度的水玻璃；而工业废酸的 pH 值较低（3.14），含有较高质量浓度的氯离子和钙离子。

表 9-2　加温精选尾矿废水和工业废酸的 ICP-OES 分析结果

指标	pH 值	质量浓度/mg · L^{-1}												
		Na	Mg	Al	Si	P	S	Cl	K	Ca	Mn	Fe	Mo	W
废水	11.64	2156	16	2.91	2040	5.88	330	176	9.91	105	3.62	18	32	12
废酸	3.14	144	177	107	142	4076	220	34792	67	27296	386	765	169	438

将工业废酸添加到白钨矿加温精选尾矿矿浆中，探索废酸用量对加温精选尾矿矿浆沉降后上清液中硅酸根离子去除率及固体悬浮物质量浓度的影响，结果如图 9-6 所示。废酸用量为 50 g/L 时，硅酸根离子去除率达到 90%，固体悬浮物质量浓度降低到 200 mg/L。图 9-7 展示了废酸对加温精选尾矿矿浆处理的效果，当废酸用量超过 50 g/L 时，矿浆沉降后上清液清澈透明，固体悬浮物含量低。这表明工业废酸可有效沉降白钨矿加温精选尾矿矿浆，有效去除矿浆沉降后废水中的硅酸根离子和固体悬浮物。

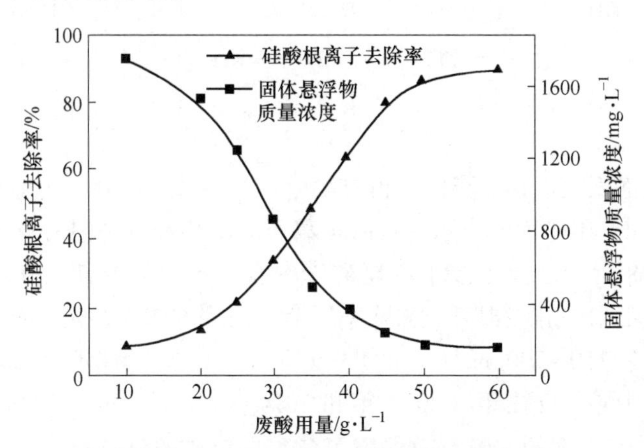

图 9-6 废酸用量对硅酸根离子去除率及固体悬浮物质量浓度的影响

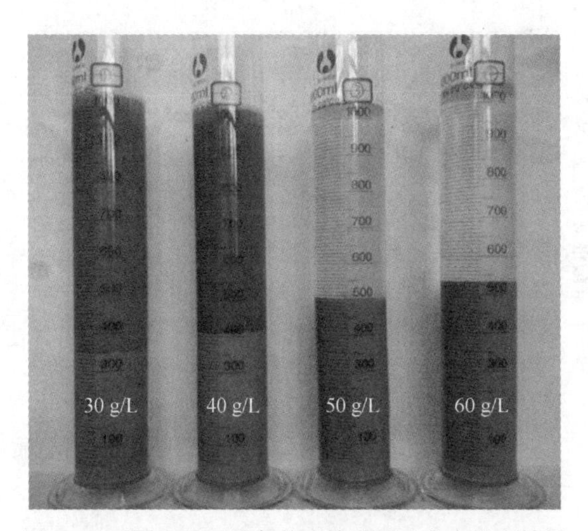

图 9-7 不同废酸用量条件下钨矿浮选废水处理效果

工业废酸之所以能有效去除白钨矿加温精选尾矿废水中的水玻璃，本质在于：一方面废酸中含有大量钙离子，能与矿浆中的硅酸根离子反应生成水合硅酸钙沉淀，如式（9-8）所示；另一方面添加废酸后，尾矿矿浆中的硅酸根离子能聚合生成聚合硅酸，如式（9-9）和式（9-10）所示。

$$\mathrm{Ca^{2+} + SiO_3^{2-} = CaSiO_3} \tag{9-8}$$

$$\mathrm{HO-\underset{OH}{\overset{OH}{Si}}-OH + HO-\underset{OH}{\overset{OH}{Si}}-O^- = HO-\underset{OH}{\overset{OH}{Si}}-O-\underset{OH}{\overset{OH}{Si}}-OH + OH^-} \tag{9-9}$$

$$\mathrm{HO-\underset{OH}{\overset{OH}{Si}}-O-\underset{OH}{\overset{OH}{Si}}-OH + (\mathit{n}-1)HO-\underset{OH}{\overset{OH}{Si}}-O^- = HO-\left[\underset{OH}{\overset{OH}{Si}}-O\right]_{\mathit{n}}-\underset{OH}{\overset{OH}{Si}}-OH + (\mathit{n}-1)OH^-} \tag{9-10}$$

该技术在洛阳栾川钼业集团股份有限公司白钨选厂得到了工业应用，废酸用量为50~60 t/d，尾矿库流出水中硅酸根离子去除率和固体悬浮物质量浓度大幅降低，如图9-8所示。由于废水在尾矿库中有一定循环周期，随着废酸不断加入，尾矿库流出水中硅酸根离子去除率逐渐升高到60%~70%，固体悬浮物质量浓度逐渐降低到150~200 mg/L。如图9-9所示，工业试验期间（2015年），白钨矿粗选 WO_3 回收率较往年（2013年和2014年）同期 WO_3 回收率提高5%~10%[25]。该技术方案的实施有效保障了冬季白钨矿的浮选指标，为国内外白钨矿山废水处理和循环利用提供了借鉴和参考。

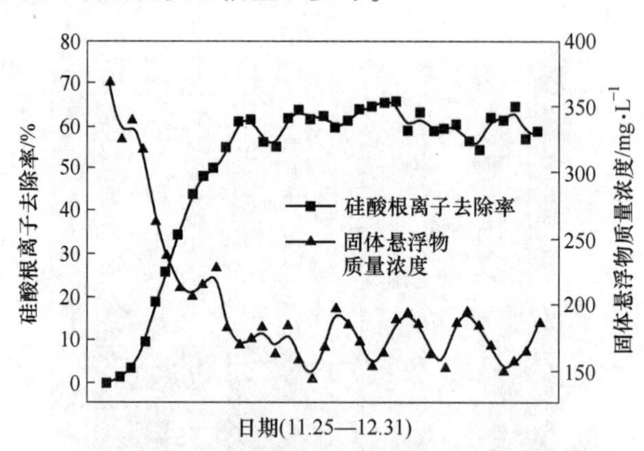

图9-8　工业试验期间回水硅酸根离子去除率和固体悬浮物质量浓度

9.4.2　金属配合物法钨矿浮选废水处理工艺

我国典型的黑白钨混合矿有湖南柿竹园钨矿、福建行洛坑钨矿等，目前黑白钨混合矿浮选应用的主要浮选工艺为金属-有机配合物法，该工艺在钨粗选时不加水玻璃，钨粗选尾矿矿浆较易自然沉降，因此残留在钨粗选尾矿废水中的药剂

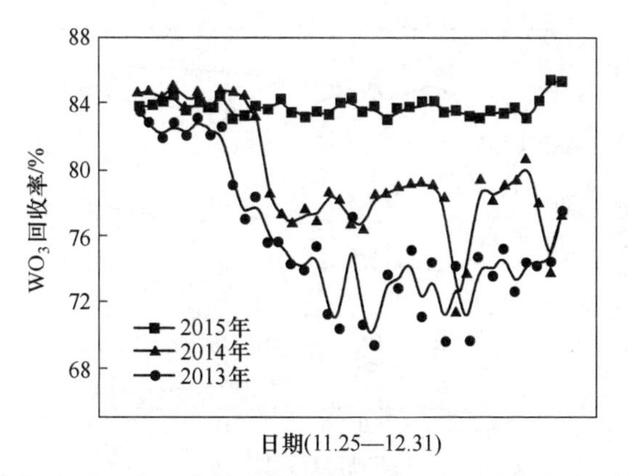

图 9-9 工业试验期间（2015 年）白钨矿粗选车间 WO_3 回收率与往年同期生产数据的对比

主要为金属-有机配合物。然而由于黑白钨混合矿多金属矿浮选流程通常为先选硫化矿，再选黑白钨矿，最后选萤石等伴生资源，而在硫化矿浮选及萤石等伴生资源浮选过程中通常需添加水玻璃作为硅酸盐等脉石矿物的抑制剂，因此黑白钨混合矿多金属矿最终浮选尾矿废水中的主要污染物仍为水玻璃、固体悬浮物，以及残余的有机浮选药剂。在实践中，黑白钨混合矿多金属矿选厂主要采用石灰法沉降最终尾矿矿浆，尾矿矿浆在尾矿库沉降后，流出水一般比较清澈，废水中的水玻璃和固体悬浮物已得到有效去除，然而废水的 COD 依然较高，此时废水既不适合直接返回钨多金属矿选厂循环利用，又不满足达标排放要求。因此尾矿库流出水还需经后续废水处理站进一步处理，废水处理站常采用铁盐/铝盐混凝沉淀工艺，然而该工艺降低废水 COD 效果有限，不能将 COD 稳定降至达标排放水平。

针对该问题，中南大学提出了基于原矿浆混凝的黑白钨混合矿多金属矿浮选废水 COD 低成本去除技术方案，该技术方案采用聚合硫酸铁替代石灰沉降尾矿矿浆，并利用矿浆中脉石矿物与聚合硫酸铁的协同作用去除矿浆中残余的金属-有机配合物药剂[26]。图 9-10 为用不同量石灰或聚合硫酸铁沉降柿竹园钨多金属矿浮选尾矿矿浆后上清液的 COD 和 pH 值的变化情况。由图 9-10 可以看出，随着石灰用量从 0 增大到 0.5 g/L，矿浆沉降上清液的 COD 由自然沉降的 195 mg/L 增大到 226 mg/L，之后再增大石灰用量，COD 基本不发生变化；然而，随着聚合硫酸铁用量从 0 增大到 1.0 g/L，矿浆沉降上清液的 COD 由自然沉降的 195 mg/L 减小到 155 mg/L，之后再增大聚合硫酸铁用量，COD 有一定的升高趋势。因此，传统石灰沉降尾矿矿浆上清液的 COD 要比自然沉降的高，而聚合硫酸铁沉降尾矿矿浆上清液的 COD 要比自然沉降的低，因此聚合硫酸铁具有显著优势。

柿竹园钨多金属矿浮选尾矿矿浆中残余的有机浮选药剂中难以被石灰沉降工

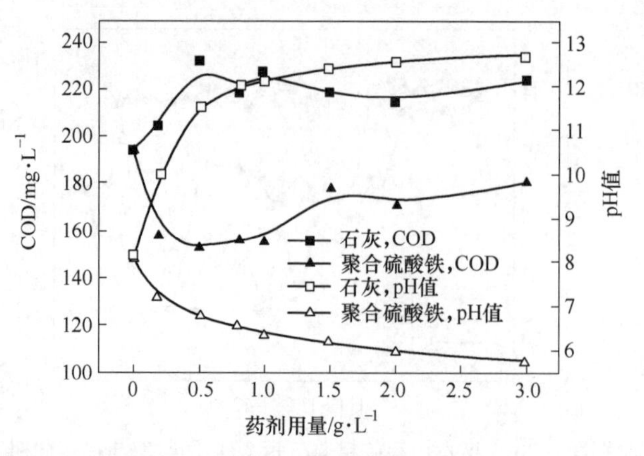

图 9-10　石灰或聚合硫酸铁用量对尾矿矿浆沉降上清液的 COD 和 pH 值的影响

艺去除的为黑白钨混合矿捕收剂苯甲羟肟酸铅（BHA-Pb）配合物药剂。图 9-11 为 BHA-Pb 药剂溶液（苯甲羟肟酸与铅离子物质的量比为 1∶1）在不同终点 pH 值条件下沉淀 15 h 后上清液的 COD。由图 9-11 可知，BHA 质量浓度分别为 80 mg/L 和 100 mg/L 的 BHA-Pb 溶液的 COD 随 pH 值的增大均呈现先降低后升高的规律，且在 pH 值为 9. 0 时达到最低；BHA 质量浓度为 80 mg/L 时，COD 由 177 mg/L 降至 32 mg/L；BHA 质量浓度为 100 mg/L 时，COD 由 234 mg/L 降至 30 mg/L。这与 BHA-Pb 溶液在调碱过程中先出现沉淀浑浊，pH 值达到临界点后继续增大 pH 值，浑浊又逐渐变清澈的试验现象相对应，因此大量石灰的加入不仅不利于有机药剂的净化，反而加剧 COD 上升[27]。

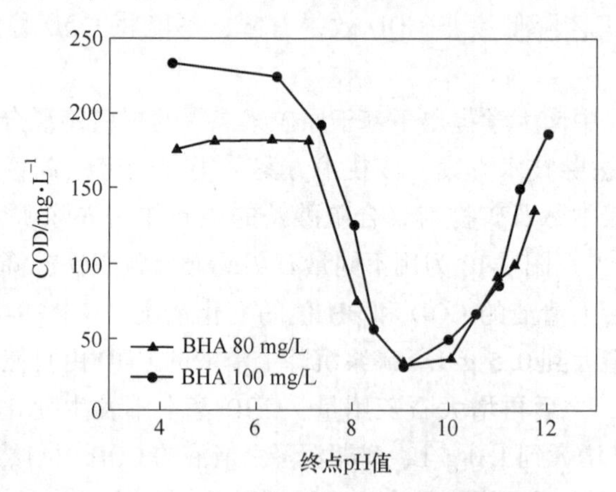

图 9-11　终点 pH 值对 BHA-Pb 配合物药剂溶液体系 COD 的影响

图 9-12 为钙离子、铁离子、铝离子在不同反应 pH 值条件下混凝 BHA-Pb 溶液沉淀 15 h 后上清液 COD 的变化情况。由图 9-12 可知，钙离子沉淀 BHA-Pb 溶

液，上清液 COD 随 pH 值的变化规律与 BHA-Pb 溶液 COD 随 pH 值的变化规律类似，说明在试验条件下钙离子对 BHA-Pb 没有沉淀作用；铝离子混凝 BHA-Pb 溶液，当 pH 值大于 7.5 后，上清液 COD 反而比 BHA-Pb 溶液的还高，说明铝离子对 BHA-Pb 的去除有拮抗作用；相比钙离子和铝离子，铁离子混凝 BHA-Pb 溶液，上清液的 COD 最低，当 pH 值为 7.0 时，上清液的 COD 可由 BHA-Pb 溶液的 223 mg/L 降至 70 mg/L，之后随 pH 值增大缓慢降低，当 pH 值增大至 9.0 时，上清液的 COD 结果与 BHA-Pb 溶液的 COD 相当。综上所述，铁离子能有效降低 BHA-Pb 溶液的 COD，而钙离子、铝离子则不能。

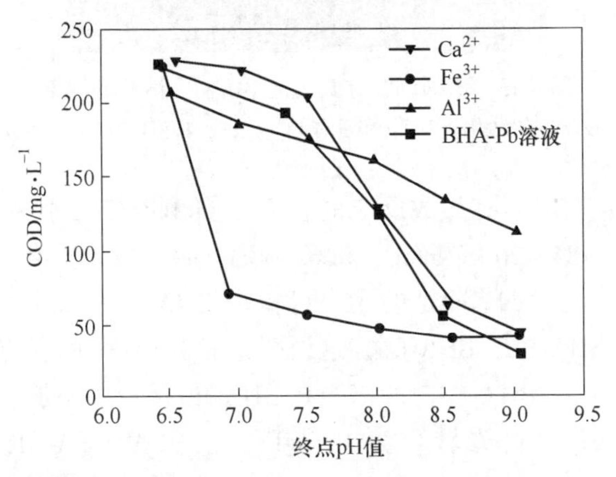

图 9-12 反应 pH 值对钙离子、铁离子、铝离子混凝 BHA-Pb 溶液沉淀后上清液 COD 的影响
（试验条件：BHA 100 mg/L，氯化钙、氯化铁、硫酸铝用量均为理论用量的 5 倍，沉淀 15 h）

图 9-13 是不同沉淀方式混凝 BHA-Pb 溶液沉淀 15 h 后的照片，照片从左至右的 3 个烧杯依次代表含脉石矿物的 BHA-Pb 溶液、理论用量 4 倍的氯化铁混凝含脉石矿物的 BHA-Pb 溶液、理论用量 4 倍的氯化铁混凝 BHA-Pb 溶液（理论用量为按化学价计算生成相应化合物的用量，如一个铁离子结合三个苯甲羟肟酸根离子生成苯甲羟肟酸铁，此时铁离子用量为理论用量的 1 倍）。由图 9-13 可知，在 BHA-Pb 溶液中添加脉石矿物沉淀后上清液无色清澈，铁离子混凝含脉石矿物的 BHA-Pb 溶液的上清液的浓度与含脉石矿物的 BHA-Pb 溶液的上清液的浊度相近，而单独采用铁离子混凝 BHA-Pb 溶液沉淀后的上清液的浊度较前两者高得多。说明在 BHA-Pb 溶液中添加脉石矿物后，再添加铁离子有助于 BHA-Pb 溶液的澄清，也即在尾矿矿浆中脉石矿物的存在有利于强化铁离子混凝沉降的效果。

为揭示铁离子能有效降低 BHA-Pb 溶液的 COD，而钙离子、铝离子则不能净化 BHA-Pb 的本质原因，使用 Gaussian 09 软件，采用密度泛函 PBE0 计算了 BHA-Pb、BHA-Ca、BHA-Fe、BHA-Al 生成反应的吉布斯自由能变，计算中所有的元素都使用 def2tzvp 基组，结果如图 9-14 所示。由图 9-14 可知，BHA-Pb、

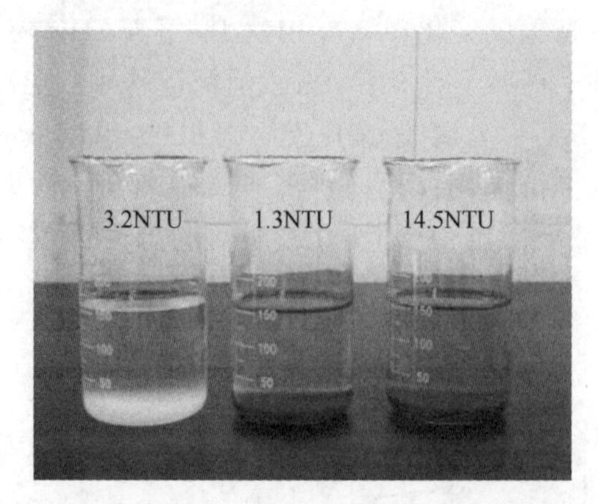

图 9-13 不同沉淀方式沉淀 BHA-Pb 溶液的浊度

（试验条件：BHA 100 mg/L，氯化铁用量为理论用量的 4 倍，反应 pH 值均为 7.0，萤石用量 3 g/L，沉淀 15 h）

BHA-Ca、BHA-Fe、BHA-Al 生成反应的吉布斯自由能变分别为 -372.52 kJ/mol、-340.96 kJ/mol、-841.26 kJ/mol、-826.36 kJ/mol，均为负值，表明生成反应均可自发进行。通过比较四者 ΔG 的大小可得出 BHA-Fe 的吉布斯自由能变最小，其次为 BHA-Al、BHA-Pb、BHA-Ca，这说明生成 BHA-Fe 的反应趋势最大，其次为 BHA-Al、BHA-Pb、BHA-Ca。所以当在 BHA-Pb 溶液中添加铁离子、铝离子或钙离子时，BHA-Pb 可优先转化为 BHA-Fe，其次为 BHA-Al，但不会转化为 BHA-Ca。

为解释钙离子、铁离子或铝离子降低 BHA-Pb 溶液 COD 的规律（见图 9-12），结合 BHA-Pb 与 BHA-Ca、BHA-Fe、BHA-Al 配合物间的转化顺序，有必要进一步研究 BHA-Ca、BHA-Fe、BHA-Al 溶液 COD 随 pH 值的变化规律。参考图 9-12 的试验条件，进一步研究了 BHA-Ca、BHA-Fe、BHA-Al 溶液 COD 与 pH 值的关系，结果如图 9-15 所示。由图 9-15 可以看出，在 pH 值为 5~8 的范围内，BHA-Fe 溶液的 COD 均低于 BHA-Pb，而 BHA-Al 溶液的 COD 与 BHA-Pb 溶液的相当，BHA-Ca 溶液的 COD 高于 BHA-Pb 的且基本不随 pH 值变化而变化。例如当 pH 值为 7 时，BHA-Pb 溶液的 COD 为 210 mg/L、BHA-Ca 溶液的 COD 为 230 mg/L、BHA-Fe 溶液的 COD 为 80 mg/L、BHA-Al 溶液的 COD 为 180 mg/L。由于苯甲羟肟酸盐配合物溶液的 COD 与 pH 值关系是其自身性质决定的，再结合苯甲羟肟酸盐配合物间的转化规律，因此可解释只有铁离子能有效降低 BHA-Pb 溶液的 COD。

综上，传统石灰法虽然能使残余有 BHA-Pb 配合物药剂的浮选尾矿矿浆快速沉降，但会增大尾矿水的 pH 值，同时还会升高尾矿水的 COD；而采用聚合硫酸铁替代石灰沉降尾矿矿浆，尾矿水 pH 值变化不大且其 COD 大幅降低。图 9-16 为尾矿矿浆经 3 种不同沉降方式（自然沉降、加石灰沉降、加聚合硫酸铁沉降）

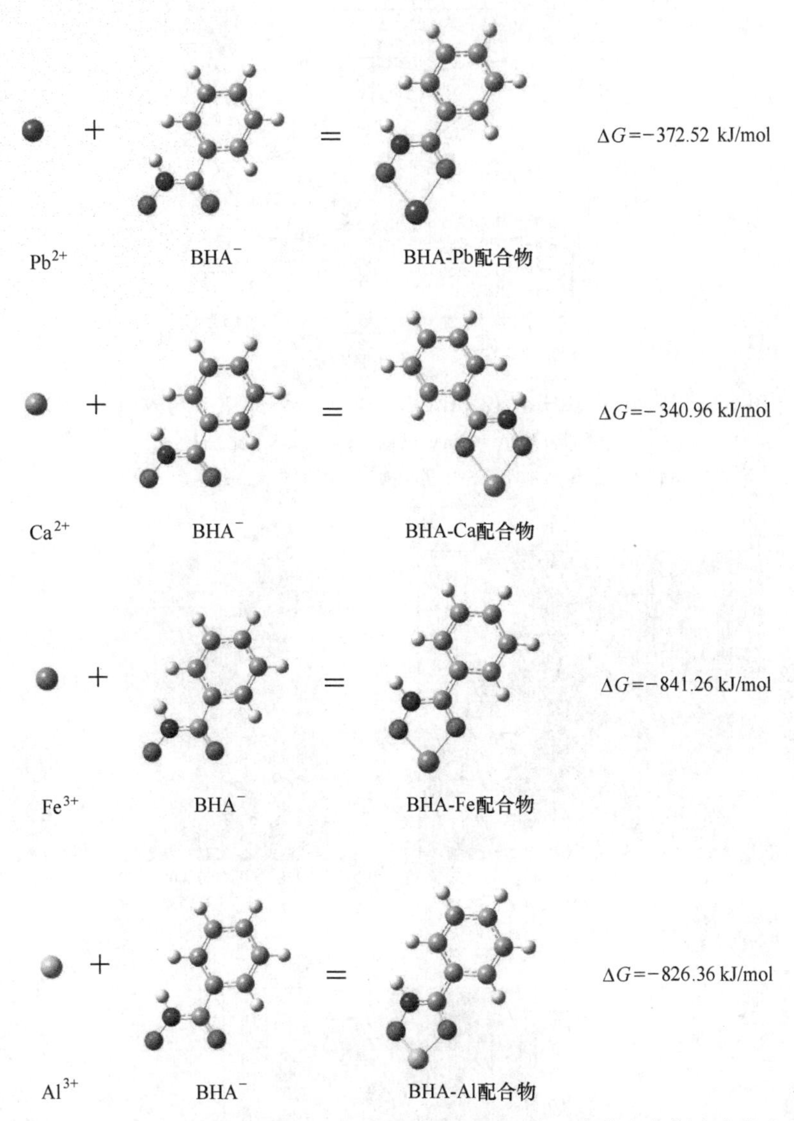

图 9-14 BHA-Pb、BHA-Ca、BHA-Fe、BHA-Al 生成反应的吉布斯自由能变

沉降后尾矿水的三维荧光光谱图（可指示废水中有机物浓度的变化），可见石灰沉降后尾矿水中有机物浓度比自然沉降高，对应的荧光强度比较大；而聚合硫酸铁沉降后尾矿水中有机物浓度比自然沉降低，对应的荧光强度比较小。这表明，之所以添加石灰后尾矿水 COD 不降反升是因为尾矿矿浆中残留的部分沉淀态 BHA-Pb 配合物药剂在 pH 值升高后溶解进了尾矿水中，增大了废水中有机物的浓度。而由于聚合硫酸铁沉降尾矿矿浆一方面 pH 值变化不大，另一方面铁离子可有效沉淀部分溶解态 BHA-Pb 配合物药剂，进而降低了尾矿水的 COD。

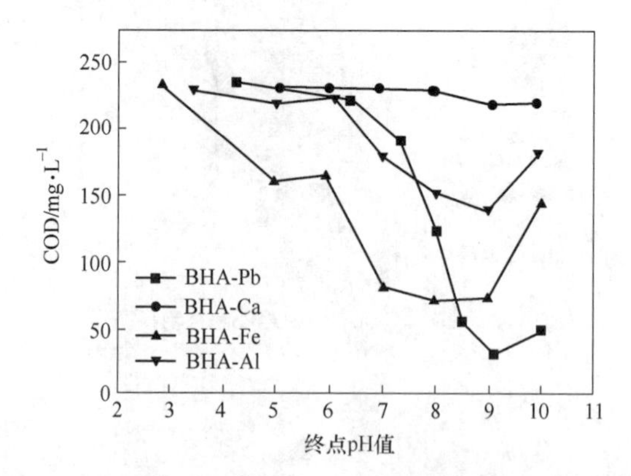

图 9-15　BHA-Pb、BHA-Ca、BHA-Fe、BHA-Al 溶液 COD 与 pH 值的关系

（试验条件：BHA 100 mg/L，BHA 与 Pb 摩尔比为 1∶1，

氯化钙、氯化铁、硫酸铝用量均为理论用量的 5 倍，沉淀 15 h）

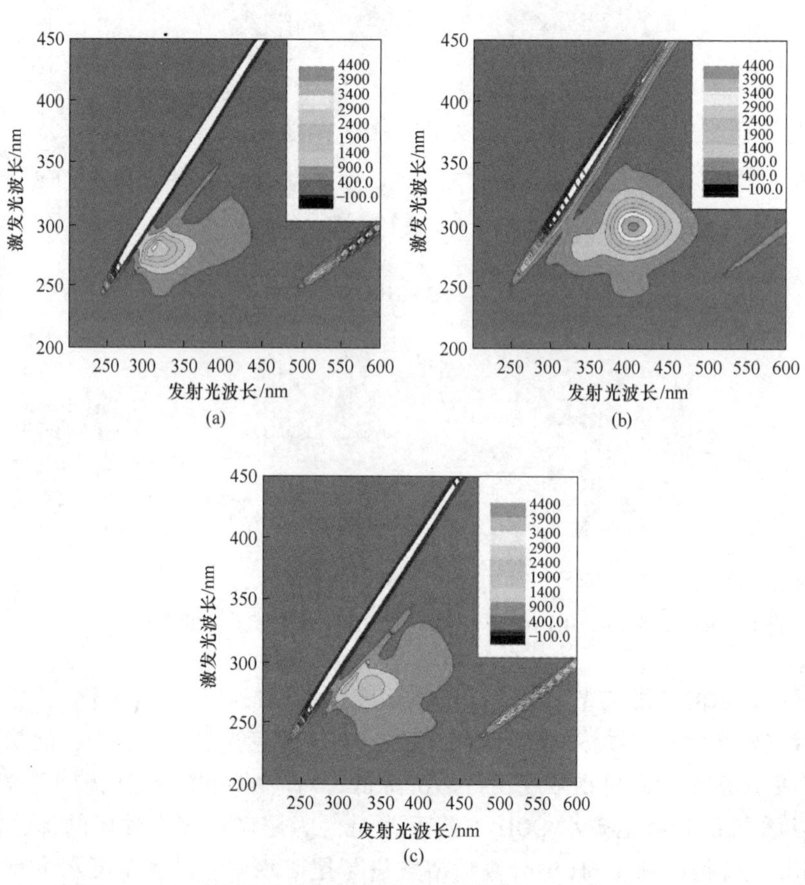

图 9-16　三种不同方式沉降后尾矿矿浆上清液的三维荧光光谱

（a）自然沉降；（b）石灰沉降；（c）聚合硫酸铁沉降

基于原矿浆混凝的黑白钨混合矿多金属矿浮选废水 COD 低成本降低技术在湖南柿竹园多金属矿选厂已完成工业试验[26]。工业试验流程如图 9-17 所示，工业试验前，尾矿库流出水的 pH 值和 COD 月平均值分别为 11.8 和 110 mg/L，这不符合《污水综合排放标准》（GB 8978—1996）一级标准的要求（pH 值为 6~9、COD<100 mg/L），还需要后续废水处理站进一步处理。工业试验后，尾矿库流出水的 pH 值和 COD 月平均值分别为 7.1 和 68 mg/L，指标连续稳定，因此尾矿库流出水无须后续处理即可达标排放。目前该技术已在湖南柿竹园黑白钨混合矿和黄沙坪黑白钨矿实现了工业应用。相比原尾矿水氧化处理工艺，原矿浆混凝工艺大幅简化了废水处理流程，降低了废水处理成本。

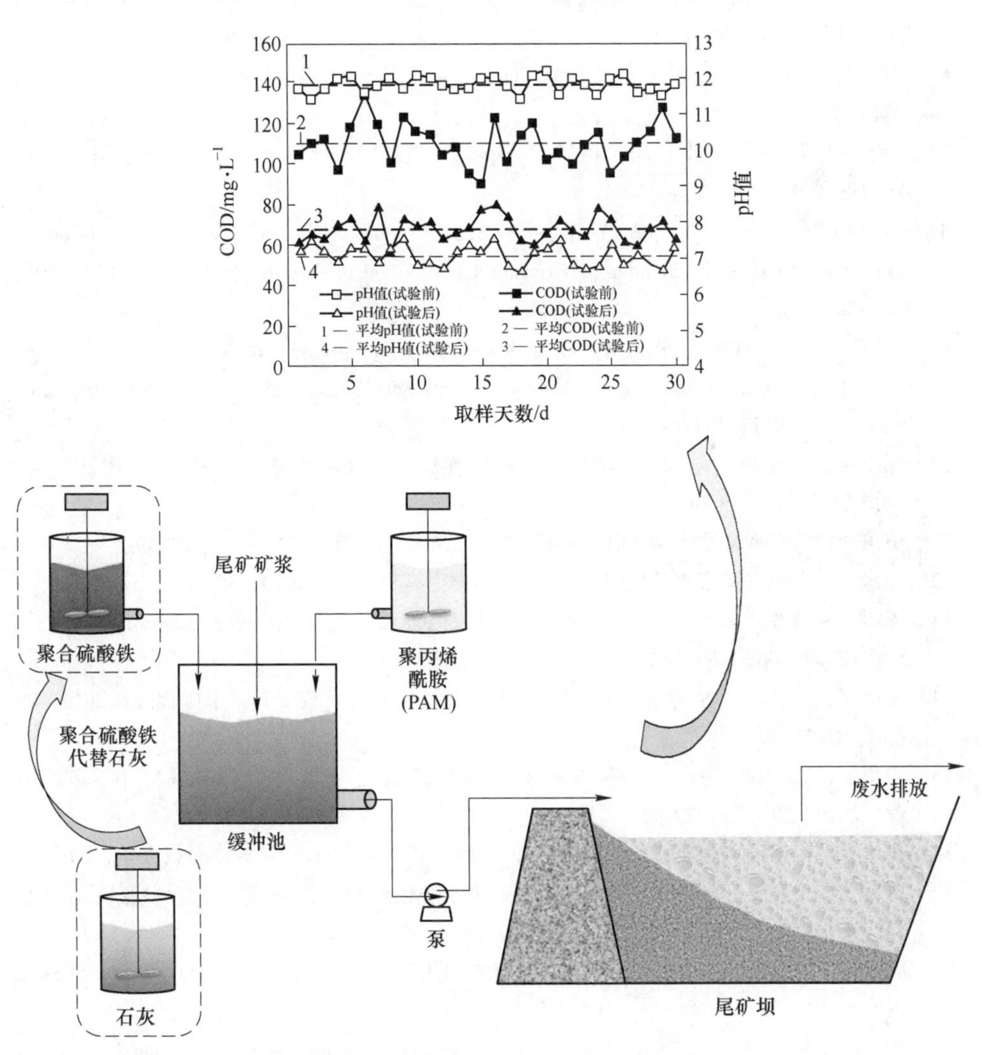

图 9-17 原矿浆混凝工艺工业试验流程

参考文献

[1] 国家环境保护总局科技标准司．污水综合排放标准：GB 8978—1996［S］．北京：中国标准出版社，1998.

[2] 谢广元．选矿学［M］．徐州：中国矿业大学出版社，2010.

[3] 胡岳华，冯其明．矿物资源加工技术与设备［M］．北京：科学出版社，2006.

[4] MENG X S，KHOSO S A，LYU F，et al. Study on the influence and mechanism of sodium chlorate on COD reduction of minerals processing wastewater［J］. Minerals Engineering，2019，134：1-6.

[5] 胡国龙，张健．白钨矿浮选尾矿的处理和回水利用的研究：2009 中国选矿技术高峰论坛暨设备展示会论文集［C］．哈尔滨，2009.

[6] 刘维廉，吕新彪．钨矿废水循环利用的试验研究［J］．现代矿业，2009，25（12）：45-47.

[7] 沈怡，彭新平，欧阳坤，等．某钨钼铜多金属矿选矿废水处理及回用试验研究［J］．工业水处理，2018，38（1）：62-64.

[8] KANG J H，FAN R Y，HU Y H，et al. Silicate removal from recycled wastewater for the improvement of scheelite flotation performance［J］. Journal of Cleaner Production，2018，195：280-288.

[9] KANG J H，CHEN C，SUN W，et al. A significant improvement of scheelite recovery using recycled flotation wastewater treated by hydrometallurgical waste acid［J］. Journal of Cleaner Production，2017，151：419-426.

[10] 邓双丽，王延锋，亢建华．白钨加温精选废水处理技术研究及应用［J］．中国钨业，2017，32（1）：75-78.

[11] 陈谦．白钨矿选矿废水循环利用分析［J］．世界有色金属，2020（1）：58-59.

[12] 王水云．白钨选矿废水处理回用研究［J］．湖南有色金属，2019，35（2）：57-60.

[13] 陈明，朱易春，黄万抚．某钨矿尾矿库废水石灰脱稳—絮凝剂沉降法处理试验研究［J］．中国钨业，2007（5）：43-46.

[14] 陈后兴，赖兰萍．赣南某钨矿山废水悬浮物处理试验研究［J］．中国钨业，2014，29（5）：48-51.

[15] 姜智超，杨国超，付向辉，等．5000 t/d 钨铋选矿废水处理工业分流试验［J］．矿冶工程，2019，39（3）：77-80.

[16] 沈怡．某钨钼铜多金属矿选矿废水处理及回用研究［D］．长沙：湖南科技大学，2017.

[17] 贾鹏飞，田春友，徐福德，等．白钨选矿废水净化处理工艺的研究与应用［J］．有色金属（选矿部分），2018（2）：60-61，73.

[18] 冯章标．柿竹园钨多金属矿选矿废水处理与回用新工艺及机理研究［D］．赣州：江西理工大学，2017.

[19] MENG X S，WU J Q，KANG J H，et al. Comparison of the reduction of chemical oxygen demand in wastewater from mineral processing using the coagulation-flocculation，adsorption and

Fenton processes [J]. Minerals Engineering, 2018, 128: 275-283.

[20] ZHANG M H, DONG H, ZHAO L, et al. A review on Fenton process for organic wastewater treatment based on optimization perspective [J]. Science of the Total Environment, 2019, 670: 110-121.

[21] WU M R, HU Y H, LIU R Q, et al. Electrocoagulation method for treatment and reuse of sulphide mineral processing wastewater: characterization and kinetics [J]. Science of the Total Environment, 2019, 696: 1-8.

[22] MOUSSA D T, EL-NAAS M H, NASSER M, et al. A comprehensive review of electrocoagulation for water treatment: potentials and challenges [J]. Journal of Environmental Management, 2017, 186: 24-41.

[23] AL-QODAH Z, AL-SHANNAG M. Heavy metal ions removal from wastewater using electrocoagulation processes: a comprehensive review [J]. Separation Science and Technology, 2017, 52 (17): 2649-2676.

[24] LIN S Y, LIU R Q, WU M R, et al. Minimizing beneficiation wastewater through internal reuse of process water in flotation circuit [J]. Journal of Cleaner Production, 2020, 245: 118898. 1-118898. 10.

[25] KANG J H, SUN W, HU Y H, et al. The utilization of waste by-products for removing silicate from mineral processing wastewater via chemical precipitation [J]. Water Research, 2017, 125: 318-324.

[26] MENG X S, KHOSO S A, KANG J H, et al. A novel scheme for flotation tailings pulp settlement and chemical oxygen demand reduction with polyferric sulfate [J]. Journal of Cleaner Production, 2019, 241: 118371. 1-118371. 8.

[27] MENG X, JIANG M, LIN S, et al. Removal of residual benzohydroxamic acid-lead complex from mineral processing wastewater by metal ion combined with gangue minerals [J]. Journal of Cleaner Production, 2023, 396: 136578.